本书系国家社科基金一般项目"审美虚无主义研究"（批准号：17BZW061）的结项成果。

国家社科基金丛书

GUOJIA SHEKE JIJIN CONGSHU

审美虚无主义

——论西方现代性的精神本质

Aesthetic Nihilism

On the Ethos of Western Modernity

张红军 著

人民出版社

目　　录

导　论

毋庸讳言,我们今天生活于其中的,是一个最初由西方文明开辟出来的现代性世界。尽管人们已经充分意识到,这个世界的现代性从来不是铁板一块,而是可以进行诸如东、西方现代性,欧、美、亚现代性,以及英、法、美、德、俄、日、中现代性之类的区分,但包括欧美各个国家现代性在内的西方现代性数个世纪以来都在强势主导着人类文明的现代化进程。[①] 但是,西方文明内部对西方现代性特别是其精神层面正当性的质疑之声长期以来就没有中断过。在这些越来越密集的批评话语中,像"理性主义""个人主义""自由主义""历史主义""浪漫主义""逻各斯中心主义"这样的概念一再涌现,其中尤为重要的是"虚无主义"。正如威尔·斯洛克姆所言,虚无主义虽然从古希腊到启蒙运动都一直明确地存在着,但从尼采尤其是"大屠杀"开始就已经不再是一种边缘化的东西,而成为"用来理解现代性历史和 20 世纪、21 世纪文化的中心哲学"[②]。

西方学者的研究,无疑对人们了解西方现代性的精神本质、认识西方现代

[①]　参见夏光:《东亚现代性与西方现代性——从文化的角度看》,生活·读书·新知三联书店 2005 年版,第 1—26 页。

[②]　Will Slocombe, *Nihilism and the Sublime Postmodern: The(Hi)Story of a Difficult Relationship from Romanticism to Postmodernism*, New York: Routledge, 2006, p.1.

性建设的经验与教训、培育健康的中国现代性精神有着非常重要的意义。本书以既有研究为基础,继续展开以虚无主义为关键词的西方现代性精神批判。不同于大多数西方学者,本书所要批判的虚无主义,不是一种仅仅强调虚无、否定与毁灭的虚无主义,而是一种既强调虚无、否定与毁灭,更强调存在、肯定与创造的审美虚无主义。导论部分,首先通过比较以往的代表性虚无主义定义,明确什么是审美虚无主义,以及为什么要把虚无主义归结为审美虚无主义,然后概述以审美虚无主义为关键词重新理解西方现代思想史的基本思路,并且指出这一研究的基本价值。

一、虚无主义

在现代性批判领域,尼采无疑是最具影响力的哲学家之一,其中一个重要原因,就在于他首先使用了虚无主义这个概念来捕捉西方现代性的精神本质。[①] 正如海德格尔所指出的那样,虽然虚无主义一词在尼采之前已经有过三次著名的使用,即雅克比的哲学使用、让·保罗的诗学使用、屠格涅夫和陀思妥耶夫斯基的文学使用,但这些使用所代表的主要是传统基督教的立场,并且针对的只是个别人、个别流派和个别阶层的思想,即费希特的唯心主义哲学、德国早期浪漫派的诗歌和俄国知识阶层的实证主义世界观。[②] 尼采彻底改变了这一概念的使用方式,他不再谈论个别的虚无主义,而是开始谈论整个欧洲的虚无主义;他不再用虚无主义指责某种否定上帝之存在的思想,而是用虚无主义命名一种导致上帝之死亡的历史运动。[③]

对于尼采把虚无主义理解为一种历史运动,海德格尔不仅表示高度认同,

[①] 参见[英]沙恩·韦勒:《现代主义与虚无主义》,张红军译,郑州大学出版社 2017 年版,第 5、12 页。

[②] 参见[德]海德格尔:《尼采》,孙周兴译,商务印书馆 2002 年版,第 669—670 页。

[③] 参见[德]海德格尔:《尼采》,孙周兴译,商务印书馆 2002 年版,第 671 页。

甚至还给出如下论断："虚无主义是一种历史性的运动,而并不是何人所主张的何种观点和学说。虚无主义在西方民族的命运中以一种几乎尚未为人们所认识的基本过程的方式推动了历史。因此,虚无主义也不只是其他历史性现象中间的一个现象,也不只是一个精神思潮,而可以与欧洲历史中出现的基督教、人文主义和启蒙运动等思潮相提并论。从其本质上来看,虚无主义毋宁说是欧洲历史的基本运动。"①但是,对于尼采把虚无主义理解为理性对感性生命的否定、人的生命意志急剧衰减、无法支撑或再造神灵、上帝逐渐死去、终极真理不再可信、最高价值自行贬黜、无意义感开始泛滥这样一种历史性运动,海德格尔表示坚决反对。在他看来,虚无主义是这样一种历史性运动,其中人类一直在寻求能够为存在者赋予意义的最高存在者,而遗忘了让存在者得以存在的"存在"本身。在传统形而上学那里,这个最高存在者固然就是上帝,但在从笛卡尔开始的现代形而上学中,这个最高存在者已经变成了具有自我意识的主体性的人,而"自我意识则把其本质揭示为求意志的意志"②即权力意志。无疑,尼采用于克服虚无主义的超人——把权力意志"当作一切存在者的基本特征"而"接受到他本己的意愿之中"的"超出以往的人"③——就是这种主体性之人的完成,他已经占据之前上帝占据的主导性地位。也就是说,当基督教上帝代表的超感性领域失效时,以权力意志为根本特征的超人开始自行设定自身价值和意义,而这不仅证明尼采对虚无主义的理解是完全错误的,还证明尼采超人哲学恰好是"虚无主义的真正完成"④。

在美国学者迈克尔·艾伦·吉莱斯皮看来,海德格尔的观点——虚无主义不仅是历史性运动,还是欧洲历史的基本运动;虚无主义不仅表现为求真理

---

① ［德］海德格尔:《林中路》,孙周兴译,上海译文出版社 2004 年版,第 232 页。
② ［德］海德格尔:《林中路》,孙周兴译,上海译文出版社 2004 年版,第 249 页。
③ ［德］海德格尔:《林中路》,孙周兴译,上海译文出版社 2004 年版,第 266 页。
④ ［德］海德格尔:《林中路》,孙周兴译,上海译文出版社 2004 年版,第 263 页。

的传统形而上学,更表现为求意志的现代形而上学;尼采超人哲学不仅没有克服虚无主义,反而是虚无主义的完成——固然正确,但其存在论思路决定了他只能把尼采"权力意志"概念的思想渊源追溯到笛卡尔的主体性形而上学,而没有认识到或者说不愿承认笛卡尔形而上学是对中世纪末唯名论哲学"神性意志"概念的响应和世俗化,因为"存在"这个"被他用来作为解决虚无主义问题(作为现代意志哲学的产物)的方案,实际上与早期的全能神性意志概念有着深厚的渊源。在他的思想中,'存在'是一个超越自然与理性的全能力量,接近于唯名论隐匿的上帝(deus absconditus)"①。于是,吉莱斯皮决定重新与尼采展开对话。在《尼采之前的虚无主义》导言部分,吉莱斯皮提出自己对虚无主义的理解:

> 尼采的虚无主义实际上是对最初被理解的虚无主义概念的反转,而他用以解决虚无主义问题的方案,事实上只是更加深陷于虚无主义问题之中。与尼采的解释相反,虚无主义并非上帝之死的结果,而是另一个不同的上帝诞生或再生的结果,这个全能意志的上帝,怀疑所有的理性和自然,因而推翻了所有关于真理与正义、善与恶的终极标准。关于这个上帝的观念在 14 世纪成为主流,它粉碎了哲学和神学在中世纪的联合,把人投掷到一种全新的思维与存在方式——一种与古代方式(via antiqua)根本相左的现代方式(via moderna)——中。这种新方式反过来为作为人的自主领域的现代性奠基。虚无主义因此可以在现代性的基础中找到它的根源,尽管它只是作为这个开端所经历的一系列转换的结果而浮现出来。②

吉莱斯皮所谓"最初被理解的虚无主义概念",就是海德格尔已经注意到

---

① Michael Allen Gillespie, *Nihilism before Nietzsche*, Chicago: The University of Chicago Press, 1995, p.xxii.

② Michael Allen Gillespie, *Nihilism before Nietzsche*, Chicago: The University of Chicago Press, 1995, p.xii.

的雅克比、让-保罗、屠格涅夫和陀思妥耶夫斯基等人的虚无主义概念。尼采
或许不了解雅克比和保罗的著述,但肯定熟知屠格涅夫和陀思妥耶夫斯基的
小说,从而熟知他们的虚无主义概念,以及他们用这个概念指称的俄国虚无主
义运动。① 然而,尼采仅仅把俄国虚无主义者视为叔本华式的人物,认为他们
和欧洲其他国家的虚无主义者一样,都相信生命已经因为上帝之死而变得毫
无意义,而这种相信本身也是他们的权力意志已经衰落的结果。② 在吉莱斯
皮看来,这完全扭曲了屠格涅夫和陀思妥耶夫斯基所塑造的虚无主义者形象,
因为后者根本不是权力意志已经衰落的颓废者,而是权力意志极其张扬的
"超人"③。而且,这类虚无主义者的原型,就是在中世纪末唯名论哲学中诞生
或再生的上帝。说这位上帝"诞生",是说他不同于之前实在论的理性主义上
帝,是一个全新的唯意志论上帝;说这位上帝"再生",是说他不过就是旧约
《圣经》中那位犹太人上帝的重现。④ 正是这位唯名论上帝的诞生或再生,把
自诩按照上帝形象塑造的西方人投掷到唯名论这种"全新的思维与存在方
式"中。不同于作为"古代方式"的实在论把优先权赋予"理性"以及"必然性
和秩序",唯名论这种"现代方式"把优先权赋予"意志"和"自由",鼓励人们

---

① 参见[英]沙恩·韦勒:《现代主义与虚无主义》,张红军译,郑州大学出版社 2017 年版,
第 25—26 页。

② 参见 Michael Allen Gillespie, *Nihilism before Nietzsche*, Chicago: The University of Chicago
Press, 1995, p.178。

③ 根据吉莱斯皮的观点,"超人"(Übermensch; superhuman)概念并非尼采专利,它早在 18
世纪反启蒙运动中就已经产生,弥尔顿塑造的撒旦形象,歌德塑造的浮士德形象,拜伦塑造的曼
弗雷德形象,蒂克塑造的洛维尔形象,司汤达塑造的索雷尔形象,巴尔扎克塑造的沃特林形象,
屠格涅夫塑造的巴扎罗夫形象,车尔尼雪夫斯基塑造的拉赫梅托夫形象,等等,都属于超人范
畴。参见 Michael Allen Gillespie, *Nietzsche's Final Teaching*, Chicago: The University of Chicago
Press, 2017, p.42。

④ 尼采曾经如此描述和赞美这位老上帝:"尚且自信的民族(指早期犹太民族——引者)
也还有它自己的上帝。它在其中敬拜自己上升的条件、自己的德性,它在一个可以对之表示感
恩的事物中投射了它对自身的快感及其力量感。富有的人想要给予;一个高傲的民族需要一个
上帝来献祭……如此条件下的宗教是一种感恩的形式。人对自己心存感激:为此需要一位上
帝。——这样一位上帝必须能有助益、也能够损害,能做朋友、也能做敌人——无论好坏,人们都
赞赏它。"参见[德]尼采:《敌基督者》,余明锋译,商务印书馆 2016 年版,第 21 页。

"怀疑所有的理性和自然"、推翻"所有关于真理与正义、善与恶的终极标准",从而成为现代虚无主义的根源。① 大多数西方现代思想,从笛卡尔、费希特、浪漫主义者再到俄国虚无主义者的思想,都在倡导这种全新的思维与存在方式,而尼采用以解决他所谓虚无主义问题的狄奥尼索斯哲学方案,不过是其中一种极端表现。

对于吉莱斯皮把虚无主义问题理解为现代意志哲学的产物,把这种意志哲学的根源追溯至中世纪末唯名论革命,并且把其完成归功于尼采,笔者表示高度认同。但是,对于吉莱斯皮和尼采(把虚无主义理解为对感性生命、感性世界的漠视)、海德格尔(把虚无主义理解为对存在的遗忘、拒绝乃至"斩草除根"②)一样,把虚无主义仅仅视为一种否定性态度,一种只是"怀疑所有的理性和自然""推翻所有关于真理与正义、善与恶的终极标准"的态度,笔者表示不敢苟同,因为这样的虚无主义定义,无法切中吉莱斯皮自己所描述的西方现代性精神本质。在前述引文中,吉莱斯皮把西方现代性规定为表现人的"自主"精神的领域。在其另一部著作《现代性的神学起源》中,他对此作了更为明确的说明:

> 现代意味着"新",意味着时间之流中一个前所未有的事件、一个最初的开端、某种前所未有的东西、世界中的一种新颖的存在方式,最终甚至不是一种存在的形式(a form of being),而是一种生成的形式(a form of becoming)。把自己理解成新的,也就是把自己理解成自我发源的、彻底自由的和有创造性的,而不仅仅由传统所决定,或由命运或天意所主宰。要成为现代的,就要自我解放和自我创造,从而不仅要存在于历史或传统之中,而且要创造历史。因此,现代不仅意味着通过时间来规定人的存在,而且意味着通过人

---

① Michael Allen Gillespie, *Nihilism before Nietzsche*, Chicago: The University of Chicago Press, 1995, p.xii.

② [德]海德格尔:《林中路》,孙周兴译,上海译文出版社2004年版,第275页。

的存在来规定时间,把时间理解成自由的人与自然界相互作用的产物。①

这就是说,西方现代性(western modernity)不同于西方古代性(western antiquity),后者并不突出时间要素,且认为当下时代不比过去优越,而前者突出时间要素,认为当下时代是全新的、前所未有的和进步的,它对立于过去时代,是对过去时代的瓦解、克服和超越。于是,活在当下,意味着个体要成为"自我发源的、彻底自由的和有创造性的";做一个现代人,意味着要截断时间之流,除旧布新,无中生有,也就是首先怀疑、否定和拒绝一切传统、命运或天意,以获得"自我解放",继而强调通过自身存在规定时间,基于自身意愿改造和征服自然,以实现"自我创造"。无疑,吉莱斯皮所谓表现人的自主精神的西方现代性,包含消极的自我解放和积极的自我创造两个层面,而虚无主义如果只是一种鼓励人们"怀疑所有的理性和自然"、推翻"所有关于真理与正义、善与恶的终极标准"的否定性态度,显然只能指代第一个层面。

事实上,不只是上述思想家,还有很多研究者也认为虚无主义只意味着一种否定性态度。比如,根据词源学的研究,列奥·施特劳斯认为德语"虚无主义"(nihilismus)的意思"也许是'velle nihil',意欲虚无、意欲包括自身在内的万物毁灭,因此,首先是自身毁灭的意志"②;凯伦·L.卡尔指出,英语"虚无主义"(nihilism)一词的词根是"拉丁文'nihil',字面意思为'什么也不是,虚无;不存在的东西'。同样的词根出现在动词'annihilate'中,意思是'导致非存在,对存在的清除'"③;诺伦·格尔茨也认为,英语虚无主义一词中的"nihil"意味着"虚无","ism"意味着"意识形态",二者合并意味着"关于虚无的意识

① ［美］迈克尔·艾伦·吉莱斯皮:《现代性的神学起源》,张卜天译,湖南科学技术出版社2019年版,第7页。
② 刘小枫主编:《苏格拉底问题与现代性——施特劳斯讲演与论文集:卷二》,华夏出版社2008年版,第103—104页。
③ ［美］凯伦·L.卡尔:《虚无主义的平庸化——20世纪对无意义感的回应》,张红军、原学梅译,社科文献出版社2016年版,第19页。

形态",意味着一种相信生命的虚无或否定生命意义的态度。① 根据系谱学的研究,唐纳德·A.克罗斯比把虚无主义分为五种基本类型,即政治虚无主义、道德虚无主义、认识论虚无主义、宇宙论虚无主义和生存论虚无主义,其中前四种虚无主义都否定人类生活的某一重要方面,而后一种虚无主义否定人类生活本身。② 此外,根据年代学的梳理,威尔·斯洛克姆认为虚无主义概念在西方现代思想中被先后用来指代人道主义的虚无主义(以雅克比批判的费希特哲学为代表)、反独裁主义的虚无主义(以帕特森批判的施蒂纳哲学为代表)、反人道主义的虚无主义(以尼采批判的基督教为代表)和独裁主义的虚无主义(以阿多诺批判的海德格尔和纳粹哲学为代表)。③ 和克罗斯比把各种虚无主义都理解为"一种否定或拒绝的态度"④一样,斯洛克姆也认为自己所梳理出来的这些虚无主义都是"否定的哲学"⑤,它们分别否定上帝的存在、宗教和政治权威、人的感性生命和差异性或他者。

但是,虚无主义真的只能指一种否定性态度或否定哲学吗? 未必。在尼采之前虚无主义概念的早期使用者那里,该词所指的就绝不只是一种否定性态度,还是一种肯定性态度,而后者不只是虚无主义概念的应有之义,还是其更为关键的内涵。这里可以先通过分析屠格涅夫和陀思妥耶夫斯基的文本来初步证明这一点(关于雅克比和让-保罗的文本分析,见下一节)。屠格涅夫的虚无主义概念出现在小说《父与子》——正是这篇小说导致这个术语的第

---

① 参见 Nolen Gertz, *Nihilism*, Cambridge: Massachusetts Institute of Technology Press, 2019, pp. 4—6。

② 参见[美]唐纳德·A.克罗斯比:《荒诞的幽灵——现代虚无主义的根源与批判》,张红军译,社会科学文献出版社 2020 年版,第 46 页。

③ 参见 Will Slocombe, *Nihilism and the Sublime Postmodern: The (Hi) Story of a Difficult Relationship from Romanticism to Postmodernism*, New York: Routledge, 2006, pp.8—24。

④ [美]唐纳德·A.克罗斯比:《荒诞的幽灵——现代虚无主义的根源与批判》,张红军译,社会科学文献出版社 2020 年版,第 46 页。

⑤ Will Slocombe, *Nihilism and the Sublime Postmodern: The (Hi) Story of a Difficult Relationship from Romanticism to Postmodernism*, New York: Routledge, 2006, p.24.

一次大流行①——中。在回答伯父的问题"巴扎罗夫是一个怎样的人"时，巴扎罗夫的朋友阿尔卡狄说道："他是一个虚无主义者。"对此，他父亲的反应是："那是从拉丁文'*nihil*'（无）来的了；那么这个字眼一定是说一个……一个什么都不承认的人吧?"他的伯父却说："不如说是：一个什么也不尊敬的人。"而阿尔卡狄则认为，虚无主义者是"一个用批评的眼光去看一切的人"，是"一个不服从任何权威的人，他不跟着旁人信仰任何原则，不管这个原则是怎样被人认为神圣不可侵犯的"。② 随后，巴扎罗夫现身说法，指出自己要做的事情就是否定一切："凡是我们认为有用的事情，我们就依据它行动。……目前最有用的事就是否定——我们便否认。"当阿尔卡狄的父亲指出"您否认一切，或者说得更正确一点，您破坏一切……可是您知道，同时也应该建设呢"时，巴扎罗夫说道："那不是我们的事情了……我们应该先把地面打扫干净。"③

恰如克罗斯比所言，正是由于这部小说，虚无主义观念很快就在俄国家喻户晓，并开始和俄国虚无主义者的政治革命及恐怖计划相关联，而在这些以虚无主义者自居的革命者那里，"纯粹的否定或破坏似乎成为主要目标"④。但是，仔细阅读小说，还是可以发现，巴扎罗夫并非一味主张否定或破坏。他之所以强调否定或破坏，是因为他还不知道如何建设，这绝不等于他完全拒绝建设。实际上，他之所以主张"先把地面打扫干净"，就是为了给将来懂得建设的人留下一片充满可能性的空白。这也就是说，巴扎罗夫并非为了否定而否定，为了破坏而破坏，而是为了新的建设而否定与破坏。于是，"建设"不仅是巴扎罗夫虚无主义的必要内涵，还是更为重要的内涵。对此，克罗斯比也有着

---

① 参见［美］唐纳德·A.克罗斯比：《荒诞的幽灵——现代虚无主义的根源与批判》，张红军译，社会科学文献出版社 2020 年版，第 14 页。

② ［俄］屠格涅夫：《前夜　父与子》，丽尼、巴金译，上海译文出版社 1993 年版，第 226—227 页。

③ ［俄］屠格涅夫：《前夜　父与子》，丽尼、巴金译，上海译文出版社 1993 年版，第 260—261 页。

④ ［美］唐纳德·A.克罗斯比：《荒诞的幽灵——现代虚无主义的根源与批判》，张红军译，社会科学文献出版社 2020 年版，第 14 页。

清醒的认识。他指出,俄国虚无主义者们"希望改革,希望新的社会秩序的到来,这意味着这些革命者并非致力于纯粹的破坏",只不过,"对于不加区别的否定与破坏带给新时代的道路,以及新社会将会采取的形式,他们通常是完全模糊和不确切的。全神贯注于破坏,而且大多数人似乎都会天真地认为,只要一切既有之物都被清除干净,更好的东西就会自动出现,这让他们这些革命者面临一个挑战,即他们完全没有积极的计划,只是满足于一种无政府状态,把破坏作为最终目的"。①

陀思妥耶夫斯基所理解的虚无主义也是如此。在1866年的一封信中,他如此评价俄国虚无主义者:"*Par les quarter coins de la nappe*(法语'抓住台布的四个角'),把一切都抖落掉,以便至少能为活动准备一块 *tabula rasa*(法语'白板')——这种学说并不要求有什么根基。……不是吗?他们完全相信,在 *Tabula rasa* 上他们能立即建造起天堂。"②也就是说,在陀思妥耶夫斯基看来,俄国虚无主义者不仅追求白板那样的纯粹虚无状态,还要按照自己的意愿在一无所有的白板上重新建造起天堂,不仅要求彻底的自我解放,还要求完全的自我创造,不仅渴望消极的自由,还渴望积极的自由。写这封信期间,陀思妥耶夫斯基正在创作小说《罪与罚》,而后者的主人公拉斯柯尔尼科夫,正是这样一位虚无主义者。他首先渴望的,是摆脱做一个任人宰割的牺牲者的命运,其次渴望的,是做一个像拿破仑那样的主宰者。于是,他否定了"不可杀人!"这样的传统宗教律令,并基于自己的超人哲学选择了杀人。

即使在吉莱斯皮《尼采之前的虚无主义》中,处处可见的也并非一种绝对否定性的虚无主义,而是一种既强调虚无、否定与毁灭,又强调存在、肯定与创造的虚无主义。比如,吉莱斯皮在虚无主义的原型——唯名论的全能意志上

---

① [美]唐纳德·A.克罗斯比:《荒诞的幽灵——现代虚无主义的根源与批判》,张红军译,社会科学文献出版社2020年版,第15页。

② [俄]陀思妥耶夫斯基:《书信集》,郑文樾、朱逸森译,河北教育出版社2010年版,第444页。

帝——那里看到的，就是一个创造者和破坏者兼而有之的角色。另外，他还发现笛卡尔的"我思"之"我"不仅怀疑和否定一切，还会基于自身意愿再造或重构对象世界；费希特的"绝对之我"相信自然或"非我"的无限可塑性，从而在对自然或"非我"的不断毁灭与重建中不断对象化自己，从而无限逼近自己的绝对自由本质；蒂克的威廉·洛维尔信奉彻底的费希特主义，他毁灭了一切建基于理性的传统道德和客观标准，同时又建立了超理性、情绪和感受的霸权；在主张无政府主义和恐怖主义的巴枯宁身上，魔鬼的破坏性力量与神灵的创造性力量奇怪地混合在一起；尼采的超人能够参与权力意志自我创造与自我毁灭的无限循环，不断地破坏现实世界，又一次次把它重组为美妙的艺术品。①

　　在出版于2017年的著作《尼采最后的教义》中，吉莱斯皮更为明确地承认，尼采思想的独创性，在于他倡导了一种既强调虚无、否定与毁灭，又强调存在、肯定与创造的虚无主义。在解读《查拉图斯特拉如是说》时，吉莱斯皮首先指出，该书开头所描述的走钢丝者形象，意味着在尼采看来"人是一根延伸在野兽与超人之间的绳索，一种持续被推向相反方向的存在，而且还是作为由这两种相互冲突的引力造成的张力的唯一结果的存在"②。吉莱斯皮借用尼采的术语，进一步把人的两极存在（野兽和超人）之间的存在状态细化为四种类型，即末人（享乐主义者）、骆驼（基督徒）、狮子（俄国虚无主义者）和孩子（未来的超人），并且认为它们分别代表一种虚无主义，即"不完全的虚无主义""消极的虚无主义""积极的虚无主义"（后两者都是"完全的虚无主义"）和"狄奥尼索斯式的虚无主义"，其中前三种虚无主义已经在历史中存在过，它们代表着越来越主动、越来越坚决、越来越彻底的否定性态度，而第四种尚

---

①　参见 Michael Allen Gillespie, *Nihilism before Nietzsche*, Chicago: The University of Chicago Press, 1995, pp.14-28, 50-51, 86-92, 106-110, 160-164, 231-240。

②　Michael Allen Gillespie, *Nietzsche's Final Teaching*, Chicago: The University of Chicago Press, 2017, p.29.

未在历史中出现过,这也就是尼采要主张的虚无主义,代表的是狄奥尼索斯自我创造、自我毁灭的永恒轮回教义。① 这种历史上从未有人明确主张过的虚无主义,绝不仅仅渴望虚无、否定与毁灭,还渴望存在、肯定与创造,渴望虚无与存在、否定与肯定、毁灭与创造的无限循环。

二、审美虚无主义

事实上,吉莱斯皮不仅谈论了这种既渴望虚无、否定与毁灭,又渴望存在、肯定与创造的虚无主义,还把它命名为"诗性虚无主义"或"审美虚无主义"。

在 1799 年致费希特的公开信里,雅克比把费希特的唯心主义视为虚无主义,因为在雅克比看来,当费希特废除了对上帝这个唯一的神圣自足者——上帝是作为人类真理(truth)基础的唯一真实存在(the true)②——的信仰,从"绝对之我"出发的哲学就失去了最终的根基,就变成了只是意愿虚无的哲学。③ 深受雅克比影响,本为德国浪漫主义先驱的让-保罗开始用虚无主义批判唯费希特马首是瞻的德国早期浪漫派文学。他在出版于 1804 年的《美学入门》中指出,古老的亚里士多德式诗歌定义——根据这种定义,"诗歌的本质存在于对自然的美丽的(精神的)模仿中"④——在消极意义上说是最好的,因为它排除了两个极端,即"诗歌上的唯物主义"(poetic materialism)和"诗歌上的虚无主义"(poetic nihilism)。⑤ 所谓诗歌上的唯物主义,是指诗人过分拘泥于现实,只会贫

---

① 参见 Michael Allen Gillespie, *Nietzsche's Final Teaching*, Chicago: The University of Chicago Press, 2017, pp.28-36。

② 参见 Friedrich Heinrich Jacobi, "Open Letter to Fichte", in Ernst Behler, ed., *Philosophy of German Idealism*, New York: Continuum, 1987, pp.125, 130。

③ Friedrich Heinrich Jacobi, "Open Letter to Fichte", in Ernst Behler, ed., *Philosophy of German Idealism*, New York: Continuum, 1987, p.136.

④ Johann Paul Friedrich Richter, *Horn of Oberon: Jean Paul Richter's School for Aesthetics*, trans., Margaret Hale, Detroit: Wayne State University Press, 1973, p.15.

⑤ Johann Paul Friedrich Richter, *Horn of Oberon: Jean Paul Richter's School for Aesthetics*, trans., Margaret Hale, Detroit: Wayne State University Press, 1973, p.15.

乏地复制自然,而不敢大胆地想象和虚构,从而不能让读者从有限中看到无限,最终获得精神的自由。但是,相对于诗歌上的唯物主义走向了客观主义的极端,诗歌上的虚无主义——德国早期浪漫派的精神本质——走向了主观主义的极端:

> 当下时代无法无天、任性无常的精神,将会自负地摧毁整个世界和宇宙,这样做只是为了清空一块儿地方,以便在虚空中自由游戏,而且还会撤掉那作为纽带而存在的伤口上的绷带,由于这种精神,这个时代必然会轻蔑地谈论模仿和对自然的研究。当一个时代的历史对于历史学家来说逐渐变得不重要,信仰和爱国情怀丧失,那么自我主义的任性专断必然最终会纠缠于现实性的顽固要求。于是,自我主义喜欢逃进幻想的沙漠,那里没有法律要遵守,除了它自己用来构建韵律和谐音的有限而琐碎的东西。①

从这段话中可以看出,保罗为什么不用"诗歌上的唯心主义"而用"诗歌上的虚无主义"来对应于"诗歌上的唯物主义"。德国早期浪漫派固然是诗歌上的唯心主义,因为它特别强调人类自我"无法无天、任性无常的精神"相较于"世界和宇宙"的逻辑先在性。但是,德国早期浪漫派更是诗歌上的虚无主义,也就是费希特哲学所表述的虚无主义在文学领域的表现,因为德国早期浪漫派同样从人类自我出发,废除了作为终极依据的上帝(让"一个上帝像太阳那样确定的时代"变成了过去),变成了意愿虚无的诗学。

但是,在谈论保罗"诗歌上的虚无主义"时,吉莱斯皮实际上已经把它理解成了"诗性虚无主义"(尽管这两个词的英文表述都是"poetic nihilism")。②

---

①　Johann Paul Friedrich Richter, *Horn of Oberon: Jean Paul Richter's School for Aesthetics*, trans., Margaret Hale, Detroit: Wayne State University Press, 1973, pp.15-16.

②　Michael Allen Gillespie, *Nihilism before Nietzsche*, Chicago: The University of Chicago Press, 1995, p.xvii.笔者在翻译吉莱斯皮这本书时,最初主张把保罗的"poetic nihilism"翻译成"诗歌上的虚无主义"。孙周兴教授也是如此翻译的,参见[德]海德格尔:《尼采》,孙周兴译,商务印书馆2002年版,第670页。但是,在和笔者的交流中,吉莱斯皮主张这个短语应该译作"诗性虚无主义"。参见该书中文版《尼采之前的虚无主义》(商务印书馆2023年版)"译后记"。

也就是说,在吉莱斯皮那里,"poetic"已经不再仅仅用来规定虚无主义的表现范围,即"诗歌上的",而是用来规定虚无主义的性质,即"诗性的",也就是"强调创造的",所谓"诗性虚无主义",就是一种既强调虚无、否定与毁灭,又强调存在、肯定与创造的主张或态度。吉莱斯皮的这种理解,首先有其词源学根据。在古希腊语中,"诗"(poiēsis)的本意就是生产、制作、创造,就是把尚未存在的东西带入存在。① 在《会饮篇》中,苏格拉底曾借狄奥提玛之口说过:"'诗'所涵盖的范围很广。可以说,所有从无生有的事情都可以是诗;因此每一种技艺和行当的创造本身都是诗,而每一个践行这样的技艺的人也都是诗人。"②海德格尔也指出,希腊文"技术"意味着"技艺",而"技艺"属于"诗",后者意味着某种"创作"。③ 或许是笔误,吉莱斯皮又把"诗歌上的虚无主义"说成是"审美领域的虚无主义"(aesthetic nihilism)④。既然诗歌上的虚无主义可以理解为诗性虚无主义,那么审美领域的虚无主义也可以理解为审美虚无主义,而正如尼采所强烈主张的那样,这里的"审美",当然指的是主动的给予、创造意义上的审美,而非被动的接受、欣赏意义上的审美。⑤ 另外,吉莱斯

---

① 参见 Donald Polkinghorne, *Practice and the Human Sciences: The Case for a Judgment-Based Practice of Care*, New York: SUNY Press, 2004, p.115。

② Plato. *Plato Complete Works*, ed., John M. Cooper, Indianapolis/Cambridge: Hackett Publishing Company, 1997, p.488.

③ [德]《海德格尔选集》,孙周兴选编,上海三联书店 1996 年版,第 931 页。

④ Michael Allen Gillespie, *Nihilism before Nietzsche*, Chicago: The University of Chicago Press, 1995, p.64. 查阅吉莱斯皮所给"aesthetic nihilists"出处(Johann Paul Friedrich Richter, *Horn of Oberon: Jean Paul Richter's School for Aesthetics*, trans. Margaret Hale, Detroit: Wayne State University Press, 1973, p.15),笔者发现那里只有"poetic nihilists",并没有"aesthetic nihilists"之说。把"aesthetic nihilists"译成"审美虚无主义者",也是吉莱斯皮的建议。

⑤ 尼采认为,他之前的美学都只是从观众而非艺术家出发审视审美状态,都把以主动的创造为特征的审美状态等同于以被动的欣赏为特征的沉思状态。尼采还指出,他之前的美学都在把以主动给予为特征的男性艺术家美学变成以被动接受为特征的女性受众美学:"这一点把艺术家与外行(艺术受众)区分开来了:外行在接受中达到其敏感性的顶点;而艺术家则在给予中有其顶点。……人们不应该要求给予的艺术家变成女人——要求他去'接受'……迄今为止,我们的美学都是一种女性美学(Weibs-Aesthetik),因为其中只有艺术受众表达了他们关于'什么是美?'的经验。直到今天,整个哲学中都缺失了艺术家……"在尼采看来,"只有在那些根本上能够

皮的这种理解,确实也恰如其分地把握住了德国早期浪漫派文学的根本特征,因为正如上述引文所揭示的那样,德国早期浪漫派之所以要否定上帝,摧毁整个世界和宇宙,目的是"在虚空中自由游戏",在"幻想的沙漠"里"构建韵律和谐音"。也就是说,德国早期浪漫派不仅会意愿消极的虚无、否定和毁灭,还会意愿积极的存在、肯定和创造。

　　吉莱斯皮不仅把德国早期浪漫派文学理解为诗性虚无主义或审美虚无主义,还把费希特唯心主义哲学理解成了诗性虚无主义或审美虚无主义,因为在他看来,作为费希特哲学起点的"绝对之我",就是一个不仅渴望虚无、否定与毁灭,还渴望存在、肯定与创造的行动意志。我们可以从雅克比那里发现这种理解的正当性。在雅克比看来,费希特唯心主义之所以是虚无主义,是因为费希特把所有位于超越性的"我"或人类精神之外和之上的东西都转化为空无。但是,雅克比还敏锐地注意到,这仅剩的精神"是那样的纯洁,以至于它不能在它的纯洁性中存在,而只能生成万物"①。也就是说,费希特的"我"或人类精神不仅要毁灭掉一切,还必须再创造一切,他所从事的,不仅是虚无化行动,还是诗化或审美化行动,从而是诗性虚无主义或审美虚无主义行动。关于这一点,雅克比还作了进一步的概括:在费希特的人类个体心中"只有空无的意识和诗"(empty consciousness and *poem*)②。这里,"空无的意识"强调人类个体意愿消极的自我解放,而"诗"则强调人类个体还会意愿积极的自我创造,二者合在一起,正好体现了吉莱斯皮所描述的西方现代性精神。

　　如果吉莱斯皮的理解是正确的,那么"诗性虚无主义"或"审美虚无主义"

胜任肉体 *vigor*[生命力、精力]的有所给〈出〉和溢流的充盈性的人物身上,才会出现这样一种审美状态。"参见[德]尼采:《权力意志》,孙周兴译,商务印书馆 2007 年版,第 258、1092—1093、449—450 页。

　　① Friedrich Heinrich Jacobi, "Open Letter to Fichte", in Ernst Behler, ed., *Philosophy of German Idealism*, New York: Continuum, 1987, p.126.

　　② Friedrich Heinrich Jacobi, "Open Letter to Fichte", in Ernst Behler, ed., *Philosophy of German Idealism*, New York: Continuum, 1987, p.133.

（为行文方便，后面将只使用"审美虚无主义"一词）就变成了一个一般性的哲学概念，因为它不仅可以指代费希特唯心主义，也可以指代德国早期浪漫派。也就是说，费希特唯心主义是审美虚无主义的哲学表现，而德国早期浪漫派是审美虚无主义的文学表现。不仅如此，还可以把费希特唯心主义和德国早期浪漫派之前的西方现代思想理解为审美虚无主义的孕育和发生阶段，把之后的西方现代思想理解为审美虚无主义的发展和完成阶段。带着这样的理解重回《尼采之前的虚无主义》，就会发现，吉莱斯皮虽然旨在梳理一部虚无主义史，无意间却梳理了一部审美虚无主义史。但也正因为无意，吉莱斯皮的梳理只是强调了审美虚无主义渴望虚无、否定与毁灭的一面，并没有凸显审美虚无主义渴望存在、肯定与创造的一面，也不可能凸显这两方面之间的密切关联，这也导致这种梳理本身充满了含混甚至矛盾之处。带着这样的理解重回《尼采最后的教义》，还会发现，吉莱斯皮把审美虚无主义视为尼采绝无仅有的独创，这与他在《尼采之前的虚无主义》中梳理的审美虚无主义发生、发展、完成史无法融通。吉莱斯皮留下的遗憾，成为本书存在的理由。本书的主要任务，就是通过重新梳理西方现代思想史，证明作为西方现代性精神本质的虚无主义，不是一种仅仅强调否定性的虚无主义，而是一种既强调虚无、否定与毁灭，更强调存在、肯定与创造的审美虚无主义，它开端于中世纪末唯名论革命，完成于尼采的狄奥尼索斯哲学。

用审美虚无主义来规定西方现代性的精神本质，并非没有先例。早在1969年出版的《虚无主义:哲学反思》中，斯坦利·罗森就已经指出，由于基督教和现代数学都强调"无中生有"的创造，强调"通过任意的决定来赋予价值"，深受基督教和现代数学影响的西方现代哲学本质上已经变成理性的对立面——诗，即极具历史性、个体性和主观性的艺术作品。① 他还在《诗与哲学之争》中指出，尼采哲学意味着诗在与哲学的古老纷争中取得最终胜利，而

---

① 参见［美］斯坦利·罗森:《虚无主义:哲学反思》，马津译，华东师范大学出版社2019年版，"前言"部分第1—9页。

"诗的胜利担保了虚无主义的胜利,就是说,不仅作为原创性(或创造)的条件的虚无,而且作为每一创造'要素'的虚无,具有不可更易的优先性。超人'宇宙'的极端虚无,是人类升华到具有创造性的神的地位的必要条件。这有助于解释尼采的双重修辞。获得绝对虚无,或许正是垫脚石,是达到创造性沉醉的修辞性诱因"①。虚无主义之所以强调虚无,是因为虚无是创造的条件和要素,而这意味着,创造,或者把人类"升华到具有创造性的神的地位",才是虚无主义的真正目标。无疑,罗森所谓虚无主义,完全可以理解为虚无化与审美化相统一的审美虚无主义。本研究旨在较为详细地梳理出审美虚无主义在西方现代思想史中逐渐形成并最终获得"胜利"的逻辑进程。笔者并不想断言所有的西方现代思想都是审美虚无主义,而只是想证明很多具有关键节点性的西方现代思想都包含审美虚无主义的因素,这使得审美虚无主义成为一种趋势,一种历史性运动,最终主宰西方现代思想的发展轨迹。

三、研究思路

梳理出审美虚无主义在西方现代思想中的发生、发展与完成过程。在写于1887年的一组名为"欧洲虚无主义"的笔记里,尼采首先提及"第一种虚无主义",它指的是柔弱、无力的犹太先民面对冷酷、可怕的现实世界时产生的不确定感、偶然感和荒唐感等极端消极的心理体验。同时,尼采指出基督教的道德假设就是为了克服这种消极体验而诞生的,因为它能够赋予生命绝对的价值,能够让人们相信这个世界是为了人而存在的,从而让人相信生命即使充满苦难也值得。但是,由基督教的道德假设培养出来的一种"真诚性"(在对这组笔记的分析中,罗森指出这种真诚性的表现就是理性主义②),最终会让

---

①　[美]斯坦利·罗森:《诗与哲学之争》,张辉译,华夏出版社2004年版,第194页。

②　参见[美]斯坦利·罗森:《存在之问:颠转海德格尔》,李昀译,华东师范大学出版社2020年版,第255页。

人们发现这种道德根本上是一种欺骗,发现上帝就是"一个太过极端的假说",发现"一切都是徒劳",发现生命毫无意义。于是,欧洲人重新陷入虚无主义(罗森称之为尼采的"第二种虚无主义"①)。对尼采来说,第二种虚无主义虽然比第一种虚无主义更严重,但也开启了克服自身的可能性。在尼采看来,基督教道德之所以无法克服虚无主义,是因为不承认生命中本来就"没有什么东西是有价值的,除了权力等级——假定生命本身就是权力意志的话"(基督教道德因此根本上就是罗森所谓"被动的虚无主义"②)。于是,克服虚无主义的关键在于首先主动承认生命的偶然、荒唐、无价值和无意义,从而事先表明一种"积极的虚无主义"(罗森所谓"主动的虚无主义"③)态度。然后,要把克服虚无主义的希望寄托在超人身上,因为这些在"力量等级制"的永恒轮回中永远作为强者、命令者再生的人们,最能"以有意识的骄傲来表现人类已经获得的力量",最能自觉肯定生命本身的价值。④

在另一则笔记里,尼采进一步把第二种虚无主义体验的出现视为危机时刻的来临:"我描述的是即将到来的东西:虚无主义的来临。……我相信将有一次极大的危机,将有一个人类进行最深刻的自我沉思的瞬间。"⑤所谓危机,既意味着危险,也意味着机遇。所谓虚无主义危机,既意味着一种如临深渊的大危险,也意味着一种可以从头再来的大机遇。正如吉莱斯皮所言,在尼采看来,"虽然神之死和随后欧洲价值的崩溃会把人类抛入战争和毁灭的深渊,但这一事件也会以一种自希腊悲剧时代以来不为人知的方式把世界敞开。他固然承认,神死了会产生'一种可怕的恐怖逻辑',但他也相信'地平线终将再次展现

---

① [美]斯坦利·罗森:《存在之问:颠转海德格尔》,李昀译,华东师范大学出版社 2020 年版,第 255 页。

② [美]斯坦利·罗森:《存在之问:颠转海德格尔》,李昀译,华东师范大学出版社 2020 年版,第 261 页。

③ [美]斯坦利·罗森:《存在之问:颠转海德格尔》,李昀译,华东师范大学出版社 2020 年版,第 261 页。

④ 参见[德]尼采:《权力意志》,孙周兴译,商务印书馆 2007 年版,第 246—253 页。

⑤ [德]尼采:《权力意志》,孙周兴译,商务印书馆 2007 年版,第 731—732 页。

在我们眼前'。假如神死了,没有什么是真的,则他的结论是:'一切都是允许的。'因此,虚无主义的深渊与一种彻底的、意义重大的开放性密切相关。"①

　　尼采上述笔记,加上之前关于尼采的议论,已经可以让我们比较清楚地勾勒出他的虚无主义叙事结构:它开始于一种先民的虚无主义体验("第一种虚无主义"),展开为一种欧洲历史性的虚无主义运动(由理性主义的基督教和哲学主导的"被动的虚无主义"),终结于一种现代人的虚无主义危机体验("第二种虚无主义"),后者又为尼采自己的虚无主义哲学(吉莱斯皮所谓以"积极的虚无主义"为前提的"狄奥尼索斯式的虚无主义")的出场提供了可能性。② 尼采的这种叙事结构,显然是为了强调自己在西方思想史中的划时代地位而扭曲了西方思想史本身。笔者认同尼采的如下假设,即基督教既为了克服第一种虚无主义而诞生,也导致了第二种虚无主义的产生,而后者既是危险,也是机遇,为克服自身提供了新的可能性。但是,尼采显然没有关注或强调基督教神学发展史中实在论与唯名论的重大斗争③,没有认识到能够克服

　　①　[美]迈克尔·艾伦·吉莱斯皮:《现代性的神学起源》,张卜天译,湖南科学技术出版社2019年版,第21页。

　　②　从这里可以看出,尼采的虚无主义概念使用是多么混杂。正如卡尔所注意到的那样,"试着整理尼采所说的虚无主义,就像整理一团需要用极大的耐心去梳理的乱麻。尼采用'虚无主义'这个词语表达不同的意思,其中的许多意思彼此对立。虚无主义被用于描述一种历史进程,一种心理状态,一种哲学立场,一种文化状况,一种虚弱的表象,一种强壮的迹象,危险中的危险者,一种神圣的思想道路。评论这一令人眼花缭乱的语词光谱,很可能会让人觉得,尼采关于虚无主义的言论中唯一清楚明白的一点就是,虚无主义是含混不清的。但即使是这一点感觉,也被他反复的武断声明所破坏。"参见[美]凯伦·L.卡尔:《虚无主义的平庸化——20世纪对无意义感的回应》,张红军、原学梅译,社科文献出版社2016年版,第39—40页。不过,在笔者看来,尼采的虚无主义概念至少表达了三种意思,即作为心理状态的虚无主义(第一种和第二种虚无主义)、作为欧洲历史性运动的虚无主义,以及用于克服作为心理状态的虚无主义的虚无主义。

　　③　搜索科利版《尼采著作全集》(KSA),笔者发现尼采至少使用了19处"Realismus",虽然根据不同语境既可译作"现实主义",又可译作"实在论"(或"唯实论"),但在尼采著作的某些地方的确必须译作"实在论"。比如,在《朝霞》第一卷第116条格言中,尼采就曾说道:即使是叔本华,也毫无顾忌地执着于"道德实在论",参见[德]尼采:《朝霞》,杨恒达、杨俊杰译,中国人民大学出版社2016年版,第116页。尼采既然知道"实在论"一词,也应该知道"唯名论"一词,从而熟悉欧洲历史上著名的"唯名论—实在论之争"(Nominalismus-Realismus-Streit)。然而,搜遍《尼采著作全集》,笔者吃惊地发现,尼采竟然从未使用过"Nominalismus"(唯名论)一词。

第一种虚无主义的只是实在论的基督教神学，而导致第二种虚无主义的却是唯名论的基督教神学，也没有认识到第二种虚无主义早在中世纪末就已经出现，而从文艺复兴时期人文主义运动开始的诸多西方现代思想家，都已经把第二种虚无主义视为危险与机遇并存的危机，并且纷纷把唯名论上帝的审美虚无主义属性赋予西方个体，让他们自己勇敢承担克服虚无主义危机的重任，更没有认识到他本人不过是这些用审美虚无主义克服虚无主义危机的思想家中最为坚决、彻底的一个，没有认识到他的狄奥尼索斯式虚无主义不过是审美虚无主义的极致表达。本书所要完成的审美虚无主义叙事，将以上述结构为支撑而展开。

另外，鉴于尼采对两种虚无主义体验的理解过于含混并缺乏历史性，笔者打算借用保罗·蒂利希的理论对这两种虚无主义体验作进一步的界定。蒂利希在《存在的勇气》中指出，现实生活中每个人每时每刻都会面临各种各样具体的威胁，但作为存在者，个体所面临的本体论层面的威胁只有一个——非存在，即对存在的否定。[①] 非存在对个体存在的威胁可以细分为三类，即对个体实体性存在的威胁、对个体道德性存在的威胁，以及对个体精神性存在的威胁。这些威胁会让个体分别产生实体性焦虑（对命运与死亡的焦虑）、道德性焦虑（对罪过与谴责的焦虑）和精神性焦虑（对空虚与无意义的焦虑）。这些焦虑虽然各有不同，但又不可完全割裂，常常相互激发、相互促进，其中实体性焦虑是个体最基本、最普遍、最不可逃避的焦虑，它会唤醒和增强个体道德性焦虑，而精神性焦虑是最严重的焦虑，是个体宁愿舍去实体性存在也不愿忍受的焦虑。从西方文明史来看，实体性焦虑在西方古代文明末期开始占支配地位，道德性焦虑在中世纪末期开始占支配地位，而精神性焦虑则在现代后期开始占支配地位。[②] 所谓存在的勇气，就是个体努力克服这些焦虑并肯定自身

---

① 参见［美］保罗·蒂利希：《存在的勇气》，成穷译，贵州人民出版社2009年版，第20页。
② 参见［美］保罗·蒂利希：《存在的勇气》，成穷译，贵州人民出版社2009年版，第25—34页。

存在的品质,它又可以分为作为部分而存在的勇气和作为自我而存在的勇气,其中前者表现为个体通过参与共同体行为来肯定自身存在,后者表现为个体通过独创行为来肯定自身存在。① 从人兽有别的原始社会开始,个体就已经有了焦虑体验,但直到中世纪末期,西方人都主要依靠作为部分而存在的勇气来克服焦虑,中世纪的实在论哲学,就仍然在强调参与,强调个别通过参与普遍而获得自我肯定的力量。但是,强调个体性的唯名论哲学改变了这一切,从此,一种依靠作为自我而存在的勇气战胜非存在威胁的思想道路就成为可能。② 蒂利希所谓焦虑体验,完全可以视为虚无主义体验,蒂利希对焦虑体验的分类和分期,也完全可以视为对虚无主义体验的分类和分期。笔者在涉及尼采所谓第一种、第二种虚无主义体验时,将引入蒂利希这些观点。

本书主体包含四个部分。第一部分即第一章,探讨审美虚无主义的发生。通过梳理上帝形象在《圣经》、教父神学、实在论哲学和唯名论哲学中的变化尝试指出,能够让西方人克服尼采所谓第一种虚无主义体验(主要是实体性焦虑,它伴随着精神性焦虑,且即将唤醒道德性焦虑)的基督教上帝信仰,只是在中世纪实在论哲学尤其是阿奎那思想中才最终确定下来,而这种信仰很快就被以奥卡姆为代表的唯名论哲学所质疑和动摇。如果说实在论的上帝和唯名论的上帝都是无限全能的上帝,那么实在论强调全能中理性的优先性,而唯名论强调全能中意志的优先性;如果说实在论的上帝是一个参与、遵守并捍卫由自己创立的世界秩序的审美理性主义者,那么唯名论的上帝则是一个完全独立于所有法则与秩序之外的审美虚无主义者,他一直在无动于衷地玩弄着即虚无即存在、即否定即肯定、即毁灭即创造的无限循环游戏。面对中世纪末出现的各种灾难、不幸和巨变,人们越发相信,主宰这一切的不再是一个可

---

① 参见[美]保罗·蒂利希:《存在的勇气》,成穷译,贵州人民出版社2009年版,第46—90页。

② 参见[美]保罗·蒂利希:《存在的勇气》,成穷译,贵州人民出版社2009年版,第51—57页。

信、可望、可爱的实在论上帝，而是一个难以理解、令人恐惧的唯名论上帝，这使得西方个体重新陷入虚无主义体验，罗森所谓第二种虚无主义体验（主要还是实体性焦虑，它伴随精神性焦虑，并且已经唤醒和增强了道德性焦虑）。

第二部分包括第二至第五章，梳理审美虚无主义的发展。唯名论革命导致的虚无主义体验，既意味着危险，又意味着机遇。本部分尝试证明，从人文主义运动、宗教改革运动、启蒙运动到浪漫主义运动，很多具有代表性的西方思想家都把虚无主义体验当成了机遇而非危险。也就是说，这些思想家越来越坚决、越来越彻底地把唯名论上帝的审美虚无主义属性赋予西方人，认为他们也可以独立于所有法则与秩序之外，成为自我解放与自我创造的意志个体，成为能够摧毁并重建现实世界的意志个体，从而不仅能克服虚无主义体验，还能获得和唯名论上帝一样的绝对权力和无限自由。

第二章谈论文艺复兴与宗教改革时期的审美虚无主义。这一时期的思想，主要强调的是先虚无再存在、先否定再肯定、先毁灭再创造的温和审美虚无主义，而非即虚无即存在、即否定即肯定、即毁灭即创造的激进审美虚无主义，并且表现为唯意志论和决定论两种截然相反的形式，它致力于克服的虚无主义体验，主要是实体性焦虑（即对命运与死亡的焦虑），以及由此引出的道德性焦虑（即对罪过与谴责的焦虑）。面对唯名论上帝所主宰的混乱世界，主张唯意志论的人文主义者致力于克服实体性焦虑，他们首先否定了通过共同体战胜焦虑的思想传统，继而设想了一种完全孤立的个体，他可以凭借自己的男性气概战胜可怕的命运女神。与此相反，持决定论的宗教改革思想家马丁·路德致力于克服道德性焦虑，他否定个体凭借自身意志获得救赎的可能性，要求基督徒只去意愿神之所愿，让自己的意志与神的全能意志合一。但是，基督徒意愿的神之所愿根本上只是基督徒自身的意愿，而这意味着，和人文主义者的新人一样，宗教改革者想象中的新基督徒也是自我解放和自我创造的审美虚无主义者。

第三章至第四章梳理启蒙思想家的审美虚无主义。这一时期思想所强调的,也主要是温和的审美虚无主义,但和康德哲学针锋相对的萨德哲学已经表现为激进的审美虚无主义。这一时期审美虚无主义所要克服的虚无主义体验,从实体性焦虑、道德性焦虑逐渐发展为精神性焦虑(即对空虚和无意义的焦虑)。唯意志论审美虚无主义与决定论审美虚无主义的对立,再次表现为笛卡尔与霍布斯思想的对立。早期笛卡尔否定了通过人文主义者和宗教改革者的方式摆脱虚无主义体验的可能性,希望建立一种以直觉和演绎为基础的普遍科学,根据这种科学重构现实世界,从而实现人类的安全与繁荣。但是,唯名论上帝的无限全能动摇了这一科学的基础。通过彻底的怀疑、否定与毁灭,笛卡尔为自己的普遍科学重新找到了绝对确定的起点即"我思之我",而后者之所以绝对确定,正因为他拥有自我解放与自我创造的自由意志。对此,主张决定论的霍布斯表示坚决反对,认为人类的自由行动根本上仍然是被决定的行动,人虽然拥有意志,但绝不可能拥有自由意志。不过,如果路德的决定论完全可以解读为唯意志论,即作为神的居所,人已经拥有自由意志,从而拥有绝对权力,那么霍布斯所谈论的人的意志也可以是一种自由意志,因为在上帝的所有造物中,只有人能够拥有自觉运动,只有人能够成为系列事件的创始因,只有人能够基于自己的意愿理性地重构现实世界。于是,和路德一样,霍布斯的思想不过是另一种以决定论面目显现的审美虚无主义。另外,和笛卡尔一样,霍布斯的审美虚无主义虽然有助于人类的安全与繁荣,有助于摆脱人对自身实体性存在的焦虑,却导致人对自身精神性存在的焦虑,而后者是更严重的虚无主义体验。

来自以霍布斯为代表的经验主义的批判,让笛卡尔开创的一般理性主义受到了强大冲击。康德希望从经验主义的攻击那里既拯救科学,又拯救自由,从而拯救道德和信仰。康德把理性区分为理论理性和实践理性,让它们分别致力于建构关于自然现象的科学和关于道德自由的信仰。正是在康德的纯粹理性批判和实践理性批判中,我们看到了启蒙审美虚无主义更为明确的表达——认识论的审美虚无主义和伦理学的审美虚无主义。康德认识论的审美虚无主义是对由笛卡尔、霍布斯等人阐述过的以数学为模范的思维方式的更为系统而抽象的规定，它强调思维本质上首先是一种毁灭行为，以否定经验事物的自然存在状态，其次是一种构造行为，是思维主体用自己的先天形式——时间、空间、概念、理念等——规定具有杂多性的经验事物，从而把它构成具有统一性和整体性的对象世界。后来，在卢梭道德哲学的影响下，康德逐渐意识到认识论审美虚无主义的局限性，意识到认识论领域的这种哥白尼式革命顶多能够实现人类的安全与繁荣，并不能恢复人天赋的自由，而没有自由，生命就毫无意义可言。人要想恢复天赋的自由，克服精神性焦虑，只能自觉建立并存在于一个只服从道德律令而不服从自然法则的目的王国。由于首先极力否定人的自然欲望和身体性存在，继而特别肯定人的善良意志和理性存在，强调人对道德律令的创造与坚守，康德完成了伦理学的审美虚无主义革命。

对康德来说，人如何统一自然和自由，统一现象与自在之物，这还是一个问题。为了让美学扮演从自然向自由的摆渡者角色，康德彻底摧毁了之前的德国审美理性主义传统，重建了一种全新的美学理论，从而在美学领域也展开了一场审美虚无主义革命。康德的美学革命旨在让美尤其是崇高扮演从自然王国走向自由王国的摆渡者角色。也就是说，康德要通过崇高判断的瞬间让人们意识到自己的自由本质，意识到自己可以战胜自然（包括外在自然和人的内在自然即本能欲望），意识到自己的使命就是建立自由王国。

康德伦理学的审美虚无主义强调意志必须接受普遍性道德规范的支配，从而把充满晦暗欲望和本能的自然人性改造成完全透明的理性存在。但是，康德也意识到意志完全可以不接受这种支配，从而可能进入后来海德格尔所谓纯粹的解脱和任意妄为状态，而与他同时代的萨德侯爵渴望进入的，正是这种状态。萨德把康德所强调的自由意志引向了完全相反的方向。萨德眼中的自然，无疑就是唯名论上帝的化身，它一直在无动于衷地进行着即虚无即存在、即否定即肯定、即毁灭即创造的审美虚无主义游戏。萨德眼中的社会，无疑是实在论上帝的化身，它合乎理性、讲究道德、遵守法则、循规蹈矩。萨德要做的，就是把实在论的社会重新变成唯名论的自然，把生活在社会道德秩序中的人变成不受任何道德法则束缚的个体，让他们随唯名论的上帝起舞，一起玩弄随心所欲、冷漠无情的审美虚无主义游戏。和路德、霍布斯一样，萨德哲学是又一种以决定论面目出现的审美虚无主义，它让个体成为审美虚无主义上帝的化身。但是，不同于路德和霍布斯，萨德哲学赋予意志个体的审美虚无主义，已经不再是强调先虚无再存在、先否定再肯定、先毁灭再创造的温和审美虚无主义，而是强调即虚无即存在、即否定即肯定、即毁灭即创造的激进审美虚无主义。萨德式的审美虚无主义虽然在康德时代还只是一个特例，但很快就成为普遍现象。

第五章梳理费希特与德国早期浪漫派的审美虚无主义。这一时期的思想赋予意志个体的审美虚无主义，虽然已经开始强调即虚无即存在、即否定即肯定、即毁灭即创造，但还不是彻底激进的审美虚无主义，而是一种辩证的审美虚无主义，因为它们强调的不是虚无与存在、否定与肯定、毁灭与创造的无限循环，而是强调虚无与存在、否定与肯定、毁灭与创造的螺旋式上升，从而指向一个伟大、崇高的目标即绝对自由，这一目标的实现，有助于克服虚无主义体验，尤其是对空虚和无意义的焦虑体验。由于康德用审美判断与目的论判断统一现象和自在之物的努力并不成功，费希特尝试建立一个能够真正统一自然与自由的理性体系，而后者的起点就是"绝对之我"，它不是一个物，而像唯名论的上帝一样只是虚无，只是自己设定自己的本原行动，或者说是纯粹作为动力因存在的普遍意志。"绝对之我"把自己设定为"经验之我"或主体，并且在不断设立又摧毁"非我"或客体世界的过程中实现自己的绝对自由。相较于康德，费希特的审美虚无主义更加危险，它追求的不再是在自然世界之外的抽象道德世界中实现的抽象自由，而是在不断地毁灭和重构整个自然世界中实现的具体自由，它更加接近于唯名论上帝才有的绝对自由。

在德国早期浪漫派成员看来，费希特思想虽然激发了人类思想所有领域里的变化和革命，但还是过于哲学化，而他们的使命，就是让哲学家成为诗人，把哲学活动真正变成表达人类无限自由的创造性活动。诺瓦利斯的浪漫化理论致力于反对启蒙认识论的审美虚无主义,主张意志个体是拥有诗性创造力的存在,他能够通过所谓"乘方"与"开方"的循环行动,把无限性和神秘性重新赋予有限的自然事物,把它们重构为物质与精神的统一性存在,从而有助于克服对空虚和无意义的焦虑。弗里德里希·施莱格尔的反讽理论致力于反对启蒙伦理学的审美虚无主义,认为反讽这种强调自我创造和自我毁灭的无限循环游戏,既能让艺术家享受一种即虚无即存在、即否定即肯定、即毁灭即创造的当下自由,还能让艺术家想象一种不同于启蒙道德自由的非道德自由,一种闲散的、无所事事的自由,一种不需要费希特式努力与渴望的自由。施莱格尔通过小说《卢琴德》表现的就是这两种自由。不同于《卢琴德》想象的是一种非道德自由,蒂克小说《威廉·洛维尔》想象的是一种作恶的自由,一种反道德自由。当洛维尔认识到自己拥有和唯名论上帝一样的绝对自由本质时,他开始带着崇高的反叛之情来否定一切传统道德,一切外在和内在的束缚。他希望实现的东西,不是世俗庸人的欲望满足,也不是费希特式神圣德性自我的价值实现,而是神圣兽性自我的绝对自由存在。他以一种萨德的方式考察主宰世界的唯一真理即自由意志,而他冷漠的放荡,是为真理的献身。但也因为这种献身精神,因为这种残留的道德论因素,蒂克的审美虚无主义还不是彻底的审美虚无主义。

第三部分即第六章,梳理审美虚无主义的完成。这一时期思想赋予意志个体的审美虚无主义,已经不再是辩证的审美虚无主义,而是彻底激进的审美虚无主义,它开始强调虚无与存在、否定与肯定、毁灭与创造的无限循环,并且不再把这种循环指向作为未来目标的绝对自由,而认为这一循环本身就是绝对自由的表现。它也不再致力于用这种循环克服虚无主义体验,克服对空虚和无意义的焦虑体验,而只是肯定生命本身,追求生命的享受与沉醉。这一时期思想最初的代表是叔本华的决定论哲学。不同于歌德和黑格尔还对审美虚无主义抱持一种乐观主义的态度,还想把审美虚无主义的恶魔性力量纳入自己的思辨逻辑中,叔本华极其敏锐地意识到审美虚无主义的危险性,并且希望遏阻审美虚无主义的一路狂奔。在他看来,身处受意志这个唯一的自在之物支配的表象世界,人类个体根本没有任何自由和意义可言,因为他们必须接受根据律的支配,永远处在因果链条中而难以自拔。只有作为自在之物的意志可以玩弄自我创造与自我毁灭的审美虚无主义的游戏,而自以为自由、自以为可以自我解放与自我创造的人不仅是在自欺欺人、自我折磨,还会带给他人和社会更多的痛苦与灾难,从而具有极度的危险性。

不同于叔本华,施蒂纳看到的不是既有审美虚无主义运动的危险性,而是它的不彻底性,他要用他的利己主义哲学把审美虚无主义推向极致。在施蒂纳看来,他之前的所有思想都还没有从彻底唯名论的个体主义出发,它们所谓的个体头脑中还装着诸如神灵、统治者、人民或真理之类实在论的共相,并受这些共相所支配。只有在施蒂纳自己的唯一者哲学中,个体之人才彻底摆脱了一切共相、一切目的和一切道德,成为创造性的无,即从彻底的无规定性出发进行自由地自我规定的行动意志。和唯名论上帝一样,这一极度自恋、独断专行、随心所欲的意志个体,完全摆脱了之前思想家们深陷其中的目的论和道德束缚,只把自己视为尽一切可能占有并享受——“吃掉”——所有物的利己主义者,一个彻头彻尾的审美虚无主义者。

叔本华的决定论与施蒂纳的唯意志论产生了严重对立,这种对立让我们再一次回到在奥卡姆的唯名论革命中已经出现的对立:按照唯名论上帝形象塑造的个体之人,没有自然目的,也没有像阿奎那所想象的要遵守的自然法则,只有从自身出发支配理性能力的意志,从而也是天生自由的;但这样一来,个体之人就被置于可以和唯名论上帝相抗衡的位置,而这一事实又和上帝的无限全能相矛盾。为了解决这种对立,奥卡姆主张人的自由选择实际上只是幻觉,不可能具有现实性。奥卡姆的主张最终变成了叔本华的哲学立场,而施蒂纳坚信个体之人具有自由意志,能够成为和唯名论上帝一样的激进审美虚无主义者。饱受虚无主义危机折磨的尼采,先是受到叔本华决定论的影响,后来很可能又受到施蒂纳唯意志论的影响,最终变成了一个把决定论转换成唯意志论的激进审美虚无主义者。

尼采思想的发展可以分为三个阶段。早期尼采深受叔本华生命意志哲学影响,希望通过艺术克服虚无主义危机。但是,不同于叔本华认为意志是人的痛苦的根源,人的个体性存在根本上是一个悲剧,从而通过艺术尤其是音乐艺术放弃个体性和生命来摆脱意志的支配,尼采虽然也认为意志是人的痛苦的根源,人的个体性存在根本上是一个悲剧,但并不主张通过放弃个体性和生命来摆脱意志的支配,而主张通过描述意志在悲剧英雄——阿波罗式的个体性存在——身上的直接表现,让人类个体感受到自己就是意志的某个时刻,就是戴着阿波罗面具的狄奥尼索斯,从而不需要经历森林之神西勒尼所主张的死亡就可以返回本原统一性,并因为这种返回而把生命的痛苦转换为生命的快乐,把生命的悲剧转换为生命的崇高。早期尼采艺术家形而上学的核心,就是狄奥尼索斯精神,一种面对生命的痛苦却仍然能够肯定生命本身的精神。中期尼采很可能受到施蒂纳影响,开始对传统形而上学、道德、宗教、艺术、文化、社会等方面进行无情批判。通过消解一切幻想和美化行为,通过勇敢地宣布"上帝死了"(这里的上帝实际上只是实在论的上帝),尼采发现了一个本体论意义上的丑陋而可怕的真理,即现实世界处于生成与毁灭的永恒轮回之中。后期尼采的思想目标,就是以相同者的永恒轮回学说为核心重建一种反对传统形而上学的新(反)形而上学。这种新(反)形而上学首先集中表现在《查拉图斯特拉如是说》中,后者依次围绕"上帝之死""超人""权力意志""相同者的永恒轮回""音乐逻辑"五个关键词,表述了尼采的新神学、新人类学、新宇宙论、新本体论和新逻辑学。正是在表达这种新(反)形而上学的过程中,《查拉图斯特拉如是说》赋予人们一种全新的思维与存在方式即审美虚无主义:首先,它要人们彻底否定传统宗教和形而上学所幻想的那个虚假的真实世界,勇敢地肯定一个永恒轮回且毫无意义的现实世界,就像勇敢地直视一个令人眩晕的深渊那样。其次,它没有教人们如何逃离这深渊,而是教人们如何踏着音乐的节奏在深渊之上舞蹈。也就是说，它要人们认识到支配这个现实世界的意志是一种进行着无限的自我毁灭与自我创造的无限充盈的力量，认识到人自己就是这种意志的自我意识，因而能够自觉培育这种毁灭性与创造性力量，自觉运用这种力量来改造现实世界，把后者变成美的对象，从而变成一个可以带给人愉悦和沉醉的世界，并且在这样做的过程中克服自身的平庸、颓废和衰落，成为生命力勃发的强健超人。最后，超人固然也会死去，但这并不重要，重要的是他用自己的一生成就了一个高贵者的榜样，鼓舞后来的人们继续去做超人，从而保证人类不会堕入因颓废而衰落、灭亡的命运。

尼采尽管认为《查拉图斯特拉如是说》是人类迄今为止得到的最大馈赠，仍然觉得自己的新（反）形而上学在这部太过诗性的著作中还没有得到全面而系统的阐发。最后创作时期的他开始尝试构思一部真正的代表作，但最终没有完成，而只留下各种短篇著作和大量笔记。尽管如此，这些后期著述还是让人们对尼采的新（反）形而上学有了进一步的认识。除了前述五个关键词，这些后期著述又增加了两个关键词，即"虚无主义"和"狄奥尼索斯"，而它们都和"上帝之死"密切相关。尼采把从苏格拉底开始、在基督教那里达到巅峰、在叔本华哲学和瓦格纳音乐那里得到最后表现的西方现代思想史视为虚无主义的运动史，即否定现实世界和感性生命、追求虚幻的彼岸世界和永恒的生命价值的历史。这一思想运动的最终结果，就是作为心理状态的虚无主义（第二种虚无主义）的泛滥。在尼采看来，走出这种心理状态的唯一途径，就是勇敢地直面相同者的永恒轮回这一本体论事实，主动参与狄奥尼索斯或权力意志自我创造、自我毁灭的审美虚无主义游戏，用一种音乐逻辑——而非辩证逻辑——把世界摧毁成一个个音符，再把它们重组为一曲曲优美的旋律，从而享受一种与认识论、目的论和道德论完全无关的纯粹审美愉悦。以自我创造与自我毁灭的音乐逻辑为基础的审美愉悦虽然不能带来永恒的价值，从而让人类生命变得有意义，但可以带来和谐的陶醉感，从而让人类生命变得可以忍受。摆脱了意义问题的折磨、沉醉于审美状态因而变得更加强健的超人，是人类摆脱颓废、衰落乃至灭亡的希望。

尼采认为,自己一生的思想使命可以概括为"狄奥尼索斯反对被钉十字架者"。但是,把尼采思想放在从中世纪末唯名论开始的西方现代思想运动中来看,他的狄奥尼索斯不过是戴着最后一副面具的唯名论上帝,他的思想功绩不过是用彻底非认识论的、非目的论的和非道德论的唯名论上帝对抗认识论的、目的论的和道德论的实在论上帝,用唯名论的审美虚无主义上帝彻底替代实在论的审美理性主义上帝,而这意味着从中世纪末开端的审美虚无主义思想逻辑在尼采那里得以完成。

第四部分即"结语",探讨审美虚无主义者面临的困境及走出困境的可能性。审美虚无主义的思想逻辑继续主宰着尼采之后的西方思想,可以在 20 世纪以来的众多哲学(如海德格尔、萨特、加缪、罗蒂等人的思想)、文学与艺术理论(如以达达主义为代表的各种现代主义流派)中发现审美虚无主义的存在。审美虚无主义之所以能够如此长久地吸引西方个体,主要是因为它让西方个体独立于一切因果关系和法则、秩序,让西方个体相信仅凭自身意志就可以获得绝对权力和无限自由,同时能够战胜唯名论上帝所导致的虚无主义体验。但是,审美虚无主义或许可以允诺给西方个体无限自由的幻觉,却无法让西方个体彻底摆脱虚无主义体验的折磨,尤其是空虚和无意义感的折磨,因为这种体验的根源,已经不再是唯名论的上帝,而是追求无限自由的西方个体自身。于是,审美虚无主义者一方面执着地追求着绝对自由,另一方面却忍受着与这种追求如影随形的消极体验——尼采所谓"虚无主义的最极端形式:虚无('无意义')永恒"①。

然而,并非所有西方现代思想都陷入了这种困境。比如,马克思主义就不仅没有陷入这一困境,还是走出困境的重要理论资源。不同于审美虚无主义只是从"抽象的人"出发,相信后者通过纯粹个体性的自我解放与自我创造活

①　[德]尼采:《权力意志》,孙周兴译,商务印书馆 2007 年版,第 249 页。

动就能实现自己先天就有的自由存在,马克思主义从"现实的人"出发,主张后者通过物质生产实践活动历史性地实现自身全面而自由的发展。另外,现实的人在现实世界中追求个人全面而自由的发展时,也会把其他每个人的全面而自由的发展作为前提条件,并把为实现这一条件而牺牲自己的利益乃至生命视为自己生命的意义所在。于是,在马克思主义那里,生命的自由和意义得到了辩证的统一。

四、研究价值

首先,研究审美虚无主义,有助于进一步拓展西方美学研究的思路。

早在《理想国》中,柏拉图就借苏格拉底之口指出哲学与诗的纷争古已有之,并主张放逐诗人,把哲学家奉为至尊。① 在沃尔夫冈·韦尔施看来,这恰恰说明西方思想很早就有了诗化或审美化——即强调认识活动的建构、生产性质,强调真理不是被发现的而是被创造的——的倾向,只不过人们一直不愿承认这一事实罢了。② 虽然两千多年来一直都有人在维护柏拉图的主张,但从笛卡尔、康德、尼采、维特根斯坦、海德格尔一直到罗蒂,西方思想的审美化已经成为难以阻挡的大势,在与哲学的漫长斗争中,诗已经取得决定性的胜利。思想的审美化尤其认识论的审美化乃是最根本的审美化,它必然导致现实的审美化,即"日常生活表层的审美化""技术和传媒对我们物质和社会现实的审美化"和"我们生活实践态度和道德方向的审美化"③。于是,整个西方现代世界,从每一块铺路石、每一件门把手、每一段广告到每个人的身体与灵魂,都在审美化。因此,韦尔施呼吁重构美学,改变美学专同艺术结盟的特

① 参见[希]柏拉图:《理想国》,郭斌和、张竹明译,商务印书馆1986年版,第407页。
② 参见[德]沃尔夫冈·韦尔施:《重构美学》,陆扬、张岩冰译,上海世纪出版集团2006年版,第62—64页。
③ [德]沃尔夫冈·韦尔施:《重构美学》,陆扬、张岩冰译,上海世纪出版集团2006年版,第33页。

征,使之变成可以理解的包括"日常生活、科学、政治、艺术、伦理学等"在内的审美化现实的"一个更广泛也更普遍的媒介",变成能够关注、批判和引导普遍审美化现象的新美学。①

但是,韦尔施并没有注意到,思想审美化的前提是思想的虚无化,新思想创造的前提是旧思想的毁灭。正如罗森所言:"现代计划,作为权力意志的根本体现,是人类的创造,是世界得以产生的混沌因素的新世界或新视角。但是,每一个新的创造都必须从前人的废墟中升起,就像凤凰涅槃浴火重生一样……伟大的创造者也必须是伟大的破坏者。"②本书希望证明,西方现代思想发展的主线并非某种单向度的审美化进程,而是虚无化与审美化的双重变奏,即双向度的审美虚无主义进程。当然,按照韦尔施的理解,这种证明也应该是一种美学研究,不过是对韦尔施开拓的美学研究新道路的一种深化。

其次,研究审美虚无主义,有助于深入认识西方现代性危机,从而培育健康的中国现代性精神。

在现代性问题研究领域,人们似乎已经达成以下共识:西方现代性的进程主要表现为启蒙现代性与从自身产生的审美现代性之间的紧张关系史;启蒙(理性)现代性导致西方现代性出现危机,而审美(感性)现代性扮演着某种批判、纠偏、对抗乃至救赎的角色。③ 对于这一共识的形成,尼采应该有重要贡献。尼采把西方现代性理解为启蒙现代性,并用"虚无主义"一词来捕捉启蒙现代性的本质。尽管尼采的虚无主义概念充满歧义,但当他说艺术是虚无主

①　参见[德]沃尔夫冈·韦尔施:《重构美学》,陆扬、张岩冰译,上海世纪出版集团2006年版,第1—2页。

②　[美]斯坦利·罗森:《虚无主义:哲学反思》,马津译,华东师范大学出版社2019年版,第65—66页。

③　参见[美]马泰·卡林内斯库:《现代性的五副面孔——现代主义、先锋派、颓废、媚俗艺术、后现代主义》,顾爱彬、李瑞华译,商务印书馆2002年版,第47—48页;[德]乌尔里希·贝克、[英]安东尼·吉登斯、[英]斯科特·拉什:《自反性现代化——现代社会中的政治、传统与美学》,赵文书译,商务印书馆2014年版,第268页;张辉:《审美现代性批判》,北京大学出版社1999年版,第1—8页;周宪:《审美现代性批判》,商务印书馆2005年版,第1—44页;陈定家选编:《审美现代性》,中国社会科学出版社2011年版,第1—22页。

义"唯一优越的对抗力量"①时,这里的虚无主义明确指一种否定感性生命的理性主义态度,因为他所谓的艺术,专指一种肯定感性生命的狄奥尼索斯式艺术。尼采的这一现代性诊疗方案,得到了后世诸多思想家的响应。虽然他们对虚无主义和艺术的具体规定各有不同,但尼采方案中存在的对立结构——虚无主义作为一种理性主义的否定性态度、艺术作为一种感性主义的肯定性力量——还是被他们继承和发扬了。② 正是在这样一个学术语境中,20世纪以来的现代性理论家们越来越肯定地认为,西方现代性的历史就是审美现代性(肯定性的艺术)对抗启蒙现代性(否定性的虚无主义)的历史。

然而,如果规定启蒙现代性的虚无主义不仅仅是一种否定性态度,更是一种肯定性态度,规定审美现代性的艺术也不仅仅是一种肯定性力量,而首先是一种否定性力量,那么西方现代性的历史又会呈现怎样的面貌? 本书希望证明,所谓启蒙现代性和审美现代性的本质都是审美虚无主义,都是一种既渴望虚无、否定与毁灭,又渴望存在、肯定与创造的精神态度;西方现代性的历史并非主要表现为审美现代性对抗启蒙现代性的历史,而是主要表现为审美虚无主义的发生、发展史;西方现代性危机的思想根源并非启蒙(理性)现代性,而是审美虚无主义;克服西方现代性危机的关键,不是用审美现代性对抗启蒙现代性,而是必须走出审美虚无主义的思想逻辑。③

正如安东尼·吉登斯所言,西方现代性是一种双重现象,它一方面"为人类创造了数不胜数的享受安全的和有成就的生活机会",另一方面又有其阴暗面,而即使像马克斯·韦伯这样以悲观态度看待西方现代性的人,也无法预

---

① ［德］尼采:《权力意志》,孙周兴译,商务印书馆2007年版,第1285页。

② 参见［英］沙恩·韦勒:《现代主义与虚无主义》,张红军译,郑州大学出版社2017年版,第6页。

③ 已经有不少学者指出,不应该把审美现代性与启蒙现代性对立起来理解,不应该把西方现代性进程理解为审美现代性对抗启蒙现代性的历史。参见寇鹏程:《中国审美现代性研究》,上海三联书店2009年版,第10—13页;徐向昱:《未完成的审美现代性——新时期文论审美问题研究》,中国社会科学出版社2015年版,第6—22页。

见这"更为黑暗的一面究竟有多严重";它一方面似乎在"导向一种更幸福更安全的社会秩序",另一方面似乎又在把我们生活于其中的地方变成一个"可怕而危险的世界"。① 这让笔者想起狄更斯在小说《双城记》里的描述,在后者那里,现代西方人陷入了美好与糟糕、智慧与愚昧、信仰与怀疑、光明与黑暗、希望与失望、天堂与地狱的两极体验。②

这种两极体验的存在,当然有技术—经济、政治—制度层面的原因,但文化—精神层面的原因无疑不可或缺。本书虽然绝不会主张观念全能论,因为后者本身就是本书要批判的对象,但也尝试证明,西方现代个体之所以总是处于两极体验中,与他们把优先权赋予意志而非理性、赋予自由而非必然性和秩序密切相关,与他们所坚持的审美虚无主义的思维与存在方式密切相关,与他们痴迷于绝对的虚无与存在、绝对的否定与肯定、绝对的毁灭与创造密切相关,与他们忽视继承与创新、现实与理想、个体与社会、自然与自由相互依赖的辩证关系密切相关。

从新文化运动开始,随着西方现代思想的不断引入,审美虚无主义早已不可避免地成为很多中国学者乃至普通人的思维与存在方式。审美虚无主义虽然极大程度地促进了中国现代思想的创新,提升了现代个体的生存质量,但也带来了严重的问题:审美虚无主义对思想的过度诗化,必然会导致意识形态领域历史虚无主义的泛滥;审美虚无主义对绝对权力和无限自由的过分强调,必然会导致个体与自然、社会、自我的矛盾。培育正确、健康的现代性精神,是顺利实现中国式现代化的需要,而中国式现代化完全实现的标志之一,就是形成有中国特色的现代性精神。为此,必须首先走出审美虚无主义的思想逻辑。

---

① [英]安东尼·吉登斯:《现代性的后果》,田禾译,译林出版社 2000 年版,第 6—9 页。

② 参见[英]狄更斯:《双城记》,孙法理译,译林出版社 1996 年版,第 3 页。

第一章　审美虚无主义的发生

在西方教科书中,西方历史通常被划分为古代、中世纪和现代三个截然不同的时代。[①] 然而,如果说人们早已发现中世纪与古代思想的密切关联(比如基督教神学与柏拉图、亚里士多德哲学的关系)的话,那么关于现代与中世纪思想的关系问题,以及现代性与中世纪性的异同问题,也很早就存在争议。不同于以黑格尔为代表的传统观点认为现代和中世纪完全断裂,中世纪性的精神本质是宗教迷信,而现代性的精神本质是理性,20世纪以来越来越多的学者都试图证明,现代和中世纪之间存在很多相似性和连续性,现代性的精神本质并非理性,而与非理性的基督教信仰有着千丝万缕的关系。[②] 以上述研究为基础,吉莱斯皮进一步指出,中世纪末经院哲学内部发生的那场旨在反对实在论哲学的唯名论革命引发了一次重大的"神学/形而上学危机",或尼采、海

①　参见[德]哈贝马斯:《现代性的哲学话语》,曹卫东译,译林出版社2011年版,第6页。蒂利希也把西方历史分为古代、中世纪和现代。海德格尔同样如此划分西方历史,参见 Michael Allen Gillespie, "Temporality and History in the Thought of Heidegger," *Revue Internationale de Philosophie* 43(1989), p.43。

②　根据吉莱斯皮的梳理,法国中世纪哲学研究权威艾蒂安·吉尔松、俄裔法国哲学家亚历山大·柯瓦雷、犹太裔美国思想史家阿摩斯·冯肯斯坦、德国哲学家卡尔·洛维特等人都持这样的观点。参见[美]迈克尔·艾伦·吉莱斯皮:《现代性的神学起源》,张卜天译,湖南科学技术出版社2019年版,第18—19页。

德格尔所谓的"虚无主义危机"。虽然现代思想是摆脱虚无主义危机的一系列努力,但这些努力本身却都建立在唯名论的基本主张之上,而这恰好证明现代与中世纪之间有着剪不断理还乱的纠葛,证明现代性有其神学起源。[①] 笔者高度认同吉莱斯皮等人的观点,也主张从中世纪末的唯名论哲学中寻找西方现代性的精神起源。本章尝试证明,唯名论哲学中的上帝形象就是审美虚无主义者的原型。不过,只有通过一种比较语境,即通过梳理基督教上帝形象在《圣经》、教父神学、实在论哲学和唯名论哲学中的发展变化,才能得出这一结论。

一、《圣经》中的上帝

根据《圣经·创世纪》的记载和《圣经》考古学的发现,公元前两千年左右,犹太民族的先祖希伯来人,开始在死海东南部外约旦的哈兰地区活动。他们在这里建立多处定居点,从事农耕劳作,过着一种比较丰裕而安稳的生活。但是,由于野蛮人的突然入侵和劫掠,他们不得不放弃在哈兰的定居点,逃往干旱贫瘠的荒漠和石灰岩山区,重新过起漂泊不定的游牧生活。[②]

在尼采看来,正是这种生活,让犹太先民产生了"第一种虚无主义",它指的是犹太先民面对充满"痛苦和祸害"的世界时产生的"不确定、偶然、荒唐"感,发现自己处于"生成和消逝之流中"时产生的"渺小"感。同时,尼采指出基督教的道德假设就是为了克服这种消极体验而产生的,因为这些假设能够赋予人类"绝对的价值",让人们相信一个有目的的世界的"完满性",相信就连其中的苦难也有"完全的意义",还能帮助人们获得关于"绝对价值

---

① 参见[美]迈克尔·艾伦·吉莱斯皮:《现代性的神学起源》,张卜天译,湖南科学技术出版社 2019 年版,第 20—26 页。

② 参见翁绍军:《神性与人性——上帝观的早期演进》,上海人民出版社 1999 年版,第 4—9 页。

的知识"。① 尼采这里把犹太先民的虚无主义体验主要理解为精神性焦虑（对空虚和无意义的焦虑），显然有以己度人的成分，因为根据蒂利希的观点，只是到了西方现代后期，尤其是尼采所处的时代，精神性焦虑才成为支配性的虚无主义体验。② 公元前两千年左右人们的虚无主义体验，固然有精神性焦虑，但占主导地位的，肯定还是最基本、最普遍、最不可逃避的焦虑——实体性焦虑（对命运与死亡的焦虑）。

尼采所谓用于克服虚无主义体验的基督教的道德假设，以上帝信仰为关键核心，这种信仰也并非一成不变，而是有着漫长的发展和演变过程。在《旧约全书》中，上帝主要表现为亚伯拉罕的上帝、摩西的上帝、约伯的上帝和先知的上帝等。亚伯拉罕所处时代，各个族群都有自己的家神，而耶和华就是亚伯拉罕在离开哈兰之前不久才选择的家神。但是，由于自己是新任族长，加上蛮人突然入侵，亚伯拉罕甚至还不知道自己所选定的神的名称。即便如此，亚伯拉罕仍然把自己及整个家族的希望都寄托在这个不知名的神身上，对他可谓全心全意地信赖。正是在这个神的允诺、帮助和庇护下，亚伯拉罕率领部族夺取所多玛和蛾摩拉两座城池，而且还在一百岁的年纪和九十岁的妻子撒拉生下一个嫡子，和另外一个女人基土拉生下六个庶子，从而满足了他安居乐业、人丁兴旺、延续种族的愿望。

身处一无所有的绝境，在一片漆黑中向唯一的光亮发出呼求，希望得到至关重要的土地与血缘，然后就真的得到了福佑，这样的上帝一定是一个可信、可靠的神灵，但不一定是一个可以理解和可爱的神灵，因为就在此时，上帝向

---

① [德]尼采：《权力意志》，孙周兴译，商务印书馆 2007 年版，第 246—247 页。对此，卡尔也指出："在尼采看来，尽管当代虚无主义是基督教彻底解体的直接后果，基督教本身就是为了应对虚无主义而产生的。他说，基督教道德是'针对实践的和理论的虚无主义的伟大解毒剂'，因为它保护穷困者、无权无势者和无能力者的生命，帮助他们抵制绝望，防止生命堕入虚无。"参见[美]凯伦·L.卡尔：《虚无主义的平庸化——20 世纪对无意义感的回应》，张红军、原学梅译，社科文献出版社 2016 年版，第 60 页。

② 参见[美]保罗·蒂利希：《存在的勇气》，成穷译，贵州人民出版社 2009 年版，第 80 页。

亚伯拉罕发出命令,要求他把唯一的嫡子以撒献为燔祭。对于《旧约》中亚伯拉罕毫不犹豫地献祭的冷静描写,后人有着太多的议论,其中最具代表性的来自克尔凯郭尔,后者指出支配亚伯拉罕的是一种通过信仰上帝摆脱虚无的永恒意识:"如果一种无底的空虚永不知足地隐藏在一切的背后,那么,生活除了是绝望之外又能是什么?"①无疑,和尼采一样,克尔凯郭尔也是从自己的虚无主义体验来揣度亚伯拉罕的行为的。亚伯拉罕拿以撒献祭,固然有摆脱精神性焦虑的原因,但更重要的原因,恐怕是为了整个种族的存亡绝续。

随着时间推移,人们对亚伯拉罕的上帝的崇拜逐渐衰落。到了摩西时代,亚伯拉罕孙子雅各的后代在埃及受到奴役,种族灭绝的危险再一次降临。摩西决心用对上帝的信仰重新召唤和凝聚族人。和亚伯拉罕的上帝是无名的不同,摩西的上帝名为耶和华;和亚伯拉罕的上帝是众神中的一个不同,摩西的上帝是唯一的神,是全体以色列人共同信仰的独一神;和亚伯拉罕的上帝是向亚伯拉罕直接显现的神不同,摩西的上帝是隐匿但又无所不在的神。这位超越所有造物局限性、全知全能、随心所欲的造物主,是以色列人只能信仰而完全无法理解的绝对主宰。为了兑现让以色列人获得那流奶与蜜之地的承诺,他先要把以色列人从埃及人的压迫下解救出来。于是,他施行神迹,向拒绝以色列人离开的埃及法老及其人民连降十大灾难,其狠恶程度,魔鬼也自叹弗如。② 以色列人逃离埃及时,除了妇女小孩,光男人就有六十万左右。为了让如此庞大的人群形成共同意志,从而实现回到迦南美地的夙愿,耶和华又定下种种戒律和礼仪,要求以色列人完全遵守。为了使以色列人渡过道道难关,他一再施行神迹,但当以色列人旁信外神、不守戒律、恣意妄为时,他又会妒火中烧、大发雷霆,毫不客气地降下灾祸。

如果说亚伯拉罕和上帝还是相对平等的关系,那么摩西时代以色列人和上帝之间的关系,就像专制的君主和唯唯诺诺的臣民之间的关系。这个上帝

---

① [丹]克尔凯郭尔:《畏惧与颤栗》,京不特译,中国社会科学出版社 2013 年版,第 7 页。
② 参见陈鼓应:《耶稣新画像》,生活·读书·新知三联书店 1987 年版,第 46 页。

的心胸可谓锱铢必较、睚眦必报、反复无常、极端排外、自我中心,他的训话充满"顺我者昌,逆我者亡"的火药味,而他的管理手段又可谓冷酷无情,无所不用其极。以色列人就像毫无生存能力的雏鹰生活在上帝的羽翼之下,后者固然也有慈父之爱,但更多的是令人恐惧的淫威。根据陈鼓应的统计,《旧约》中记载的被上帝所击杀的人,有数字可稽者总计达 905154 人,而他用洪水淹死的人、助以色列人杀死的外族人和杀死的以色列人则难以计数。①

面对这样一位滥施淫威的全能上帝,人们的虚无主义体验不仅不会减轻,反而进一步加重,而约伯就是最典型的例子。乌斯地的富翁约伯善良、正直、敬畏上帝并远离罪恶,堪称人伦典范。但是,上帝闲来无事,为了消遣而和撒旦打赌,竟然让约伯横遭一连串无妄之灾,万贯家财和十个儿女瞬间灰飞烟灭,约伯自己也害上无法治愈的麻风病。一个如此虔信且完全无辜的人突然遭此劫难,怎能不陷入极端的迷惘、怀疑与痛苦,怎能不怀疑上帝的公义,怎能不向上帝发出一次次的抗辩?尽管闻讯而来的朋友们一再相劝,让约伯不要质问上帝,而只反省自己可能有的罪过,但约伯绝不妥协,坚持自己有义而无罪,绝不应该受此大难。直到上帝现身,亲自劝告,并重新赐予他一切福耀,约伯才明白自己无法理解和对抗上帝的全能,而只有完全听从、信靠上帝的旨意。约伯的遭遇说明,这时候的上帝,既是犹太先民克服实体性焦虑和精神性焦虑的唯一依据,又成了这些焦虑的唯一来源。约伯的遭遇还说明,此时的犹太先民已经开始有了模糊的道德性焦虑,即对罪过与谴责的焦虑,它由对命运与死亡的焦虑唤醒。

摩西死后,以色列人在同样专一侍奉和敬畏耶和华的约书亚带领下,经过一次次的战争,终于夺取了迦南美地。但是,当农耕生活取代游牧生活,当对农作物的丰收和人丁兴旺的需求成为迫切的需要时,人们开始崇拜迦南本地主管丰收的巴力神和主管生育的亚舍拉女神。背信弃义,不再专一信仰耶和

---

① 参见陈鼓应:《耶稣新画像》,生活·读书·新知三联书店 1987 年版,第 1—13 页。

华,转而信仰多位异教神,这被《旧约》作者视为统一的以色列王国仅历三世而衰的原因所在。在这段王国分裂时期,坚决抵制宗教混合主义,极力维护摩西律法,最终为恢复一神崇拜传统并形成一神论神学雏形立下功劳的,就是希伯来的先知们。

由于处在前伦理时代,早期先知的善恶标准,还主要取决于对耶和华一神的崇拜态度,取决于以色列人遵守还是违背他们与耶和华立下的誓约。相较而言,后期先知已经敏锐地意识到,以色列人的道德沦丧才是更严重的罪,这种罪会把整个民族引向灭亡。于是,在后期先知那里,上帝不再是因以色列人信奉他神而嫉妒的全能性上帝,而是因以色列人道德败坏、不行公义而震怒的伦理性上帝。此时上帝唯一的需要,就是"在人间实现公义与仁慈"①,让上帝震怒的,已经不再是信奉他神或崇拜偶像,而是人性深处的罪恶及其导致的不义。于是,上帝不再对以色列人集体归罪,而是开始强调善有善报,恶有恶报;一人犯罪,一人承担;有恶不改,必受惩罚;改过自新,仍得垂爱。毋庸置疑,在后期先知那里,对罪过与谴责的焦虑已经变得非常明显。正是克服这种道德性焦虑(当然也包括其他两种焦虑)的需要,使先知的上帝与以色列人的关系出现了新动向:"希望代替了绝望,怜悯和赦免代替了天谴和报复,末日审判代替了群体遭受灭顶之灾,由此形成了先知的上帝的又一神性特征——拯救性。"②

拯救性而非排他性的上帝不再动辄惩罚和毁灭以色列人,而是开始爱以色列人。正如依迪丝·汉密尔顿所言,希伯来先知们越来越强调上帝的人性,他们把同情、善良、宽容等人类行为准则加在上帝身上,于是上帝不再令人恐惧,而是如同"母亲给予温暖"③。但是,爱人的上帝不再是全能的上帝,"爱

---

① [美]依迪丝·汉密尔顿:《上帝的代言人——〈旧约〉中的先知》,李源译,华夏出版社2014年版,第63页。

② 翁绍军:《神性与人性——上帝观的早期演进》,上海人民出版社1999年版,第118页。

③ [美]依迪丝·汉密尔顿:《上帝的代言人——〈旧约〉中的先知》,李源译,华夏出版社2014年版,第85页。

人的上帝能够做的,只能是以他自己的爱来换得爱的回报。"这使得上帝成为受难的上帝,人成为通过爱得救的人:"当爱得不到回报,结果就是受难,爱得越深也就痛得越深。再也没有比纯粹彻底地爱上一个执意行恶与自我毁灭的人更为痛苦的了,可这就是上帝面对人类时需要承受的苦难。上帝爱人,可人远离他,去追求注定让他们自我毁灭的东西。上帝无法拯救他们,因为上帝就是爱,爱不可以强迫。人也永远不能通过强迫得救,只有他们自己的爱才可以拯救他们。"①于是,仁爱的上帝和人的关系,不再是严父和儿子的关系,而是慈父和儿子的关系。因为有这样的关系,个体之人要做的,就是在上帝爱的感召下认识并扭转自己执意行恶的自由意志,开始自觉行善,从而得到拯救。他的心灵因此不再焦虑是否会遭遇谴责,而是开始自省、自责和忏悔,并因此充满希望和期许。

尽管《旧约》先知们的上帝已经有了慈爱的特征,但这个特征还是被上帝的威严所掩盖了。不过,上帝应该首先是怜悯者,然后才是审判者,这样的期望还是越来越强烈了。另外,由于上帝所创造的世界既有开端,也必有终结,上帝在末日来临时的审判,必然是对所有人所有行为的总清算,而人们已经认识到所有人都有罪,于是,意愿获得救赎从而摆脱道德性焦虑的心理就变得越来越强烈,"救世主"观念的出现就是必然而然的了。最初,救世主——受膏者,上帝派遣来的拯救者——还只是来自地上王国,被救世主拣选的人最初还只是犹太人。但随着犹太复国运动的一次次失败,另一种末世论出现了,后者相信被救世主拣选的人不再仅仅是犹太人,而是所有世代、所有民族的信徒,他们会死而复生,共同生活在天上的王国。正是在这样的观念演变进程中,基督教应运而生。

早期基督教文本,主要表现为包括四福音书、历史书、保罗书信和普通书信在内的《新约全书》。在四福音书里,《马可福音》《马太福音》《路加福音》

①　[美]依迪丝·汉密尔顿:《上帝的代言人——〈旧约〉中的先知》,李源译,华夏出版社2014年版,第89—90页。

偏重于突出肉身耶稣的先知特征,而《约翰福音》偏重于精神耶稣的属灵价值。在《旧约》先知那里偶然出现的上帝之爱,已经成为耶稣的上帝的主要特征。而且,由于耶稣的母亲从圣灵怀孕生子,耶稣就不仅仅是一般的先知,还是上帝之子,更是上帝派到人间来的救世主——他要"把自己的子民从罪恶中拯救出来"(《马太福音》1:21),耶稣的上帝的爱也就更加人性化、切身化。

耶稣的上帝尽管还强调信徒对他的敬畏与服从,但更强调对道德公义的遵行;还是强调律法,但更强调对律法的内在精神的自觉领会与坚守;还是赏罚分明,但更强调人们的自我反省、自我惩罚以及对他人罪过的饶恕;还是全能的上帝,他让耶稣遍行神迹,救治各种患病的人,但耶稣的治病方法,不是靠针刀,而是靠真挚的同情、温柔的话语、体贴的抚慰和真诚的许诺。他之所以能够治好人们身体的疾病,根本原因在于他首先治好了人们心灵的疾病。他用爱的热能浇灌了病人绝望的心田,让他们重新燃起生的希望。这个爱的上帝,不再高高在上,而是甘愿来到人间,体恤民情,对他们的疾苦感同身受,并为他们热情服务:"谁想在你们中间为首的,就要作你们的奴仆。正如人子来,不是要受人的服事,而是要服事人,并且要舍命,作许多人的赎价。"(《马太福音》4:23—24)耶稣最终以自己的死兑现了用命服事众人的诺言,并且用自己的死洗净了世人的罪恶。在《创世纪》里,上帝被描述为具有智慧和永生两大神性的存在。亚当和夏娃受蛇的引诱,吃掉了伊甸园中智慧树上的果实,这使得上帝决定将他们赶走,因为伊甸园里还有一棵生命树,如果再吃掉这棵树上的果实,人就会变得和上帝一样的不朽,而这是上帝不愿看到的。但是,耶稣这个凡人的死而复生,又让人看到了永生的希望,看到了摆脱对死亡的焦虑的可能性。于是,既能让人摆脱实体性焦虑,又能让人摆脱道德性焦虑,从而也能让人摆脱精神性焦虑的上帝,更加显得可亲、可爱。

《约翰福音》的写作正逢约翰所在基督教团体被犹太会堂开除的时候。作为对这一遭遇的反应,基督徒试图表达这样的断言,即他们不需要犹太教。

他们的基督教信仰尽管求助于犹太《圣经》作为其真理性的证据，却可以不用犹太教支持而能独立自主。① 于是，《约翰福音》用一种疏离于犹太教的方式表述耶稣的身位和言行，即把耶稣定位为上帝的独子和道的化身，把耶稣的言行视为上帝的启示，充满了恩典与真理。显然，《约翰福音》已经不再可能由希伯来思想来解释，而适合由希腊哲学去解释。② 影响基督教形成的希腊哲学，主要包括毕达哥拉斯主义、柏拉图主义、斯多葛主义和新柏拉图主义等，它们的一些主要观点对早期基督教产生了很大影响，比如：强调神人的联系；精灵或灵魂作为神人之间的中介；造物神创造世界；逻各斯是神的映像、智慧和理性，是神主宰与治理世界的长子或次神，也是神界与世界的最普遍中介；太一（本原神）充溢流淌，派生出一个神性递减的存在梯级；灵魂作为太一的流溢物下降到物质世界；等等。③ 正是因为受到希腊哲学的影响，《约翰福音》开始强调耶稣是上帝之言的化身。化身后的耶稣的降临过程，也就是自上而下由神为人的途径，表明耶稣不再是受造物，而是造物主上帝的位格，他带着救赎罪人的使命来到尘世。

也正是因为受希腊哲学的影响，保罗形成了不同于对观福音的耶稣论的基督论。耶稣论把拿撒勒的耶稣自下而上拔高为神，而基督论断言耶稣本是先在的神。他是上帝之子，自上而下化身为人，并被钉十字架而死，就是为了代替有罪的人受罚，让他们因自己的顶罪而被判罚无罪。获得这一恩典的人们会恢复始祖亚当最初完美纯洁的人性。在保罗看来，耶稣基督"本来有神的形象，却不坚持自己与神平等的地位，反而倒空自己，取了奴仆的形象，成为人的样式；既然有人的样子，就自甘卑微，顺服至死，而且死在十字架上。因此

---

①　参见 Craig A.Evans and Donald A.Hagner, ed., *Anti-Semitism and Early Christianity*: *Issues of Polemic and Faith*.Minneapolis：Catholic Biblical Association of America,1995,pp.121–122。

②　参见翁绍军：《神性与人性——上帝观的早期演进》，上海人民出版社 1999 年版，第268 页。

③　参见翁绍军：《神性与人性——上帝观的早期演进》，上海人民出版社 1999 年版，第291 页。

神把他升为至高,并且赐给他超过万名之上的名"(《腓立比书》2:6—9)。化身为耶稣基督的上帝,不再是强调律法的上帝,而是传播福音的上帝,不再是高高在上、要人仰望的上帝,而是来到人间、和人结合的上帝,不再是滥施天谴和诅咒的上帝,而是表达恩宠和启示的上帝,不再是随意创造与毁灭的造物主上帝,而是充满牺牲精神的爱的上帝。借用马丁·路德的话来说,化身为耶稣基督的上帝,不再是"不受任何人管辖"的"万人之主",而是"受一切人管辖"的"万人之仆"。① 这样的上帝,不再是虚无主义体验的来源,而是摆脱虚无主义体验的根据。

二、教父神学与实在论哲学中的上帝

保罗的基督论虽然相较于耶稣论更有说服力,但也留下了一系列有待深入探讨的神学问题。② 另外,在耶稣最年轻的门徒约翰去世后,人们通过使徒解决教义或其他争端的方法再也行不通了,而诺斯替主义、孟他努主义的盛行与异教哲学家赛尔修斯等人对基督教的批判,让早期基督教领袖们——后被称为"教父"(Patres Ecclesiae)——认识到,只有将信仰提升为理性,只有把基督教信仰梳理成一套合乎逻辑的基督教世界观,才能有效对抗这些异端、狂想与批判,而为了能够让这套世界观获得受过教育的罗马人的垂青,这套世界观又必须摆脱犹太传统,大量吸收希腊哲学的精神。③ 于是,基督教信仰、基督教上帝的形象在教父神学的形成过程中开始了进一步的理性化。

受保罗让基督教与希腊思想对话的影响,也受亚历山大的斐洛用希腊哲

---

① [德]路德:《马丁·路德文选》,马丁·路德著作翻译小组译,中国社会科学出版社 2003 年版,第 2 页。

② 参见翁绍军:《神性与人性——上帝观的早期演进》,上海人民出版社 1999 年版,第 296 页。

③ 参见[美]罗杰·奥尔森:《基督教神学思想史》,吴瑞诚、徐成德译,上海人民出版社 2014 年版,第 25—26 页。

学诠释犹太《圣经》的影响,公元 2、3 世纪的早期教父们决定采用柏拉图主义、斯多葛主义或二者的混合物,来为基督教辩护,从而形成一种和保罗基督论神学取向一致的教父基督学。到公元 4 世纪时,由于以主教为中心的组织架构的逐渐成形,基督徒必须尊奉的信经的出现,基督教《圣经》正典的逐步确立,以及罗马皇帝的归信,基督教在罗马帝国从一个几乎是地下组织的秘密宗教,转变为一个高度组织化的永久性机构,并在世纪末成为罗马帝国的官方宗教。这期间,基督教面临的最大威胁,不在于异端、分裂的教派与教会之外的敌人,而是来自教会内部的争论。这种内部争论最初表现为阿里乌主义和撒伯里乌主义之争,与之相伴的是三位一体教义大纷争。虽然公元 381 年召开的君士坦丁堡大会结束了这一纷争,但是如何解释神人耶稣基督的本性,又成为东方教会亚历山大学派和安提阿学派争论的焦点。

安提阿学派借着强调救世主的独立人性,把他微妙地刻画为人类的典范,而不是我们的神圣医治者。这一点又被伯拉纠主义进一步强化,后者认为救恩至少有一部分是人类的成就,而非全是神的恩典。[①] 亚历山大学派坚决反对这一观念,认为耶稣基督是以神的逻各斯身份而非人类的身份成为神圣的救世主的。为了完成救恩,他确实必须同时具有神性与人性,才能成为双方的中保,但是在他里面并透过他施行的拯救工作,是逻各斯医治人性的罪恶伤口与死亡的行动,这一行动使所有透过信心和圣礼参与他的人都变成新的人类。所以,安提阿学派救恩论的重点是耶稣基督及罪人的自由意志,而亚历山大学派救恩论的重点是恩典。

在西方教父那里,奥古斯丁更接近于亚历山大学派。在和摩尼教辩论时,早期奥古斯丁利用新柏拉图主义的存在与良善本体上合一,而恶是此二者的缺乏等观念,来解释上帝是创造者的基督教观念,以及这种观念如何与恶之存在不矛盾。这就是说,恶并不是一个和善并立的本质或本性,而是上帝所创造

---

① 参见[美]罗杰·奥尔森:《基督教神学思想史》,吴瑞诚、徐成德译,上海人民出版社 2014 年版,第 221—222 页。本书将会频繁提及伯拉纠主义。

的善受到败坏的结果,而任何本性由于都是从无到有创造出来的,自然而然就小于完美而全能的上帝,因此可能受到败坏的侵蚀。而且,人性又具有自由的恩赐,这自由可以用来追求上帝命定它寻求和遵循的善之外的东西,而这种自由意志的错误运用,正是人性恶的源头。但是相较于人和其他受造者,上帝是无限的、绝对全能与完全属灵的,而且绝对没有任何形而上与道德上的瑕疵。①

后来,在和伯拉纠主义辩论时,奥古斯丁推进了对上帝本性的理解。奥古斯丁的救恩论从两个主要的信念出发,其中第一个是,从古至今所有人(除了神人耶稣基督这个仅有的例外),都属于永远沉沦、堕落的族类,所有人——包括基督徒刚生的婴儿、中年人、老年人或妇女——都因为始祖亚当的罪而有罪,并受到上帝的诅咒。虽然受浸可以暂时切断与亚当的这个关联,但是一个人如果在受浸后犯罪,就会立刻恢复这种关联,需要借助于悔改和圣礼再来切断这种关联。虽然人可以通过这种努力逐渐过上越来越纯粹的生活,但这离不开上帝的恩典,因为上帝赋予人的自由意志除了犯罪之外一无所用,除非上帝的恩典介入,赐予人信心,让人得到行善事的能力,从而摆脱罪对人类的辖制。上帝本来不需要介入,但基于他对堕落人类的爱,就通过耶稣基督进入人类的困境,并借此施行拯救。如果人能做到的任何善事都是上帝的恩典,如果人类意志的每个欲望都是上帝的工作,如果上帝是决定万事的主,那么上帝就具有绝对无条件的全能和至高无上的主权,能够预定一切,能够命定所有受造者的每个行动,而这就是奥古斯丁救恩论的第二个信念,奥古斯丁本人也因此获得"恩典博士"的称谓。② 显然,在奥古斯丁那里,救赎只可能是来自上帝的神圣礼物,与人自身的努力毫无关系。人们要想获得生命的依据,必须绝对依

---

① 参见[美]罗杰·奥尔森:《基督教神学思想史》,吴瑞诚、徐成德译,上海人民出版社2014年版,第265页。

② 参见[英]阿利斯特·麦格拉思:《宗教改革运动思潮》,蔡锦图、陈佐人译,中国社会科学出版社2009年版,第69页。

赖和信仰上帝，但这位无限全能、至高无上、不可理解的上帝是否真的会降恩于人，则是后者完全不可知的，因为他们不清楚上帝究竟预先拣选了哪些人。

在奥古斯丁的影响下，西方教会宣扬的基督教教义主要是"神恩独作"说而非"神人合作"说，但前者对上帝无限全能和绝对主权的过分强调，让西方教会主宰下的信徒们对自己的获救问题惶惶不安。做了善事，不一定得到上帝的拣选，而做了恶事，也不一定会受到审判，能不能得救，全赖于上帝神秘而不可理解的意志。这意味着，此时的基督教上帝，重新变得既是克服虚无主义体验的依据，又是虚无主义体验的来源。

基督教信仰的彻底理性化，基督教上帝形象的彻底理性化，完成于中世纪经院哲学。公元 11 世纪，经院哲学派神学逐渐崛起于欧洲各个大学与修道院，它主要使用亚里士多德主义的方法论和哲学——12 世纪末与 13 世纪初，经由伊斯兰哲学家阿维森纳和阿威罗伊的评注，亚里士多德被西方世界重新发现①——证明基督教神学固有的理性与一致性，从而把教父们的理想即"信仰寻求理解"推向高潮。② 经院哲学的主流是实在论（realism），它强调共相（the universals）的实在性，强调通过逻辑演绎和观察自然而认识上帝的可能性。③ 正是在实在论哲学的努力之下，不仅基督教神学逐渐变成了理性的体系，而且上帝本身也变成了人们可以充分把握从而安心仰赖的理性存在。

经院哲学的先锋安瑟尔谟，希望完全不靠信心或神启而对一个符合理性的基督教基础信仰进行描述与辩护，这个基础信仰就是"上帝存在"。安瑟尔谟发现，人们在日常生活中总是对事物的良善作出不同程度的区分，这一区分意味着必须存在衡量事物良善的客观标准，而只有像上帝那样的存在，才可能

---

① 参见［英］W.C.丹皮尔：《科学史——及其与哲学和宗教的关系》，李珩译，张今校，商务印书馆 1997 年版，第 137—138 页。

② 参见［美］罗杰·奥尔森：《基督教神学思想史》，吴瑞诚、徐成德译，上海人民出版社 2014 年版，第 317—320 页。

③ 参见 Michael Allen Gillespie, *Nihilism before Nietzsche*, Chicago：The University of Chicago Press, 1995, pp.12-13。

提供这种终极标准。于是,安瑟尔谟用非常柏拉图化的方式证明,宇宙中应该有一个至善的最高级存在,世间万物因反映这种存在的程度不同而表现出不同程度的良善。以此为基础,安瑟尔谟发展出了他的本体论证明:即使愚人听人说到上帝这个"无与伦比的伟大的东西"时,他也能够理解这个东西是什么,也就是说,这个东西已经存在于他心中。但是,如果这个东西只是存在于心中,却不能同时存在于现实中,那么它就不是一个"无与伦比的伟大的东西"了,因为我们还可以设想一个更加伟大的东西,它能够在心中和现实中同时存在。但是,这与"无与伦比的伟大的东西"相矛盾,因为后者之所以无与伦比,就是指没有任何东西可出于其右。于是,那"无与伦比的伟大的东西"必然既存在于心中,又存在于现实之中。①

在提出关于上帝存在的本体论证明后,安瑟尔谟进一步解释这位必然存在的上帝是什么。他指出,这样一种存在应该最良善,同时又具有怜悯心,且不为感情所动,因为"如果你凡事泰然自若,就不会有同情心,而你若没有同情心,你的心就不会因为可怜人而绞痛,然而,这就是怜悯。但是,如果你不怜悯,那么对于可怜人如此大的安慰,是从何而来呢? 那么,主啊,你怎能既怜悯,又不为怜悯所动呢? 除非,就经验而言,你是怜悯的,就你的存有而言,你是不为怜悯所动的"②。正如罗杰·奥尔森所言,对于安瑟尔谟和其他大多数经院学者而言,"神是单纯、无时间性、不会改变,并且没有感觉的本质或实质,他没有限制、身体、肢体或感情。神采取行动,但是没有任何行动作用到他身上。"③

如果说安瑟尔谟的思想还有柏拉图主义的特征,托马斯·阿奎那的神学则明显受到亚里士多德的影响。如果说安瑟尔谟的本体论证明还以信仰为前

---

① 参见赵林:《基督教思想文化的演进》,人民出版社 2007 年版,第 72 页。

② 转引自〔美〕罗杰·奥尔森:《基督教神学思想史》,吴瑞诚、徐成德译,上海人民出版社 2014 年版,第 328 页。

③ 〔美〕罗杰·奥尔森:《基督教神学思想史》,吴瑞诚、徐成德译,上海人民出版社 2014 年版,第 328 页。

提,那么阿奎那的宇宙论证明则主张经验地证明上帝的存在,从而在"信仰真理"(*veritas fidei*)之外搞出一套"理性真理"(*veritas rationis*),一种绝对不以基督教信仰为先决条件的关于神的自然知识。① 阿奎那证明上帝存在的方法有五种:第一种从自然的运动现象开始,第二种诉诸动力因,第三种从可能性和必然性出发,第四种从事物的等级出发,第五种从上帝对事物的管理开始。②

证明了上帝的存在后,阿奎那接着考察上帝的神性。上帝的神性特征表现在很多方面,其中以下几点对我们的主题来说比较重要:其一,上帝是至善——因而也是至美③和至真④——的存在。因为上帝是第一动力因,万物有他才能存在,所以善特别适合于上帝;因为所有被意欲的完满性都从上帝而来,所以上帝是至善;因为只有上帝的本质即是他的存在,只有上帝没有偶性,只有上帝不以别的事物为目的,所以只有上帝才在本质上是善的;每一件事物都是因为上帝的善才被称为善,只有上帝的善才是所有善的第一原型、动力和终极原则。⑤

其二,上帝是理智的存在。事物的非物质性程度,决定着事物的认识能力,而上帝是纯粹非物质性的,因而是纯粹理智的存在;由于上帝是全然的现实性,所以上帝通过自己理解自己,而且能够完全理解自己;上帝还能够直接认识他自身之外的所有事物;一如工匠的知识是他的技艺所造成的事物的原因,上帝的知识是他的所有造物的原因;凡是能够由受造物制造、想到或说到的事物,以及上帝自身能够做到的无论什么事物,对上帝来说都是已知的;上帝能够完满地认识事物,这意味着上帝能够认识善的事物,也能够认识恶的事

① 参见[意]阿奎那:《反异教大全》第1卷,段德智译,商务印书馆2017年版,第64页。
② 参见[意]阿奎那:《神学大全》第一集第1卷,段德智译,商务印书馆2016年版,第33—37页。
③ [意]阿奎那:《神学大全》第一集第1卷,段德智译,商务印书馆2016年版,第80页。
④ 参见[意]阿奎那:《神学大全》第一集第1卷,段德智译,商务印书馆2016年版,第308页。
⑤ 参见[意]阿奎那:《神学大全》第一集第1卷,段德智译,商务印书馆2016年版,第87—95页。

物;上帝的完满性决定了他能够认识个别事物,因为认识个别事物是完满性的一个组成部分;上帝的知识没有任何边界,他能认识无限的事物,也能认识未来的偶然事物;上帝的知识即他的实体,因而是不可变动的;上帝关于他自身的知识只是思辨的,而关于别的事物的知识则既是思辨的又是实践的。①

其三,上帝是意志的存在。正如在上帝中存在理智那样,在上帝中也存在意志,意志是随着理智而出现的,因为理智具有向善的倾向;上帝不仅意欲他自身的存在,还意欲除他自身之外别的事物的存在,意欲把自己的善扩展到别的事物之上;上帝意欲除他自身之外别的事物,是就它们都是以上帝自己的善为它们的目的而言的;上帝的以善为目的的意志是所有别的事物的原因;正如上帝通过一项活动来理解存在于他本质之中的所有事物,他也通过一项活动来意欲存在于他的善之中的所有事物;既然上帝的意志是所有事物的普遍原因,上帝的意志必定总是能够产生它的结果;上帝的实体以及他的知识全然不可改变,他的意志也必定全然不可改变;上帝的意志把必然性赋予了他所意欲的一些事物,而不是所有事物;由于善是可欲望性的理则,而恶同善对立,所以上帝不会意欲恶的事物;理智的存在凭自由意志选择善,只意欲善的上帝必然具有自由意志;严格意义上的意志是善良意志,被比喻看待的意志是表记意志,在我们身上作为我们意志的通常表记的东西,在上帝身上却被称作上帝的意志;意志的五种表记即禁止、诚命、劝谕、运作和允准,可以用来称呼上帝的意志。②

其四,上帝是爱、正义和仁慈的存在。上帝之中有爱存在,因为爱是意志和每一种欲望能力的第一运动;上帝爱所有现存的事物,因为所有现存事物就其存在而言都是善的,而上帝的意志是意欲善良的意志;上帝虽然以相同的智

---

① 参见[意]阿奎那:《神学大全》第一集第1卷,段德智译,商务印书馆2016年版,第236—286页。

② 参见[意]阿奎那:《神学大全》第一集第1卷,段德智译,商务印书馆2016年版,第346—381页。

慧和善管理所有的事物,但可以爱一些事物甚于另一些事物,即意欲一些事物更多的善;上帝更爱比较好的事物,因为他意欲这样的事物具有更大的善;正义可分为交换的正义和分配的正义,从宇宙的秩序可以看出,上帝具有分配的正义;上帝的正义把事物安顿在与作为他的法律的智慧的尺子相符的秩序之中,所以完全可以称为真理;仁慈相关于苦难,苦难相关于缺陷,而就通过消除所有的缺陷而赋予事物完满性而言,上帝是仁慈的;上帝的所有工作都遵循适宜的秩序和比例,都是为了消除缺陷,所以仁慈与正义存在于上帝的每一项工作中。①

其五,上帝是一个智慧的运筹者。人们凭借对过去事物的回忆、对现存事物的理解和对将来事物的运筹而管理社会,而上帝以自身为目的,他所创造的所有事物都趋向于一个目的秩序,这说明上帝是一个智慧的运筹者;所有的事物都处于上帝的运筹之中,因为所有的事物都必然通过上帝指向某个目的;上帝的理智中具有每一件事物的理据,所以上帝对每一件事物都是直接运筹的。他也通过高级事物管理低级事物,但这仅仅是因为他的善的丰富,以至于连因果关系的尊贵也要传授给造物;宇宙的完满性表现为各个等级的存在的秩序,而每个等级的必然性和偶然性都是由上帝所运筹的。②

其六,上帝是全能的存在。就上帝的知识或意志会产生结果而言,上帝具有能力,上帝的能力是最高级的能动的能力,而不是被动的能力;就像一件事物越热,它所具有的提供热量的能力就越大,具有无限存在的上帝的能力同样是无限的;上帝能够做所有可能的事物,因而是全能的。上帝的能力以上帝的存在为基础,而上帝的存在是无限的,不受任何一个属相的存在限制,所以凡是能够具有存在本性的事物都是属于绝对可能事物之列的,上帝就是从这些

---

① 参见[意]阿奎那:《神学大全》第一集第1卷,段德智译,商务印书馆2016年版,第382—407页。

② [意]阿奎那:《神学大全》第一集第1卷,段德智译,商务印书馆2016年版,第408—422页。

事物方面被称作全能的。除了非存在，没有什么事物能够同存在概念相反，所以绝对可能的事物不包括同时蕴含存在与非存在的东西，不包含有矛盾的东西；由于过去发生的事情不曾发生是矛盾的，所以上帝不可能使任何一件过去发生过的事情不曾发生；除了那些他事先知道并且事先命令自己去做的事情之外，上帝还能做别的事情。但是上帝做他不曾事先看到并不曾事先命令他将要做的任何事情，这一点是无论如何也不会发生的，因为他的现实的作为总是从属于他的先见和事先命令的，虽然作为他的本性的能力并非如此；宇宙，亦即被假定为现时存在的种种事物，是不可能更好一些的，这是因为上帝赋予这些事物的是最为尊贵的秩序，而宇宙的善正在于这种秩序。但是上帝能够制造一些别的事物，或者把一些事物加到所造的事物上面，从而使宇宙更好一些。①

正如奥尔森所言，阿奎那和安瑟尔谟对上帝的描述共同构成了古典基督教有神论的最高峰。② 根据上述对阿奎那思想的概括，可以说，阿奎那的上帝虽然是无限全能的存在，但他并非随心所欲、完全无法把握的存在，因为他的自由意志不是非理性或超理性的意志，而是绝对理性的意志，是善良意志，他只会意欲良善的事物，只会动用其全能来维护由他创造的良善秩序。他是至真、至善、至美的存在，是永恒不变的存在本身，他虽然没有赋予自己的造物这些特质，却作为第一原型、范例、动力和终极原则无声地引导着它们追求这些特质，后者也因为这种追求而获得生命的意义。对此，艾瑞克·沃格林总结道："'真理中的万物秩序，即是存在中的万物秩序。'《反异教大全》中的这句话在本体论上意味着，神的理智，作为宇宙的第一因，已将自身铭刻在世界的结构之中。它在方法论上意味着，对世界的合秩序描述将会形成一个描述关

① ［意］阿奎那：《神学大全》第一集第1卷，段德智译，商务印书馆2016年版，第456—476页。

② 参见［美］罗杰·奥尔森：《基督教神学思想史》，吴瑞诚、徐成德译，上海人民出版社2014年版，第347页。

于上帝的真理体系。它在实践上意味着,每个存在物,尤其是人,在神创的等级体系中都具有其理性与意义,并且通过走向其终极目标,亦即上帝,而实现生存的圆满。"①于是,正如《反异教大全》第1卷的英译本序言所指出的那样,阿奎那为西方人提供了一种人类中心主义的世界观:

> 上帝的自由植根于上帝的完满性,在创造活动中,上帝具有一个动机,这就是他的完满性的慷慨的传播。但我们必须向前走得更远。如果上帝创造的是一个由精神受造物和物质受造物组成的世界,后者就是为了前者的缘故而存在的。精神上受造物的至福乃创造的中心目的和统一目的。从这一观点看,我们生活于其中的物质世界,对于圣托马斯来说,在某种意义上,是人类中心主义的,希腊人和阿拉伯人对此依然无知。物质世界是为人而存在的,人是为了至福而存在的,而至福又是上帝白白赠送给人的礼品。道成肉身并非创造世界的上帝后来添加上去的事后的想法。上帝跨越从无限到有限的时空间距,以便将人类引导到无限的至福。哲学不可能取得比这更大的成就和胜利。由于同样的原因,道成肉身也是圣托马斯与希腊人和阿拉伯人的证明中的顶峰:上帝变成了人,并且将真正的至福——他自己赋予了人。……上帝,作为存在,他以完全的自主性认知着和爱着,他慷慨地创造着,他监护着每一个麻雀的降落,一如他等待着人对他的爱的回应,他就是具有爱的上帝,他来到尘世,使人与他自己联系到一起。②

在这个以人类为中心的世界中,实在论的上帝基于人类的至福细心安排和照顾着世间万物,从而让人在大自然中就像在自家的花园中一样快乐、舒适和惬意。他还作为至真、至善、至美和至爱的完满性道德存在,引领着人追求

---

① ［美］艾瑞克·沃格林:《政治观念史稿》卷二,孔新峰译,华东师范大学出版社2019年版,第248页。

② ［意］阿奎那:《反异教大全》第1卷,段德智译,商务印书馆2017年版,第42页。

至真、至善、至美和至爱的生活，并且远离一切罪恶，从而获得生命的价值和意义。他虽然没有完全免除人的苦难和死亡，但只是把苦难和死亡视为获得永恒的恩典的试金石。于是，从摇篮到坟墓，西方人在实在论上帝的庇佑下无忧无虑地活着，基本上摆脱了虚无主义体验的折磨。

三、唯名论哲学中的上帝

基督教神学原本包含两大要素，即启示与哲学，其中前者强调上帝的无限全能和道成肉身，后者强调理性主义的宇宙观。从希腊化时期开始，基督教思想史就表现为这两大要素相互对抗并寻求平衡的历史。但是，经院哲学，尤其是阿奎那哲学打破了这种平衡。毋庸置疑，以阿奎那为代表的经院哲学虽然也强调神性全能，但首先强调神性全能中理性的优先性，这导致上帝的全能被理性化了。上帝全能的理性化，让人们觉得哲学家的上帝和《旧约全书》里的上帝不再是同一个神灵。更为严重的是，这种哲学贬低了上帝的身份，让上帝的力量和高贵从属于异教——亚里士多德主义——的宇宙和逻辑。由于亚里士多德的著作是被阿拉伯学者重新介绍给西方的，人们又怀疑一种异端的伊斯兰元素已经注入基督教教义。这引起了那些"更原本的基督教"的虔敬捍卫者们的忧虑，后者主要来自方济各会、清洁派、韦尔多派和卑微派等。① 于是，在阿奎那去世仅3年之后的1270年，亚里士多德主义和阿奎那哲学就开始受到攻击。攻击者极力强调，意志而非理性才是上帝最重要的特征，而这种观念成为后来逐渐兴起的唯名论运动(nominalist movement)的核心。

其实，经院哲学中一个反实在论的流派早在12世纪就已经开始活动了。孔皮埃涅的罗瑟林首开用唯名论质疑实在论的传统，震惊了同时代人。他认为表达共相的一般概念仅仅是名称，无法指涉存在于个别事物之外的现实事

---

① 参见［美］迈克尔·艾伦·吉莱斯皮：《现代性的神学起源》，张卜天译，湖南科学技术出版社2019年版，第35页。

物,而现实存在的只有个别事物。① 主张实在论的安瑟尔谟公开批判罗瑟林,认为其观念可能会导致对三位一体教义的含蓄否定,主张共相除了存在于人类心智中之外,还有本体上的实有。罗瑟林的学生彼得·阿伯拉尔主张一种温和的唯名论即概念论,即共相的观念虽然实际存在,但这存在既不高于或外在于个别事物,也不只是心智上的习惯用语。共相以形式存在于物质中的方式实际存在。人们可以从物质中抽出形式,但是若没有物质,形式就从未确实存在过。正如奥尔森所言,如果柏拉图的形式哲学隐藏在实在论之后,那么亚里士多德的形式与物质哲学则藏在阿伯拉尔概念论之后。② 不过,亚里士多德的思想特征,决定了人们完全可以对它进行一种反实在论的解读,也就是用不同于古代方式(*via antiqua*)的现代方式(*via moderna*)来解读,而这意味着一种极端的唯名论可能会出现。③

13 世纪末,坚守奥古斯丁传统的方济各会修士邓斯·司各脱,开始批判坚守亚里士多德传统的多明我会的托马斯主义。正如蒂利希所言,司各脱主义与托马斯主义之争,实际上是"对现代世界具有决定性意义"的"作为终极原则的理智和意志之间的斗争"。④ 对多明我会修士、托马斯主义或亚里士多德主义来说,理智具有优先性的地位,而对司各脱的奥古斯丁思想路线来说,意志具有优先性地位,因为在后者看来,"意志使人成为人,并使上帝成为上帝。上帝首先是意志,只有在次要的方面才是理智。"⑤对此,胡斯都·L.冈察

---

① 参见[美]胡思都·L.冈察雷斯:《基督教思想史》第 2 卷,陈泽民等译,译林出版社 2010年版,第 163 页。

② 参见[美]罗杰·奥尔森:《基督教神学思想史》,吴瑞诚、徐成德译,上海人民出版社2014 年版,第 333 页。

③ 参见[美]迈克尔·艾伦·吉莱斯皮:《现代性的神学起源》,张卜天译,湖南科学技术出版社 2019 年版,第 10 页。

④ 参见[美]保罗·蒂利希:《基督教思想史》,尹大贻译,香港汉语基督教文化研究所 2000年版,第 210 页。

⑤ [美]保罗·蒂利希:《基督教思想史》,尹大贻译,香港汉语基督教文化研究所 2000 年版,第 210 页。

雷斯也指出,司各脱的观点是鲜明的唯意志论:"司各脱遵循全部奥古斯丁传统,坚决认为意志高于理性。不仅上帝是这样,人也是这样。上帝的意志——以及我们的意志——是这样的,以致它是它自己行动的唯一起因。"①这种唯意志论的而非理性主义的上帝,是不可认识的上帝,而只能是通过教会权威进行启示的上帝。还需要指出的是,司各脱用极端唯名论的方式强化了这一观点,他认为有限与无限之间存在着不可逾越的裂缝,作为有限之物的人不可能通过认识途径直接达到上帝,因为规定上帝本质的"存在""真""善""元一"等,都只是一个个名词而已,它们可以指出有限之物与无限之物的类似,但不可能完全把握无限之物本身。②

司各脱虽然坚持认为上帝的意志高于理性,但并没有说上帝是一个任性的独断专行者。这就是说,经院哲学即使发展到司各脱,也没有完全改变理性主义的上帝观:

> 这一派在阿奎那哲学中发现自己顶峰的经院哲学普遍认为,尽管上帝是全能的,但他也是理性的;他已经永久性地制定下了他的法律;人们因此能够理解上帝和他的意图,这不仅仅是通过《圣经》,而且更可能是通过对自然的类比式考察。尽管没有人否定上帝的绝对权力(potentia absoluta),但是这些经院哲学家普遍认为,他已经通过自己的决定把自己束缚在一种有序权力(potentia ordinata)中。上帝并没有以这种方式被束缚,而是完全自由和无所不能的,这样的可能性是一种非常可怕的可能性,几乎所有的中世纪思想家都不愿意接纳这种可能性。比如说,奥古斯丁就宣称,上帝的神圣秩序使他的全能理性化了。阿尔伯图斯·麦格努斯和阿奎那相信,上帝的权力

---

① [美]胡思都·L.冈察雷斯:《基督教思想史》第2卷,陈泽民等译,译林出版社2010年版,第310页。

② 参见[美]保罗·蒂利希:《基督教思想史》,尹大贻译,香港汉语基督教文化研究所2000年版,第263页。

(potentia)不可能与他的正义(iustitia)和智慧(sapientia)相分离。博纳文图拉拒绝一种无限制的绝对权力的可能性,因为它暗示着在神圣者那里存在混乱,而这是互相矛盾的。彼得·阿伯拉尔认为,上帝不能不根据他的本质的善、正义和智慧行事。即使是邓斯·司各脱,这个宣称"具有绝对权力的上帝能够做任何事情"这句话并不前后矛盾的人,也认为即使上帝确实无序地(inordinata)行事,这种行为中也将包含一种新秩序的直接创造。上帝因此对邓斯·司各脱来说是超理性的,而不是非理性的。①

吉莱斯皮所谓"绝对权力"和"有序权力"这两个术语,在公元12世纪末和13世纪初逐渐形成,用于关于神性全能问题的争论。② 绝对权力指上帝超越善恶标准、随心所欲地选择做任何事情(除了不违背不矛盾律)的能力,有序权力指上帝根据他本质的善、正义和智慧做事的能力。对上帝力量的这种区分,最初是为了理解上帝的突发行为:上帝会不会在完成创世活动后突然介入既定秩序,会不会重新创造另外一个世界?为了解决这个问题,人们假设上帝在创世行动甚至创世意愿之前有一段时间具有绝对权力,当时上帝面临完全的可能性,这种可能性仅仅受限于不能让矛盾的事物同时为真,或否定上帝自己的本性。由于上帝作为全知和连贯的存在,他不会脱离神性计划而创造,所以一旦神性计划得以确立,那些最初向上帝开放的选择就不再是真正的可能性,而他只会根据有序权力而行动。显然,奇迹和上帝法则的变化与绝对权力无关,因为被绝对地思考的权力只是一种抽象的可能性,与行动无关,而且没有任何基督教神学家真的想要考虑这样的观念,即上帝能够以一种他不能预知和预定的方式改变心灵和行动。

---

① Michael Allen Gillespie, *Nihilism before Nietzsche*, Chicago: The University of Chicago Press, 1995, p.14.

② 参见 William J.Courtenay, *The Dialectic of Omnipotence in the High and Late Middle Ages*, in Tamar Rudavsky, ed., *Divine Omniscience and Omnipotence in Medieval Philosophy*, Dordrecht: D.Reidel Publishing Company, 1985, pp.243–258.

但是,随着后来的发展,绝对权力这种不可能存在的抽象能力,成了上帝的两种现实能力之一。这是因为人们把神性权力和人类经验作了类比。在13世纪早期关于教皇权力的讨论中,教会法学家们希望找到一个公式,后者能够表达教皇权力和教会法则之间的关系。一方面,教皇有责任遵守和坚持教会的基本法则,绝对不能改变这些法则;另一方面,为了教会更大的利益,教皇可以凭借自己的特权暂停执行一些次要的、特殊的法则。就在这里,绝对权力/有序权力的神学区分被用于表达这样的观念,即教皇根据一种内在的、自我强加的责任而非外在的强迫或必然性来服从法则,但当为了实现更大的善时,教皇又会根据自己的全能本性在法则之外行动。根据这种类比,人们想象上帝虽然可以运用有序权力来创造和维护现实世界,但也可以运用绝对权力改变现实世界。①

司各脱把教规法学家们发展起来的类比明确下来:有序权力意味着根据法则行动的能力;绝对权力是脱离法则行动的能力。于是,"有序权力和绝对权力这两个术语不再仅仅表示两种不同的能力(posse);它们现在肯定的是两种不同形式的行动,其中一种符合法则,一种外在于并反对法则。"②但正如吉莱斯皮所言,即便如此,司各脱仍然坚持认为,上帝按照其他方式行动的绝对权力也只会导致其他秩序,这种秩序同样是正确的和公正的,只要上帝选择了它。

司各脱显然没有意识到,绝对权力和有序权力的区分,会带来一种全新的神性全能观念,从此以后,上帝可能是一个非目的论的而目的论的存在,一个非道德论的而道德论的存在,一个非理性主义的而理性主义的存在,一个自由

---

① 参见 William J.Courtenay, *The Dialectic of Omnipotence in the High and Late Middle Ages*, in Tamar Rudavsky, ed., *Divine Omniscience and Omnipotence in Medieval Philosophy*, Dordrecht: D.Reidel Publishing Company, 1985, pp.252-253。

② William J.Courtenay, *The Dialectic of Omnipotence in the High and Late Middle Ages*, in Tamar Rudavsky, ed., *Divine Omniscience and Omnipotence in Medieval Philosophy*, Dordrecht: D.Reidel Publishing Company, 1985, p.254.

运用他的全能满足自己意愿、无视任何由自己创造出来的法则的存在。他的意志可能不再是善良意志，还可能是作恶意志，因而可能是超越善恶的意志，他既可能创造另一种秩序，也可能带来彻底的混乱。奥卡姆的威廉用他的唯名论革命，让人们看到了这一观念所导致的可怕后果。

奥卡姆的威廉，1290年左右生于英格兰位于萨姆的奥卡姆，1310年加入圣方济各会，并在牛津大学研究神学。1326年他被传唤至阿维尼翁的教皇委员会，为自己的五十六条可能成问题的观念作辩护。在那里，他接触了圣方济各会总领袖凯斯纳的迈克尔，后者曾就贫困问题和教皇约翰二十二世争论。停留在阿维尼翁的日子里，奥卡姆参与了这一斗争并得出结论：教皇违背了福音书，因此不是真正的教皇。

迈克尔及其领导的方济各会成员认为，既然基督已经宣布放弃他的王国和世俗统治权力，他们就应该模仿基督，宣誓自己过一种一无所有的苦行生活。但是，教皇认为，基督并没有宣布放弃他的王国，因为这与上帝任命他为牧师的事实相矛盾。对此，方济各会成员回应道，尽管上帝没能通过他的有序权力来做，却能够通过他的绝对权力来做。这就是说，上帝不会被他过去的行为或计划束缚手脚。显然，"只有以一种让主流经院哲学无法接受的方式把上帝解释为无所不能的上帝，方济各会的立场才能得到维持，从这一意义上看，关于贫困问题的争论，是关于神性意志与理性关系的争论的具体表现形式。"①于是，当教皇拒绝区分上帝的绝对权力和有序权力，坚持认为上帝不会违背自己定下的法则时，奥卡姆和他的方济各会同事就视这种拒绝为阿伯拉尔异端立场的复活，后者认为上帝必然会根据自己先前的意愿从死亡的永恒里拯救出一些人来，而前者认为上帝是绝对自由和至高无上的，根本不会受自己以前制定的法则的约束，只会随意决定人的灵魂是否得救。于是，在奥卡姆

---

① 参见 Michael Allen Gillespie, *Nihilism before Nietzsche*, Chicago：The University of Chicago Press, 1995, p.15。

他们看来,教皇就是一个异端。① 可能由于意识到教皇委员会的决定不可能对自己有利,奥卡姆和迈克尔于1328年逃离阿维尼翁。他们先去了比萨,然后赶往慕尼黑,在那里他们受到巴伐利亚的路德维希的保护,后者被选为皇帝,却没有得到教皇的承认。正是在这里,奥卡姆又参与了围绕教皇对世俗国家的权限问题展开的斗争,极力为路德维希皇帝辩护。不仅如此,他还在针对福音派教徒的贫困的斗争中反对教皇。奥卡姆很快就被开除教籍。1347年,他向罗马教廷求和,但还没有得到任何回复,就在1349年左右死于慕尼黑的黑死病瘟疫。

奥卡姆完全拒绝了调和神学与哲学的尝试,主张把神学从异教哲学中解放出来,让神学高踞于哲学之上。奥卡姆的神学明确表达了自己的上帝观。其一,上帝存在但不可证明。对奥卡姆来说,这个世界上只有一个无限、绝对、必然、自足而独立的存在,那就是上帝。以往的自然神学和逻辑神学,倾向于从宇宙固有的和心智所见的等级秩序证明上帝不仅存在,还是最高存在和最完美的实体。但在奥卡姆看来,并不存在什么存在者的等级或会延伸到上帝的完美秩序,上帝创造的所有事物,都只是纯粹偶然性的个体存在,由这些个体事物组成的自然世界的秩序,只是他随心所欲赋予这些个体事物的因果关系,所以,从纯粹偶然性的事物及其之间存在的偶然秩序出发,不可能反过来证明无限、绝对而必然的上帝的存在。②

其二,上帝全能且绝对自由。上帝的全能意味着上帝的绝对权力完全高于他的有序权力,意味着他能够做一切可能的事情,只要这些事情彼此不矛盾。③

---

① Michael Allen Gillespie, *Nihilism before Nietzsche*, Chicago: The University of Chicago Press, 1995, p.16.

② 参见 William of Ockham, *Philosophical Writings*, ed. and trans., Philotheus Boehner, London: Thomas Nelson & Sons, 1957, pp.xvii-xxiii.

③ 参见 Harry Klocker, *William of Ockham and the Divine Freedom*, Milwaukee: Marquette University Press, 1996, pp.10-12; William of Ockham, *Philosophical Writings*, ed. and trans., Philotheus Boehner. London: Thomas Nelson & Sons, 1957, pp.xix-xxiii.

这一点完全不同于阿奎那,后者虽然也认同上帝既拥有绝对权力也拥有有序权力,但坚持认为在上帝那里,权力、本质、意志、理智、智慧和正义是一回事,从而认为上帝只能做适当的和正义的事情:"上帝做他不曾事先看到并且不曾事先命令他将做的任何事情,这一点是无论如何也不会发生的,这是因为他的现实的作为总是从属于他的先见和事先命令的,虽然作为他的本性的能力并非如此。因为上帝是由于他意欲这样去做才去做事情的,然而做这些事情的能力却并非来自他的意志,而是来自他的本性。"①但是对奥卡姆来说,上帝的全能意味着"每一种事物都作为上帝的处置意志(disposing will)的结果而存在或发生,意味着除了意志,他的创造没有理由。唯一的理由就是他想创造。这样,创造就是一种纯粹的恩赐行为,一种只能通过启示来理解的行为"②;上帝的全能意味着上帝是绝对自由的无因之因,而不会陷入由自己创造的因果关系。也就是说,他不会受他自己创造的秩序的束缚,因为这种秩序只是他基于自己的意愿随意赋予事物的,所以也完全可以基于自己新的意愿做出改变。于是,"上帝不是简单地创造出这个运转的宇宙,并且在他所写的戏剧展开时,自己只能作为一个无能为力的观众在边上观看,而是也能够随心所欲地介入自然的秩序。"③上帝的神秘介入行为并非不自然的,因为自然本身就是神性意志的表现,神迹不过是缩短了创造的过程。

其三,上帝自爱且冷漠无情。在实在论哲学那里,上帝是一个人类中心主义者,他基于人类的至福创造了万物并赋予其秩序,还自觉呵护万物并遵守由自己制定的秩序,这让人们认为上帝是至真、至善、至美和至爱的完满性道德存在,是可爱、可信、可亲、可近的救世主。然而,在奥卡姆那里,上帝是个自恋狂。他并非为人而创造了这个世界,也并非为了人的至福而赋予万物秩序,因

---

① ［意］阿奎那:《神学大全》第一集第 1 卷,段德智译,商务印书馆 2013 年版,第 472 页。

② Michael Allen Gillespie, *Nihilism before Nietzsche*, Chicago: The University of Chicago Press, 1995, p.16.

③ Michael Allen Gillespie, *Nihilism before Nietzsche*, Chicago: The University of Chicago Press, 1995, p.16.

为后者随时会被他介入或打破。他赋予人苦难与死亡,和他赋予人永恒,两者间没有任何必然关联。他拯救不拯救人,拯救哪些人,完全与人无关,而只是出于自己绝对自由的意志:"正如奥卡姆反复强调的那样,上帝并不欠人的债。因此,他会预先决定他想拯救的人。奥卡姆拒绝这样的观点,即世界是为了人的利益而创造的。不同于经院哲学已经逐渐接近这样一种结论,奥卡姆却在尝试避免上帝对人做出应答的情形。全能意味着一种绝对无条件的意志。确实,尽管并没有否定上帝是一个充满爱的上帝,他还是宣称,上帝对人的爱只是通往他对自己的爱的一条路,上帝的爱最终只是自爱。"①

奥卡姆的上帝观建基于他的唯名论革命,后者具体表现在本体论、宇宙论、逻辑学和认识论四个层面。首先,从本体论层面看,奥卡姆通过摧毁作为实在论哲学基础的共相而解放了上帝的绝对权力。奥卡姆认为只有个体事物存在或具有实在性,而某一类事物的共相则只能作为词语或概念存在于心灵中,不可能具有实在性或"存在的力量"。也就是说,不存在作为人的人,只存在保罗、彼得、约翰这些就在我们身边的个人,也不存在作为树的树,只存在长在某个角落的这棵那棵树。但是,这意味着,上帝想要具有实在性,也必须作为个体存在。当然,相较于上帝的造物,作为造物主的上帝肯定是"最单一的存在"(*ens singularissimum*),而这必然导致作为个体存在的上帝与其他个体存在的分离,而不再"以实体的样子"出现在一切其他事物中:"上帝注视着这些个别事物,这些个别事物也注视着上帝。上帝不再是任何事物的中心,就像奥古斯丁的思想方法那样看待上帝。上帝已经被移离中心地位而处于远离其他事物的一个特殊的地方。"②奥卡姆的这一思想解放了上帝的绝对权力:"范畴的束缚力限制了上帝的权力。如果实在论被认真对待,那么对上帝来说,要

---

① Michael Allen Gillespie, *Nihilism before Nietzsche*, Chicago: The University of Chicago Press, 1995, p.16.

② [美]保罗·蒂利希:《基督教思想史》,尹大贻译,香港汉语基督教文化研究所2000年版,第276—277页。

想消灭一个个体,而不消灭个体所属的类,就根本不可能。上帝因此也就不能在创造共相的同时不与自身相矛盾,这就是说,上帝不能不以一种与他的全能不相容的方式限制自身。"①

从宇宙论层面看,奥卡姆通过破坏实在论哲学的世界秩序而保证了上帝的绝对自由。在实在论哲学那里,世界不是各种个体之物的杂乱堆砌,而是一个"*universe*"(*uni* 表示的是"一""单一""统一"之义),一个统一的和谐有序的整体。② 根据亚里士多德的四因说,这个整体世界的质料因就是自然物质,形式因就是类、属或共相,动力因就是上帝,目的因就是人类的福祉。但是由于拒绝实在论,主张每一种东西都是由上帝于虚无中创造出来的绝对个体,并且直接从属于上帝,只有上帝才能维持或毁灭这些个体的存在,存在者在奥卡姆那里不再被视为有着确定的本性或潜质的类或属——形式因——的成员,也不再是为了人类的福祉——目的因——而存在,结果,在唯名论的世界中"只有质料因和动力因还保存着。各种物质性存在者之间的关系只受动力因决定"③。也就是说,奥卡姆所理解的世界是一个没有形式因和目的因的世界,一个只存在作为动力因的上帝与各种个体性物质存在的世界,其中上帝基于自己的意愿把因果关系赋予两个或两个以上独立存在的个体事物,从而把它们组成一个整体。但是,那显然不是一个有机的必然的整体,因为只要上帝愿意,这个整体随时可以被拆散又随时可以组合成新的整体。正如欧金尼奥·加林所言,不同于阿威罗伊的"统一的、不动的和坚实的宇宙",奥卡姆向我们展示的是一个完全没有连续性的宇宙:"奥卡姆宣布了统一的、等级的、协调的和道德化的宇宙的结束,而这个宇宙是在整个中世纪长期思考中所描

---

① Michael Allen Gillespie, *Nihilism before Nietzsche*, Chicago: The University of Chicago Press, 1995, p.17.

② 参见[美]唐纳德·A.克罗斯比:《荒诞的幽灵——现代虚无主义的根源与批判》,张红军译,社科文献出版社 2020 年版,第 50 页。

③ Michael Allen Gillespie, *Nihilism before Nietzsche*, Chicago: The University of Chicago Press, 1995, p.21.

绘的蓝本。"①对此,哈里·克洛克指出,只有这样描述宇宙,上帝的绝对自由才可以得到保证:"他的前辈们曾经主张,效果与原因之间存在一种必然的关联。考虑到上帝的有序权力,奥卡姆并没有否定情况可能如此。但是,如果有人要把这样一种必然的关联弄成绝对的和普遍的关联,那就不会留给上帝施展绝对权力的空间。于是,如果上帝自由创造世界是理所当然的话,这样一个充满必然联系的世界,会严重限制在其中起作用的神性力量。一个基督教的上帝,必须不仅可以自由创造,可以自由保存他所创造的一切,还可以在被造秩序中自由行动。于是,任何原因与效果之间的关联,都必须像这些事情本身一样是偶然的。为了坚持整个创造过程中的这种偶然性,奥卡姆必须改变整个的因果关系理论,以使后者无法威胁这种偶然性。"②

从逻辑学层面看,奥卡姆通过破坏实在论哲学的三段论逻辑而证明了上帝的创造性智慧。"对经院哲学来说,本体论的实在论与三段论逻辑关系密切。如果实在论的基本前提(即共相在心灵之外的存在)被接受,而且凭借波菲利、波伊提乌和那些阿拉伯人的新柏拉图主义方式,这些共相与上帝的思想相一致,那么逻辑就会成为一种普遍科学,可以解释所有造物的必然性和本质联系。《圣经》里不存在必然抓住自然本性的真正知识。因此,拒绝实在论,就是在破坏三段论逻辑。如果所有的东西都是完全独立的个体,那么一般概念就只是名称(nomina),是由有限的人创造出来的语言工具,用以应付大量完全独立存在的个体之物。在这一意义上,一般概念就只有一种逻辑意义。逻辑因此成为名称或符号的逻辑,而不是表达事物真实联系的逻辑。"③对奥卡姆来说,所有的逻辑解释都只是人的创造,根本不能反映上帝的智慧,"上

---

① [意]欧金尼奥·加林:《中世纪与文艺复兴》,李玉成、李进译,商务印书馆 2012 年版,第 33 页。

② Harry Klocker, *William of Ockham and the Divine Freedom*, Milwaukee:Marquette University Press,1996,p.15.

③ Michael Allen Gillespie, *Nihilism before Nietzsche*, Chicago:The University of Chicago Press,1995,pp.17-18.

帝并不需要一般概念,而只是通过直觉认识(*cognitio intuitiva*)的方式,就能够像当初他创造它们那样理解每一单个的事物。"①正如阿摩斯·冯肯斯坦所言,对奥卡姆来说,"上帝对个别物体的知识并不是一种通过面对对象而生成的被动的知识,而是一种通过做和创造那些对象而产生的主动的知识。上帝将他对个别物体的知识(即他的观念)赋予各种精神实体。"②于是,不同于"经院哲学建立在本体论的实在论基础上,而且根据三段论逻辑来看待思想",唯名论的革命"因为支持一种激进的个体主义,拒绝心灵外的一般概念的存在,又为了支持一种符号逻辑,放弃了三段论逻辑。这种新的思想方式假定,这个世界本质上并不是理性的,而是真实的,也就是说,它是通过命名制作(made)[来自拉丁语*facere*,有'制作'(to make)之意]出来的。正如唯名论所理解的那样,思想就是一种名称的赋予和关联活动"。③

从认识论层面看,奥卡姆通过否定实在论的逻辑神学和自然神学而证明了上帝及其智慧的不可理解性。正如吉莱斯皮所言,实在论哲学设定,像类与属这些一般概念在心灵之外的存在,就是神性理性的形式,这种神性理性可以像奥古斯丁所说的那样通过神启获得,也可以通过考察自然这个上帝的理性造物来获得。由于自然和逻辑互相反映,人们可以通过三段论逻辑的演绎方法描述自然,还可以通过对创造的哲学分析来认识上帝的存在和他的本性。"这样,尽管启示神学依然扮演着一个重要角色,能够向理性传送一些难以理解的真理,经院哲学总体上还是相信,和圣经相比,逻辑神学和自然神学是通往关于尘世的真理的更高级、更坚实的路。以此为基础,就有可能把握关于人类和他们的尘世职责和义务的基本真理。人类被一种自然法则管理着,这种

---

① Michael Allen Gillespie, *Nihilism before Nietzsche*, Chicago:The University of Chicago Press, 1995,p.18.

② [美]阿摩斯·冯肯斯坦:《神学与科学的想象——从中世纪到17世纪》,毛竹译,生活·读书·新知三联书店2019年版,第181页。

③ Michael Allen Gillespie, *Nihilism before Nietzsche*, Chicago:The University of Chicago Press, 1995,p.33.

法则可以通过对自然的观察来获得,可以通过描述人与自然关系的三段论演绎来获得,当然也可以通过类比上帝的方法来获得。以这种形式,经院哲学完成了对基督教和古典哲学的最为全面的综合。"①但是,奥卡姆否定了通过逻辑神学和自然神学来理解上帝及其智慧的可能性。不同于实在论认为上帝的本性首先是理性,其次才是意志,奥卡姆认为上帝的本性首先是意志,其次才是理性,这决定了上帝的创世行为并非为了人的利益,从而也不可能被人的理性所理解:"如果上帝并不是为了人而创造这个世界,也没有受缚于他自己的创造物,那么他就不会根据人类的标准行事,也不会被人类的理性所理解。不存在不可改变的法律或理性。每一种规则都只是上帝绝对意志的结果,也都能随时随地被破坏或重设。确实,奥卡姆甚至坚称,如果上帝非常意愿改变过去,他就能做到这一点。因此,奥卡姆不仅拒绝像追随阿维森纳和阿威罗伊的那些经院哲学家们一样让上帝从属于自然法则,也拒绝所有关于神性行为的限制,除了没有矛盾这一条法则。"②正如克罗斯比所言,在奥卡姆看来,上帝的创世活动是绝对任性的行为,他说是真理就是真理,他说是善就是善,因为他决定如此。这种决定是如此荒诞,以至于人们根本不可能理解。③ 确实,在奥卡姆被指控的56 条论纲里,有不少都在直言上帝的不可理解性。比如,第5 条"在断定上帝的智慧或存在时,这种断定并不相关于上帝本身,而只相关于某个(关于上帝的)概念",第10 条"被断定为上帝的理智与意志其实并不属于上帝;就像归于上帝的神性本质并不属于上帝一样",第30 条"对任何事物我们都一无所知,都不理解;科学只是一堆概念",第38 条"在上帝的理性和造物之间,没有任何关系存在",和第54 条"类似于'上帝是智慧、善、生命'

---

① Michael Allen Gillespie, *Nihilism before Nietzsche*, Chicago: The University of Chicago Press, 1995, pp.12-13.

② Michael Allen Gillespie, *Nihilism before Nietzsche*, Chicago: The University of Chicago Press, 1995, p.17.

③ 参见[美]唐纳德·A.克罗斯比:《荒诞的幽灵——现代虚无主义的根源与批判》,张红军译,社科文献出版社 2020 年版,第 271 页。

这样的命题,是不可理解的"等,都在说明上帝不可理解。① 于是,对奥卡姆来说,上帝的存在只能基于基督徒的信仰而非理性的认识:"这是我的信仰,因为它是天主教的信仰。不管罗马教会究竟相信什么,这是我明确或绝对相信的唯一东西,舍此无他。"②

奥卡姆的唯名论革命虽然不断受到指责,但很快就在欧洲大部分地区占据上风,并且在其去世后的150年里成为欧洲最强大的思想运动之一。在坎特伯雷大主教托马斯·布雷德沃丁和后来的罗伯特·霍尔科特以及亚当·伍德汉姆领导下,英国在14世纪上半叶就已经形成了一个强大的奥卡姆主义传统。在欧特里库的尼古拉、让·布里丹和米尔库的约翰等人的领导下,奥卡姆主义在14世纪的法国也同样强势。至于德国的唯名论传统,则在14世纪末和15世纪初形成,加布里埃尔·比尔就是其巅峰。③ 对此,W.C.丹皮尔也指出,尽管奥卡姆的唯名论受到教会的反对与禁止,而巴黎大学直到1473年还企图强迫推行实在论,但唯名论还是以一种不可抵抗之势传播开来,并且"几年以后阻力便绝迹了。大学校长、教会主教都成了唯名论者,马丁·路德的学说也有很大一部分是从奥卡姆的著作中得来的"④。

唯名论运动塑造了一个全新的上帝形象。如果说实在论的上帝是个审美理性主义者,那么唯名论的上帝就是一个审美虚无主义者。说上帝是一个理性主义者,是说上帝虽然是全能的,但首先是理性的,虽然是意志,但只是善良意志。他因为是全能的,所以可以创造整个世界,又因为是理性的,所以为这个世界制定了永久性的法律和善恶标准,并且通过自己的决定把自己束缚在

---

① 参见 Harry Klocker, *William of Ockham and the Divine Freedom*, Milwaukee: Marquette University Press, 1996, pp.4-5。

② William of Ockham, *Philosophical Writings*, ed. and trans., Philotheus Boehner, London: Thomas Nelson & Sons, 1957, p.xviii.

③ 参见 Michael Allen Gillespie, *Nihilism before Nietzsche*, Chicago: The University of Chicago Press, 1995, p.24。

④ [英]W.C.丹皮尔:《科学史——及其与哲学和宗教的关系》,李珩译,张今校,商务印书馆1997年版,第151页。

法律和标准中。这就是说,不是无规定性,而是有规定性,上帝即使拥有完全自由和无所不能的绝对权力,也只会使用接受理性约束的有序权力;说上帝是一个审美者,是说上帝虽然首先是一个审美创造者,但更是一个审美欣赏者。他在作为前者一次性地完成创世大戏的剧本后,就不再随心所欲地行动,而是作为后者,作为一个无能为力的观众观看这出戏在世界舞台上的展开;说上帝是一个审美理性主义者,就是说上帝是一个拥有绝对完满性的最高存在者,一个真、善、美永恒理念和终极目的的创造者、显现者和守护者,是追求至真、至善、至美的基督徒可亲、可爱、可信的人生榜样、崇拜对象和终极依托。①

但是,在唯名论那里,上帝是一个审美虚无主义者:说上帝是一个虚无主义者,是说上帝不是一个实体性的、不变的存在,而只是不停意愿着的意志。他无疑会意愿虚无、否定与毁灭,因为他只有任何东西都不是,才可能是任何东西的原因或根据,只有不被理性所主宰,才可能主宰理性,只有能够摧毁一切规则,才可能是一切规则的制定者;说上帝是一个审美者,是说上帝不仅会意愿虚无、否定与毁灭,还会意愿存在、肯定与创造,因为他只有通过创造一个对象化的世界来存在,才能证明自己是任何东西的原因或根据,是理性的主宰者,是一切规则的制定者;说上帝是一个审美虚无主义者,是说上帝不是先意愿虚无、否定与毁灭,再意愿存在、肯定与创造,而是意愿即虚无即存在、即否定即肯定、即毁灭即创造。之所以如此,是因为上帝从来不是一个只会使用有序权力的道德存在和理性存在,也不是一个拥有却不会使用绝对权力的超道德、超理性存在,而是一个会随意使用绝对权力的非道德、非理性存在。他并非首先作为审美创造者再作为审美欣赏者存在,而只是一个审美创造者,一个根据自己的意愿——而非理性的计划——创作世界戏剧,又根据自己的意愿

---

① 这里把实在论的上帝描述为审美理性主义者,是受到弗里德里克·C.拜泽尔的影响。笔者曾经在《学理之争抑或时代精神之争:评拜泽尔〈狄奥提玛的孩子们——从莱布尼茨到莱辛的德国审美理性主义〉》(《文艺研究》2021年第2期)中指出,拜泽尔所梳理的18世纪德国审美理性主义的思想根源是实在论哲学,这决定了实在论的上帝是审美理性主义的原型。关于审美理性主义的进一步谈论,参见本书第四章第三节。

随时随地介入、改变乃至摧毁、重建整个戏剧结构的"全能的诗人"①。也就是说，上帝既不是纯粹抽象的存在，也不是绝对空洞的虚无，而是创造性的无。他通过创造一个可以瞬间被摧毁的世界，来证明自己既不是抽象性的存在或空洞的虚无，又不受自己的造物所束缚。上帝并不真正爱人，不会为他们创造一个具有永恒目的和秩序的意义世界，而只爱他自己，并且通过创造一个可以随意介入和改变的无意义世界来爱自己。他永远无动于衷地玩弄着即虚无即存在、即否定即肯定、即毁灭即创造的无限循环游戏。他就像一处黑暗的深渊，万物从那里蒸腾而出，又被吞噬于其中。

奥卡姆及其后继者的唯名论革命，让在理性主义的经院哲学传统中获得安慰的人们重新回到约伯的时代，重新面临一个无法认识、把握、理解和热爱的上帝，一个高高在上、唯我独尊、自恋任性、独断专行、冷漠无情的上帝：

> 唯名论赠送人类一种基督教，这种基督教不受所有的异教影响，但基督在其中也只扮演一个次要的角色。三位一体的教义依然得到维持，但地位已明显地衰落。确实，奥卡姆也只有通过否定他自己的一般概念理论才能维持这一教义。不过，在三位一体教义中，作为创造者和破坏者的上帝开始凸显，而作为救世主的上帝和爱的上帝逐渐融入背景之中。这位走到前台来的、似乎是新生的、超越理性和正义、超越爱和望的上帝，是一个具有无限权力的上帝，他的黑暗而令人难以理解的形式，就像之前作为爱和崇拜的对象那样，现在是令人

---

① "经院哲学按照亚里士多德的那一套，把自然理解为由物质因、形式因、动力因和目的因主宰的东西。对亚里士多德来说，形式因和目的因明显具有根本性。经院哲学视上帝为创造者和第一推动者，却用亚里士多德的工匠模式来解释他。他根据理性的永恒形式创造了世界，这个理性的永恒形式也包含他自己的存在。这一观念得到了阿威罗伊的明辨辩护，在阿奎那那里也得到了含蓄表达。唯名论对神性全能的强调颠覆了这个自然因果概念，把神性意志和动力因设定为先于一切的。这样，上帝就不再被视为工匠，他根据一个理性的计划塑造世界，而是被视为一个全能的诗人，他的神秘的创造性自由能够幻化出无限多样的绝对个体性的存在者。"参见 Michael Allen Gillespie，*Nihilism before Nietzsche*，Chicago：The University of Chicago Press，1995，p.53。

恐惧的对象。①

如果这样一个"作为创造者和破坏者的上帝""超越理性和正义、超越爱和望的上帝""具有无限权力的上帝"——作为"万人之主"的上帝——真的存在并且主宰着一切,怎会不令人恐惧! 然而,当十字军东征失败、火药的发明和运用、小冰期导致农业凋敝、城市加速发展、社会加剧流动、黑死病大流行、天主教会大分裂、百年战争等事件和状况在中世纪晚期世界里不断发生时,人们越发相信这位随心所欲地玩弄着审美虚无主义游戏的唯名论上帝确实存在,而那位"作为救世主的上帝和爱的上帝"——作为"万人之仆"的上帝——似乎已经开始成为尼采所谓"太过极端的假说"。

就这样,西方人重新陷入虚无主义体验,可以借用尼采(或罗森)的说法,把这种体验命名为"第二种虚无主义"。但是,不同于尼采所谓第二种虚无主义指的是现代性后期西方人更加强烈、极端的精神性焦虑——他指出欧洲人由此开始了对"绝对非道德性的信仰、对无目的状态和无意义状态的信仰",而这意味着他们陷入了"虚无主义的最极端形式:虚无('无意义')永恒!"②——在中世纪后期暴发的这种所谓第二种虚无主义,还主要是对命运与死亡的焦虑,虽然它已经唤醒并强化了对罪过与谴责的焦虑,从而也强化了对空虚和无意义的焦虑。

---

① Michael Allen Gillespie, *Nihilism before Nietzsche*, Chicago: The University of Chicago Press, 1995, p.24。

② [德]尼采:《权力意志》,孙周兴译,商务印书馆 2007 年版,第 248—249 页。

第二章　人文主义与宗教改革者的审美虚无主义

　　正如罗森所言,对尼采来说"第一种虚无主义"出现在基督教之前,而"第二种虚无主义"则是欧洲基督教文明不断衰落的结果。① 尼采显然没有注意到,他所谓第二种虚无主义早在中世纪末就已经出现,而其根源并非一般意义上的上帝之死,而是实在论意义上的上帝之死,更是唯名论意义上的上帝之生:"人失去了自然秩序中的尊贵地位,被抛入了一个无限的宇宙而漫无目的地漂泊,没有自然法则来引导他,没有得救的确定道路。因此毫不奇怪,除了那些最极端的禁欲主义者和神秘主义者,这个黑暗的唯名论的神被证明是焦虑不安的一个深刻来源。"②如何应对这样一位令人恐惧的审美虚无主义上帝,从而摆脱虚无主义体验,成了意义重大的问题。

　　和处于西方现代性末期的尼采一样,很多处于西方现代性开端的思想家也把这种虚无主义体验的出现视为危险与机遇、绝望与希望并存的危机时刻。正如吉莱斯皮极其敏锐地注意到的那样,西方早期现代思想应对虚无主义危

---

　　① 参见[美]斯坦利·罗森:《存在之问:颠转海德格尔》,李昀译,华东师范大学出版社2020年版,第256页。

　　② [美]迈克尔·艾伦·吉莱斯皮:《现代性的神学起源》,张卜天译,湖南科学技术出版社2019年版,第40页。

机的诸多努力，包括人文主义、宗教改革和启蒙运动等等，大都接受了"唯名论着力断言的存在论层次上的个体主义（individualism）"。也就是说，在应对唯名论革命所导致的虚无主义危机时，大多数早期现代思想都抛弃了传统实在论的"共相"观念，转而把唯名论的"个体主义"当成新的思维与存在方式的基础。这样，各种早期现代思想之间的不同，就不再是"存在论层次"上的不同，即强调个体性存在与强调共相性存在的不同，而只是"存在者层次"上的不同，也就是对人、神、自然这三种个体性存在领域何者具有优先性的理解不同。①

在吉莱斯皮看来，正是这种存在者层次上的不同，让现代思想本身也产生了危机。不同于人文主义者把具有自由意志的人放在第一位，并以此为基础解释神和自然，宗教改革者从唯一具有自由意志的神开始，并且只从这个角度看待人与自然。启蒙思想家们虽然大都强调自然的优先性，但对人、神与自然的关系的看法却存在分歧。笛卡尔认为人某种程度上是自然物，但某种程度上又是神，从而可以不受自然规律支配，而霍布斯认为人是彻底的自然物，仅在一种与普遍自然因果性相容的意义上才是自由的。于是，人文主义与宗教改革之间的冲突，以及启蒙思想之间的冲突，根本上是"彻底的唯意志论"和"彻底的决定论"之间的冲突。正是这种冲突，导致了现代性在应对虚无主义危机时本身也出现了危机。②

笔者认同吉莱斯皮的大部分观点，尤其是西方现代性应对虚无主义危机的努力建立在唯名论基本立场上的观点，以及西方现代性在应对这种危机时本身出现危机的观点，但并不认为西方现代性在应对虚无主义危机时表现为唯意志论和决定论之间的冲突，也不认为西方现代性自身出现危机在于陷入

---

① 参见［美］迈克尔·艾伦·吉莱斯皮：《现代性的神学起源》，张卜天译，湖南科学技术出版社 2019 年版，第 24 页。

② 参见［美］迈克尔·艾伦·吉莱斯皮：《现代性的神学起源》，张卜天译，湖南科学技术出版社 2019 年版，第 24—25 页。

了这种冲突。笔者接下来希望证明，唯意志论和决定论不过是一枚硬币的正反两面，而审美虚无主义就是这枚硬币本身；西方现代性之所以在应对虚无主义危机时本身会出现危机，只是因为它越来越彻底、越来越坚决地把唯名论上帝的审美虚无主义本性赋予西方个体之人，以至于让后者替代唯名论上帝，成为虚无主义危机新的根源。本章首先要探讨的，是人文主义者与宗教改革者的审美虚无主义，它们是唯意志论审美虚无主义与决定论审美虚无主义的第一次对决。

一、彼特拉克的自救说

唯名论哲学虽然导致西方人深陷虚无主义危机，却也为他们克服这种危机提供了启发，那就是让人成为和唯名论上帝一样的审美虚无主义者。实在论哲学认为，人在上帝所造世界中占据着显著的中介位置，他的目的和义务就是认识、遵守并捍卫统辖这个世界的自然法则。但正如吉莱斯皮所指出的那样，"对奥卡姆来说，个体之人既没有自然目的，也没有像阿奎那所想象的那种自然法则在统辖人的行为。像上帝那样，人是自由的。在这方面，奥卡姆跟随司各脱，后者注意到意志总是能够命令理解行为，而理解行为从来不能命令意志，以此为基础，他肯定意志的优先地位，坚信人天生自由的观点。"[①]在另外一个地方，吉莱斯皮还进一步指出：

> 唯名论不仅提出了一种新的对神的看法，而且也提出了一种新的对人的看法，它比以前更强调人的意志的重要性。正如安东尼·莱维所指出的是，自13世纪以后，经院哲学从未掌握一种心理学，能够把行动解释成既是理性的又是意志的。因此，对于经院哲学来说，神的意志和人的意志要么什么都能做，要么什么都不能做。阿奎那

---

① Michael Allen Gillespie, *Nihilism before Nietzsche*, Chicago：The University of Chicago Press, 1995, p.21.

明确主张后者,司各脱(基于博纳文图拉对神不依赖于其偶然造物的强调)和之后的奥卡姆则宣称神的意志绝对自由。然而,在强调神的意志的核心性时,司各脱和奥卡姆也突出了人的意志,并为之做了辩护。人是按照神的形象造的,和神一样主要是意志的而不是理性的。①

于是,和唯名论的上帝一样,个体之人也是独立于所有法则与秩序之外的唯意志论者,是不仅渴望虚无、否定与毁灭,还渴望存在、肯定与创造的审美虚无主义者。需要着重指出的是,西方早期现代思想所强调的审美虚无主义还只是一种温和的审美虚无主义,而非唯名论哲学主张的彻底、激进的审美虚无主义,因为前者意愿的还只是先虚无再存在、先否定再肯定、先毁灭再创造,而后者意愿的是即虚无即存在、即否定即肯定、即毁灭即创造的无限循环。即便如此,奥卡姆也会断然拒绝这种可能性,认为这已经与上帝是唯一的无限全能者的观念相矛盾,从而认为上帝只是原则上而非实际上赋予了个体之人审美虚无主义者的地位。但无论如何,奥卡姆已经暗示了个体之人成为审美虚无主义者的可能性。② 正是这种可能性,促进了文艺复兴时期人文主义运动的兴起。

"人文主义"一词最早出现于 19 世纪,被用来命名文艺复兴时期围绕古典人文学科(humanities)教育而展开的文化—精神运动。人文主义运动最初的代表性人物,就是被尊为"人文主义之父"和"第一位现代人"的弗朗西斯科·彼特拉克(1304—1374)。③ 彼特拉克出生于一个流亡家庭,在动荡不安中度过童年生活。他虽然从十二岁起受父命学习法学,但一直保持着对古希

---

① [美]迈克尔·艾伦·吉莱斯皮:《现代性的神学起源》,张卜天译,湖南科学技术出版社2019年版,第38页。

② 参见 Michael Allen Gillespie, *Nihilism before Nietzsche*, Chicago: The University of Chicago Press, 1995, p.22。

③ 参见[意]彼特拉克:《秘密》,方匡国译,广西师范大学出版社2008年版,"导言"部分第1—2页。

腊、罗马文学的热爱,并且从 1326 年起就已经完全走上文学道路。1327 年,不满二十三岁的彼特拉克邂逅少妇劳拉。尽管这位美丽的女子当即回绝了彼特拉克的热烈追求,他却在之后的二十年时光里为她写下近四百首诗歌。追求世俗之爱的同时,彼特拉克还利用做牧师和科伦纳家族秘书的身份四处游历,既目睹了社会的黑暗,也感受到了自然的博大和人类的渺小。

如果说对劳拉之爱是彼特拉克沉溺于世俗欲望的极端表现,那么 1336 年在旺图山顶对奥古斯丁《忏悔录》的阅读,则让他开始关注内在的精神世界。①从此,彼特拉克远离世俗功名,潜心学术,一方面收集、整理遗散的拉丁古籍手稿,编校他喜爱的古典作家们的著作,另一方面创作关于一系列古罗马伟大领袖的《名人列传》,以及关于古罗马将军西庇阿的长篇拉丁史诗《阿非利加》。不久之后,劳拉离世,这一严重打击让彼特拉克完全失去了实现理想爱情的希望,再也不能无休止地浸淫在现实事物中,从而开始把个人救赎变成生命的焦点。

彼特拉克为什么会把个人救赎作为自己生命的焦点? 早在 1326 年,身在阿维尼翁的彼特拉克,就已经历了教皇与方济各会就贫困问题在那里展开的斗争,因此受到奥卡姆唯名论立场的影响,并终生保持了对以亚里士多德主义和阿威罗伊主义为核心的实在论哲学的批判态度。②唯名论哲学、丰富的阅读和游历让他逐渐意识到,自己所处的世界,是一个传统神性秩序土崩瓦解、个人无家可归的世界。在古希腊那里,哲学家、艺术家和公民们的理想不是形成个人特征或个性,而是使自己成为理想的城邦公民。比如,苏格拉底最终没有选择越狱,而是选择服从审判并喝下毒酒而死,这是因为他认为人必须活在城邦之中,而他自己必须至死不渝地属于雅典。斯多葛主义者虽然认为智者

---

① 参见[意]欧金尼奥·加林:《意大利人文主义》,李玉成译,生活·读书·新知三联书店1998 年版,第 21 页。
② 参见[美]保罗·奥斯卡·克里斯特勒:《意大利文艺复兴时期八个哲学家》,姚鹏、陶建平译,广西美术出版社 2017 年版,第 6—7 页。

不是某个城邦的公民,但又主张他们是宇宙城邦的公民。基督教尽管拒绝古代异教世界的城邦,但也主张基督徒是更高、更尊贵的上帝之城的公民。基督教末世论的想象——上帝终有一天会返回,将整个世界变成由他亲自统治的正义之城——一千多年来都在支配着从保罗到但丁的无数基督徒。但丁在生命最后二十年于想象中建构的那个即将到来的世界,也还是一个让所有个体各居其位的城邦。① 可以说,城邦是古代西方个体的生命意义所在。然而,比但丁晚生四十年的彼特拉克所看到的,只是一个充满教皇与皇帝、资产阶级与贵族、地方主义与民族主义、城镇与国家的残酷斗争的世界,一个任何形式的城邦都在分崩离析的世界。他曾经求助于亲朋和爱情,希望还能活在人际关联带来的温暖中,但1348年暴发的黑死病,竟然夺去欧洲三分之一的人口,也夺去他深爱的劳拉,以及周围大部分朋友的生命。彼特拉克无奈地承认,这是一个由唯名论上帝创造并随意改变的世界,一个永远动荡不安、毫无秩序和法则可依、完全无法理解的世界。每个人都是绝对孤立的个体,只能独自面对来自这个世界的各种威胁。他能做的,只有自救。

正如蒂利希所言,不可预测的命运是对人的实体性存在的相对威胁,而不可逃避的死亡是对人的实体性存在的绝对威胁;对命运和死亡的焦虑,是任何时代的个人都无法逃避的最基本焦虑(在中世纪,这种焦虑又唤醒了对罪过和谴责的焦虑);所谓存在的勇气,必然首先表现为战胜命运和死亡的勇气。② 蒂利希的判断在彼特拉克那里得到了证实,他意识到自己面临的最大威胁来自命运的玩弄,而自己最需要具备的,是对抗命运女神的男性气概。熟知希腊、罗马文学的彼特拉克很早就清楚,希腊、罗马神话中存在大量关于命运女神的描述,希腊、罗马文学中也存在很多英雄人物对抗命运女神的故事。彼特

---

① 参见[美]迈克尔·艾伦·吉莱斯皮:《现代性的神学起源》,张卜天译,湖南科学技术出版社2019年版,第58—59页。

② 参见[美]保罗·蒂利希:《存在的勇气》,成穷译,贵州人民出版社2009年版,第26、27、32页。

拉克发现,拉丁语"*virtus*"(可译作"美德""德性""德行")一词的词根"*vir*"意指真正具有男子汉气质的男人,于是美德意味着一种男性气概,意味着坚韧、勇敢以及面对逆境时的宁死不屈,它是对抗反复无常的命运女神的一剂良药。[1] 彼特拉克还发现,古罗马人非常看重美德教育,因为他们坚信拥有美德的人往往会战胜命运,同时赢得荣耀与成功。比如,打败汉尼拔和迦太基人,拯救罗马共和国的西庇阿,就是一个典型:"彼特拉克笔下的西庇阿形貌俊美,身材高大,胸部宽阔,肌肉发达,纯洁宁静,庄重典雅;他作为敌人冷若冰霜,作为朋友和蔼可亲,不受命运左右,对财富无动于衷。他尊崇真正的荣耀,虔敬尽责,正义凛然,英勇善战,胸有成竹,对孤独、美、正义和祖国也怀有真挚的感情。很难想象还有比他更完美的人。在彼特拉克看来,西庇阿之所以是典范,不仅因为他征服了迦太基,而且也因为他征服了自己。正是这一点使他成为美德的真正典范。他不仅有美德,而且美德是唯一使他愉悦的东西。在他看来,美德是唯一真正值得爱的东西,因为它征服了死亡,确保了名声,除了毁灭一切的时间,它对任何东西都毫不退让。"[2]

彼特拉克还清楚,随着基督教尤其是中世纪神学的出现,命运女神开始与上帝相关,逐渐被理解为一种由上帝创造的具有女性气质的力量。在但丁的《神曲》和薄伽丘的《十日谈》中,命运女神就被描写成反复无常、不可预测、不可对抗也不可信赖的女总管和领导者形象。于是,"对中世纪的基督徒而言,教训很简单:勿对此世有所寄托,但将自己寄望于天堂。"[3]彼特拉克显然无法认同这种放弃主义,因为在他看来,以命运女神面目出现的唯名论上帝虽然能够随意赋予人们好运或厄运,从而让人们被激情所支配,变得心神不宁,但也

---

[1] 参见[加]罗斯·金:《马基雅维利传》,刘学浩、霍伟桦译,译林出版社 2016 年版,第123 页。

[2] [美]迈克尔·艾伦·吉莱斯皮:《现代性的神学起源》,张卜天译,湖南科学技术出版社2019 年版,第 71—72 页。

[3] [加]罗斯·金:《马基雅维利传》,刘学浩、霍伟桦译,译林出版社 2016 年版,第 122 页。

赋予人们对抗他的自由意志。① 于是,他极力倡导人们返回古代世界,效仿古罗马的那些英雄人物,追求那些能够对抗命运女神的男性美德,而《名人列传》和《阿非利加》就是这种倡导的产物。

不过,正如蒂利希所指出的那样,在从原始时期到中世纪末的集体主义社会中,个人往往通过作为部分而存在的勇气来对抗命运和死亡的威胁。彼特拉克虽然很欣赏罗马人用美德战胜命运乃至死亡的思路,但也逐渐注意到罗马的美德教育站在共同体的立场上。② 也就是说,罗马的美德教育培养出来的勇气,是作为部分而存在的勇气,而非作为自我而存在的勇气,是集体主义的勇气,而非个人主义的勇气。西庇阿,只是作为罗马共和国公民的西庇阿,而非作为纯粹属己的个体的西庇阿;西庇阿的勇气,还只是受罗马共和国规定的勇气,而非由西庇阿自己规定的勇气;西庇阿的美德,根本上只是共和国需要的忠诚、勇敢和献身精神,而非独自对抗命运女神所需要的纯粹男性气概。正是在这一点上,彼特拉克思想表现出了它的审美虚无主义特征。彼特拉克否定了古罗马人的美德观,独创了一种人文主义的美德观,后者不再把个人视为共同体的一个成员,而是孤立的个体,不再认为个人对共同体具有不可推卸的道德责任和义务,而是认为个人必须对自己负责,不再认为美德教育是为了培养个人通过参与共同体对抗命运女神的献身精神,而是为了培养个人独自对抗命运女神时需要的勇敢、坚定、顽强、睿智等男性美德。

在献给劳拉的《歌集》中,彼特拉克的这种新型美德观已经开始浮现。《歌集》详细描述了他如何受到爱的奴役,如何意愿摆脱激情的暴政,做自己的主人。它揭示了肉体之爱是一种隶属与屈从,要想摆脱这种屈从,必须把爱引到恰当的对象上去,那就是沉思死亡,沉思所有受造物的短暂无常,从而开

---

① 参见[加]罗斯·金:《马基雅维利传》,刘学浩、霍伟桦译,译林出版社 2016 年版,第122 页。

② 参见[美]迈克尔·艾伦·吉莱斯皮:《现代性的神学起源》,张卜天译,湖南科学技术出版社 2019 年版,第 68 页。

始追求真正值得追求的美德。① 在写作《名人列传》和《阿非利加》的过程中，彼特拉克越来越清楚地意识到，罗马人对美德的追求，往往与对荣耀的渴望纠缠在一起。对荣耀的渴望，往往产生的不是美德，而是邪恶与罪过。另外，无论荣耀还是美德，都无法战胜时间，无法战胜死亡这一终极命运。于是，彼特拉克不再致力于描绘古代人物的杰出榜样，转而开始对自身进行内省式的考察和批判，以获得美德中最重要的一种即智慧，因为在他看来，只有智慧才能让自己认识并获得永恒，从而克服对命运与死亡的焦虑（其中也包括对罪过与谴责的焦虑）。

大约在1358年之前完成的《论我的焦虑的秘密冲突》（简称《秘密》），就是这一内省过程的结晶。由三场对话组成的《秘密》，是彼特拉克决定接受以"圣奥古斯丁"——并非历史中的奥古斯丁，而是基督教作家奥古斯丁与古代作家塞涅卡的融合——为代言人的基督教义和古代智慧的指引。在第一场对话里，圣奥古斯丁反复向彼特拉克指明凡人终将一死的不幸与痛苦。② 但是，只有极少数思想足够深刻、意志足够坚定的人，才能够领会自己必将死去的事实，而只有领会这一事实，人们才不会再沉迷于肉体之爱和荣耀之爱，才不会被激情所束缚，也才可能经过死亡这个通道获得上帝的拯救。在第二场对话里，圣奥古斯丁用传统的七宗罪观念来评价彼特拉克。虽然彼特拉克被免除了嫉妒、怨恨和贪食的罪过，但他被指控有色欲和忧郁、傲慢和贪婪的罪过。对此，圣奥古斯丁鼓励彼特拉克保持心灵的平静，因为"当人心安宁冷静，外

---

① 在《歌集》第355首诗中，他这样写道："啊，不停转动的天穹和时光/你欺骗了多少轻信而不幸的儿郎/哦，岁月飞逝得比疾风利箭还快/如今，我凭自己的经验认识了你的伪装。你们残酷无情，可我只埋怨自己/因为大自然给予了你们飞翔的翅膀/而却只给我一双专管盯视自己的眼睛/为此，我感到痛苦异常，羞愧难当。如果我能面向更可靠的上帝/结束无休止的痛苦和忧伤，那该多好/但如今为时已晚，徒生怅惘。爱神，我不是要摆脱你的桎梏/而是想摆脱痛苦和忧伤，你知道/美德不可偶得，而需持之以恒，长此以往。"参见［意］彼特拉克：《歌集》，李国庆、王行人译，花城出版社2000年版，第460页。
② 参见［意］彼特拉克：《秘密》，方匡国译，广西师范大学出版社2008年版，第28页。

界的乌云便也没了意义"①。第三场对话中，圣奥古斯丁批评彼特拉克对肉体之爱和名声的追求，指出他对劳拉的爱剥夺了他的尊严与自由，加剧了他的忧郁，破坏了他的道德，把他的爱从造物主转到了受造物，还指出他所追求的荣耀是虚假的不朽，而非真正的不朽。

把彼特拉克的《秘密》和奥古斯丁的《忏悔录》相比较，我们会发现，奥古斯丁在《忏悔录》里直接向上帝言说，把自己的灵魂完全袒露给彻底了解他的神，希望得到神的宽恕和救赎，而在《秘密》里，彼特拉克是在向一个对他一无所知的早已故去的人物言说，言说的目的根本上不是求得神的宽恕，而是自我疗救。所谓自我疗救，就是凭借自我完善的个人意志，克服对命运与死亡的焦虑，以及由后者唤醒的对罪过和谴责的焦虑。自我完善需要心灵的平静，需要远离世俗生活，这使得彼特拉克又在《论孤独的生活》(1356)中构想了一种纯粹的私人生活，它摆脱了公共事务的负担、世俗激情的纷扰和被欲望所奴役的众人的意见和评价，不再看他人的脸色行事，不再追求他人追求的东西，而只满足于阅读与写作，满足于朋友之间的聚谈，因为只有在那里，心灵才可能找回宁静，人才会忠实于自己，才会打造并享受自身的个体性。② 很明显，在彼特拉克看来，能够赢得上帝的喜悦、赢得永恒的恩典，从而克服对命运与死亡的焦虑、对罪过与谴责的焦虑的生活，不是圣徒或殉道者的苦行生活，也不是献身共和国的公民生活，而只能是这样一种可以自我支配、自我审视、自我调节、自我控制的私人生活。

正如阿博加斯特·施米特所言，从文艺复兴一开始，"人就被他的(最初相对的)无规定性所'规定'，这一观念构成了'新的'与经院哲学的秩序(ordo-)观念相反的人的图像的基本特征之一。它预设了人处在所有其他事物所服从的、作为其目的而配置的秩序之外，他是唯一从自身设定目的的

---

① ［意］彼特拉克：《秘密》，方匡国译，广西师范大学出版社2008年版，第87页。

② 参见［英］尼古拉斯·曼：《彼特拉克》，江力译，中国社会科学出版社1992年版，第56—57页。

存在者。"①加林也指出,文艺复兴—人文主义文化的兴起,意味着人和现实之间、人和事物之间、人和人之间的关系发生了全新的变化。成为"自由的"人,意味着"你既不是天上,也不是地上的公民;你既不是永生的,也不是听从死亡支配的;你,几乎是自由的造物主,按照你自己的意愿塑造你自己"。② 从无规定性到自我规定,从反对一切既定角色到按照自己意愿重新塑造自己,从消极的自我解放到积极的自我创造,施米特和加林的论断,无疑指出了人文主义思想的审美虚无主义属性,而作为"人文主义之父"的彼特拉克的自救说,已经初步体现了这种属性。彼特拉克否定了传统的集体主义生活,开始呼唤一种纯粹个人主义的生活,一种依靠作为自我而存在的勇气独自克服虚无主义体验的生活,由这种生活培育出来的,是一种前所未有的新人,而这种新人培育方案,是彼特拉克的历史性、革命性贡献,它成为后来的人文主义教育方案的模板。正如吉莱斯皮所言:"彼特拉克对个人的存在者层次上的优先性和价值的强调成为人文主义方案的指路明灯,使文艺复兴和现代世界成为可能。"③

二、意大利人文主义者的自由意志论

正如雅各布·布克哈特所言,中世纪人的内省意识和外观意识还都裹在一层由信仰、幻想和偏见织成的纱幕之下,处于半睡半醒的状态。人只能作为共同体的一员意识到自己。但是,由于意大利的统治者们最早打破封建传统,实行新的政治制度,倡导新的政治精神,这层纱幕在意大利最先消失,人们开

---

① 〔德〕阿博加斯特·施米特:《现代与柏拉图》,郑辟瑞、朱清华译,上海书店出版社2009年版,第97页。
② 〔意〕欧金尼奥·加林:《意大利人文主义》,李玉成译,生活·读书·新知三联书店1998年版,第91页。
③ 〔美〕迈克尔·艾伦·吉莱斯皮:《现代性的神学起源》,张卜天译,湖南科学技术出版社2019年版,第94—95页。

始对世界万物进行客观的考虑与处理,同时开始把自己当作精神的个体来认识和表现。① 于是,人文主义运动率先在意大利兴起,而彼特拉克的思想为这一运动指明了方向,那就是调和基督教的虔敬与古代的美德,追求个人的完美化,把自己打造为"多才多艺的人"(*l'uomo universal*)②。

意大利人文主义并非布克哈特所解释的彻底的世俗人文主义,而首先是与基督教关系密切的宗教人文主义。不过,这种宗教人文主义的哲学基础不是实在论,而是唯名论。比如,它在存在论方面主张个体主义,在逻辑学方面反对三段论逻辑,在神学方面反对理性神学,主张神性全能并赞成《圣经》,在宇宙论方面认定世界是个体之物的结合,没有不可改变的自然秩序,在对人的理解方面把人看成有意志的个体而非理性的动物等。这决定了意大利人文主义者不愿意接受实在论神学极力倡导的苦修生活。但是,其并没有因此而反对基督教本身,而是试图调和基督教与古代异教思想。在这种调和过程中,他们通常依赖一种基督教的柏拉图主义式解读,也就是认为人并不是一种无可救药的堕落的受造物,而是神的形象。这种英雄主义的或普罗米修斯主义的个人观念,虽然使他们不得不淡化基督教的原罪和堕落教义,淡化来自罪过与谴责的威胁,从而有落入伯拉纠主义的危险,但并没有让他们认为自己就是非基督教的。事实上,他们反对的只是中世纪基督教的苦行,这些苦行都是后来强加给基督教的东西。他们想努力恢复的,是一种更加原始和本真的基督教

---

① 参见[瑞]雅各布·布克哈特:《意大利文艺复兴时期的文化》,何新译,商务印书馆1979年版,第139页。"某些历史学家(最著名的是布克哈特)认为,文艺复兴造成了现代(the modern era)的诞生。布克哈特强调,正是在这个年代,人类才开始想到自己是个体(individuals)。中世纪的集体意识被文艺复兴时期的个人意识所取代。佛罗伦萨成为新的雅典,那是一个勇敢新世界的思想首府,由阿尔诺河(意大利中部托斯卡纳地区的主要河流——引者)分隔了新与旧的世界。"参见[英]阿利斯特·麦格拉思:《宗教改革运动思潮》,蔡锦图、陈佐人译,中国社会科学出版社2009年版,第38页。

② [瑞]雅各布·布克哈特:《意大利文艺复兴时期的文化》,何新译,商务印书馆1979年版,第145页。

修行,也就是教父时期特别是以奥古斯丁为代表的基督教修行。[①]

人文主义事业的核心,是用唯名论的现代方式(*via moderna*)重塑人的尊严。[②] 人文主义者希望摆脱自己作为堕落、衰弱、被动的受造物形象,主张用坚韧、顽强、不屈的美德主宰自己的命运,并且克服对罪过和谴责的焦虑,因而特别强调人的自由意志。彼特拉克之后一代人当中最重要的人文主义者是科卢乔·萨卢塔蒂(1341—1406),他深受彼特拉克和唯名论影响,提出了一种意志至上学说,还特别重视尘世活动的价值,并因此反对禁欲主义的斯多葛主义和亚里士多德主义。他的学生列奥纳尔多·布鲁尼(1369—1444)普及了一种由弗拉维奥·比翁多最早提出的历史观,即按照古代、中世纪和现代三阶段来划分历史。这种得益于彼特拉克——他认为一个黑暗时代将他的时代与古代隔离——的历史观对基督教人文主义的发展至关重要,因为人文主义者恢复一种更原本的基督教的努力由此获得了正当性,而这种基督教比在黑暗的中世纪发展出来的堕落的基督教更接近古代道德思想,更接近柏拉图主义。后来,布鲁尼的学生洛伦佐·瓦拉(1407—1457)又强化了结合基督教的虔敬与古代道德的可能性,他认为只有《圣经》的真理才是基督徒的真正依据,但是这种真理已经被斯多葛主义和亚里士多德主义的说教歪曲。[③]

虽然意大利人文主义一开始就倾向于柏拉图主义,但只是到了马尔西利奥·菲奇诺(1433—1499)那里,柏拉图主义和新柏拉图主义才开始成为人文主义方案的动力之源,因为菲奇诺对柏拉图的几乎所有作品和众多柏拉图主义者的著作非常熟悉,并把它们译成了拉丁文,从而对包括波提切利、米开朗

---

① 参见[美]迈克尔·艾伦·吉莱斯皮:《现代性的神学起源》,张卜天译,湖南科学技术出版社 2019 年版,第 96—104 页。

② 参见 Anthony Levi, *Renaissance and Reformation: The Intellectual Genesis*, New Haven: Yale University Press, 2002, p.99.

③ 参见[意]欧金尼奥·加林:《意大利人文主义》,李玉成译,生活·读书·新知三联书店1998 年版,第 26—54 页;[美]保罗·奥斯卡·克利斯特勒:《意大利文艺复兴时期八个哲学家》,姚鹏、陶建平译,广西美术出版社 2017 年版,第 28—34 页。

琪罗、拉斐尔、提香在内的很多艺术家产生了深远影响。菲奇诺确信,通过柏拉图主义的眼光看《圣经》,人文主义就可以恢复一种更原本也更强健的基督教,而这样一种柏拉图主义的基督教可以替代经院哲学的基督教。在提出这样的看法时,菲奇诺不仅利用了柏拉图,还利用了普罗提诺、伪狄俄尼索斯和奥古斯丁,尤其是后者早期的反摩尼教思想,这种思想更看重人的自由意志。在菲奇诺看来,根据柏拉图的灵魂不朽学说,人的灵魂可以通过培育而变得和神一样有尊严和力量。人所拥有的尊严,使人在以世界灵魂为宇宙中心的等级结构中占据了一个特权地位,即作为理智世界和物质世界之间的联结。①人所拥有的力量,是能够通过运用技巧和想象来模仿性地重新创造这个世界的,而且如果能获得工具和天界的物质,就可以直接创造天界和天界包含的事物。不过,菲奇诺虽然接受了唯名论的个体主义,但并没有让个人反叛神的自由意志,而是把他们引向神的自由意志,因为正如普罗提诺和奥古斯丁已经证明和承认的那样,神的自由意志就是去爱,一个三位一体的神要想存在,就必须去爱,通过爱解决神的内部的一与多的问题。既然神的本质就是爱,那么他的所有造物包括人类就必须由爱来支配和引导,于是,人的自由意志就是爱的意志,就是对神的爱和对善的爱的意志。②

就这样,在菲奇诺那里,神的意志和人的意志实现了和解,这种和解方式尽管具有明显的伯拉纠主义特征,却仍然属于基督教的范围。根据蒂利希的理论,可以说,直到菲奇诺,意大利人文主义者所追求的,都还不是纯粹的作为自我而存在的勇气,都还不是纯粹个人主义的勇气。但是,在菲奇诺的学生乔万尼·皮科·德拉·米朗多拉(1463—1494)那里,这个范围几乎被完全突破了。皮科宣称,人是具有特殊尊严和自由意志的存在,因为按照神的形象创造

---

① 参见[美]保罗·奥斯卡·克里斯特勒:《意大利文艺复兴时期八个哲学家》,姚鹏、陶建平译,广西美术出版社2017年版,第44—45页。

② 参见[美]迈克尔·艾伦·吉莱斯皮:《现代性的神学起源》,张卜天译,湖南科学技术出版社2019年版,第110—115页;[意]欧金尼奥·加林:《意大利人文主义》,李玉成译,生活·读书·新知三联书店1998年版,第87—98页。

的人高于一切受造物,人最完满地分享了神的存在。正如加林所言,皮科曾在《论人的尊严》的演讲中表达过如下著名的观点:

> 任何动物的活动都受到它本性的限制,狗只能像狗那样生活,狮子也只能像狮子那样生活。可是人却相反,人没有强制自己应该如何生活的本性,人没有使自身受限制的本质,人只有从事活动时才成其为人,人是自己的主人,人的唯一限制就是要消除限制,就是要获得自由,人奋斗的目的就是要使自己成为自由人,自己能选择自己的命运,用自己的双手编织光荣的桂冠或耻辱的锁链。马内蒂谈到的是创造艺术世界的人,而菲奇诺谈的是世界发展的方向。皮科认为,人类生存的条件就是消除限制他的条件,人必须回答的问题是,他是"谁"(quis),而不是他"为什么"(quid)。人是原始的动因,是自由的"现实"。人就是一切,因为人可以成为一切,成为动物、植物、石头,也可以成为羊羔和"上帝之子"。人和上帝的形象有相似之处正是在于:人是动因、是自由、是行动,也是自身行为的结果。①

保罗·奥斯卡·克里斯特勒也指出,皮科这篇演讲的基调比菲奇诺更为激进,因为他"不是在宇宙等级体系中给人指定一个固定的、特权的地位,而是使人完全脱离这个等级体系"②。无疑,皮科比菲奇诺更加强调人无限接近上帝本身,而不再强调人只是受造物中的一种,不再认为人依然位于上帝所造等级结构之中,尽管人所占据的是一个特权位置。这就是说,在皮科看来,人和唯名论的上帝一样,也独立于所有其他事物都必须服从的等级体系,也是无因之因,人所拥有的力量,类似于唯名论上帝本身的力量,是一种无规定性的自我规定能力,这种能力让人拥有作为自我而存在的勇气,让人成为一个自我

---

① [意]欧金尼奥·加林:《意大利人文主义》,李玉成译,生活·读书·新知三联书店1998年版,第102页。

② [美]保罗·奥斯卡·克里斯特勒:《意大利文艺复兴时期八个哲学家》,姚鹏、陶建平译,广西美术出版社2017年版,第69—70页。

解放与自我创造的审美虚无主义者。但即使如此,皮科也还没有完全超越基督教的边界,没有赋予人一种完全个人主义的勇气,因为他发现人无法仅仅凭借自己就能克服对命运和死亡的焦虑,对罪过和谴责的焦虑,在一定时候还需要宗教,需要依靠隐秘难解的上帝,从而还需要作为部分而存在的勇气。①

三、马基雅维利的美德观

真正突破基督教界限的意大利人文主义者,是佛罗伦萨的尼克罗·马基雅维利(1469—1527)。和文艺复兴时期的很多名人一样,马基雅维利是一个真正"多才多艺的人",一生做过外交官、剧作家、诗人、历史学家、政治理论家、庄园主、军事工程师和国民军指挥官等。和其他人文主义者一样,他也非常崇拜古代时期的文化、学问和英雄人物。但是,马基雅维利的人文主义不是柏拉图主义的,而是罗马式的。他崇拜的罗马人也不是早期人文主义者所赞美的罗马道德学家如西塞罗或塞涅卡,而是罗马政治家和历史学家如李维和塔西佗。他更关心的是政治实践的效果,而非道德实践的效果,因此相较于彼特拉克更看重高贵的西庇阿,他更喜欢的是邪恶而无所不用其极的汉尼拔。②

马基雅维利虽然肯定不是无神论者,但也没有正统的基督教信仰。他尽管相信上帝创造了世界,但又认为上帝已经把人类社会的创造和组织的自由完全交给了人。③ 于是,人类社会的成败纯粹取决于人自己,神只是根据我们的成败来拯救或惩罚我们。这种彻底伯拉纠主义的立场还主张,神不仅偏爱美德,而且偏爱超人的美德,偏爱那些立国者、立法者、创教者和挽狂澜于既倒

① 参见[意]欧金尼奥·加林:《意大利人文主义》,李玉成译,生活·读书·新知三联书店1998年版,第98—109页。
② 参见[美]迈克尔·艾伦·吉莱斯皮:《现代性的神学起源》,张卜天译,湖南科学技术出版社2019年版,第121页。
③ 参见Sebastian De Grazia, *Machiavelli in Hell*, Princeton:Princeton University Press, 1989, p.87。

的拯救者——如摩西、居鲁士、罗穆卢斯和忒修斯等——的美德,因为如前所述,如果命运之神是女性,而美德意味着一种男性气概的话,那么这些政治超人的美德则把挑战、控制、征服命运女神的男性气概发扬到了极致。[①] 这样,对马基雅维利来说,最需要克服的焦虑,只是对命运和死亡的焦虑,后者已经基本不再包含对罪过和谴责的焦虑。用于克服这种焦虑的美德,也只是对抗性的男性气概,而不再包含彼特拉克所谓让心灵远离罪过与谴责而获得宁静的智慧。

在《君主论》中,马基雅维利比较彻底地表述了这种美德观:"我们的自由意志不应被泯灭;我认为,如下的看法也许是真确的:机运是我们一半行动的主宰,但尽管如此她还是留下了其余一半或者近乎一半由我们支配。"[②]他把机运比作河流。人们在洪水肆虐时可能会毫无抵抗能力,但在风平浪静时却可以修筑堤坝、疏通沟渠以防患于未然。同样,当美德没有准备好抵抗机运时,机运就会大发淫威,会在沟渠和堤坝最薄弱的地方突破控制,恣意横行。马基雅维利这里显然继承了把命运女性化的传统,而这意味着,战胜命运的关键就在于发扬作为男性气概的美德:"事实上,我这样认为:大胆果敢胜于小心谨慎,因为机运之神是一个女人,想要制服她,就必须打击她、压倒她。我们可以看到,她宁愿让大胆果敢的人而不是冷漠行事的人赢得。因此,同女人一样,机运始终是年轻人的朋友,因为他们不那么小心谨慎,却更加勇猛,能够更加大胆地支配她。"[③]

这就是说,当人们还不具备坚韧、勇敢和宁死不屈的男性美德时,命运女神就会降临不幸。但当人们具备这样的美德时,命运女神提供的就是成功的机会。马基雅维利举例指出,摩西们之所以能够成为君主,就是因为他们用自

---

① 参见 Sebastian De Grazia, *Machiavelli in Hell*, Princeton: Princeton University Press, 1989, p.378。

② [意]马基雅维利:《君主论》,刘训练译,中央编译出版社2017年版,第332—334页。

③ [意]马基雅维利:《君主论》,刘训练译,中央编译出版社2017年版,第342页。

己的美德把可怕的命运变成了难得的机遇："对摩西来说，必须找到在埃及被埃及人奴役与压迫的以色列人民，这样他们就会愿意追随他，以摆脱这种奴役。罗穆卢斯合该在阿尔巴不被接纳，而应该在他出生的时候就被遗弃，这样他才能成为罗马的国王和祖国的奠基者。居鲁士必须察觉到波斯人对米底人的统治心怀不满，而米底人则由于长期的和平而变得柔顺、懦弱。至于忒修斯，假如不曾遇到分散流离的雅典人，他就不能展现他的德能。因此，这些机会使这些人功成名就，而他们卓越的德能使他们能够洞察到这种机会；而他们的祖国也由此日月重光，变得极为繁荣昌盛。"①

这些人在获取他们的君主国后，还会遇到重重困难。为了建立和保卫他们的国家，这些人不得不引入新的秩序和模式，但这会使旧秩序的既得利益者成为敌人，而受益于新秩序的人却是半心半意的拥护者，因为他们既害怕既得利益者，也不轻易相信新秩序的引入者，一旦敌人发起进攻，他们马上就会倒戈。这个时候，如果革新者依赖和祈求他人，结果必然糟糕透顶，但是如果依靠自己并且能够使用武力，那么他们就不会有危险。历史事实证明，所有武装的先知如摩西、居鲁士、忒修斯和罗穆卢斯等都取得了胜利，而没有武装的先知都灭亡了，所以，"像他们这样的人，在实施他们的事业时会发现巨大的困难；在前进的道路上充满了一切艰难险阻，他们必须运用德能加以克服。但是，一旦他们克服了艰险，他们就会开始受人崇敬，在消灭了那些对他们的品行心怀嫉妒的人之后，他们就能继续享有权势、安全、荣誉和幸福。"②这就是说，问题的关键在于人们必须依靠自己。上帝也许会为你分开大海，用云柱引路，让磐石涌出泉水，让食物从天而降，但是，余下的事情必须由你自己去做。"上帝不想包办一切，这样就不至于剥夺我们的自由意志和属于我们的那部分荣耀。"③

---

① ［意］马基雅维利：《君主论》，刘训练译，中央编译出版社 2017 年版，第 70 页。
② ［意］马基雅维利：《君主论》，刘训练译，中央编译出版社 2017 年版，第 74 页。
③ ［意］马基雅维利：《君主论》，刘训练译，中央编译出版社 2017 年版，第 349—350 页。

在《论李维》中，这种美德观得到进一步论述。如果说《君主论》关注的是超人个体如何凭借自己的男性美德获得、统治和维持一个君主国，那么《论李维》关注的是如何依靠整个统治者阶层（包括君王、将帅、立法者和公民等）的男性美德确保一个共和国的健康运转。不同于李维认为命运女神的眷顾是共和国健康运转的不可避免的要素，马基雅维利更强调具有男性美德的统治者阶层积极参与国家治理，通过这种美德把厄运转变为好运的主观能动性，以及人成为自己命运的主人的可能性。① 在马基雅维利那里，统治者阶层最可贵的美德，就是拒斥对权威的盲从，拒斥将好的等同于先祖的，拒斥将最好的等同于最古老的，同时坚持用理性的推理来捍卫自己的观点和原则。②

马基雅维利的美德观集中表现了他的思想的审美虚无主义本质。正如施特劳斯所言，马基雅维利之所以是掀起西方现代性第一次浪潮的人，正因为他的政治哲学彻底否定和拒绝了对"自然"的古典哲学理解：

> 根据这种理解，一切自然存在者，至少是一切有生命的存在者，都指向一个终极目的，一个它们渴望的完善状态；对于每一特殊的自然本性（nature），都有一个特殊的完善状态归属之；特别地，也有人的完善状态，它是被人（作为理性的、社会的动物）的自然本性所规定的。自然本性提供标准，这个标准完全对立于人的意志；这意味着自然本性是善的。人具有整体之内的特定位置，一个相当崇高的位置；可以说人是万物的尺度，或者说人是小宇宙，但他是由于自然本性而占据这个位置的；人具有的是秩序之中的位置，但他并未创制这个秩序。③

同样，马基雅维利也彻底否定和拒绝了基督教神学传统对人的规定：

① ［加］罗斯·金：《马基雅维利传》，刘学浩、霍伟桦译，译林出版社 2016 年版，第 138 页。
② 参见刘小枫主编：《苏格拉底问题与现代性——施特劳斯讲演与论文集：卷二》，华夏出版社 2008 年版，第 63 页。
③ 刘小枫主编：《苏格拉底问题与现代性——施特劳斯讲演与论文集：卷二》，华夏出版社 2008 年版，第 35—36 页。

根据《圣经》，人是照着上帝的形象造的；上帝将大地上的一切被造物赐给人统治，并不是将整体都赐给人统治；人被安置在一个园子里，经营它并且守护它；人被指派了一个位置；正当性（righteousness）便是遵从被神圣地建立起来的秩序，这正如在古典思想中，正义（justice）乃是遵从自然秩序；对无从把握的机运的认识，正对应着对难知究竟的天意（providence）的认识。①

在马基雅维利看来，建立在对人的自然本性如此规定之上的政治秩序，必然依赖于莫测难控的机运。比如，柏拉图就认为最佳政治秩序的实现，完全依赖于哲学与政治权力之间几乎不可能存在的协调一致，而亚里士多德认为最佳政治秩序的实现只能等待机运的降临。对此，马基雅维利坚决主张，最佳政治秩序的实现并不依赖于机运，而是依赖于统治者的美德和统治者战胜命运的强大意志。② 彼特拉克已经发现罗马人的美德标准仍然是集体主义式的，而他要做的，就是把这种集体主义的美德改造成个人主义的美德。这其实也是马基雅维利的目标。于是，马基雅维利重新定义了美德，它不再是按照自然本性生活，不再是适度，不再是对欲望的限制，不再是对神圣秩序的遵守，不再是对无法逃避的命运的顺从，而是挑战命运，挑战一切界限，挑战一切神圣秩序，完全按照自己的意愿塑造自己的人生。用蒂利希的术语来说，这种美德不再是作为部分而存在的勇气，而是作为自我而存在的勇气。被这种美德所规定的统治者，已经不再是过去时代真实存在的集体主义统治者，而只是马基雅维利理想中的个人主义统治者。这种统治者并不属于他所统治的国家（就像唯名论的上帝不属于他自己创造的这个世界），相反，国家只是统治者个体通过作为自我而存在的勇气战胜命运的收获，是统治者自我创造的个人主义

① 刘小枫主编：《苏格拉底问题与现代性——施特劳斯讲演与论文集：卷二》，华夏出版社2008年版，第36页。

② 参见刘小枫主编：《苏格拉底问题与现代性——施特劳斯讲演与论文集：卷二》，华夏出版社2008年版，第35、37页。

成就。

否定集体主义传统的美德观念，坚信个体凭借作为男性气概的美德可以征服命运女神，从而不仅能克服对实体性存在的焦虑，还能获得人生和事业的成功，马基雅维利的政治哲学最终把意大利人文主义从宗教人文主义带向了彻底的世俗人文主义，在那里，人文主义的内在精神本性——审美虚无主义——也得到了最为明确的表达：

> 在人文主义看来，个人并不是一个处于万物顶端的理性动物。和奥卡姆一样，人文主义者确信，人并无自然的形式或目的。他们还因此得出结论说，人以其自由意志为特征。不过人文主义者所理解的这种意志在一个重要方面区别于奥卡姆和唯名论者赋予人的那种意志。它不仅是一种被创造的意志，而且也是一种自我创造的意志。神把意志的能力赋予了人，然后人把自己变成了他想要变成的样子。这种有自我意志的存在者的观念显然与唯名论的神的模式很相似。和创造他的神一样，这个人是一位艺术家，但其最伟大的艺术作品是他自己。他是一个字面意义上的诗人（poet，字面意义为"制作者"——译者）。①

对于人文主义者的精神本性，加林也指出，不同于亚里士多德—阿威罗伊学派"追求的是彻底的认识，思想的思想"，人文主义者们"强调人在建设世界和塑造自己的过程中行为的自由，他们不重复范例，而是造就范例，他们——像上帝一样——是创造者、诗人，他们总是在冒险中寻求让整个现实发生危机的选择"。② 但是，诗人不仅仅是自我创造者，而首先应该是自我解放者，他必须首先打破实在论哲学、亚里士多德主义、阿威罗伊主义、托马斯主义或施特

---

① ［美］迈克尔·艾伦·吉莱斯皮：《现代性的神学起源》，张卜天译，湖南科学技术出版社2019年版，第43页。

② ［意］欧金尼奥·加林：《中世纪与文艺复兴》，李玉成、李进译，商务印书馆2012年版，第27页。

劳斯所谓古典政治哲学和神学传统加于他的种种限制,使自己成为超越神性秩序的完全独立的个体,才能重新自我创造。于是,人文主义者不仅仅是创造者,还是毁灭者,从而是审美虚无主义者。

毋庸置疑,人文主义者的审美虚无主义主张有着极其重要的历史进步意义。它改变了西方人背着原罪的包袱匍匐在全能上帝脚下,幻想着获得永恒恩典的乞怜者、卑微者、屡弱者形象,让他们意识到自己具有独一无二的个体性,激励他们自觉摆脱来自传统哲学和神学的一切规定和约束,基于自身意愿自由地自我规定,把自己重塑为拥有作为自我而存在的勇气、敢于独立挑战命运和死亡的威胁、能够自我把控和自我完善的全新存在,能够在神的面前真正赢得人的尊严的存在。

然而,人文主义者的审美虚无主义主张也有其令人担忧的地方。人文主义者主张审美虚无主义的初衷,主要是为了对抗唯名论上帝的随心所欲、冷漠无情所导致的对命运和死亡的焦虑。但是,一个纯粹孤立的人,仅仅依靠作为自我而存在的勇气,依靠自我解放与自我创造的自由意志,就能摆脱这种虚无主义体验? 主张人没有自由意志的马丁·路德会对此给出完全否定的答案。即使是马基雅维利也不得不承认,就连那些被他热情赞美的、具有强大意志的统治者个体,充其量也只是"半神",因为命运即使有一半归他们支配,但还有一半在主宰他们的行动。上帝或许会赋予这些人与上帝类似的自由,但并没有赋予他们与上帝类似的力量、智慧和寿命,以完全实现自己的目标。① 于是,就连最伟大的英雄人物也只能取得部分成功,而且只能持续很短时间。至于普通人,他们的成功只能凭借偶尔的好运,而失败的厄运却总是必然的。②

---

① 参见[美]迈克尔·艾伦·吉莱斯皮:《现代性的神学起源》,张卜天译,湖南科学技术出版社 2019 年版,第 118 页。

② 马基雅维利的后期著述就是以承认这样的失败结束的:"《君主论》中熊熊燃烧的启示录式热忱,到了马基雅维利后期作品中已经趋于死寂了。在《卡斯特拉卡尼传》(1520)中,起初对于英雄的召唤却以伤感与屈从的语调告终,诚如卡斯特卢乔在弥留之际对年幼的圭尼吉所言:'孩子啊!命运女神曾以如此众多的辉煌胜利将荣耀许诺我,却又在大业中途将其拦腰折

更为关键的是,这些以艺术家和诗人自居,从而敢于和无中生有的诗性上帝比肩的人文主义个体,已经开始初尝由自己的审美虚无主义行动造成的虚无主义体验,即对空虚和无意义的焦虑。正如吕迪格尔·萨弗兰斯基所言,"在艺术的内部有一个秘密咕噜作响,它威胁着艺术自身。艺术来自想象力,它也是——它在自己那骄傲的瞬间知道这点——一种从无造有(creatio ex ni-hilo)。但正因为这样,它受到这个无(nihi)、这个本己的不之状态(Nichtigkeit)的威胁。它必定,也许受外部的身份合法问题的刺激,进入一种想象力的危机,然后重新坠入它从中艰难地挣扎出的虚无。"①人文主义艺术家每一次从事无中生有的创造活动时,都会有"虚无和没结束的体验",而"每个起先将一张未曾写字的白纸视为恐怖的作家,都熟悉这种体验。创造的人在内心深处感到虚无的威胁——一旦他什么也想不起来或者他突然觉得自己的创作毫无意义"。②用蒂利希的话来说,这种虚无的威胁,就是自我失去世界的威胁。从来没有纯粹的自我,只有活在世界中的自我。"自我之为自我,只是因为它拥有一个世界,一个被建构的世界;它既属于这个世界,同时又与之相分离。"③作为参与而存在的勇气固然是参与这个世界而存在的勇气,但作为自我而存在的勇气并非也不可能是完全疏离于这个世界的勇气,而只

断——若能早些领会这一点,我就会少付出些努力,不再那么殚精竭虑;这样一来,我便可以传留给你一块较小的疆土,但同时还有较少的憎恨和妒意……我就会度过一个或许不比现在长寿,但却笃定更为平静的生活。而我传留给你的那块较小的疆土,也必可拥有更为安全与稳固的国祚。'参见[美]艾瑞克·沃格林:《政治观念史稿·卷四》,孔新峰译,华东师范大学出版社2019年版,第111页。甚至在《论李维》中,马基雅维利就已经表现出这种失败情绪:"在《君主论》中,他写过运用德行或可对抗命运女神。不过,等他写作《论李维》的时候,命运女神显然是不容反抗的。第二卷第二十九章的题目令人厌恶(也很冗长):'当命运不希望人们阻碍它的计划时,会蒙蔽他们的心智。'在这里,他声称:'人类能够顺从命运女神,却不能对抗她;能够编织她的纱线,却不能折断它们。'"参见[加]罗斯·金:《马基雅维利传》,刘学浩、霍伟桦译,译林出版社2016年版,第143页。

① [德]萨弗兰斯基:《恶,或自由的戏剧》,卫茂平译,生活·读书·新知三联书店2018年版,第211页。

② [德]萨弗兰斯基:《恶,或自由的戏剧》,卫茂平译,生活·读书·新知三联书店2018年版,第214页。

③ [美]保罗·蒂利希:《存在的勇气》,成穷译,贵州人民出版社2009年版,第52页。

能是从自我出发、以自我为中心、基于自我的意愿重新改造这个世界的勇气。不过，如果说作为参与而存在的勇气很容易导致自我失去个体性的话，那么作为自我而存在的勇气，很容易导致自我丧失世界，因为自我在重新改造这个世界之前，必须先否定这个世界，虚无化这个世界，而此时如果自我缺乏再创造的能力，它就只能失去这个世界而止步于虚无。① 于是，被审美虚无主义的思维与存在方式支配的人文主义艺术家，虽然可以享受基于自身意愿不断毁灭与创造的自由，但也会在最初的毁灭后面临"一张未曾写字的白纸"的状态，从而会"感到虚无的威胁"，蒂利希所谓空虚和无意义的威胁，对人的精神性存在的威胁。这是一种全新的虚无主义体验，它已经不再与唯名论的上帝相关，而只是西方个体自己的审美虚无主义行动的结果。

四、路德的因信称义说

宗教改革运动开始于 16 世纪初叶，通常指的是马丁·路德领导的德国信义宗运动，加尔文领导的瑞士改革宗运动，茨温利推动并在低地国家产生影响的重洗派运动，还有罗马天主教的反宗教改革运动以及在天主教内部展开的宗教改革运动，但主要指的是前两种运动。② 宗教改革运动的兴起，同样与一个混乱的唯名论世界密切相关。从 1486 年迪亚斯航行到好望角开始，到 1522 年麦哲伦第一次环球航行结束的地理大发现，还有以前所未有的速度把新知识传播到角角落落的古登堡印刷术的出现，让西方人所处的外部世界和心灵世界都发生了急剧转变。一切确定无疑的事情一夜之间都成了问题。托勒密绘制的世界地图曾被二十代人认为神圣不可侵犯，现在却成为笑柄。所

---

① 参见［美］保罗·蒂利希：《存在的勇气》，成穷译，贵州人民出版社 2009 年版，第 52—53 页。

② 参见［英］阿利斯特·麦格拉思：《宗教改革运动思潮》，蔡锦图、陈佐人译，中国社会科学出版社 2009 年版，第 5 页。

有曾被人怀着虔敬的心情誊写的天文学、几何学、医学和数学著作,一夜之间都变得过时和无用。古老的偶像和权威烟消云散,经院哲学像纸糊的塔楼一般破碎坍塌。从中世纪继承下来的骑士制度迅速没落,城市纷纷兴起,商业充满活力,农业却日趋凋敝。小麦价格急降,黑死病持续肆虐,农民生活日益贫困,不断涌进城市寻找食物和工作,却被堵在贸易商会和市议会的大门外。这些新兴的城市无产阶级带着恐惧和不满进行抗议,要求政府具有更广泛的基础和代表性。和世俗社会的混乱相比,宗教领域的混乱丝毫不逊色。西方教会的分裂导致教皇权威日趋削弱,中世纪神学的发展导致基督教教义逐渐多元化,人文主义运动的兴起导致人们对腐败堕落的教皇和圣职人员的敌意,愈发怀念基督教会的黄金时代,而罗马教廷售卖赎罪券榨取财富的行径又进一步激起人们的不满。① 这无疑是实在论哲学持续式微的时代,也是唯名论信仰日趋强大的时代,从而也是虚无主义危机更加严重的时代。然而,不同于人文主义者相信人能够凭借自己的自由意志克服虚无主义危机,宗教改革者认为人根本没有自由意志,只能通过意愿神之所愿来克服虚无主义危机。

被誉为“宗教改革之父”的马丁·路德(1483—1546),出生于一个严格信奉天主教的家庭,父亲通过经营铜矿业务维持七个子女的艰苦生活。1501 年起,路德就读于人文主义气息浓厚的爱尔福特大学,学习法律与哲学,并于1505 年获得硕士学位。但是,就在他即将毕业时,两个弟弟相继病故,好友亚历克西斯也被人暗杀。7 月 2 日,圣亚利修日前两天那个晴空万里的正午,他又毫无防备地遭遇了一场雷电交加的暴风雨。在被抛离马背的惊恐一刻,路德发下誓愿,如果圣安妮(矿工的主保圣徒)能够拯救他,他就愿做一名修士。7 月 16 日,遵守誓言的路德进入爱尔福特以严峻态度闻名的奥古斯丁隐修院,开始过一种修道生活,同时学习神学课程,其中包括研究奥卡姆和加布里

---

① 参见[英]阿利斯特·麦格拉思:《宗教改革运动思潮》,蔡锦图、陈佐人译,中国社会科学出版社 2009 年版,第 2—18 页。

埃尔·比尔的唯名论思想。①

正如蒂利希所言,不同于人文主义者的虚无主义体验主要是对命运与死亡的焦虑,路德的虚无主义体验主要是对罪过与谴责的焦虑,后者由对命运与死亡的焦虑唤醒和增强,而且也伴随着对空虚和无意义的焦虑。② 正是为了克服对罪过与谴责的焦虑,并且获得永恒的救赎和生命的意义,路德决定过一种虔敬的隐修生活。③ 隐修生活有一种信念,即只有追求道德的圆满,才能在上帝面前存在。于是,路德一边苦读圣经,研究教义,一边通过自我折磨的苦行(包括鞭打自己)和善举来体会教皇提出的积极得救效果。但是,这些行为并没有让路德获得上帝的恩宠、启示和拯救。而且,这种苦修信念本身也与唯名论的观点完全相反,后者认为拥有绝对权力的全能上帝是一个隐匿而冷酷无情的神灵,他不欠人的债,绝不会因为一个人努力向善就一定要拯救他。于是,接受了唯名论主张的路德对自己的得救问题一直忧心忡忡。

1508 年,路德进入新建的维腾堡大学从事神学研究。在研读《圣经·罗马书》时,他被"义人必因信得救"一句深深打动,从此开始新的神学思考。1510 年,路德怀着喜悦与朝圣的心情访问教皇驻地罗马,却因那里的骄奢淫逸、蝇营狗苟、肮脏龌龊(教皇的晚餐竟然需要 12 名裸女为伴)而大失所望,对罗马教廷的美好幻想完全破灭,依靠教会的中介力量克服虚无主义体验的希望也不复存在。1511 年,路德重返爱尔福特大学攻读博士学位课程,于次年获得学位,并很快获得圣经学教授职位,开始教授《圣经》。这位每六个月都要读一遍《圣经》的勤勉教授逐渐清楚地认识到,人蒙恩称义,成为上帝的

---

① 参见[英]阿利斯特·麦格拉思:《宗教改革运动思潮》,蔡锦图、陈佐人译,中国社会科学出版社 2009 年版,第 88 页。

② 参见[美]保罗·蒂利希:《存在的勇气》,成穷译,贵州人民出版社 2009 年版,第 32、36 页。

③ 正如艾瑞克·沃格林所言,一种宗教性情绪"以持续的强度主宰着路德生命的核心领域",这种宗教性情绪可以描述为"对救赎的深刻的焦虑与不确定感"。参见[美]艾瑞克·沃格林:《政治观念史稿》卷四,孔新峰译,华东师范大学出版社 2019 年版,第 320 页。

儿女,不是人自己的成就,而只是上帝的恩典。这种借耶稣基督的受苦、受难和复活显现的恩典不可言喻,只能凭信心接受。路德的"因信称义"说就这样逐渐形成了。①

究竟何谓"因信称义"? 根据人文主义者的看法,唯名论的全能上帝既是个体虚无主义体验的根源,又赋予了个体克服虚无主义体验的自由意志。路德和人文主义者一样,把神与人都视为有意志的存在。但与人文主义者不同,路德主张的是奥卡姆的观点,即认为只有神的意志才是自由意志,才能作为一系列事件的第一因,而人的意志不可能是真正的自由意志,否则人就会成为撒旦的奴隶,自恃可以抗衡上帝。然而,没有真正的自由意志的人如何克服自身虚无主义体验? 在路德那里,唯一的途径就是让人与神的意志合一。人不可能创造性地意愿,而只能"意愿神之所愿,即道德的和虔敬的意愿。人没有变成半神,而是变成了神的居所;神变成了人的生命的内在指导原则,或路德所谓的良心"②。正是在变成神的居所的过程中,人被灌注了只有神才有的真正的自由意志,从而获得了能够克服虚无主义体验的决定性力量。正如蒂利希所言,路德不相信人们能够从教皇和教会那里获得存在的勇气,或者像人文主义者主张的那样从自我那里获得存在的勇气,因为对他来说,上帝是"存在的勇气的唯一的本源"③。于是,人唯一能做的,就是不顾上帝可能因自己的罪过而否定自己的存在,坚决而彻底地走向上帝,坚信在和上帝的直接交往中能够赢得上帝的眷顾,从而获得存在的勇气。"路德的全部著作尤其是早期著作,都洋溢着这种勇气。他多次使用了' *trotz* '这个词,意思是'不顾……'。他不顾自己体验过的数不清的否定之物,不顾主宰那个时代的焦虑(即对罪过与谴责的焦虑——引者),仍然从对上帝的坚信中、从与上帝的单独交往中

---

① 参见于可:《马丁·路德生平》,载《路德文集》第一卷,路德文集中文版编辑委员会编译,上海三联书店 2005 年版,第 5—10 页。

② [美]迈克尔·艾伦·吉莱斯皮:《现代性的神学起源》,张卜天译,湖南科学技术出版社 2019 年版,第 46 页。

③ [美]保罗·蒂利希:《存在的勇气》,成穷译,贵州人民出版社 2009 年版,第 97 页。

获得了进行自我肯定的力量。"①由于直接来自上帝,这种存在的勇气是最为强大、充分的勇气,从而能够彻底摆脱虚无主义体验。

　　然而,由于根本的存在论差异,上帝与受造物之间存在一条无法逾越的鸿沟。这种情况下,个体如何与上帝直接交往?对此,路德主张不要关注那个隐匿而无法理解的上帝或"万人之主",而只去关注那个通过新约《圣经》向我们显现的道成肉身的上帝,那个被钉十字架的耶稣基督或"万人之仆"。②"按照路德的说法,就神的大能和荣耀而言,人既没有能力完全认识这个隐匿的神,也没有能力取悦他。因此,必须让神是神,人是人。人不要去沉思神的隐匿目的,而把注意力集中于神在道中所启示和断言的东西,集中于'被宣讲的神'(God preached),而不要去管'不被宣讲的神'(God not preached),即那个隐匿的神。神就自身所显示的一切都超出了人的理解力,因此人必须谦卑地接受神的解释,而不是自己的解释。"③这个"被宣讲的神",就是基督。相较于那个"不被宣讲的神",也就是唯名论所设想的那个遥远而冷漠的存在,既是神又是人的基督是可爱也可信的存在。路德认为,在我们遭遇痛苦和磨难时,陷入无可救药的怀疑中时,只要我们开始沉思耶稣,聆听他的教诲,我们就会得到安慰,因为我们发现神此刻与我们同在。神不仅与我们同在,还向我们允诺,只要信他,我们就可得救,也就是"因信称义"。

　　路德的"因信称义"说中暗含着他的审美虚无主义主张。受人文主义修辞传统的影响,路德总是一再强调,《圣经》里的神之道必须被宣讲和聆听,而不是仅仅被阅读,对神之道的接受,只能来自由神的崇拜者组成的解经团体,来自真正被圣灵充满的讲道者,只有后者才能让听众被神的道所灌注,从而使

---

① 　[美]保罗·蒂利希:《存在的勇气》,成穷译,贵州人民出版社2009年版,第94页。
② 　路德的十字架神学,集中体现在《九十五条论纲释解》中,参见[德]《路德文集》第一卷,路德文集中文版编辑委员会编纂,上海三联书店2005年版,第64—214页。
③ 　[美]迈克尔·艾伦·吉莱斯皮:《现代性的神学起源》,张卜天译,湖南科学技术出版社2019年版,第152页。

他们的心灵发生转变。① 路德相信,正是在聆听讲道者根据《圣经》宣道的过程中,人能够变成神的居所,开始意愿神之所愿,从而获得最为强大的存在的勇气。但是,人究竟如何在聆听宣道过程中变成神的居所,如何做到意愿神之所愿? 正如路德本人经常承认的那样,《圣经》必须由讲道者来解释,而这意味着,讲道者会把其中某些段落和章节的价值看得比其他更高。可是,"在这种情况下,我们如何知道自己所作的是正确选择? 如何知道在文字背后被我们当作神的感召的东西,其实不是我们的激情或欲望的潜意识冲动?"②吉莱斯皮这一问可谓石破天惊! 它意味着人以《圣经》的名义所意愿的可能根本不是神的意愿,而只是人自身的意愿,意味着人的意志本身就是一种自由意志,意味着人从来就不是准备接纳上帝的空无的居所,而是为实现自由的自我规定而预先准备的无规定性,意味着人一开始就拥有和唯名论上帝一样的绝对权力。

于是,路德看上去是一个决定论者,实际上是一个唯意志论者,看上去信仰着一个审美虚无主义的上帝,实际上却在呼唤审美虚无主义的人类个体,他作为唯名论上帝的化身,既意欲虚无、否定与毁灭以实现自身的无规定性,还意欲存在、肯定与创造以实现自由的自我规定。这一结论,将会在下一节中得到进一步的证实。

五、路德的意志无能论

1516 年,路德根据自己的"因信称义"说开始了改革天主教会的理论准备。1517 年 10 月,教皇为修缮圣彼得大教堂再次发售赎罪券,并对其功效大

---

① 参见[美]迈克尔·艾伦·吉莱斯皮:《现代性的神学起源》,张卜天译,湖南科学技术出版社 2019 年版,第 155—156 页。

② [美]迈克尔·艾伦·吉莱斯皮:《现代性的神学起源》,张卜天译,湖南科学技术出版社 2019 年版,第 168 页。

肆吹嘘。路德一怒之下奋笔疾书,写出了著名的《九十五条论纲》,据说还把它钉在维腾堡大学教堂的大门上。他言简意赅地写道,教皇不可能赦免罪咎,只能赦免他自己强加于世人的刑罚,而不可能赦免任何其他的刑罚。[①] 这样的言辞犹如惊雷,惊醒了全体民众的良知,也动摇了天主教会统治的根基。

路德最初天真地相信,教会会因自己的批判停止出售赎罪券,然而事实并非如此。他先是被教会调查,接着被开除教籍,最后被宣布为异端分子。路德逐渐意识到,和教会的决裂是必须的。就在这期间,他先后发表了《致德意志民族基督教贵族书》《教会被掳于巴比伦》和《基督徒的自由》三大名著,猛烈抨击天主教会。开除路德教籍,并没有被德国人普遍接受,他们认为应该给路德申辩的机会。这导致1521年沃尔姆斯议会上的著名对抗,在那里,路德宣布绝不放弃自己的信仰,因为他发现神的道已经控制了他的良心。当一个人被神的道所俘虏时,他的意志就会成为神的意志,他的意愿就会成为正确的意愿,从而不再服从任何别人的意愿,就像他在《基督徒的自由》里所宣称的那样,"基督徒是全然自由的万人之主,不受任何人管辖。"[②]

就在路德和教会剑拔弩张之时,双方都想到了一个人,即德西德里乌斯·伊拉斯谟(1469—1536),彼特拉克之后最伟大的人文主义者,北方人文主义的最佳代表。[③] 伊拉斯谟是第一个有世界主义意识的欧洲人,他的人生目标,就是把来自一切国家、种族和阶层的所有心地善良的人结合成一个有教养者的大联盟。他把拉丁语提升为一种新的艺术形式和互相沟通的语言,从而为

---

① 参见[德]路德:《路德文集》第一卷,路德文集中文版编辑委员会编译,上海三联书店2005年版,第16页。

② [德]《马丁·路德文选》,马丁·路德著作翻译小组译,中国社会科学出版社2003年版,第2页。

③ 正如斯蒂芬·茨威格所言,伊拉斯谟的名字在16世纪初简直就是"智者"——"卓尔不群和崇高精神"——的代名词,是思想界、学术界、文学界和普及知识的无可置疑的权威。世人称颂他为"无所不知的博士""学术之王""学术研究之父""正宗神学的捍卫者""世人的明灯""西方的预言家"等。参见[奥]斯蒂芬·茨威格:《鹿特丹的伊拉斯谟》,舒昌善译,生活·读书·新知三联书店2018年版,第120页。

欧洲各民族创造出一种超越国界的统一思维方式和表达方式。他反对任何形式的狂热和偏激,拒绝一切极端的理想,对耶稣基督和苏格拉底、基督教教义与古希腊罗马的智慧、宗教改革和文艺复兴一视同仁,坚信通过坚持不懈地培养学习和读书的习惯,就能使人的本性变得高尚,通过教育的普及和书籍的传播,就能提升全体民众的素质。在宗教改革派和天主教会的对抗中,他选择的不是依附任何一方,而是力图调和双方。他既不能割舍福音派的教义,因为他第一个促进了福音派教义的产生,也不能割舍天主教会,因为他要在天主教会内部捍卫一个濒临崩溃的统一天下的最后精神形式。①

　　路德和教会都非常清楚伊拉斯谟的影响力巨大,也都非常希望把他拉到自己的阵营里。但是,伊拉斯谟主张和平主义,反对狂热和偏激,拒绝公开支持任何一方。不过,路德已经把整个基督教世界彻底分裂为左右两个阵营,伊拉斯谟的逃避纯属徒劳。再加上路德以盛气凌人的话语致信警告伊拉斯谟,如果他不会攻击自己,也不与自己的对手沆瀣一气,那就请他"始终只当我们这出悲剧的一名观众"②,伊拉斯谟忍无可忍,终于 1525 年发表了他的第一部应战书《论自由意志》。

　　正如路德本人所承认的那样,伊拉斯谟选择自由意志问题开始论战,可谓非常机敏地抓住了整个事情的"要害",因为任何一种神学都会涉及人的意志是否自由这个问题。③ 正如吉莱斯皮所梳理的那样,路德之前西方思想关于意志自由问题的谈论主要经历了六个阶段。第一,古希腊时期的人们还没有意志概念,通常按照理性支配激情或受制于激情来思考自由意志问题。第二,希腊化时期的人们虽然对意志问题一无所知,但很关注自由问题。伊壁鸠鲁

---

　　① 参见[奥]斯蒂芬·茨威格:《鹿特丹的伊拉斯谟》,舒昌善译,生活·读书·新知三联书店 2018 年版,第 1—14 页。

　　② [奥]斯蒂芬·茨威格:《鹿特丹的伊拉斯谟》,舒昌善译,生活·读书·新知三联书店 2018 年版,第 217 页。

　　③ 参见[奥]斯蒂芬·茨威格:《鹿特丹的伊拉斯谟》,舒昌善译,生活·读书·新知三联书店 2018 年版,第 219 页。

主义者认为自由表现为幸福,即自主和不动心。斯多葛主义者对幸福的理解与前者惊人地相似,但并不主张让自己远离世俗或拒绝神灵的干预,而是试图通过真正的知识与支配万事万物的神的逻各斯合一。不同于斯多葛主义者,怀疑论者所理解的自由不是在想象中与神的逻各斯的合一,也不是从生存中退却,而是摆脱幻觉,悬搁判断。第三,到了古罗马末期,卢克莱修开始用"意志"(*voluntas*)一词来命名每个原子都拥有的、除所有其他运动和碰撞之外推动自己的内在力量,后来又用它描述人的运动。卢克莱修所谓意志并没有与心灵相分离,西塞罗也认为意志用理性来欲求某种事物,而不同于理性的东西所激起的不是意志,只是原欲。塞涅卡进一步声称,当理性本身被激情奴役时,意志的表现是无理性的。第四,在基督教那里,意志问题开始具有特殊的重要性,因为基督教需要调解神的意志和人的意志。《圣经》文本提出了神的全能与人的责任、罪过之关系的问题。希腊教父们首先提出个人自由意志问题,认为人的意志在堕落前后都是自由的。但是,他们的意志自由观念本质上是理性主义的,认为意志只会意愿理性告诉它是善的东西,从而可以自由地行动。奥古斯丁第一次断言意志可以取代理性,宣称意志会不顾理性的警告而行恶。在反对摩尼教时,奥古斯丁认为人的独立意志不是人的尊严的基础,而是人的恶的根源。这种观点很容易导致伯拉纠主义,因为既然人可以作恶而受到应有的惩罚,那么人也可以选择不作恶而得到应有的拯救。但是,奥古斯丁坚决反对这种观点,因为这会让基督与他的牺牲显得毫无必要。于是,在攻击伯拉纠主义时,奥古斯丁虽然并没有抛弃对人的责任至关重要的意志自由观念,但同时又主张没有恩典,人即使自由选择从善也不可能得到拯救。第五,经院哲学时期,人们继续思考奥古斯丁实际上没有思考的问题,即在一个由全能上帝统治的世界里,人的意志如何可能是自由的。安瑟尔谟否认神的预知和预定会剥夺人的自由意志,同时又断言事件的发生是必然的。明谷的伯尔纳否认人的意志和神的意志都是部分原因,而是宣称它们都有自己的固定领域,但这些领域是什么,又如何关联,人们仍然不清楚。博纳文图拉认为人的意志即使面对神的预定时也是自由的,因为它没有受到外在力量的限制,但并未回答意志为何必须要有内在来源这个问题。阿奎那设想神的意志和人的意志都受制于理性,从而试图使它们协调一致,但是这种理性主义的解决方案又引出了关于上帝的绝对权力及其神性的问题。第六,在唯名论哲学那里,人们开始反对阿奎那的理性主义。但是,唯名论者并没有解释人的意志和神的意志如何彼此相容,其中有些更强调神的全能和预定,有些则给人的主动权留下更大余地。加布里埃尔·比尔就更接近于后者,认为理性和意志足以使人走向神,于是恩典并非绝对必要,因为神会拯救那些尽其所能过一种基督徒生活的人。路德在奥古斯丁隐修院的老师乌辛根就是比尔学派的成员,后者的半伯拉纠主义曾经影响和折磨了这位年轻人。①

从讲授《罗马书》开始,路德重新认识了神性全能的本质及其对人的意志的意义,他把人的得救建立在神的意志的全能和人的意志的无力这一基础之上。他认为每个人的努力都既不能使他得救,也不能使他下地狱,因为神会为一切负责,人只有借着信仰才能得救,而信仰只能借着恩典才能得到。在全知全能的神那里,完全没有偶然,一切都被固定的法则所决定。根本不存在任何形式的人的自由,自由意志只是撒旦的教导。② 虽然伊拉斯谟和路德都是奥古斯丁主义者,但在辩论中,前者更倾向于反摩尼教的早期奥古斯丁,后者更倾向于反伯拉纠主义的晚期奥古斯丁。不仅如此,伊拉斯谟还试图以新柏拉图主义的方式解释早期奥古斯丁的自由意志概念,并且在一些有待解释的关键问题上采用了怀疑论立场,而路德则转向了《圣经》,并且用斯多葛主义的方式解释《圣经》。③

---

① 参见[美]迈克尔·艾伦·吉莱斯皮:《现代性的神学起源》,张卜天译,湖南科学技术出版社 2019 年版,第 182—187 页。

② 参见[美]迈克尔·艾伦·吉莱斯皮:《现代性的神学起源》,张卜天译,湖南科学技术出版社 2019 年版,第 187 页。

③ 参见[美]迈克尔·艾伦·吉莱斯皮:《现代性的神学起源》,张卜天译,湖南科学技术出版社 2019 年版,第 191 页。

针对路德的得救预定论和人的意志无能论，伊拉斯谟一如既往地没有用粗暴的方式一口拒绝，而只是带着怀疑论的口吻指出，有关得救预定论的种种说法在《圣经》里的表达都是非常神秘和不透彻的，所以像路德这样武断地否认人的自由意志并没有正当的理由，也是很危险的，很容易引起公众的困惑与暴力，而非虔敬与爱。① 路德需要的是严密的论证，而他现在所拥有的只是断言，这些断言仅仅依赖于一个极其独断而霸道的声明："我有基督的灵，使我能够判断所有人，而没有人能够判断我；我拒绝被判断，我需要的是顺从。"② 路德就像斯多葛派那样，在一个没有绝对真理标准的世界中幻想存在一种绝对的真理标准即《圣经》，但是《圣经》本身充满了各种矛盾和含糊，不同的人依照自己的目的对《圣经》总会有不同的解读。于是，理解《圣经》需要的不是强硬地断言自己相信《圣经》的本意如何，而是进行广泛的讨论、比较和反思。③

具体到神的意志与人的意志关系问题，伊拉斯谟认为，路德的观点，即神为一切负责、人凭自由意志所做的一切都是罪恶的，不必要地贬低了人类，去除了所有传统宗教对道德行为的激励。伊拉斯谟承认路德对伯拉纠主义的担心，但认为路德的极端反伯拉纠主义夸大了原罪和堕落的效果，以至于接近了摩尼教。如果一切全凭恩典，行善对世人来说还有什么意义呢？至少也要让世人对自由意志有所遐想，从而使他们不至于绝望，不会觉得上帝过于残酷又不近情理。于是，伊拉斯谟认为，"当神给人恩典时，基督的牺牲使人有机会接受或拒绝恩典。然而，基督的牺牲并没有使人恢复到堕落前的状态。与堕落前的亚当不同，人的意志现在偏向了恶。因此，人需要神的进一步帮助来完

---

① 参见［荷］伊拉斯谟：《论自由意志》，载《路德文集》第二卷附录部分"伊拉斯谟《论自由意志》摘要"，路德文集中文版编辑委员会编译，上海三联书店2005年版，第576—577页。

② ［美］迈克尔·艾伦·吉莱斯皮：《现代性的神学起源》，张卜天译，湖南科学技术出版社2019年版，第193页。

③ 参见［荷］伊拉斯谟：《论自由意志》，载《路德文集》第二卷附录部分"伊拉斯谟《论自由意志》摘要"，路德文集中文版编辑委员会编译，上海三联书店2005年版，第576—578页。

成这个计划,他的自由选择始于对恩典的接受。于是伊拉斯谟断言,虽然人类的救赎的开始和结束都要归功于神,但中间过程主要依赖于他们自己。"①就这样,伊拉斯谟采取了一种折中的办法来调和神的恩典与人的自由意志:"我赞成这样一种看法:有些事情取决于自由的意志,但是大部分事情取决于天主的恩典,因而我们不应该为了避开自由的意志岿然不动的岩礁,而陷入宿命论——天主恩典——的漩涡。"②

路德回应伊拉斯谟的著作是《论意志的捆绑》,在这本书中,路德把伊拉斯谟视为隐藏在伯拉纠主义者、怀疑论者、伊壁鸠鲁主义者和无神论者等面具背后的伪君子,认为他根本不是基督徒,因为基督徒不会像伊拉斯谟那样试图发起一场讨论,而只会"坚持其所信",并且愿意为了它"连性命也不顾"。③基督徒要想避免陷入怀疑论者和伊壁鸠鲁主义者的陷阱,就会采取斯多葛派的立场,即坚信真理只有一个,只有那些与神的逻各斯合一的哲人才能认识它,并因此获得自由。当然,在路德那里,斯多葛派的贤哲变成了基督徒,逻各斯从理性变成了《圣经》。斯多葛主义者认为人会突然有一种无可否认、无法抗拒的印象,它会对灵魂发生不可逆转的实际影响。④ 在路德看来,对《圣经》的体验就是如此,在这种体验中,上帝通过《圣经》占据了人,直接向他并通过他言说。在这一时刻,基督徒会像斯多葛主义者那样发生回转和重新定向:如果他先前"心甘情愿并且欢喜快乐地爱慕邪恶"的话,那么他现在会突然变成"心甘情愿并且欢喜快乐地爱慕良善"。⑤

---

① ［美］迈克尔·艾伦·吉莱斯皮:《现代性的神学起源》,张卜天译,湖南科学技术出版社2019年版,第195页。

② 转引自［奥］斯蒂芬·茨威格:《鹿特丹的伊拉斯谟》,舒昌善译,生活·读书·新知三联书店2018年版,第221页。

③ ［德］路德:《论意志的捆绑》,载《路德文集》第二卷,路德文集中文版编辑委员会编译,上海三联书店2005年版,第305页。

④ 参见［美］迈克尔·艾伦·吉莱斯皮:《现代性的神学起源》,张卜天译,湖南科学技术出版社2019年版,第199页。

⑤ ［德］路德:《论意志的捆绑》,载《路德文集》第二卷,路德文集中文版编辑委员会编译,上海三联书店2005年版,第346页。

然而,这种回转并非由于一种无可否认的感觉印象,而是由于对上帝之道的强烈体验。“因此,转变不是依赖于理性,而是依赖于抓住并占据基督徒的神的意志。于是,《圣经》拯救我们,但只有当神用它来抓住我们时才是如此,也就是说,只有当恩典占据我们,以至于任何事物都不能改变我们的信念时,当我们‘不能不这样做’,甚至只想这样做时,《圣经》才会拯救我们。因此对路德而言,《圣经》并非有待解释的文本或人的话语,而是神的话语。而且神的话语并不仅仅是充满人的心灵的一连串意义,而是神占据我们、转化我们的不可抗拒的手。因此,《圣经》的语言并非像伊拉斯谟所设想的那样,是一种需要被人解释的话语,而是神在我们之中并通过我们运作自己的意志。”①人固然可以怀疑,但怀疑只能是信仰的前奏,而不能指向信仰本身。路德说自己也曾深受怀疑的折磨:“我自己就不止一次地被触怒,并且落入那种绝望深渊的无底洞,因此,我希望我未曾受造为人,直到我体认到那种绝望对人多有益处、多么让人接近恩典。”②正是这种体验,让路德把自己完全交付给了上帝,从此不再有任何的怀疑。

不过,不像伊拉斯谟的上帝是一个理性主义的上帝,路德与之合一的上帝是一位唯意志论的上帝:

> 祂是上帝,并且既然没有任何东西与上帝的旨意相等或超越其上,上帝的旨意本身就是万物的法则,那么就没有任何原因或理由,能为祂的旨意定下规则或判断的标准。因为如果有,那这旨意就不再是上帝的旨意了。因为所定意的是对的,不是因为祂现在或过去不得不如此定意,刚好相反,因为祂如此定意,所以发生的事就一定是对的。你可以为受造物的意志分派原因和理由,但却不能为创造

① [美]迈克尔·艾伦·吉莱斯皮:《现代性的神学起源》,张卜天译,湖南科学技术出版社2019年版,第199页。

② [德]路德:《论意志的捆绑》,载《路德文集》第二卷,路德文集中文版编辑委员会编译,上海三联书店2005年版,第466页。

者的意志指定原因和理由,除非你在祂之上设立另一位创造者。①

至关重要的是,和这样一位作为无因之因的神灵合一,不会像斯多葛主义那样导致人的个体性的消解,而只会把神的意志变成个体的意志:"正如路德在《罗马书讲义》中所说:'神是通过我而全能的。'……这种合一的结果与斯多葛派大不相同。它并没有引向无情(apathia),引向对命运的平静接受,而是把一种神圣的使命感赋予了个人意志。我所做的事情变成了神的工作,这是一种不服从世间审判或限制的召唤。"②于是,决定论与唯意志论瞬间完成了转换,完全无能的人在和神合一后即刻变成了全能的审美虚无主义者,变成了自我解放、自我创造的唯意志论存在,变成了无因之因,变成了全然自由的"万人之主"。

路德可能没有意识到,这个认为自己与神合一的人,是一种比人文主义者所幻想的新人更为有力且更为可怕的存在,因为比起人文主义新人的个体性自我,这个新基督徒的个体性自我是"与上帝进行单独交往的个体性自我",他所具有的勇气,既不是作为部分而存在的勇气,也不是作为孤独自我而存在的勇气,而是"超越并统一了二者"的勇气,是从上帝那里获得"存在—本身的力量"的勇气。③ 这种个体性自我,不像人文主义的个体性自我那样还只是致力于自我拯救,致力于摆脱虚无主义体验,而是会带着"神圣的使命感"毅然挑战任何"世间审判或限制",从而去改变整个世界。事实上,路德本人就是这样一种存在。正如克罗斯比所言,路德"决心摆脱数个世纪以来的基督教解释负担,认为根据他自己发现圣经的本来意义是可能而必要的。带着这种假设,他自命为孤独的信仰者,站在批判性的有利位置,冒险挑战和重思他那

---

① [德]路德:《论意志的捆绑》,载《路德文集》第二卷,路德文集中文版编辑委员会编译,上海三联书店2005年版,第458页。

② [美]迈克尔·艾伦·吉莱斯皮:《现代性的神学起源》,张卜天译,湖南科学技术出版社2019年版,第206页。

③ [美]保罗·蒂利希:《存在的勇气》,成穷译,贵州人民出版社2009年版,第95—97页。

个时代的整个宗教传统、实践和体制"①。正是在路德的影响下,德国乃至整个欧洲的宗教、政治、经济、文化等方方面面都开始了彻底的重塑。第一,路德揭穿了罗马教廷的谎言,把人从虚伪的善功中解放出来,致力于一种内在的精神信仰,从而撼动了罗马天主教会的教义根基。第二,路德打破了天主教一统天下的专制局面,促成了摆脱罗马教廷统治与掠夺的德意志国家教会的建立,确立了"教随国定"的宗教信仰原则,导致了罗马教会的大分裂(分裂为天主教与新教两大阵营)。第三,路德推动了其他国家的宗教改革和政治改革,促进了基督教信仰的自由化和多元化,也导致了资本主义摆脱宗教和政治束缚,在这些国家快速发展。正如沃格林所言,路德绝对是一个里程碑式的人物,他几乎"以一人之力单枪匹马地扭转了一个伟大文明的路向,这种奇观以其不可思议的恢弘程度而罕有其匹"②。

和人文主义运动一样,路德发起的宗教改革运动虽然有上述极其重要的历史进步意义,但也埋下了隐忧。沃格林发现,路德"通过其历史影响力,创造出一种对随后数个世纪具有塑造性影响的原型"③。在路德之前,西方人还大都把自己视为"传统神秘体"的成员,而从路德开始,西方世界出现了一种新的人格类型,即"以其力量与全世界为敌的个人",或"单独撑起一个'敌对世界'(counterworld)的个人",这种个人最重要的特质,就是"一种针对任何传统秩序的自愿反叛,以及将自身特异的个性作为一种通则强加于他人身上的恶魔式驱动力"。也正是这种"将自身意志加诸其时代之上"的人格,开始给西方世界造成一次次的"浩劫"。④ 在笔者看来,沃格林所谓由路德开创的人

① [美]唐纳德·A.克罗斯比:《荒诞的幽灵——现代虚无主义的根源与批判》,张红军译,社科文献出版社2020年版,第258页。

② [美]艾瑞克·沃格林:《政治观念史稿》卷四,孔新峰译,华东师范大学出版社2019年版,第316—317页。

③ [美]艾瑞克·沃格林:《政治观念史稿》卷四,孔新峰译,华东师范大学出版社2019年版,第346页。

④ [美]艾瑞克·沃格林:《政治观念史稿》卷四,孔新峰译,华东师范大学出版社2019年版,第316—346页。

格类型就是审美虚无主义个体。这种人格类型之所以可怕，就在于要将自身意志加诸时代之上，要基于自身意愿摧毁并重建一切秩序，从而会导致西方社会陷入剧烈动荡。正如即将看到的那样，这种人格类型很快就在启蒙运动——沃格林所谓"宗教改革的第二次世俗阶段"①——诸多思想家身上显现出来。

①　［美］艾瑞克·沃格林:《政治观念史稿》卷四,孔新峰译,华东师范大学出版社 2019 年版,第 346 页。

第三章　笛卡尔与霍布斯的
审美虚无主义

路德及其追随者们掀起了一场狂暴的思想革命和社会革命,最终导致整个欧洲陷入血雨腥风。早在 1520 年,再洗礼派运动就席卷了整个欧洲。1524年,以托马斯·闵采尔为代表的平民革命派参加并领导了德国农民战争。1529 年,英王亨利八世与罗马教皇决裂,国会于 1534 年通过《至尊法案》,宣布英国国王为英国教会在世唯一最高领袖,这导致欧洲其他国家纷纷响应。1536 年,法国人约翰·加尔文出版《基督教要义》,宣称人的得救全凭上帝预定,主张废除主教制,建立政教合一的共和政权,这进一步影响了欧洲多个国家和地区的宗教改革运动。① 1545 年至 1563 年间,罗马天主教廷在北意大利天特城多次召开反宗教改革会议,致力于消除文艺复兴以来基督教教义的多元化,巩固教皇权力和赋予宗教裁判所更大的权力。1546 年,德国爆发第一次宗教战争,一直持续到 1555 年。从 1562 年到 1598 年,法国一共经历了八

---

① 麦格拉思指出,作为唯名论的唯意志论传统的延续,加尔文主义具有七个主要特征:一、在知识论上是严格的唯名论;二、对于人类的功德与耶稣基督的功德,以唯意志论作为理解的基础,主张只有上帝的意志才能决定人类行为的价值,从而反对唯智性论,后者承认人类道德行为与功德的关联;三、大量运用奥古斯丁的作品,尤其是他反对伯拉纠主义、强调恩典的教义;四、对人性有强烈悲观的看法,把堕落视为人类拯救历史的一个分水岭;五、强调上帝在人类救赎中的优先性;六、绝对双重预定论的极端教义;七、否认居间阶段在称义或功德上的角色,认为上帝可以接纳个人直接与他建立关系。参见[英]阿利斯特·麦格拉思:《宗教改革运动思潮》,蔡锦图、陈佐人译,中国社会科学出版社 2009 年版,第 78 页。

次宗教战争。从 1618 年开始,由神圣罗马帝国内战演变而成的欧洲各国大混战——以德意志新教诸侯、瑞典、丹麦、法国、荷兰、英国和俄罗斯等为一方,以神圣罗马帝国皇帝、德意志天主教诸侯、西班牙、波兰等为另一方——又持续了三十年。可以毫不夸张地说,这是一个灾祸频仍、混乱无序的时代,一个虚无主义危机日益严重的时代。这一时期克服虚无主义危机的使命,落在了启蒙思想家的肩上。

人们常把启蒙运动视为西方现代性的真正开端,因为不同于人文主义运动关心基督教的更新而非废除,也不同于宗教改革运动呼吁返回基督教的黄金时代,启蒙运动强调人们用天赋的理性之光祛除愚昧、昏暗的迷信,发现必然为真或有效的真理,从而开始了与基督教信仰的切割。然而,启蒙运动事实上只是西方现代性的第三个发展阶段而已,因为和人文主义、宗教改革一样,启蒙思想克服虚无主义危机的努力,也建立在唯名论的基本观点之上,即把人理解为一个自由地自我意愿的意志个体,只不过这一意志个体意愿的不再是男子气概,也不再是神之所愿,而是理性的知识与道德。最早给出理性主义的审美虚无主义表述的思想家,是出生于法国宗教战争时期的笛卡尔。虽然霍布斯坚决反对笛卡尔,但是和路德一样,霍布斯的思想实际上是另一种以决定论面目出现的审美虚无主义。

一、笛卡尔的普遍科学

勒内·笛卡尔(1596—1650)虽然出生于一个富裕的家庭,但十四个月后就失去了母亲。从母亲那里继承下来的传染性干咳病,让笛卡尔只能离群索居,孤独地面对生活。他后来成为拉弗莱舍耶稣会学校的寄宿生,在那里修习过很多传统课程,对数学尤其感兴趣,还认真研究过实在论和唯名论哲学。在普瓦捷大学学习期间,笛卡尔听到意大利天文学家伽利略在罗马宗教裁判所受审的消息,大为震惊。毕业后的他决定放弃书本知识,去欧洲各地游历。

1618 年 5 月，欧洲三十年战争开始，笛卡尔加入荷兰奥兰治亲王莫里斯的军队，在那里他可以享受贵族的特权，安静从事军事工程和数学研究。1628 年，笛卡尔移居波兰，在那里展开哲学、数学、天文学、物理学等领域的深入研究，并且发表了多部重要论著。1650 年 2 月，笛卡尔和母亲一样死于肺病。

不幸的童年，糟糕的身体，还有战乱频仍的世界，让笛卡尔一直活在虚无主义体验之中。用蒂利希的话来说，早期笛卡尔的虚无主义体验也主要表现为对命运和死亡的焦虑(后者唤醒和增强了他对罪过和谴责的焦虑)。笛卡尔对 1619 年 11 月 10 日这天的生活经历的回忆，可以说明这一点。那天晚上，他在一家客店里连做了三个梦。他先是梦见自己被鬼怪追逐，被狂风暴雨袭击。他急忙跑向一所小教堂，但刚跑到教堂旁边庭院里，就觉得自己被时间的巨浪击倒。① 被噩梦吓醒的笛卡尔久久难以入睡，开始向上帝祈祷，请求上帝饶恕他的罪过。他渐渐睡去，又梦见自己听到震耳欲聋的雷声，惊醒后觉得满屋子都是火。这时他开始用哲学解释这个梦，认为雷声是真理降临他身上的一种信号。最后一个梦相关于今后的生活道路。他看见桌上放着两本书，一本是象征着各门学科结合的辞典，另一本是他经常阅读的人文主义诗集。这意味着他未来既可以像人文主义者那样写诗，又可以像数学家、科学家那样建立自己的体系。② 无疑，这些梦以一种含蓄的方式显示了笛卡尔的虚无主义体验来自对唯名论上帝的恐惧。最终，笛卡尔选择克服恐惧的方法，不是宗教改革者的意愿神之所愿，也不是人文主义者的意愿男性气概，而是意愿建立在伽利略、培根思想基础上的普遍数学或普遍科学，因为只有后者才能让个体真正获得认识并征服这个唯名论世界的强力。为了了解笛卡尔克服虚无主义危机的途径的独特性，有必要先梳理一下伽利略和培根的思想。

---

① 参见[奥]弗里德里希·希尔：《欧洲思想史》，赵复三译，广西师范大学出版社 2007 年版，第 362 页。

② 参见 Descartes, *The Philosophical Writings of Descartes*, Vol.1, trans., John Cottingham, etc., Cambridge：Cambridge University Press, 1985, p.4。

当宗教改革占据16世纪舞台的核心之时,欧洲人对自然界的兴趣也开始兴起。哥伦布开辟了一个崭新的世界,而借助于从中国传入的四大发明,欧洲人发现宇宙拥有大量等待发掘的资源。人们对科学技术越来越感兴趣,文艺复兴时期的百科全书式巨人列奥纳多·达·芬奇开始成为新时代的象征。从科学史的角度看,列奥纳多的主要成就,在于他已经意识到"对于自然界的观察与实验,是科学的独一无二的真方法"①。但是,列奥纳多的成就并非一人之功,奥卡姆的唯名论哲学早已预示了这种新科学方法的出现:"我们会毫不奇怪地发现,奥卡姆会断定大多数曾经被认为在哲学上能够证明的东西其实只存在于信仰领域。对他来说,把哲学同天启和神学分离开来,还能保证某种确定性,这是完全不可能的。任何超越经验的真理,只能通过一种天启或一种绝对可靠的权威来证明。离开了天启和权威,人就只剩下感性经验和或然性。在这样的环境里,只剩下一条通往确定性的可能方法——被自然科学所使用的调查和验证方法。奥卡姆会发现自己在今天的哲学环境里比在14世纪的环境里更能如鱼得水。"②吉莱斯皮也指出:"奥卡姆用经验和假设为一种科学奠定了基础,这种科学考察广延物之间存在的偶然关系,以确定那些统辖它们运动的动力因,并且尝试对各种现象提出一种量的而非质的解释。尽管奥卡姆并没有根据这些原则实际发展出这种科学,这些原则仍然是文艺复兴和早期现代科学不可或缺的本体论和认识论前提。"③不过,奥卡姆的唯名论本意并不是为了促进科学的发展,而是为了使信仰领域免受科学的侵蚀,确保上帝的绝对权力对这一领域的绝对主宰。

只是到了伽利略·加利莱(1564—1642)那里,奥卡姆所预示的这种科学

---

①　[英]W.C.丹皮尔:《科学史——及其与哲学和宗教的关系》,李珩译,张今校,商务印书馆1997年版,第163页。

②　Harry Klocker, *William of Ockham and the Divine Freedom*, Milwaukee:Marquette University Press,1996,pp.32-33.

③　Michael Allen Gillespie, *Nihilism before Nietzsche*, Chicago:The University of Chicago Press, 1995,p.21.

方法才开始被真正发现和建立。根据 2 世纪天文学家托勒密的观点,中世纪的学者普遍认为宇宙由一系列完美的球体组成,而地球是它们的中心,对太阳、月亮和行星的运行的解释都依赖于静止的地球。哥白尼于 16 世纪初挑战了这一托勒密体系,认为星系的中心是太阳,地球四季的变化和行星的运动都必须围绕太阳来解释。伽利略对哥白尼革命的继承和发展,表现为对哥白尼革命背后的科学方法的继承与发展:"哥白尼的天文学是根据数学简单性这一'先验'原则建立起来的,伽利略却用望远镜去加以实际的检验。最重要的是,他把吉尔伯特的实验方法和归纳方法与数学的演绎方法结合起来,因而发现并建立了物理科学的真正方法。"[①]这里所谓"数学简单性",指的是哥白尼非常欣赏的毕达哥拉斯学派和新柏拉图学派的原则,他们总是要在自然界中寻找数学关系,关系愈简单,从数学上看来就愈好,这种关系就愈接近于自然。[②] 正是因为哥白尼体系具有更鲜明的数学简单性,开普勒不仅毫不吝啬地赞美并支持这一体系,还在此基础上提出三条著名的行星运动规律,进一步印证并强化了这一原则;[③]所谓"吉尔伯特的试验方法和归纳方法",指的是时任英国皇家医学院院长的科尔切斯特的吉尔伯特(1540—1603)在研究磁石之间的引力时所采用的科学方法,即通过试验、观察、总结得出规律的方法;[④]所谓"数学的演绎方法",指的是由欧几里得开创的数学方法,它从为数不多的公理出发推导出众多的定理,再用这些定理来解决实际问题;最后,所谓"物理科学的真正方法",指的是先用演绎方法推理自然现象之间存在的数学关系或严格的数学必然性,再用望远镜之类的工具去验证这种推理的正确性。

---

① [英]W.C.丹皮尔:《科学史——及其与哲学和宗教的关系》,李珩译,张今校,商务印书馆 1997 年版,第 195 页。

② 参见[英]W.C.丹皮尔:《科学史——及其与哲学和宗教的关系》,李珩译,张今校,商务印书馆 1997 年版,第 171 页。

③ 参见[英]W.C.丹皮尔:《科学史——及其与哲学和宗教的关系》,李珩译,张今校,商务印书馆 1997 年版,第 192—194 页。

④ 参见[英]W.C.丹皮尔:《科学史——及其与哲学和宗教的关系》,李珩译,张今校,商务印书馆 1997 年版,第 189—190 页。

正如 W.C.丹皮尔所言,这种数学关系是由从一团混乱的现象和模糊的观念中提取的几个数学上的量建立起来的,这些量相关于数目、重量、形状和速度等第一性的质,而无关于味道、气味、声音等第二性的质。①

不同于伽利略还仅仅把科学设想成了解和认识宇宙的手段,英国的哲学家弗朗西斯·培根(1561—1626),把科学设想为统治和支配自然、实际改善人类境遇、增加人类幸福、从而战胜虚无主义危机的工具。基于唯名论立场的培根发现,自然中实际存在的只有个体和个体的活动。② 于是,宇宙就像一座迷宫,没有可靠的工具即科学的帮助,人类的理解力无法洞悉这座迷宫。然而,人类之前拥有的科学只是一些从错误的假象演绎出来的体系,而逻辑也只追求命题的正确,无法把握事物本身。③ 人们曾经以为他们所拥有的科学都来自经验,但实际上这些科学都只是从感性的和特殊的东西飞越到最普遍的原理,再由这些原理演绎出来的终极的公理罢了。人们真正需要的科学,应该是从感性的和特殊的东西即实际经验出发归纳出一些原理,再由这些原理逐步上升达到的最普遍的原理。④ 之前的演绎科学是理论性的和思辨性的,它只想知道自然有什么目的,也就是主要关心事物的目的因,而很少注意事物的形式因、质料因和动力因。但是,为了实际改善人类的生存状况,现在的归纳科学必须关心物质的形式、构成和运动规律,即形式因、质料因和动力因。培根特别强调认识事物的形式,认为我们如果认识到事物的形式,就能"把握住若干最不相像的质体中的性质的统一性,从而就能把那迄今从未做出的事物,就能把那永也不会因自然之变化、实验之努力,以至机缘之偶合而得实现的事物,就能把那从来也不会临到人们思想的事物,侦察并揭露出来"⑤。

---

① 参见[英]W.C.丹皮尔:《科学史——及其与哲学和宗教的关系》,李珩译,张今校,商务印书馆 1997 年版,第 199—201 页。

② 参见[英]培根:《新工具》,许宝骙译,商务印书馆 1986 年版,第 107 页。

③ 参见[英]培根:《新工具》,许宝骙译,商务印书馆 1986 年版,第 19—21 页。

④ 参见[英]培根:《新工具》,许宝骙译,商务印书馆 1986 年版,第 12 页。

⑤ [英]培根:《新工具》,许宝骙译,商务印书馆 1986 年版,第 108 页。

正如吉莱斯皮所言,如果以这种方式来理解自然,就"可以让自然产生出对人的生活有用的东西,因为我们了解了个别事物的属性之后,就可以把它们组合到一起,产生出我们想要的结果"。于是,"培根的最终目标是造就这样一个自然,它不是一个静态的范畴体系,而是一个动态的整体,是所有个别事物的相互作用。"①冯肯斯坦也指出,培根即使仍然相信科学的使命是发现事物的形式,但也相信"发现一种形式无异于能够创造出该事物",而这正是他认为"科学就是力量"的原因。② 这样来说,培根的目标就绝不仅仅是获得关于自然的知识,而是获得支配自然的权力。不过,要想获得这种知识并拥有这种权力,人必须首先谦卑,即甘愿做自然的仆人,其次必须残忍,只有残忍才能达到目的,因为我们要想真正进入自然的内部,就必须将其拆解,必须无情地抑制、折磨、解剖和拷问它,强迫它吐露通往宝藏的秘密入口。"只有作为无情的仆人,约束和折磨主人以了解其力量来源,我们才能从自然那里获得关于其隐秘力量和运作的知识。然后,在这些知识的基础上,我们可以做出'一系列发明,在一定程度上克服人类的贫穷和苦难'。"③

可以说,培根为唯名论和唯名论的上帝所引发的虚无主义危机提供了一种新的革命性解决方案:"他直面并接受了唯名论的世界观,试图为其基本问题找到解决方案。他既不试图诗意地改变这个世界的形貌,也不希望与它的神重新立约,而是力图发现自然运动所凭借的隐秘力量,以获得对自然的控制。对培根而言,就像对奥卡姆和彼特拉克来说一样,人是一种有意志的存

---

① [美]迈克尔·艾伦·吉莱斯皮:《现代性的神学起源》,张卜天译,湖南科学技术出版社2019年版,第51页。

② 参见 Amos Funkenstein, *Theology and the Scientific Imagination from the Middle Ages to the Seventeenth Century*, Princeton:Princeton University Press, 1986, p.297。这个时候的"科学"一词还是最初的含义即"知识",所以"科学就是力量"也意味着"知识就是力量"。参见[美]加勒特·汤姆森:《笛卡尔》,王军译,清华大学出版社2019年版,第12页。

③ [美]迈克尔·艾伦·吉莱斯皮:《现代性的神学起源》,张卜天译,湖南科学技术出版社2019年版,第52页。

在,力图在世界中保护自己。"①不过,虽然培根也认为人是意志个体,但不像人文主义者设想的人是半神,宗教改革者设想的人灌注了神的意志,培根设想的人只是一种相对弱小、充满恐惧的存在,他虽然能够认识自然法则从而控制自然并改善自身的境况,但本身并不能超越于自然之上。也就是说,培根所设想的人仍然是自然的一部分,而非自然的创造者。与此相比,笛卡尔对人的设想要更加激进一些。他确信自己可以在数学的基础上建立起一种必然为真的科学,并且认为"这样一种科学可以用数学表示所有运动,使人能够真正控制自然,不仅能像培根所想象的那样解除人的苦难,而且能使人永远成为万物之主"②。

在 1619 年初的一封书信中,笛卡尔初次描述了他想建立的这种全新科学。③ 在 1628 年开始写作但未完成的《指引心灵的规则》中,他尝试全面介绍这种新科学的基本规则。该书原本打算写成三个部分,每部分都谈论十二条规则,但第二部分只写到第二十一条,第三部分则完全没有动笔。尽管如此,还是可以从中看到这一时期笛卡尔关于普遍科学的构想。第一部分的十二条规则关注的是一些简单的命题,以及两种把握这些命题的认识行动即直觉和演绎。第二部分的规则处理的是笛卡尔所谓"能够完全理解的问题",在这些问题里,被考察的对象是数据的一个独特函数,而这些问题可以用等式来表达。这类问题在很大程度上只限于数学领域。计划中的第三部分规则要处理的应该是"无法完全理解的问题",由于涉及太多的数据,这些主要存在于经验科学领域的问题无法表达为等式,而笛卡尔本来的目标,是把这些无法完全理解的问题简化成可以完全理解的问题。④

---

① ［美］迈克尔·艾伦·吉莱斯皮:《现代性的神学起源》,张卜天译,湖南科学技术出版社 2019 年版,第 52 页。

② ［美］迈克尔·艾伦·吉莱斯皮:《现代性的神学起源》,张卜天译,湖南科学技术出版社 2019 年版,第 53—54 页。

③ 参见 Descartes, *The Philosophical Writings of Descartes*, Vol.3, trans., John Cottingham, etc., Cambridge: Cambridge University Press, 1985, pp.2−3。

④ 参见 Descartes, *The Philosophical Writings of Descartes*, Vol.1, trans., John Cottingham, etc., Cambridge: Cambridge University Press, 1985, pp.7−8。

在第一部分的第一条规则里,笛卡尔指出,一般人总是根据研究对象的不同而区分各种不同的科学,可是作为一个整体的科学不是其他,就是人类的智慧,它不管应用于何种对象,总是保持着同一,就像阳光照耀在所有不同的事物上都不会变化一样。所有的知识都是彼此相通的,人的智慧具有普遍性,因此我们的研究目标应该是指引心灵在面临各种各样的特殊事物时能够用同一种观点形成真实有效的判断。① 在第二条规则里,笛卡尔提出,我们应该拒绝所有仅具可能性的认识,决心只去相信那些具有确定性、能被完全认识且不可被怀疑的东西。相较于其他学科,算术和几何的研究对象既纯粹又单纯,绝对不会误信从经验得来的东西,而只会相信完全从演绎得来的结论。于是,任何事物只要没有算术与几何那样的确定性,我们就不要考虑。② 在第三条规则里,笛卡尔主张我们在确定研究对象时,应该只考察那些我们能够清晰而明确地直觉和演绎出真知的东西,而非别人想过的或我们自己臆测的东西,因为在他看来,知识的获得只能靠直觉和演绎,其中来自"理性的光芒"的即时性直觉能够让我们瞬间把握一些基本原理,如不仅能够确定 $2+2=4$ 和 $3+1=4$,还能确定 $2+2$ 之和等于 $3+1$ 之和,而演绎能够从这些基本原理中推衍出一些前后相继、环环相扣的次级真理。③ 在第四条规则里,笛卡尔提出应该存在某种"普遍科学"(general science),它可以解释关于秩序和度量的一切,而不牵涉

---

① 参见 Descartes, *The Philosophical Writings of Descartes*, Vol.1, trans., John Cottingham, etc., Cambridge: Cambridge University Press, 1985, pp.9–10。

② 参见 Descartes, *The Philosophical Writings of Descartes*, Vol.1, trans., John Cottingham, etc., Cambridge: Cambridge University Press, 1985, pp.10–13。

③ 参见 Descartes, *The Philosophical Writings of Descartes*, Vol.1, trans., John Cottingham, etc., Cambridge: Cambridge University Press, 1985, pp.13–15。正如约翰·科廷汉所解释的那样,笛卡尔的"直觉"这个词可能使现代读者误以为其中包含了某种像预言那样的非理性或非认识的成分,而实际上笛卡尔的拉丁词"*intueri*"在字面意义上直接意味着"观看"或"查寻":"笛卡尔这里所说的意思是,如果一个思想对象是极其简单的(比如说,就像一个三角形,或数字 2),那么,我们就可以用我们的心灵目光直接'看到'关于这个对象的某些真理(譬如,三角形有三角边,或 $2=1+1$),而不可能出现任何错误。"参见[英]约翰·科廷汉:《理性主义者》,江怡译,辽宁教育出版社 1998 年版,第 36 页。

任何具体事物。它有一个约定俗成的古老名字即"普遍数学"（*mathesis universalis*），它不仅包含算术与几何，还包含天文学、音乐、光学、力学等等。①

在第五、六条规则里，笛卡尔强调，为了发现真理，心灵的目光应该把观察对象按顺序排成各种系列，把各种混乱不清的命题逐级简化为较为单纯的命题，然后从直觉一切命题中最简单的命题开始，逐渐上升到认识其他一切命题。要从错综复杂的事物中区分出最简单的事物，然后予以有序的研究，就必须在我们已经用它们互相直接演绎出某些真理的每一系列事物中，观察哪一个是最简单项或最绝对项，其余各项又是怎样同它保持或远或近的关系。被认为是独立、原因、简单、普遍、单一、相等、相似、正直等等的事物，是最绝对项，被称为依附、结果、复合、特殊、繁多、不等、不相似、歪斜等等之物，是相对项。我们要通过考察各项之间的联系和秩序来发现和规定最绝对项。比如在可度量项中，广延（即物质的空间属性）是一个绝对项，但是在广延中长度又是绝对项。② 第七、八条规则强调的是，为了保证知识的真实，必须以毫不间断的思维运动逐一审视所要探求的一切事物，把它们包括在有秩序的充足列举中。如果对被考察的系列事物的直觉不够充分，我们应该立即停下来，不要再继续浮光掠影式地考察其余的事物。③ 第九、十条说的是，我们必须把心灵的眼光集中到最微小、最容易的事物之上，浸淫其中，直到获得能够直接而清晰地直觉真理的习惯。为了获得识别能力，我们应该考察其他人已经发现的东西，甚至考察人类技艺最微小的成果，特别是那些最有秩序的成果。④ 第十一、十二条规则强调，如果我们在直觉到了一系列简单的命题后开始从中演绎

---

① 参见 Descartes, *The Philosophical Writings of Descartes*, Vol.1, trans., John Cottingham, etc., Cambridge：Cambridge University Press, 1985, pp.15-20。

② 参见 Descartes, *The Philosophical Writings of Descartes*, Vol.1, trans., John Cottingham, etc., Cambridge：Cambridge University Press, 1985, pp.20-24。

③ 参见 Descartes, *The Philosophical Writings of Descartes*, Vol.1, trans., John Cottingham, etc., Cambridge：Cambridge University Press, 1985, pp.25-33。

④ 参见 Descartes, *The Philosophical Writings of Descartes*, Vol.1, trans., John Cottingham, etc., Cambridge：Cambridge University Press, 1985, pp.33-37。

出其他命题时,把这些命题连贯成一个完全有序而没有中断的思想系列,反思它们彼此间的关系,形成一个明确而即时性的概念,是很有益处的,因为这样做我们的知识会变得更加确定,我们的心灵能力会明显增强。为了能够明确地直觉到最简单的命题,为了能够把我们要考察的事物和我们已经认识的事物正确地组合在一起,为了发现哪些事物可以比较,我们必须运用理智、想象、感知和记忆所能提供的所有帮助。①

通过梳理前十二条规则的内容,已经可以初步发现笛卡尔新科学的审美虚无主义特征。第一,它要求我们放弃对习俗、权威不加怀疑的依赖,拒绝中世纪的思想方法,扔掉所有似是而非的玄想与臆测,只去追求具有算术和几何那样的确定性的知识;第二,就像伽利略坚持认为我们必须把感性经验分解为定量的方面,笛卡尔也坚持认为,我们必须从错综复杂的事物中分析出最简单的事物即绝对项;第三,笛卡尔从分析走向综合,即以这些绝对项为"砖块"重建关于任何事物的知识结构;第四,以这种关于任何事物的知识结构为基础,笛卡尔坚信我们能够重建关于包含所有事物在内的整个世界的知识结构。和培根一样,对笛卡尔来说,发现事物和世界的结构,无异于能够创造事物和世界。比如,由于认为上帝在创造物质的第一瞬间又赋予了所有物质一定数量的运动,而物质的第一性的质就是广延,笛卡尔在后来的论文《世界〈论光和人〉》中曾经如此自信地宣称:"给我广延和运动,我将造出这个世界。"②重新创造一个世界,意味着个体已经拥有支配、主宰世界的强力,拥有克服对命运与死亡的焦虑的能力。

冯肯斯坦的评论进一步揭示了笛卡尔新科学的审美虚无主义特征。在他看来,笛卡尔的普遍科学集中阐发了一种伽利略以来已经得到发展的全新数

①　参见 Descartes, *The Philosophical Writings of Descartes*, Vol.1, trans., John Cottingham, etc., Cambridge:Cambridge University Press,1985,pp.37-51。

②　John Herman Jr.Randall, *The Making of the Modern Mind:A Survey of the Intellectual Background of the Present Age*,New York:Columbia University Press,1976,p.241.

学观,而这种强调分解与合成、关系与结构的数学观意味着一种全新的认知观念,即"由做而知或通过建构获得知识"(knowing through *doing* or knowing by *construction*)①。"这一全新的创制的知识理念完全站到了与古老的沉思的知识理念相对的立场上。对于绝大多数古代与中世纪的认识论而言,它们共有的特性便是'接受性'(receptive),即无论我们是通过对感官印象的抽象,还是通过光照,或是通过内省而获得知识,知识或真理都是被发现出来的,而不是被建构出来的。17世纪的大多数'新科学'则或清晰或隐含地假设了一种建构性的知识理论。"②之前,人们把"由做而知"的能力仅仅留给上帝,现在,人们和上帝一样"以创造者的方式知晓宇宙的形成"。③ 比如,笛卡尔相信,他"仅仅通过将关于原初质量的观念与关于运动定律的观念这两种'清楚分明'的观念结合起来",就可以"按照宇宙本来的样子重新建构出宇宙的创造过程"。④ 彻底否定古代与中世纪那种强调"沉思"与"接受性"的认识论,重新主张一种"由做而知"的诗性认识论,这就是笛卡尔新科学中包含的审美虚无主义。

罗森无疑也注意到了笛卡尔思想的这种审美虚无主义特征。他指出,笛卡尔首先把古人的思想视为迷信和空谈而弃之如敝屣,然后又以具有确定性的数学为模型构想了一种理性主义哲学。罗森不仅注意到了这种先毁灭再创造的审美虚无主义思维方式,还对其进行了批判。在罗森看来,相较于古代思想,笛卡尔所仰赖的现代数学及以其为模型的现代理性思维根本上不具有客

① [美]阿摩斯·冯肯斯坦:《神学与科学的想象——从中世纪到17世纪》,毛竹译,生活·读书·新知三联书店2019年版,第391页。引文根据该书英文版(Amos Funkenstein, *Theology and the Scientific Imagination from the Middle Ages to the Seventeenth Century*, Princeton:Princeton University Press,1986,p.297)有所改动。

② [美]阿摩斯·冯肯斯坦:《神学与科学的想象——从中世纪到17世纪》,毛竹译,生活·读书·新知三联书店2019年版,第392页。

③ [美]阿摩斯·冯肯斯坦:《神学与科学的想象——从中世纪到17世纪》,毛竹译,生活·读书·新知三联书店2019年版,第393页。

④ [美]阿摩斯·冯肯斯坦:《神学与科学的想象——从中世纪到17世纪》,毛竹译,生活·读书·新知三联书店2019年版,第391页。

观性和确定性,因为这种数学和理性本身只不过是极具主观性、个体性、历史性的"人类创造"。于是,建立在这种数学和理性之上的笛卡尔哲学,实际上只是"一首乏味的诗":"那些自诩为硬汉的'数学家',为了避免诗歌的温柔和矛盾,拒绝用任何非元数学术语来谈论他们思想的起源或基础。(但是)再多的技术天才也掩盖不了这种努力的哲学虚无,它甚至通过用美学术语来赞美自己而原形毕露:数学艺术作品悬挂在太阳和洞穴这两个被轻视的柏拉图范畴之间的空洞地带。"①

二、笛卡尔的"我思"哲学

正如罗森所言,笛卡尔之所以以数学为基础建立普遍科学,是为了追求知识的确定性。克罗斯比也注意到,笛卡尔的知识理想相关于确定性:"他对可能性不感兴趣。……中世纪学院派哲人们满足于证明事物可能会怎样;而笛卡尔想要证明,只要人类认为可能,它们必然会怎样。他认为这是物理学和哲学的共同目标。"②笛卡尔之所以关注知识的确定性,希望建立一种建基于数学式直觉和演绎的普遍科学,根本上是为了克服唯名论上帝所导致的虚无主义危机。但是,生活在一个被路德、加尔文神学主宰的时代,一个处处可以感觉到唯名论上帝存在的混乱时代,笛卡尔还是对这种普遍科学的绝对确定性产生了严重怀疑,从而中断了《指引心灵的规则》的写作。

笛卡尔的怀疑绝非那个时代的特例。因为唯名论哲学的刺激,古老的怀疑论开始复兴。古希腊的怀疑论主张消解一切确定的东西,认为我们无法获得关于感性事物和伦理生活的真理,认为至善就是不对事物作任何判断,随之

---

① [美]斯坦利·罗森:《虚无主义:哲学反思》,马津译,华东师范大学出版社 2019 年版,第 5—6 页。

② [美]唐纳德·A.克罗斯比:《荒诞的幽灵——现代虚无主义的根源与批判》,张红军译,社会科学文献出版社 2020 年版,第 243 页。

而来的就是灵魂的安宁或不动心。① 这种怀疑论通过奥古斯丁而为基督教传统所知，而且大多数基督徒都赞同奥古斯丁的主张，即怀疑论已经被启示所克服。但是，唯名论的全能意志上帝重新质疑了奥古斯丁的上帝所能保证的确定性。宗教改革者本来想尝试复活这种奥古斯丁式神性启示的观念，以作为信仰和拯救的内在确定性的基础，但他们的神性全能概念从外部危及这种尝试，而且他们也很难抵御来自反宗教改革运动的怀疑论攻击，因为怀疑论对一种无可置疑的标准的要求，被一些反宗教改革思想家拿来削弱宗教改革者的内在确定性观念。② 唯名论对英国经验主义者尤其是休谟产生了重要影响，后者否认人们能够肯定感觉源自外界物质性对象对人的感官的作用，否认事物间因果关系的真实存在，否认人们最终能够运用理性思维把握这种因果关系。唯名论对法国 16 世纪人文主义思想家蒙田和弗朗西斯科·桑切斯的影响同样深刻，而桑切斯的观点又严重影响了笛卡尔的两个伟大的同代人梅森和伽桑狄。笛卡尔在拉弗莱舍中学所修的课程和读过的书籍，充分说明他对唯名论所引发的怀疑论论争非常熟悉。尽管在《指引心灵的规则》中，笛卡尔自认为已经为他的普遍科学找到了坚实的基础，即通过心灵的直觉和演绎能力所确定的数学命题，但唯名论的全能上帝还是让他怀疑并最终否定了这些数学命题的确定性。③ 不过，他并非一个完全主张不可知论的怀疑论者，而是一个主张可知论的怀疑论者，他并非以怀疑本身为目的，而是希望通过怀疑重新发现真理。他要做的，不是彻底否定普遍科学，而是为这种科学重新寻找真正坚实的基础，使之能够抵御唯名论上帝的任性与专横。

在 1637 年出版的《谈谈方法》里，笛卡尔用通俗的法语告诉读者，他已通

---

① 参见［德］黑格尔：《哲学史讲演录》第二卷，贺麟、王太庆译，上海人民出版社 2013 年版，第 106—147 页。

② 参见 Michael Allen Gillespie, *Nihilism before Nietzsche*, Chicago: The University of Chicago Press, 1995, p.27。

③ 参见［美］迈克尔·艾伦·吉莱斯皮：《现代性的神学起源》，张卜天译，湖南科学技术出版社 2019 年版，第 239 页。

过彻底怀疑和拒绝所有感觉的真实性、所有推理证明的真实性和所有进入心灵的事物的真实性而为普遍科学找到了真正确定的基础,即作为哲学第一原理的"我思故我在"(*Ego cogito,ergo sum*)①。在以拉丁文写成的《第一哲学沉思集》中,他更为详细地讲述了发现这一原理的过程,即由全能上帝的观念引起的彻底怀疑,让他推出自己存在的确定性。在"第一个沉思"里,他首先承认自己一直以来都相信存在一个全能的上帝,后者让他成为他所是的那种造物。但是,既然上帝是全能的,他怎么能够知道上帝并没有创造地球、天空、有广延的东西,但同时又让他觉得所有这些东西好像都存在? 还有,既然所有人都会在认为自己最熟悉的地方迷路,那么,在每一次计算二加三、数一个正方形的边或者做其他类似简单的事情的时候,他怎么不可能同样犯错?② 这就是说,这个全能的上帝很可能不是至善的、作为真理之源的神灵,而是一个邪恶的天才或恶毒的魔鬼,会为了欺骗他而竭尽全力。于是,他觉得自己对这个世界的观念很可能是虚幻的,它完全缺乏实际的对应物。以此怀疑为基础,笛卡尔在"第二个沉思"里决定把包括天空、空气、土地、颜色、形状、声音等在内的所有外部事物都视为由这个邪恶天才设置的、用以误导他的判断的陷阱,甚至把自己的身体和感官都视为想象出来的怪物。就这样,他不仅怀疑自己与世界的关系,自己与他人的关系,还怀疑自己与自己的身体、自己的过去和未来的关系,从而达到了怀疑的顶点。然而,这种彻底的怀疑难道不会导致这样的结论,即连怀疑着的自己也根本不存在? 但在笛卡尔看来,这恰恰意味着自己存在,因为当"我"在怀疑自己是否存在时,这种怀疑本身已经证明了"我"的存在;当"我"在反思自己或在自我意识时,这种反思或意识已经证明了"我"的存在。于是,绝对的怀疑导致绝对的确定:"在非常彻底地考虑了所有

---

① Descartes,*The Philosophical Writings of Descartes*,Vol.1,trans.,John Cottingham,etc.,Cambridge:Cambridge University Press,1985,pp.126-127.

② 参见 Descartes,*The Philosophical Writings of Descartes*,Vol.2,trans.,John Cottingham,etc.,Cambridge:Cambridge University Press,1985,p.14。

事情之后,我最终必须得出这样一个结论,即'我是,故我存在'(I am,I exist)这个命题,每次我说出它,或者每次它在我的心灵被思考,都必然是真的。"①

但是,"我思故我在"(或"我是,故我存在")真的就是笛卡尔普遍科学绝对确定的基础和起点吗?根据克罗斯比的分析,笛卡尔如果足够彻底地落实他的系统怀疑方法,就无法通过个体的思想活动来证明个体作为灵魂实体的存在:"如果严格运用笛卡尔的方法,我们似乎在某种程度上可以怀疑自己曾经在之前的某个时刻存在过,或者,我们将会在未来的任何时刻继续存在。因为他坚决主张,我们会拒绝任何不能被证明有着不容置疑的确定性的东西,所以,随着时间的过去,他必然根据他自己的方法拒绝相信自己的存在。因为根据规定,所谓实体,就是至少在一段有限时间里保持不变的东西,而它的偶然特征(笛卡尔称之为方式)却会发生改变,所以,他必然拒绝他的实体性存在。于是,如果他坚持要求绝对确定性,那么能够留给他的,就只能是思想的片刻活动的存在:一个越来越小直至消失不见的阿基米德点!"②如果确定性的存在只是一个个片段的、相互区别的、没有连续性的瞬间,而灵魂实体要想从一个瞬间到下一个瞬间地存在下去,就必须依靠上帝的再创造。"通过持续的再创造,上帝确保有限自我在时间中的存在,从而赋予那本身没有持续性力量的自我以持续性。上帝确保了记忆的可靠性和世界的可预期秩序。假如上帝不做这些事情,笛卡尔推理道,上帝就会是一个骗子。"③

于是,笛卡尔必须继续证明,上帝不可能是一个骗子:"我思之我"既然会怀疑一切,就还不是一个十分完满的存在者;既然"我"能够想到有一样东西比"我"自己更完满,那么能把这个思想放到"我"的心里来的,应当是一个比

---

① Descartes, *The Philosophical Writings of Descartes*, Vol.2, trans., John Cottingham, etc., Cambridge:Cambridge University Press, 1985, pp.16-17.

② [美]唐纳德·A.克罗斯比:《荒诞的幽灵——现代虚无主义的根源与批判》,张红军译,社会科学文献出版社2020年版,第249—250页。

③ [美]唐纳德·A.克罗斯比:《荒诞的幽灵——现代虚无主义的根源与批判》,张红军译,社会科学文献出版社2020年版,第252页。

"我"更完满的东西,比"我"所能想到的一切更完满的东西,它就是上帝;上帝是永恒无限、万古不易、全知全能的,他不会有"我"经常有的怀疑不定、反复无常、忧愁苦闷之类的事情,因而是绝对完满的和必然存在的,也是不会骗人且不可能骗人的。① 证明了上帝不会骗人,就证明了上帝会通过持续的创造来确保"我"的存在。但是,既然只有以绝对完满和必然存在的上帝为前提,"我思故我在"才是绝对确定的第一原理,"我"头脑中的所有思想、观念才有可能为真,"我"的存在才是持续性的存在,那么笛卡尔为普遍科学找到的绝对确定的基础和起点,就不可能是"我思故我在",而只能是"上帝存在"。

不过,也许同样可以说,"我思故我在"就是笛卡尔普遍科学的基础和起点。赵林教授指出,笛卡尔虽然论证了上帝的存在,但是从方法论和认识论角度看,上帝是从"我"那里产生出来的,是"我"的自我意识的结果。于是,笛卡尔实际上是把自我意识置于上帝之上,只是在理论需要时才又借用上帝的权威来确保从自我意识向二元论世界的过渡。② 约翰·科廷汉也持类似观点,他指出,笛卡尔首先"通过反思自身作为'思想之物'的存在和发现自我的观念",把作为"思想之物"的他自己确立为阿基米德点,然后又从这一阿基米德点出发证明上帝的存在,证明"这个完善的存在物创造了他并确立了他周围外在世界的存在和性质。从此以后,他清楚明白的知觉就能使他完整地描述物理世界——'作为纯数学主题的整个物质本性'。总之,他要构造一个被称作'真的和确定的知识'的体系"。③

但是,上述议论并没有区分实在论的上帝与唯名论的上帝,也没有说明"我思之我"与这两个上帝之间的关系。当我们说笛卡尔因为全能上帝的存在而陷入严重的怀疑时,这里的上帝无疑是唯名论的上帝。当我们说笛卡尔

---

① 参见 Descartes, *The Philosophical Writings of Descartes*, Vol.1, trans., John Cottingham, etc., Cambridge: Cambridge University Press, 1985, pp.127-130。
② 参见赵林:《基督教思想文化的演进》,人民出版社 2007 年版,第 77 页。
③ [英]约翰·科廷汉:《理性主义者》,江怡译,辽宁教育出版社 1998 年版,第 36 页。

求助于完满上帝的存在来作为"我思故我在"的靠山时，这里的上帝其实只是实在论的上帝，这个上帝虽然有骗人的可能，但最终不会骗人，虽然拥有绝对权力，但最终只会使用有序权力。当我们说笛卡尔实际上并不需要上帝时，这个上帝也是实在论的上帝。但是，当我们说笛卡尔要以"我思故我在"为基础和起点建构整个普遍科学时，这个命题中的"我"又被赋予了唯名论上帝的唯意志论特征。在《第一哲学沉思集》的"第四个沉思"里，笛卡尔明确指出，"我"是按照上帝形象塑造的，这个上帝首先是一种意志的存在，其次才是一种理性的存在，而他的理性足以满足他的任何意愿。① 这里的上帝毫无疑问就是唯名论的上帝，而按照这一上帝的形象塑造的"我"也无疑首先是一种意志的存在："我体验到，在我之内只有意志是大到不会有什么别的东西比它更大更广的了。这使我认识到，我之所以带有上帝的形象和上帝的相似性，主要是因为我有意志。"②不过，因为上帝没有赋予我更强的"理性之光""自然之光"或"内在之光"③，"我"总是缺乏满足意愿的足够理解力（也就是康德所谓的知性能力），也总是会陷入错误和犯罪。尽管如此，"我"没有理由"抱怨上帝没有给我一种更强大的智慧"，却给了"我""比理解力更丰富的意志"，相反，"我"必须依靠上帝赋予"我"的意志和理解力，去尽可能多地实现自身的完满性。也就是说，"我"必须尽可能正确地运用理性能力认识和把握事物，

---

①　参见 Descartes, *The Philosophical Writings of Descartes*, Vol.2, trans., John Cottingham, etc., Cambridge：Cambridge University Press, 1985, p.40。对此，冯肯斯坦指出，"笛卡尔坚持了一种比绝大多数激进唯名论者更为激进的唯意志论。上帝首先是全能的、自因的；他的所有其他属性都取决于他的意志。""在笛卡尔那里，上帝的意志是优先于理性的。"参见［美］阿摩斯·冯肯斯坦：《神学与科学的想象——从中世纪到17世纪》，毛竹译，生活·读书·新知三联书店2019年版，第97、102页。

②　Descartes, *The Philosophical Writings of Descartes*, Vol.2, trans., John Cottingham, etc., Cambridge：Cambridge University Press, 1985, p.40。

③　笛卡尔在多个地方谈及"理性之光"（the light of reason）、"内在之光"（inner light）或"自然之光"（natural light），参见 Descartes, *The Philosophical Writings of Descartes*, Vol.1, trans., John Cottingham, etc., Cambridge：Cambridge University Press, 1985, pp.14, 203；Descartes, *The Philosophical Writings of Descartes*, Vol.2, trans., John Cottingham, etc., Cambridge：Cambridge University Press, 1985, pp.41, 104。

以此尽可能充分地满足"我"的意愿。①

显然，笛卡尔需要实在论的上帝，但更需要唯名论的上帝。于是，要搞清楚如何从"我思故我在"出发建构普遍科学，必须首先清楚唯名论的上帝如何存在。正如吉莱斯皮所言，

> 从传统形而上学的视角来看，唯名论的上帝只是虚无。……不过，这种虚无，只是从亚里士多德和经院哲学的绝对形而上学的视角来看的虚无。唯名论的上帝不是一个实体。他的存在存在于他的全能中，这种全能作为纯粹意志，是万物和万物之间关系的根源。上帝因此不能只从他的行动来理解，就像阿奎那所论证的那样；他就是他的行动。换句话说，他就是居于无中生有(*creatio ex nihilo*)的中心的因果关系。在这一意义上，自然只是作为独立的、个体化的实体的集合被建立起来，这些实体被带进存在，而它们的存在由被理解为因果关系的神性意志所决定。"②

也就是说，唯名论上帝是一个审美虚无主义者，他的存在表现为无中生有的创造意志：他首先不是静止不动的实体，而只是作为纯粹意志或纯粹行动的虚无；意志总是有所意愿，他意愿存在，于是就创造万物，他意愿秩序与主宰，于是就赋予万物因果关系。"我思故我在"之所以能够成为笛卡尔普遍科学的基础和起点，正是因为这个命题中的"我"继承了唯名论上帝的审美虚无主义属性。

可以从理解"我思故我在"中"我思"的本质开始来证明这一点。笛卡尔的"我思"之"我"显然不是物理性的广延之物(*res extensa*)，即身体之"我"，而只是灵魂之"我"，它被无形的思想所规定，因而只是思想之物(*res cogitans*)。

---

① 参见 Descartes, *The Philosophical Writings of Descartes*, Vol. 2, trans., John Cottingham, etc., Cambridge: Cambridge University Press, 1985, pp. 40-43。

② Michael Allen Gillespie, *Nihilism before Nietzsche*, Chicago: The University of Chicago Press, 1995, p. 25.

那么,思想又是什么? 早期笛卡尔相信,思想就是判断,因为只有通过正确的判断——即肯定或否定事物是其所是,肯定或否定两个或更多的事物同属一体——才能获得这种知识。但是由于依赖于不可靠的感觉和想象,作为所有思想基础的判断很容易误入歧途,心灵要想真能获得确定而明晰的知识,就必须依靠直觉这种天赋的"理性之光"①。如果直觉可以确定有限的不证自明的公理,那么以直觉为基础的演绎,就可以通过一系列的判断来把握那些并非直接显现的真理,从而建构起一套真正的知识体系。但是,这种知识体系只是纯粹思想中的事物,它要想能够解释现实物质世界,就必须依赖想象这个桥梁来连接感觉和直觉:"外在事物通常把它们的印象强加给感觉,这些印象通过一般的感觉传送给想象。这里,这些印象的形式被理智予以抽象,并且得到图式化表象。以这种表象为基础,外在事物的存在被把握为广延,外在世界被理解为广延之物。作为表象,这些形式可以通过运用来自直觉的图式得到分析。被作为广延物把握的自然,因此可以被数学性地描述和理解。"②于是,通过感觉、想象、直觉和演绎,思想建构起一种能够解释所有现实事物之间因果关系的科学。

但是,由于意识到全能上帝欺骗人的可能性,笛卡尔后来把这个最初确定的真理之路替换为"我思故我在",在那里思想的内涵发生了重要变化。在《第一哲学沉思集》里,思想被认为是我们直接意识到的一种东西,它们可以归于四个一般范畴:意志(包括怀疑、肯定、否定、拒绝、爱和恨)、理解、想象和感觉。③

---

① Descartes, *The Philosophical Writings of Descartes*, Vol.1, trans., John Cottingham, etc., Cambridge:Cambridge University Press,1985,p.14.

② Michael Allen Gillespie, *Nihilism before Nietzsche*, Chicago:The University of Chicago Press, 1995,pp.37-38.

③ 参见 Descartes, *The Philosophical Writings of Descartes*, Vol.2, trans., John Cottingham, etc., Cambridge:Cambridge University Press,1985,pp.19,24. 该英译本没有"爱、恨"的内容,而庞景仁和吴崇庆先生的中译本有这方面的内容。参见[法]笛卡尔:《第一哲学沉思集》,庞景仁译,商务印书馆1986年版,第37页;[法]笛卡尔:《第一哲学沉思集》,吴崇庆译,台海出版社2016年版,第73页。

在后来的《哲学原理》中他又指出,还有一种更具综合性的方法,可以把思想分为两种模式:(1)理智的感知和运作,包括感觉、想象,还有纯粹理智性的事物的概念;(2)意志的行动,包括欲望、抑制厌恶、肯定、否定和怀疑。① 最后,在《论灵魂的激情》中,他描述了思想的行动和激情。正如吉莱斯皮所言,在这里,"行动等同于意志,激情等同于理解的感知力或形式。意志包括那些终止于灵魂的行动,比如对上帝的爱,对非物质性客体的思考,还包括那些终止于身体并导致自发运动的行动。激情或灵魂的感知,包括那些让灵魂作为它们原因的东西(对意愿的感知,对不存在的事物的想象,对只是理智性的事物的考虑,比如对上帝和灵魂的知识的考虑),还有那些把身体作为它们的原因的东西(比如感觉)。不过,严格来说,只有那些起源于身体的东西才属于激情,因为那些起源于灵魂的东西,既是行动,又是激情或者感知,而且根据笛卡尔,这些东西从行动的高贵能力中得到自己的命名。还有,即使那些起源于身体的激情,也部分依赖于意志的行动,正是后者把这些激情带到理解的面前,让它们能够被感知到。"②

这种关于思想的新观念,在一些决定性的方面重新修订了在《指引心灵的规则》中出现的解释。可以看到,这个纯粹思想之物——"我思之我"——在早期笛卡尔那里主要表现为判断和理解,在后期笛卡尔那里则主要表现为主宰判断和理解的意志:

> 意志是感知中的积极力量,它指引理解朝向想象中的形象。通过意志,理解变得和感知(*percipere*)[它分为"*per-*"和"*capere*",前者相当于"by"(通过),后者相当于"to grasp"(把握)]一样积极,而且,意志还会刺激大脑形成形象以帮助理解,从而篡夺了想象先前的功

---

① 参见 Descartes, *The Philosophical Writings of Descartes*, Vol.1, trans., John Cottingham, etc., Cambridge: Cambridge University Press, 1985, p.204。

② Michael Allen Gillespie, *Nihilism before Nietzsche*, Chicago: The University of Chicago Press, 1995, pp.39-40.

能。同样,它也取代了作为代理召唤先天观念的直觉,把这些先天观念带到了理解面前。这样,尽管判断名义上是意志与理解的组合,笛卡尔还是主张它根本上由意志来决定。以它的判断为基础,意志就会激发身体要么追求要么拒绝由判断确定或否认的东西。在笛卡尔成熟期的著作中,所有形式的思想都被理解为与意志绝对不可分割,都被理解为严重依赖于意志。①

于是,对后期笛卡尔来说,作为意志的思想首先表现为怀疑,而怀疑的目的不是为了让人获得苏格拉底或蒙田那样的不轻信的智慧,也不是为了获得亚里士多德和经院哲学家的沉思性智慧,而是为了获得一种具有绝对确定性的普遍科学,一种人们可以用来理解事物之间的因果关系,从而可以中断和改变自然运动以实现人自己目的的科学。这样,意志的主要目标就是实现人的自我解放和自我创造,其中前者旨在让人摆脱一切错觉和偏见,以此证明自己拥有可以不受欺骗,远离一切任性的、非理性的权威的束缚的消极自由,后者旨在让人自我奠基、自我肯定,也就是把自己设定为所有事物都能在其上建立起来的基础或主体,以此证明自己拥有可以对象化自身存在的积极自由。②

作为意志的思想如何让思想者变成主体,并且实现自身存在的对象化?"对亚里士多德来说,思想本质上在于重复世界上的事物之间的实际联系。在笛卡尔看来,与世界的这样一种直接的联系是不存在的,因为世界并不会向我们呈现出它的真理,我们也不能轻而易举地确定我们自己与真理的关联。毋宁说,感觉的原材料被聚集在一起,根据一个由直觉或意志设立的主题,由理智重新建构,在想象中表象它的本质和真理。这样,通过这些感官,世界对我们来说不再只是可利用的,而成了容易受到数学分析和技术控制影响的广

---

① Michael Allen Gillespie, *Nihilism before Nietzsche*, Chicago: The University of Chicago Press, 1995, p.41.

② 参见 Michael Allen Gillespie, *Nihilism before Nietzsche*, Chicago: The University of Chicago Press, 1995, pp.42-46。

延物。可是,我们之所以能够以这种方式理解和主宰自然,只是因为思想根本上首先反思自身,然后才是世界。思想因此就是诗,希腊语的意思就是'*poiēsis*',指的是一种制作,它通过表象首先制作自身,然后为自身制作这个世界。"①这就是说,不同于古人认为世界向我们呈现(present)真理,思想可以直接理解真理,从而迷失在思想的对象中,笛卡尔认为思想永远不可能迷失在对象之中,而是出现(present)在对象中,也就是让对象迷失在主体中,后者意味着对象"从它的自然环境中被抽象出来,在自我的发明的人工领域被设立起来,再由自我意愿着的意志再现(re-presented)在想象力的屏幕上"。正是在这种意义上,"所有的思想都是诗,是对这个世界的塑形意愿。那出现在每一次思想行为中的自我,都被建构为主体,表象(representation)就是为它而存在,就像观众或听众是为了意志对作为广延物的世界的呈现(presentation)而存在。"②

于是,在后期笛卡尔那里,思想就是意志主体的自我解放与自我创造行动,而"我思之我"就像唯名论的上帝一样是唯意志论的存在,他最初只是纯粹的虚无,而可以通过诗性的制作行动重新实现自己的对象化存在,即根据意志设置的主题把感性的原材料重新组合,从而把世界再造为"我"的世界。这样,"我是"(I am)总是"我思"(I think),而"我思"根本上是"我愿"(I will),"我愿"又意味着"我怀疑"(I doubt)和"我制作"(I make)或"我建构"(I construct),而只要"我怀疑""我制作""我建构",就会"我存在"(I exist)。

就这样,笛卡尔把自己孜孜以求的普遍科学重新建立在和唯名论上帝一样的意志主体这个阿基米德点之上,笛卡尔思想的审美虚无主义特征也因此得到充分展现。正如海德格尔所言,西方传统形而上学的主导问题是"什么

---

① Michael Allen Gillespie, *Nihilism before Nietzsche*, Chicago: The University of Chicago Press, 1995, p.50.

② Michael Allen Gillespie, *Nihilism before Nietzsche*, Chicago: The University of Chicago Press, 1995, p.51.

是存在者"。对此,基督教已经给出了最终的解答,即存在者乃是由位格性的创造神创造出来的,并且通过这个创造神而得到保存和引导。但是,从笛卡尔开始,哲学的主导问题变成了:人通过何种途径自发地和自为地达到一种第一性的不可动摇的真理? 这种第一性的真理是何种真理? 这使得人把自己无条件地确定为最确定的存在,并以此确保真理的绝对为真。也就是说,从笛卡尔开始,人成为主体,成为一切确信和真理性的基础和尺度,由他自身设定的基础和尺度。这种思想固然让人从基督教的启示真理和教会学说那里获得了解放,但是,"每一种真正的解放都不只是一种打破枷锁,摒弃束缚,而首先是一种对自由之本质的新规定。现在,自由存在(Freisein)意味着:取代对一切真理来说决定性的救恩确信,人设定了这样一种确信,借助于后者并且在后者中,人确信自己作为如此这般靠自己设置自身的存在者。"①笛卡尔式的意志主体,首先通过彻底怀疑和否定基督教的启示真理和教会学说"打破枷锁""摒弃束缚"从而实现了消极的自由,又通过对象化创造设置自身的主体性存在实现了积极的自由,从而成为一个自我解放与自我创造的审美虚无主义者。

　　相较于人文主义者和宗教改革者的思想,笛卡尔的审美虚无主义显得更加激进。这不是说笛卡尔已经开始主张奥卡姆的那种激进审美虚无主义,开始主张即虚无即存在、即否定即肯定、即毁灭即创造的无限循环,而是说他主张的是更彻底的虚无化和审美化。从虚无化方面看,正如克罗斯比所言,路德虽然已经表现出明显的个人主义特征,但仍坚持认为"探索性的个体必须仍然以历史权威和传统为基础继续前行:这个权威和传统就包含在《圣经》中",这种以"比较遥远的过去"的名义批判"最近的过去"的态度,说明路德还是一个"过渡性角色"。然而,笛卡尔却"坚持从没有任何文化预设开始的必要性,从擦去所有传统文化态度和信仰痕迹的青石板开始的必要性"。② 这位"孤独

---

①　[德]海德格尔:《尼采》,孙周兴译,商务印书馆 2002 年版,第 774—775 页。

②　[美]唐纳德·A.克罗斯比:《荒诞的幽灵——现代虚无主义的根源与批判》,张红军译,社会科学文献出版社 2020 年版,第 259 页。

的认识论英雄",坚持要"让他所属文化积累起来的经验和知识接受他个人的理性力量的专横审查"。① 正是通过这种彻底的虚无化,笛卡尔第一个让意志个体获得了彻底的自我解放,但也让他独立于深渊边上,勇敢地直视着存在那可怕的混乱、空虚和黑暗,因为那里只剩下彼此间毫无因果关系的杂乱质料,只剩下没有色香声味等第二性的质的广延之物,只剩下存在的彻底无价值状态。从审美化角度看,笛卡尔比人文主义者和宗教改革者更加明确地强调了意志个体的自我创造意愿,也更加具体地赋予了意志个体实现这一意愿的理性能力,即根据一种普遍科学或普遍数学重新赋予质料因果关系,重构整个物理自然的能力。

不同于奥卡姆的激进审美虚无主义强调的是唯名论上帝自我创造与自我毁灭的无限循环游戏,笛卡尔的温和审美虚无主义强调的是意志个体虚无化一切后的再审美化行动,其主要目标并非个体的绝对权力和无限自由,而是获得一种科学知识,以此对抗唯名论上帝的专横,征服自然的混乱无序,实现人类的安全和繁荣,最终克服对命运与死亡的焦虑。人们常说笛卡尔是"现代哲学之父",美国学者威廉·巴雷特甚至断言,笛卡尔主义绝不仅仅是哲学史中的一个过渡性角色,而是"近三百年来西方文明的秘密历史"②。这种说法的合理性,也许就在于他最早用哲学化的语言乐观而自信地表述了一种理性主义的审美虚无主义,后者开启了启蒙现代性——严格意义上的西方现代性——的历史运动。③

但是,笛卡尔所倡导的理性主义的审美虚无主义真的能够战胜唯名论上

---

① [美]唐纳德·A.克罗斯比:《荒诞的幽灵——现代虚无主义的根源与批判》,张红军译,社会科学文献出版社 2020 年版,第 257 页。

② William Barrett and Henry Aiken, *Philosophy in the Twentieth Century*, Vol.1, New York: Random House, 1962, p.36.

③ "在今天的很多人看来,启蒙就是现代性,而现代性就是或至少始于启蒙。"参见[美]迈克尔·艾伦·吉莱斯皮:《现代性的神学起源》,张卜天译,湖南科学技术出版社 2019 年版,第336 页。

帝,从而克服虚无主义体验吗?在笛卡尔看来,人和上帝一样拥有绝对权力和无限自由的意志,不屈从于任何既定的法律或规则,还具有表象和再造世界的理性能力,能够使世界变成他自己的世界。人自己已经是全能,某种意义上已经是上帝,因而完全可以和唯名论的上帝对抗。① 然而,正如笛卡尔在"第四个沉思"里所说的那样,人在最直接的意义上不是上帝。人作为广延物仍然是自然的一部分,而不是其创造者。尽管人的意志可能和上帝的意志同样自由,但他那总是被来自身体自然的激情干扰的理性能力却不如上帝。上帝的理性能力是无穷的,他于虚无中创造万物,而且能够完全理解和支配这些东西的过去、现在和将来。但是对人来说,他的意志和理性能力之间存在太多的断裂。人的意志虽然只要不超越理性能力所允许的活动范围就不会犯错,可一旦超越了这种限制,就会陷入错误,因为它会在所不知道的地方进行判断和建构。不过,面对理性能力与意志之间的断裂,笛卡尔并没有陷入人文主义者无奈的悲叹,也没有选择后来康德所采用的分离人类实践与认识的方法,而是相信普遍科学的掌握能够最终给人以上帝所具有的那种知识和力量。尽管人还是身体性的存在,来自身体的激情总是在让我们犯错,但意志所支配的理性能力还是能够让我们不断进步,最终确保我们获得足够的科学知识,确保我们能够征服与利用唯名论上帝主宰的自然世界,消除后者对人的实体性存在的威胁。②

于是,在笛卡尔那里,具有理性主义的审美虚无主义属性的个体之人,完全可以和唯名论的上帝相提并论、和平共处,从而完全可以实现自身的安全与

① 参见 Michael Allen Gillespie, *Nihilism before Nietzsche*, Chicago: The University of Chicago Press, 1995, p.52。罗森也指出,笛卡尔的"我思主体"能够决定"世界的秩序和确定性"的理性能力,即以数学为模范的建构世界的能力,是由这一主体的意志行为产生的,"这一意志行为的高尚之处在于对人类自由的主张;而且,只要人是自由的,他就像上帝一样。也就是说,人在主宰自己或自己的欲望时,人如同上帝。"参见[美]斯坦利·罗森:《虚无主义:哲学反思》,马津译,华东师范大学出版社 2019 年版,第 57 页。

② 参见 Descartes, *The Philosophical Writings of Descartes*, Vol.2, trans., John Cottingham, etc., Cambridge: Cambridge University Press, 1985, pp.37-43。

繁荣,完全可以克服虚无主义危机。然而,笛卡尔还是过分乐观了。他全然看不见这样一个不断进步、日益接近无限全能的人,将会有一天也和唯名论上帝一样玩起即虚无即存在、即否定即肯定、即毁灭即创造的激进审美虚无主义游戏,他不再为唯名论上帝所导致的混乱与不安而担忧,只去追求唯名论上帝才能享受的绝对权力和无限自由,而这会使得他本身成为创造一切又吞噬一切的深渊,成为虚无主义体验新的来源。正如海德格尔所言,笛卡尔的"第四个沉思"把自由存在视为人的规定,却不知道,这种需要以强力为保证的自由存在有两个方面,其光明面也许是像康德所说的那样"人为自己立法,选择约束性的义务,并且承担这种义务",其阴暗面却可能是"纯粹的解脱和任意妄为"。①

此外,如克罗斯比所言,当笛卡尔因为可能存在一个极端邪恶、狡诈的骗子上帝而怀疑任何确定的知识基础时,他已经开始把西方人带向认识论虚无主义,而他自己为知识找到的确定基础"我思之我",也因此不断受到认识论虚无主义者的质疑。② 另外,当笛卡尔剥夺了自然万物那些可以带给我们感官愉悦的第二性的质,把我们处身于其中的自然世界重组为按照人类主体赋予的因果关系运转、完全没有自在目的和诗意可言的机械组织时,它已经强奸了我们的感官和本能——它"迫使我们进入宇宙论虚无主义者荒芜、冷漠的世界,关上了通往我们西方人一直以来都视为温暖而可靠的自然家园的大门。对活生生的自然世界的这种彻底贬斥,作为时尚一直流行至今。这种自笛卡尔和科学革命的早期时光以来一点一点渗入思想和意识最深层次的贬斥态度,有助于解释我们当代人为什么极容易受到虚无主义心绪的侵扰"③。在克罗斯比看来,无论认识论虚无主义还是宇宙论虚无主义,都必然导致生存论虚

---

① [德]海德格尔:《尼采》,孙周兴译,商务印书馆 2002 年版,第 775 页。
② 参见[美]唐纳德·A.克罗斯比:《荒诞的幽灵——现代虚无主义的根源与批判》,张红军译,社会科学文献出版社 2020 年版,第 95—96 页。
③ [美]唐纳德·A.克罗斯比:《荒诞的幽灵——现代虚无主义的根源与批判》,张红军译,社会科学文献出版社 2020 年版,第 247—248 页。

无主义,即否定生命的意义。① 用蒂利希的话来说,认识论虚无主义和宇宙论虚无主义都必然导致对空虚和无意义的焦虑。可以说,从笛卡尔以后,对空虚和无意义的焦虑,将逐步替代对命运和死亡的焦虑、对罪过与谴责的焦虑,成为西方人主要的虚无主义体验,而且这种虚无主义体验的来源,将不再是唯名论的上帝,而是西方个体自身。

三、霍布斯克服恐惧的智慧

由于坚信人作为思想之物是一种独立于物质世界的意志存在,并且拥有分解与重构自然事物以满足意志之意愿的理性能力,笛卡尔思想表现出明显的唯意志论倾向。对此,持决定论观念的霍布斯表示坚决反对。在收入《第一哲学沉思集》附录的"第十二个反驳"中,霍布斯指出,根据加尔文派的教义,只有上帝才有自由意志,而笛卡尔认为人有自由意志是完全错误的。② 但是,如果霍布斯的思想是彻底的决定论,那么它和彻底的唯意志论没有什么本质区别,它们不过是同一枚硬币的两面而已。

和笛卡尔一样,托马斯·霍布斯(1588—1679)也生活于一个混乱的唯名论世界。经过两个世纪的战乱,英格兰进入都铎王朝,而霍布斯就出生于王朝晚期。他出生那一年,西班牙无敌舰队开始第一次入侵英格兰。在这个发生巨变的时代,英格兰政治上从一个封建社会变为一个中央集权国家,思想上几乎同时接受人文主义和宗教改革思潮的洗礼。新教徒和天主教徒、阿明尼乌派和加尔文派之间的残酷斗争,一直持续到查理一世当政时期。反对一切形式的加尔文主义的查理一世和支持加尔文主义的英国议会矛盾激化,导致内

---

① 参见[美]唐纳德·A.克罗斯比:《荒诞的幽灵——现代虚无主义的根源与批判》,张红军译,社会科学文献出版社2020年版,第46页。

② 参见 Descartes, *The Philosophical Writings of Descartes*, Vol.2, trans., John Cottingham, etc., Cambridge:Cambridge University Press,1985,p.133。

战于 1642 年爆发。1649 年,查理一世被送上断头台。1653 年,克伦威尔成为护国公。1660 年,斯图亚特王朝复辟,查理二世登位。在 80 多岁后写的自传里,霍布斯说自己是母亲所生双胞胎中的一个,而另一个名字叫"恐惧"。① 这个一辈子活在虚无主义体验中的加尔文派教徒思想家,坚信这个充满暴力冲突的世界是唯名论上帝所主宰的世界,每个人随时随地都可能遭遇横死的命运。

如何减少对横死的恐惧,也就是克服实体性焦虑(对霍布斯来说,这种焦虑并不唤醒和增强道德性焦虑),这是霍布斯终其一生都在思考的问题。② 对此,主张实在论的经院学者设想存在一个被上帝的理性和公义主宰的和谐世界,人文主义者认为我们可以通过伯拉纠主义式的个人努力自救,宗教改革者认为我们可以通过意愿神之所愿获得恩典,这在霍布斯看来都是欺骗。和笛卡尔一样,霍布斯也寄希望于科学。不过,不同于笛卡尔只是主张一种物理学或自然哲学,霍布斯主张一种全面的科学,它包括物理学(自然哲学)、人类学和政治学(政治哲学)在内。这种全面科学,主要表现在他的代表性著作《法的原理》(包括《人的本性》《论政治体》《论公民》三部)、《论物体》、《论光学》,尤其是《利维坦》之中。

霍布斯全面科学的形而上学基础是唯名论哲学。在信奉加尔文主义的霍布斯看来,宇宙是由不断变化的万物组成的,这些变化只有一种方式,那就是由单个物体之间的碰撞而产生的位置移动。物体本身并无生灭,而是四处运动,重新排列。所有的物体,包括人类个体在内,都是同质的,都受来自其他物

---

① 参见[美]A.P.马尔蒂尼:《霍布斯》,王军伟译,华夏出版社 2015 年版,第 4 页。霍布斯的家庭也是其恐惧的来源。霍布斯的父亲是一个愚昧无知又嗜酒如命的乡村牧师。在霍布斯正要去牛津的马格达伦学堂读书时,他的父亲和另一名牧师斗殴,然后逃往伦敦方向,从此全然不见踪迹。

② 蒂利希对恐惧与焦虑作了明确区分,认为恐惧总有一个确定的对象,而焦虑并无确定的对象,或者说,焦虑的对象就是对每一对象的否定。参见[美]保罗·蒂利希:《存在的勇气》,成穷译,贵州人民出版社 2009 年版,第 22—23 页。

体的碰撞的影响。没有物体能够在自身之内产生任何活动,一切事件都是物体彼此碰撞的结果,只有运动才是运动的原因。至于运动的终极起源,霍布斯认为是唯名论的上帝。这个上帝不是永远不动的第一推动者,而是永远运动、永远创造与毁灭的全能意志,它没有任何理性的或自然的目的,而只是想运动,想创造与毁灭。这种永远在创造与毁灭的全能意志,是上帝支配这个物质世界的因果性力量。沉浸在这种创造与毁灭的技艺中的上帝,对人类个体的生存与繁荣漠不关心,对人类个体的苦难或幸福无动于衷。①

然而,相信唯名论上帝的存在和一个永远在运动、变化的物质世界,这决定了霍布斯必然会和后期笛卡尔一样,怀疑自己建立一门具有确定性的物理科学的可能性。由于霍布斯反对唯意志论,不可能像后期笛卡尔那样设定一个非物质性的自由灵魂或心灵来作为确定的基础或起点,他最终和早期笛卡尔一样,把自己的物理科学建立在了数学的基础上,因为在他看来,数学是唯一能够经受最为极端的怀疑论攻击的人类创造物。正如施特劳斯所言,数学之所以在霍布斯看来足够可靠,就因为它是"我们就是其产生原因、或者其构造在我们能力范围之内或取决于我们意志的东西",它的构造过程没有一个步骤不完全处于我们的操控之下,从而是"一个严格意义上的造物"。② 冯肯斯坦也指出,霍布斯"视数学为一种纯粹心智上的建构,一种彻底人为的语言。数学概念是人造的,这一本质保证了这些概念绝对的'非异义性'。数学是所有科学的范式,因为我们自己从'无'之中创造了它:它的准确性完全可以等同于它的建构。霍布斯相信,这一点对于所有真正的科学都为真,而在数学中这一点更是显而易见:真理就存在于我们随意建构的一致性中"③。

---

① 参见[美]迈克尔·艾伦·吉莱斯皮:《现代性的神学起源》,张卜天译,湖南科学技术出版社 2019 年版,第 298—301 页。

② [美]列奥·施特劳斯:《自然权利与历史》,彭刚译,生活·读书·新知三联书店 2006年版,第 176 页。

③ [美]阿摩斯·冯肯斯坦:《神学与科学的想象——从中世纪到 17 世纪》,毛竹译,生活·读书·新知三联书店 2019 年版,第 414 页。

霍布斯物理学对数学的倚重,集中表现在他对人的认识能力的分析中。霍布斯指出,作为互相碰撞的物体中的一个,我们每个人的每个思想都只能是对我们身外物体的表象。外界物体把一种运动传递给我们的感官,从而在我们的大脑和心脏产生一种对抗运动即感觉,也就是对外界物体的表象。这种表象不是物体本身,而只是幻象。当外界物体已经离去,幻象继续在我们心里运动时,这个过程就是想象。想象不过是渐次衰退的感觉,这个衰退过程又叫记忆。外界物体一个接一个的运动带来一个接一个的感觉和想象,作为感觉和想象的思想由此形成思维的序列。当思维的序列受某种欲望和目的控制时,它就会表现为定向的思维序列,这种定向序列又可分为探寻某种想象的结果的原因所形成的序列,和探寻想象可能产生的一切结果而形成的序列,后者又称作预见、慎虑、神虑或智慧。当语言被发明后,人类用语言把自己的思想记录下来,把思维的序列转化为语词的序列。这样做既可以让我们容易记忆思维的整个过程,又可以让我们运用这种序列表达自己对事物的想象和愿望。命名和连接事物的语词要么是指向特定事物的专有名词,要么是指向一类事物的普遍名词,而后者既有助于表达普遍的法则,又容易导致我们忘记同类事物各自的独特性,想象出某个并不存在的普遍事物即共相。共相并不实际存在,意味着现实世界只剩下纯粹个体性的事物。发现这些纯粹个体性的事物之间的因果关系,要依靠人的推理能力。①

正是在对推理的本质的分析中,可以看到霍布斯赋予数学的地位。所谓推理,就像数学中的计算一样,是在心里将几个数目相加得到一个总和,或是将一个数目减去一个数目求得一个余数。如果推理是用语词进行的,那就是在心里"把各部分的名词序列连成一个整体的名词或从整体及一个部分的名词求得另一个部分的名词"②。人们虽然还使用乘、除等其他运算方法,但这

---

① 参见[英]霍布斯:《利维坦》,黎思复、黎廷弼译,杨昌裕校,商务印书馆1985年版,第1—33页。

② [英]霍布斯:《利维坦》,黎思复、黎廷弼译,杨昌裕校,商务印书馆1985年版,第27页。

些算法归根结底都是一回事儿。于是，"推理就是一种计算，也就是将公认为标示或表明思想的普通名词所构成的序列相加减；我所谓的标示是我们自己进行计算时的说法，而所谓表明则是向别人说明或证明我们的计算时的说法。"①

在霍布斯那里，如果说感觉和记忆是人类个体对某一外界物体的运动的被动反应，由此获得的只是"关于事实的知识"或"木已成舟不可改变的东西"的话，那么推理已经是人类个体对众多外界物体运动之间因果关系的主动建构，由此获得的是"学识"，即"关于结果以及一个事实与另一个事实之间的依存关系的知识"。② 不像笛卡尔认为在上帝的保证下人的知觉可以和对象世界相对应，霍布斯认为人永远无法企及事物本身，永远无法知道哪些原因导致了哪些特定结果。也就是说，建立在以数学计算式推理之上的物理学"学识"所描绘的世界图景与世界本身并不能完全相符，它所给出的世界说明永远只是一种建构，一种假说。不过，在霍布斯看来，这种假说性知识要高于笛卡尔意义上的必然为真的知识，因为如果说后者只是描述了上帝根据其"有序权力"事实上做了什么，而前者则描述了上帝根据其"绝对权力"本可以做什么。③ 也就是说，这种假说性知识的目标不是为了理解实在论的上帝赋予其所创世界的稳定不变的因果关系，而是为了理解唯名论上帝那种能够随心所欲地赋予和改变事物间关系的因果性力量，并借用这种因果性力量来重建世界，从而促进人类的安全与繁荣。对于霍布斯来说，只要能"使我们成为自然的主人和所有者，这就足够了"，因为"无论人们在征服自然时取得多大的成功，他们都永远无法理解自然"。④

①　[英]霍布斯：《利维坦》，黎思复、黎廷弼译，杨昌裕校，商务印书馆1985年版，第28页。

②　[英]霍布斯：《利维坦》，黎思复、黎廷弼译，杨昌裕校，商务印书馆1985年版，第33页。

③　参见[美]迈克尔·艾伦·吉莱斯皮：《现代性的神学起源》，张卜天译，湖南科学技术出版社2019年版，第303页。

④　[美]列奥·施特劳斯：《自然权利与历史》，彭刚译，生活·读书·新知三联书店2006年版，第177—178页。

正是在这里，可以看到霍布斯审美虚无主义的初步表现。正如列奥·施特劳斯所言，霍布斯和他那些最有才智的同代人都感受到了传统自然哲学因怀疑论的攻击而彻底失败的事实，这种以柏拉图为主导的自然哲学把宇宙理解为由神的理智主宰的目的论结构。但是，不同于其他人为此失败而窘迫不安，霍布斯则为此失败而兴高采烈，因为这正是持极端怀疑论的他想要的结果。他之所以要持极端怀疑论并彻底抛弃传统自然哲学，就是为了重建自然哲学。可是，抛弃了这种实在论的宇宙观，就必须接受唯名论的宇宙观，那里除却物体及其漫无目的的运动之外，宇宙一无所是，而我们又如何能够在这个完全无法理解的宇宙中找到重建自然哲学的基础呢？对此，霍布斯认为，上帝之所以能够理解这个宇宙，是因为上帝创造了它，而我们之所以不理解这个宇宙，是因为我们并未创造这个宇宙。于是，我们只有从能够从事创造性建构的我们自己出发，才能重建一种虽然并非绝对确定但绝对有用的自然哲学。①然而，这个能够从事创造性建构的"我"，根本上就是从唯名论上帝那里借来因果性力量的"我"，就是具有随意介入和改变事物间因果关系的能力的"我"。某种程度上，霍布斯的这个"我"比笛卡尔的"我思之我"要更为有力和任性，因为比起后者所模仿的上帝还是实在论上帝与唯名论上帝的一种奇怪融合，前者所模仿的上帝则是纯粹唯名论的为所欲为的上帝。②

① 参见［美］列奥·施特劳斯：《自然权利与历史》，彭刚译，生活·读书·新知三联书店2006年版，第174—177页。

② 恩斯特·卡西勒指出，霍布斯继承了从文艺复兴以来开始出现的"创造的逻辑"新传统，这种传统认为属加种差的定义方法是不充分的，因为定义的目的不仅仅是为了分析和描述概念的内容，还应当成为"建构概念内容、并通过这种建构活动确立概念内容的一种手段"。根据这种逻辑学改革，霍布斯指责经院哲学虽然自认为能够理解存在，实际上仅仅把存在理解为静止的和消极的东西，这导致经院哲学无法把握物质的结构和思想的结构。霍布斯进而主张，"我们只能理解由我们所创造的、且能为我们亲眼看见的东西。……人们如果想'认识'某物，就必须亲自构成某物，就必须用它的个别成分把它创造出来。所有的科学，包括物质世界的科学和精神世界的科学，都必定是以这种创造知识对象的活动为中心的，否则，一切认识活动都是无效的。如果不存在建设性地创造知识对象的可能性，就不存在获得合乎理性的、严格的哲学知识的可能性：'没有创造……就无所谓哲学。'"参见［德］恩斯特·卡西勒：《启蒙哲学》，顾伟铭等译，山东人民出版社1996年版，第247—248页。

如果说霍布斯的物理学或自然哲学旨在认识并改造自然界,从而获得安全与繁荣的可能性,那么《利维坦》的人类学和政治学则旨在认识人类个体和人类社会,探讨消除暴力的可能性。不同于笛卡尔认为人不仅是广延之物,也是思想之物,从而不仅受自然规律的支配,还可以拥有自由意志,霍布斯认为人只是自然物,只接受支配万物的自然因果的支配,根本没有什么自由意志。但是,在具体谈论人的具体存在时,霍布斯还是把意志视为人类行为的第一因。在他看来,人作为动物有两种运动,一种是与生俱来的生命运动,如血液的流通、呼吸、消化、排泄等,它们不需要想象的帮助;另一种是自觉运动,即按照预先想好的方式运动,如行走、说话、移动肢体等,而想象必然是这种运动的内在开端,因为行走、说话等始终要取决于事先出现的有关"往哪里去""走哪条路""讲什么话"等想法。想象确定了行动的意向。当意向指向某种事物时,就称为欲望或愿望,当意向避离某种事物时,就称为嫌恶,它们都是运动,接近或逃避的运动。人们所欲的东西,会被称作善或美,人们所嫌的东西,会被称作恶或丑,而人们既不欲又不嫌的东西,会被视为无足轻重之物。于是,真正存在于我们体内的,首先是外在对象作用所引起的运动,但这一对象的作用通过感官继续内传到心时,就产生了意向运动,即朝向或避离发生运动的对象的欲望或嫌恶,而这种运动的表象或感觉,就是愉快或不愉快的心理。这些心理表现为欲望、爱好、爱情、嫌恶、憎恨、快乐和悲伤等单纯的激情,后者又可细分为数十种形式,如希望、失望、畏惧、勇气、愤怒、自信、不自信,等等。一个人对每一事物的"欲望、嫌恶、希望和畏惧的心理活动的总和,便是我们所谓的斟酌",而斟酌之中"直接与行动或不行动相连的最后那种欲望或反感,便是我们所谓的意志。它是意愿的行为,而非意愿的能力"。① 意志虽然是"自

---

① ［英］霍布斯:《利维坦》,黎思复、黎廷弼译,杨昌裕校,商务印书馆 1985 年版,第 35—44 页。

然的因果过程的延续"①,但作为"斟酌中的最后一个欲望",又是人的所有自觉运动的开端,它导致一条长长的"结果之链"。当结果中善多于恶,人们就会称之为"表现的或外观的善",反之则称之为"表观或外观的恶"。②

就是在这里,霍布斯用意志重建了人的行为和结果之间的因果关系,人也因此拥有了自由。当然,这种自由不是笛卡尔那种形而上学的自由,而是具体的自由,是作为由激情驱动的人不受外部限制而追求激情对象的自由。但是,正是通过这种具体的自由,"人显示了预知和预先意愿一切事件的神的意志。虽然我们注定要成为我们所是的那种存在者,拥有我们所拥有的那些激情,但这并不影响我们的自由,因为恰恰是这些激情决定了我们的身份。因此,要使我们成为我们所是的那些个体,只需要能够在没有其他受造物阻碍的情况下意愿。"③这就是说,霍布斯表面上是一个决定论者,实际上却是一个唯意志论者,一个追求具体自由的唯意志论者。

霍布斯接下来谈论人们追求具体自由的后果。心里的斟酌表现为外在的讨论,就是关于事物存在还是不存在的真理的判断或决断。当讨论发为语言,从语词的定义开始,然后将语词的定义连接起来形成一般的断言,再由断言形成三段论时,讨论最终的结果就是结论,就是有条件的知识,或关于语词序列的知识。拥有这种知识的人,就是有智慧的人。人与人智慧的差异,在于各自激情大小的差异,这些激情主要包括权力欲、财富欲、知识欲和名誉欲,但可以总括为权力欲,因为后几种欲望都是不同的权力欲而已。权力相关于自由。权力越大,获得的具体利益越多,人所享受的具体自由就越多。权力包括原始权力和获得权力,其中前者指身心官能的优越之处,后者指以这些优越之处为

---

① [美]唐纳德·A.克罗斯比:《荒诞的幽灵——现代虚无主义的根源与批判》,张红军译,社会科学文献出版社 2020 年版,第 397 页。

② [英]霍布斯:《利维坦》,黎思复、黎廷弼译,杨昌裕校,商务印书馆 1985 年版,第 44—45 页。

③ [美]迈克尔·艾伦·吉莱斯皮:《现代性的神学起源》,张卜天译,湖南科学技术出版社 2019 年版,第 308 页。

工具赢得的财富、名誉、朋友和上帝的神助或幸运，它们能够继续作为手段赢得更多更大的权力，从而赢得更多更大的具体自由。①

尘世今生的幸福不在于心满意足，而在于从一个欲望的目标到另一个欲望的目标，在于追求更多的具体自由，从而确保通往未来欲望的道路永远畅通。所有人都在追求的，是得其一思其二、永无休止的权力欲，因为如果他不追求更多的权力，那么连保证现有权力和自由的手段都会失去。但是，与蚂蚁之间、蜜蜂之间存在天然的等级结构不同，自然使每个人在身心方面的能力都十分相等，以至于没有人能够具有特别异于常人的智慧。能力的平等导致达到目的的希望的平等。于是，任何两个人如果想取得同一东西——即以利益、安全和名誉等为表现的自由——时，就会彼此成为仇敌，都会力图摧毁或征服对方。推而广之，在没有一个共同权力使彻底个体化的人们慑服的时候，人们便处于一切人反对一切人的战争状态。在这种所谓"自然状态"下，人们的一切劳动成果都无法保存，一切具体的自由都无法得到保证。最糟糕的是，人们不断处于暴死的危险中，生活变得孤独、贫穷、残酷而短暂。于是，对横死的恐惧——这种恐惧的根源已经不再是唯名论的上帝，而是唯名论的个人——成为最重要的激情，人们力图积蓄更多更大的权力来保护自己，而这导致一切人反对一切人的战争状态愈发严重，虚无主义危机愈发严重。

但是，就在人们堕入绝望的深渊时，得救的道路出现了。②《利维坦》的政治学就致力于提供这种得救之路。其出发点，就是前述人类学已经证明的结论，即人类行为受激情的驱使，而最重要的激情就是对横死的恐惧。这种激情是我们从自然中直接得到的律令，是一种普遍的自然冲动，它既作为

---

① 参见［英］霍布斯：《利维坦》，黎思复、黎廷弼译，杨昌裕校，商务印书馆1985年版，第46—72页。

② 参见［英］霍布斯：《利维坦》，黎思复、黎廷弼译，杨昌裕校，商务印书馆1985年版，第72—97页。

法则——自然法①——或戒条引导着我们的行为,禁止我们去做损毁自己生命或剥夺保全自己生命的手段的事情,也作为权利——自然权利——赋予每个人按照自己所意愿的方式运用自己的力量保全自己生命的自由。这条律令就是:"每一个人只要有获得和平的希望时,就应当力求和平;在不能得到和平时,他就可以寻求并利用战争的一切有利条件和助力。"由此引申出来的第二条律令是:"在别人也愿意这样做的条件下,当一个人为了和平与自卫的目的认为必要时,会自愿放弃这种对一切事物的权利;而在对他人的自由权方面满足于相当于自己让他人对自己所具有的自由权利。"②这就是说,虽然唯名论的全能上帝所主宰的世界是危险、可怕的,但我们身上的一种自然激情也会指引我们获得尘世的拯救,即通过放弃部分自觉的运动而维持生命的运动,实现这一目的的手段就是与他人立约,放弃对一切事物的自然权利,满足于拥有有限的自由,使我们可以愿意像别人对待我们那样对待别人。

但是,如果说第一条律令是一种自发反应的结果,那么第二条律令就并非我们心甘情愿接受的。当我们单方面破坏契约时,我们甚至会活得更好,因为我们会因此增加别人没有的权利,获得别人没法获得的自由。于是,人们不会主动尽自己的义务,即不去妨害那些接受他所捐弃或允诺让出的权利的人享有该项权益。这样一来,就有必要用制裁来维持契约。人们最初通过援引鬼神的愤怒作为违背誓言的惩罚,但慢慢发现,只有用某种实际权力而非鬼神来强制执行契约,人们才会接受第二条律令。这种实际权力就是代表所有人的

---

① 正如吉莱斯皮的解读所言,对横死的恐惧是"我们从自然中直接获得的一个命令,即使没有语言的介入也会指导我们。它是一种普遍的自然冲动,是自然的一种策略,引导我们为自己的好处而努力。因此,自然法的来源是自然的设计者。自然法是写在自然界之中的神的法,类似于引力定律或惯性定律。于是,霍布斯似乎暗示,虽然唯名论和加尔文主义所揭示的那个全能的神是危险的、可怕的,但也有一种自然冲动指引我们获得尘世的得救"。参见[美]迈克尔·艾伦·吉莱斯皮:《现代性的神学起源》,张卜天译,湖南科学技术出版社2019年版,第313页。

② [英]霍布斯:《利维坦》,黎思复、黎廷弼译,杨昌裕校,商务印书馆1985年版,第98—99页。

意志的人格,就是统一在一个人格之中的一群人,就是国家,就是利维坦。①

霍布斯的利维坦实际上就是封建专制君主,而霍布斯之所以偏爱专制君主,是因为他基于唯名论的立场理解主权者与臣民以及人与人的关系。中世纪的国王与他的臣民并非完全不同,就像阿奎那的上帝属于包含他的所有造物的等级结构的一部分那样。但是,霍布斯的利维坦与他的臣民是完全不同的两种存在,就像唯名论的上帝和他创造的万物完全不同一样。利维坦是一个象征性的怪兽,它不欠臣民任何东西,不与他们立约,其唯一的目的就是威吓那些敢于打破人们自己所立契约的人,用横死来威胁他们。在理解人与人的关系时,他的出发点是把每个人都规定为绝对独立的个体。他认为这些个体都由各自的激情推动各自的生命,他们之所以会合作并保持契约,正因为这样做符合他们各自的利益,而如果打破契约有利于他们的利益,他们就会打破契约。于是,必须用利维坦这头怪兽来迫使人们信守承诺。②

在霍布斯的人类学与政治学中,可以再次看到霍布斯思想的审美虚无主义本性。正如C.B.麦克弗森所言,霍布斯首先否定了现实中的个体之人是家庭、部落、村庄或城邦等等既有共同体的成员的事实,把他们视为"彻底从社会中抽象出来的人"③,视为处于自然状态中的人。但是,霍布斯并没有把人完全视为动物,视为与文明人完全相反的自然人,而是把他们视为拥有文明人才会有的欲望和激情(不光活下去,还要活得好、活得惬意)的自然人。这些人和文明人最大的区别,就在于后者是在法律和契约的框架下追逐自己欲望和激情的满足,而前者是在完全去除法律和契约的框架下追逐自己欲望和激情的满足,他们只有在因此而陷入一切人反对一切人的可怕战争或横死的暴

---

① 参见[英]霍布斯:《利维坦》,黎思复、黎廷弼译,杨昌裕校,商务印书馆1985年版,第132页。

② 参见[法]路易·迪蒙:《论个体主义——人类学视野中的现代意识形态》,桂裕芳译,译林出版社2014年版,第78页。

③ 参见[加]C.B.麦克弗森:《占有性个人主义的政治理论:从霍布斯到洛克》,张传玺译,王涛校,浙江大学出版社2018年版,第18页。

力中时,才会通过创造一个可以代表所有人意志、制定并强制执行法律和契约的国家——利维坦代表其绝对权力——来保护自己。于是,先"将现存社会分解为最简单的元素"即彼此完全独立的个体,再"将这些元素重组为一个合乎逻辑的整体",就成了霍布斯的思想方法,它与"伽利略的分解—组合方法"可谓如出一辙。① 对此,冯肯斯坦也指出,"霍布斯认为科学的任务是首先摧毁这个世界,假设只存在自我及其'幻象',再借助随意的'非异义性'的符号体系,系统地重构世界。出于相同的理由,他相信政治科学比自然科学更接近我们的理解:'人类自己建立自己的国家。'"②霍布斯这种先摧毁再重构、先虚无化再审美化的思维方式,无疑就是审美虚无主义式的。

施特劳斯的分析也揭示了霍布斯政治学思想的审美虚无主义本性。古典政治哲学追求的是最佳的政治制度或纯然公正的社会秩序,它把实现公民社会的正义视为头等大事,认为个人的首要道德是义务而非权利,是追求美德而非享乐,认为所谓自然状态就是个人在公民社会中通过尽义务而达到的本性得以完美实现的状态。然而,霍布斯的政治哲学完全否定了这一传统。它让个人完全独立于公民社会,把自然状态重新规定为先在于公民社会的生活状态,那里只有不折不扣的享乐权利,没有不折不扣的社会义务。霍布斯所谓享乐权利,也不同于伊壁鸠鲁意义上的享乐权利。伊壁鸠鲁虽然把善等同于快乐,等同于对欲望的追求,但也对必需的自然欲望和非必需的自然欲望作了区分,从而主张真正的幸福意味着过一种禁欲的生活。然而,霍布斯完全抛弃了伊壁鸠鲁的区分,认为真正的幸福就是去竭尽所能追求一切欲望,追求能够使一切欲望得以实现的权力。只是在意识到这样的个人会彼此威胁对方的生存,会带给彼此横死的恐惧时,霍布斯才决定让他们离开自然状态,共建一个

---

① 参见[加]C.B.麦克弗森:《占有性个人主义的政治理论:从霍布斯到洛克》,张传玺译,王涛校,浙江大学出版社 2018 年版,第 31 页。

② [美]阿摩斯·冯肯斯坦:《神学与科学的想象——从中世纪到 17 世纪》,毛竹译,生活·读书·新知三联书店 2019 年版,第 392 页。

公民社会。这里的公民社会,已经完全不同于古典政治哲学的公民社会,如果说后者是一种自然而然的状态的话,那么前者就只是欲望个体的创造物。①

霍布斯终其一生都致力于摆脱对横死的恐惧,这种恐惧的根源,最初是混乱无序的唯名论自然,后来变成竭尽所能追求权力的唯名论个人。霍布斯的物理学致力于消除第一种根源,其人类学和政治学致力于消除第二种根源,而支配霍布斯物理学、人类学和政治学的,根本上是一种审美虚无主义的思想逻辑。但是,霍布斯的审美虚无主义尤其是其人类学、政治学的审美虚无主义,真的能够让他摆脱对横死的恐惧吗? 未必。在卡西勒看来,霍布斯的思想逻辑就是先分析再综合,先毁灭再创造,先从认识对象中拆解出基本的元素,再把这些元素焊接为一个整体。这表现在霍布斯的政治学中,就是先把社会拆解为完全孤立的、追求无限权力的意志个体,再用契约的焊条把这些个体整合为一个社会。然而,当霍布斯把个体设定为无休止地追求无限权力的意志个体时,这已经意味着包括契约在内的对权力的任何形式的限制根本上就是"对权力的理智根基的攻击",就是"从逻辑上否定权力",②而后者是无休止地追求无限权力的意志个体绝对不会同意的。即使有一个利维坦这样的绝对权力凌驾于这些个体之上,强迫他们遵守契约,他们也不会完全心甘情愿地服从,而总是会想尽一切办法继续追求属于自己的无限权力。最终,人们还总是处于一切人反对一切人的战争状态,无法彻底摆脱横死的命运。

霍布斯人类学、政治学的审美虚无主义即使能够让人摆脱对横死的恐惧,或者摆脱对命运与死亡的焦虑,但又会导致对空虚和无意义的焦虑,因为在前者那里,人的生活世界必然是一个永远处于战争状态的世界,一个依赖国家的绝对权力强行遏制混乱和暴力的世界,一个克罗斯比所谓道德虚无主义的世

---

① 参见[美]列奥·施特劳斯:《自然权利与历史》,彭刚译,生活·读书·新知三联书店2006年版,第183—206页。

② [德]恩斯特·卡西勒:《启蒙哲学》,顾伟铭、杨仲光、郑楚宣译,山东人民出版社1996年版,第249—250页。

界,而道德虚无主义必然导致生存论虚无主义和对生命意义的否定。另外,和笛卡尔一样,霍布斯物理学的审美虚无主义决定了霍布斯必然把自然界理解为一个只有物质及其运动的机械世界,一个无法带给我们任何亲切、喜爱、温馨感觉的生命世界,一个让人感到陌生、冷漠、绝望的世界,一个克罗斯比所谓宇宙论虚无主义的世界,而宇宙论虚无主义同样会导致生存论虚无主义和对生命意义的否定。尽管霍布斯希望为了人类的安全与繁荣而重构自然,为了个体的权利和自由而重构社会,但他这样做,意味着完全抛弃了自然和社会先在于人类和个体的客观价值。他永远无法发现泥土的气息、白雪的纯洁、花朵的芬芳等一切活生生的自然能够带给我们的美的享受,也永远无法发现爱、奉献、牺牲等一切利他性的社会行为带给我们的快乐与满足,而这些快乐与满足,都是我们生命意义的来源。① 和笛卡尔一样,霍布斯的全面科学也推进了西方个体的精神性焦虑。

不过,霍布斯或许不会同意笔者的看法,即他也是一个审美虚无主义者。霍布斯虽然和笛卡尔一样强调上帝意志的绝对首要性,但不像后者那样认为人也拥有和上帝相同的自由意志,只主张人的意志不过是最后考虑的欲望,欲望不过是我们身体响应外在于我们的世界的运动或强力时产生的内在效果,而这些运动或强力的最初发出者,只能是上帝。于是,在霍布斯那里,人类的自由行动,仍然是被决定的行动,人虽然拥有意志,但并不拥有自由意志。吉莱斯皮据此也认为,在霍布斯那里,人的意志不过是作为上帝意志化身的主宰一切物质运动规律的表现,从而没有任何自由可言,并且认为霍布斯和笛卡尔的争论,与路德和伊拉斯谟的争论一样,都是决定论和唯意志论之间的争斗,从而认为整个西方现代思想史都是这两种观点的交锋史。② 但是根据前面对

---

① 参见[美]唐纳德·A.克罗斯比:《荒诞的幽灵——现代虚无主义的根源与批判》,张红军译,社科文献出版社 2020 年版,第 376 页。

② 参见[美]迈克尔·艾伦·吉莱斯皮:《现代性的神学起源》,张卜天译,湖南科学技术出版社 2019 年版,第 343—369 页。

路德思想的分析,其观点完全可以这样解读,即作为神的居所,人已经拥有自由意志,从而拥有绝对权力。如果事实如此,那么霍布斯所谈论的人的意志也是自由意志,因为在上帝的所有造物中,只有人能够拥有自觉运动,只有人能够成为系列事件的创始因,只有人能够基于自己的意愿运用理性能力来重构现实世界的因果关系,从而获得具体的自由。通过后面的梳理,还将看到,西方现代思想史并非吉莱斯皮所谓决定论和唯意志论两种观点的交锋史,而主要是一种越来越强调人的自由意志的审美虚无主义观念发生发展史,是唯名论上帝的激进审美虚无主义属性被完全世俗化的历史。①

---

① 正如克罗斯比所言,把意志而非理性视为"掌控人类行为和意识乃至实在本身的关键",不断强调"权力意志完全独立于任何形式的理性束缚,包括来自有思想基础的道德原则的束缚,和来自经验条件的束缚",这种趋势贯穿于西方现代思想的一些重要领域,其结果就是"所有有意义和有价值的东西,所有对任何人来说都是实在的东西,归根结底都是人的意志的任性建构(或默许)",以及"意义、真理和价值都不再是被发现的,而只能是被盲目设置或纯粹是被发明出来的"。参见[美]唐纳德·A.克罗斯比:《荒诞的幽灵——现代虚无主义的根源与批判》,张红军译,社科文献出版社2020年版,第389页。

第四章　康德与萨德的审美虚无主义

　　霍布斯在批判笛卡尔时所持的决定论观点，几乎代表了当时所有的经验主义者。根据这种观点，人类主体和其他存在者一样都只是自然物质的排列，都接受自然法则的主宰，而所谓自由意志，实际上只是行动之前的最后冲动。另外，像休谟这样的经验主义者会认为根本不存在确定性的"我"，而这意味着笛卡尔关于上帝存在和上帝之完满性的证明不可能持续，其所谓普遍科学缺乏一个坚实的基础，所谓因果关联也只是经验性的规律。① 面对经验主义者的攻击，伊曼纽尔·康德(1724—1804)希望既拯救科学，又拯救自由，从而拯救道德和信仰。在康德看来，笛卡尔和一般理性主义者没有把理性限制在一个和它的能力相称的范围内，从而把理性带入与自身的矛盾即二律背反。康德要做的，就是把理性区分为理论理性和实践理性，让它们分别致力于建构关于现象的科学和关于自在之物(或"物自体")的信仰，分别追求征服自然的知识和确保自由的道德。正是在康德的纯粹理性批判和实践理性批判中，可以看到启蒙审美虚无主义更为明确的表达。

---

　　① 参见 Michael Allen Gillespie, *Nihilism before Nietzsche*, Chicago: The University of Chicago Press, 1995, pp.68-69。

一、康德的认识论革命

正如邓晓芒教授所言,康德思想的目标不是抛弃形而上学,而是首先摧毁传统形而上学,再重建新的形而上学。[1] 康德这种审美虚无主义式的学术理想,主要表现为两个方面,即摧毁传统自然形而上学,重建新的自然形而上学;摧毁传统道德形而上学,重建新的道德形而上学。本节主要围绕《纯粹理性批判》(1781、1787)谈论康德审美虚无主义的第一种表现。不过,康德《纯粹理性批判》的目标,并非重建新的自然形而上学,而是为这种新的自然形而上学扫清地盘,确立新的认识论基础。[2] 即便如此,还是能够从中看到康德的审美虚无主义思维方式,后者清楚地表现在他的认识论革命中。

康德虽然承认我们的一切知识都从经验开始,而经验通过对象作用于我们的感官引起感觉开始,但又不承认一切知识都从经验中发生。[3] 康德的这种看似矛盾的态度,来自他对人的认识能力的理解。他认为认识就是判断,就是通过判断把单个的概念连接起来形成知识。根据主词和谓词在判断中的关系,所有判断可以分为分析判断和综合判断。分析判断不能提供新知识,综合判断能够产生新的知识,但是并非一切综合判断都是真正的知识。真正的知识必须是具有严格的普遍性和必然性的知识,而它只能由先天综合判断提供。[4]

在康德看来,数学和自然科学,尤其是伽利略和牛顿以来的物理学所提供的判断都是先天综合判断,因为它们不仅具有无法从经验中取得的普遍性和必然性,还在主词概念之外加入了新的概念。数学和自然科学之所以能够提

---

① 参见邓晓芒:《康德〈纯粹理性批判〉句读》上卷,人民出版社 2018 年版,第 5 页。

② 参见邓晓芒:《康德〈纯粹理性批判〉句读》上卷,人民出版社 2018 年版,第 38 页。

③ 参见[德]康德:《纯粹理性批判》,邓晓芒译,杨祖陶校,人民出版社 2004 年版,第 1 页。

④ 参见[德]康德:《纯粹理性批判》,邓晓芒译,杨祖陶校,人民出版社 2004 年版,第 8—11 页。

供先天综合判断,是因为在数学家和自然科学家那里发生了一场突如其来的"思维方式革命",这场革命让曾经的"知识依照对象"转变成了"对象依照知识":那第一个演证出等边三角形的人发现,三角形的属性不是通过死盯着图形或死扣着图形的单纯概念得来的,而是"必须凭借他自己根据概念先天地设想进去并(通过构造)加以体现的东西来产生出这些属性";按照理性制定的原则进行实验从而改造自然界的科学家们意识到,理性"只会看出它自己根据自己的策划所产生的东西,它必须带着自己按照不变的法则进行判断的原理走在前面,强迫自然回答它的问题,却决不只是仿佛让自然用襻带牵引而行"。① 根据前面对伽利略、笛卡尔、霍布斯数学观和科学观的梳理,我们也可以说,康德所谓思维方式革命,其实就是审美虚无主义革命,它首先拒绝认识是对事物本身的理解,是对客观真理的被动沉思,继而主张认识是积极的诗性构造行为,是意志主体把自己拥有的先天概念、原理赋予自然事物,从而把它构成"根据自己的策划所产生的东西"。

康德进一步指出,正是由于这种思维方式革命,数学和自然科学才成为科学,即先天综合判断的体系,而形而上学——它的研究主题一直以来都是灵魂、宇宙和上帝等——之所以至今还没有成为科学,就是因为还没有提出并展开这种思维方式的革命,还没有真正理解认识和知识的本性。现在,形而上学要进行这种革命,就需要首先证明先天综合判断如何可能,也就是要搞清楚先天综合判断的普遍性和必然性的根源何在,而这个证明具体表现为如下四个证明,即纯粹数学如何可能,纯粹自然科学如何可能,形而上学作为自然倾向如何可能,形而上学作为科学又如何可能。② 受休谟彻底怀疑论的影响,康德主张普遍必然性不可能来源于感觉、知觉或单纯的经验,而只能来源于理性在

---

① [德]康德:《纯粹理性批判》,邓晓芒译,杨祖陶校,人民出版社 2004 年版,"第二版序"第 12—14 页。

② 参见[德]康德:《纯粹理性批判》,邓晓芒译,杨祖陶校,人民出版社 2004 年版,第 14—18 页。

经验之前的纯粹运用或理性的主体性活动(自我意识)。但是,受一般经验主义者的影响,康德又承认一切认识开始于经验,承认真正的知识都是经验的知识。为了调和这种矛盾,康德把知识的内容与形式、实在性与可靠性割裂开来,也就是主张先天知识只是作为知识的形式,是空洞的没有实在性的知识,而经验知识只是知识的内容,是没有形式的材料,是缺乏可靠性的知识。但是,康德还承认经验开始于自在之物对感性的作用,这就又产生如下问题:"主体的先天知识形式与感性经验内容结合所产生的知识,又怎样保证与自在之物相符合? 如果不能保证,又如何谈得上知识的客观性、可靠性和普遍必然性呢?"①为此,康德主张我们的认识对象并不是自在之物,而是现象。现象要想成为我们的认识对象,必须通过认识而被纳入认识主体的先天综合形式。于是,康德论证先天综合判断如何可能的基础,就是从原则上区分自在之物与现象,并且把自在之物视为感觉的原因,把自由意志视为现象的原因,进而主张我们能够真正认识的只是我们作为意志主体加之于经验事物的东西,即知识的形式、经验的形式。② 康德这里强调了认识的能动性和创造性,把经验事物仅仅视为意志主体意识活动的对象,视为意志主体能动地综合经验材料而"建构"出来的对象。

康德把认识活动分为感性认识、知性认识和理性认识三个阶段,其所谓思维方式革命,笔者所谓认识论的审美虚无主义革命,就具体表现在这三个阶段中。首先是感性认识。在"先验感性论"部分,康德指出感性认识是我们通过被对象(自在之物)所刺激的方式来获得表象的直观能力。我们在被对象刺激时会产生感觉,经过感觉与对象发生关系的直观叫"经验性直观",其对象叫作未被规定的现象,其中现象中跟感觉相应的东西叫现象的质料,即内容,

---

① 杨祖陶:《德国古典哲学逻辑进程》,人民出版社 2006 年版,第 49 页。
② "康德把物自体看成是感觉的原因,而自由意志他认为是空间和时间中的事件的原因。这种自相矛盾并不是偶然疏忽,这是他的体系中一个本质部分。"参见[英]罗素:《西方哲学史》下卷,马元德译,商务印书馆 1976 年版,第 251 页。

是后天给予我们的,而把现象的质料以某种关系予以安排整理的,就是现象的形式,它先天地存在于人心中,又称为"纯直观"。比如,如果我们把实体、力、可分性等从一个物体的表象里抽掉,同时又把不可入性、硬度、颜色等属于感觉的东西也去掉,那么我们从这个经验性直观中还能留下的东西就是"广延和形状",这些东西"属于纯粹直观,它是即算没有某种现实的感官东西或感觉对象,也先天地作为一个单纯的感性形式存在于内心中的"。① 和伽利略、笛卡尔一样,康德这里把感性对象进行了二分。从内容(如色、声、香、味等)来说,它来源于经验,从形式(如大小、长短、快慢等)来说,它来源于先天。内容虽然由自在之物引起,但并不反映自在之物,而是纯粹主观、因人而异的,再经过先天形式的重新安排、组合,就更与自在之物没有任何相似之处了。

康德所谓感性直观的纯形式只有两种,那就是空间和时间。借助于外感官,我们把对象表象为在我们之外的空间中,拥有形状、大小和与其他对象之间的位置关系;借助于内感官,我们把一切属于内部规定的东西都表现为时间的关系。空间和时间不是从外部经验得来的经验概念,而是外部经验得以可能的条件,我们可以想象一个完全没有任何现象的空间和时间,但不能想象一个没有空间和时间的现象,就是证明。空间和时间作为纯直观,不可能是关于一般事物的关系的推理的概念,而是一切有关空间和时间的概念的先天基础。空间和时间的无限性也与概念的无限性不同,后者由于其所包含的经验事物的无限多而具有无限性,但本身仍然是有限的,前者则由于空间和时间本身就是无限的表象,一切经验事物的空间和时间都由于对这唯一的无限空间、时间加以限制才有可能。不难看出,在感性认识论阶段,康德把空间和时间与在时空中存在的经验事物完全割裂,并把它们作为先天形式条件纳入人的主观之中。康德用这种方法回答了"纯粹数学如何可能"的问题,因为数学能成为科学,就是由于它以主观先天的感性直观形式作为它可能性的条件。比如,几何

---

① [德]康德:《纯粹理性批判》,邓晓芒译,杨祖陶校,人民出版社2004年版,第25—26页。

学就以先天的空间形式为条件，算术以先天的时间形式为条件。正是因为时空是先于经验的纯直观形式，具有先天的必然性和普遍性，所以关于时空关系的先天综合命题才是可能的。由此可见，"康德的时空学说是他的自在之物和现象有原则区别，自在之物不可知，人们所知乃主观先天综合而来这一学说的最低层次的阐明，从中已经可看出康德认识论的一般特点，即把主体与客体（自在之物）绝对割裂开来之后，再依靠主体的先天能动作用在主观中建立起另一种'客体'（感性对象）来，在此范围内达到认识论的主客体的一致。"①

康德自己把这种时空学说称为"先验感性论"②。根据邓晓芒教授的解释，康德之所以强调感性论的先验性，是因为感性论（Ästhetik）要想如鲍姆嘉通所言成为一门具有普遍性和必然性的科学即"美学"，就必须有先天的东西——即时空形式——在里头，而不能仅仅关注后天的感性。③ 也就是说，美学要想成为科学，就必须是一门"由做而知"的学问，必须强调用先天的时空形式建构后天的感性质料。正是基于这一点，韦尔施得出了康德在《纯粹理性批判》中实现"认识论的审美化"的结论：

> 认识论的审美化起步于两百多年前的康德。他第一个表明，我们的知识在基本的和构成的意义上都是审美的。这一洞见不是出现在他仅有的、被认为是与美学相关的著作《判断力批判》中，而是见之于他的《纯粹理性批判》、特别是"超验的审美"（即"先验感性论"——引者）一节之中。康德谨慎并正确地称它为"超验的"，因为它显示了"经验可能性的条件"，以及"经验对象可能性的条件"。它

① 杨祖陶：《德国古典哲学逻辑进程》，人民出版社 2006 年版，第 52—53 页。

② ［德］康德：《纯粹理性批判》，邓晓芒译，杨祖陶校，人民出版社 2004 年版，第 25 页。这个概念的德文原文是"Die transzendentale Ästhetik"，参见 Immanuel Kant, *Kritik der reinen Vernunft*. Hamburg：Verlag von Felix Meiner, 1956, S. 71；英文版译作"Transcendental Aesthetic"，参见 Immanuel Kant, *Critique of Pure Reason*, trans, Norman Kemp Smith. Macmillan：The Macmillan Press Ltd., 1933, p.65。

③ 参见邓晓芒：《康德〈纯粹理性批判〉句读》上卷，人民出版社 2018 年版，第 262—264 页。

表明，审美结构对于我们的经验是不可或缺的，因为它们构成了这一经验的对象。审美的这一超验基础化连接着康德理论哲学的基本命题，连接着他的"知性革命"。根据此一学说，我们所知的不是事物本身，而是事物的外观，因为"我们先验地知道事物只是我们自己将之植入的东西"。而我们首先植入的是美学的规定：空间和时间的直觉形式。……因此，这便是第一个、也是基本的审美化的因素：我们对现实的意指和我们的认知都包含了基本的审美组成部分。第二个审美化因素在于这样的事实，即：知识和现实的整个排列同时也被改变了：他们在根本上有了一种虚构的、生产的和形构的性质。①

然而，韦尔施的理解只是强调了康德认识论对审美化行为的重视，却没有强调康德认识论对虚无化行为的重视。实际上，康德这里所表现的不仅仅是认识论的审美化，更是认识论的审美虚无主义化。也就是说，先验感性论是康德认识论的审美虚无主义的最低层次的阐明，它首先割裂了意志主体与自在之物，从而否定了认识是对自在之物及其客观规律的发现过程，然后主张认识就是意志主体把自己的先天时空形式加于质料而构成认识对象的过程。

康德认识论的审美虚无主义不仅仅表现在感性认识论中，还进一步表现在知性认识论中。康德指出，我们的知识有两个基本来源，"其中第一个是感受表象的能力（对印象的接受性），第二个是通过这些表象来认识一个对象的能力（概念的自发性）；通过第一个来源，一个对象被给予我们，通过第二个来源，对象在与那个（作为内心的单纯规定的）表象的关系中被思维。所以直观和概念构成我们一切知识的要素，以至于概念没有以某种方式与之相应的直观、或直观没有概念都不能产生知识。"②这就是说，我们的知识的两个基本来源分别是感性和知性，其中前者是一种被动的接受性，即一种受到刺激时对表

---

① ［德］沃尔夫冈·韦尔施：《重构美学》，陆扬、张岩冰译，上海世纪出版集团2006年版，第46—47页。

② ［德］康德：《纯粹理性批判》，邓晓芒译，杨祖陶校，人民出版社2004年版，第51页。

象进行直观的能力,后者是一种主动的自发性,即主动地产生自己的"表象"——范畴或纯粹知性概念——并对感性直观对象进行思维的能力。感性和知性没有优劣之分,二者也不能互换功能。知性不能直观,感官不能思维。只有从它们的互相结合中才能产生出知识来。

在感性知识中,感觉是质料,纯粹直观是形式,而在理性知识中,整个感性知识都是质料,范畴或纯粹知性概念是知识的形式。没有范畴,直观中的复杂事物,即使经过空间和时间的直观形式的整理,也还是以偶然的方式并列或相继存在着,而没有以普遍和必然的方式连接和统一起来,从而不能被思考为客观确定的对象,形不成真正的知识。范畴来源于笛卡尔式的"我思之我"或意志主体先天的纯粹形式活动,它所起的就是连接、贯通、综合一切经验材料的"统觉"作用。在莱布尼茨那里,统觉是指单子最高程度的知觉,即对一切知觉的统摄,而在心理学那里,统觉就是自我意识。但不管是莱布尼茨还是心理学意义上的统觉都只是经验性的自我意识,只能使杂多经验材料得到经验的统一,而在康德这里,统觉是纯粹统觉或本原性的统觉,是先验性的自我意识,具有先验的统一性,能够把直观给予的杂多表象连接为一个客观的具有普遍必然性的对象,形成客观上不相矛盾、合乎逻辑的统一知识,而"我思"连接经验材料使之得到综合、统一的各种方式就是范畴或纯粹知性概念。① 范畴的综合、统一作用通过判断的逻辑形式进行,而在康德看来,所有由系词"是"连接起来的判断,都能表达某种客观必然的统一关系,因而都来源于统觉或自我意识的先验统一。② 通过对形式逻辑的判断进行分类改造,康德找出了每一种判断背后的范畴基础。其所谓范畴,包括量、质、关系、模态四类。③ 在康德看来,这些范畴就是知性思维的先天形式,知性只有利用它们才能认识直观中

① 参见李泽厚:《批判哲学的批判》,安徽文艺出版社1999年版,第183—185页。
② 参见[德]康德:《纯粹理性批判》,邓晓芒译,杨祖陶校,人民出版社2004年版,第95页。
③ 参见[德]康德:《纯粹理性批判》,邓晓芒译,杨祖陶校,人民出版社2004年版,第71—72页。

的复杂事物,才能思维直观中的对象。不过需要强调的是,范畴本身是空洞的,它们只有和感性材料相结合才能构成认识的对象,也才能产生具有普遍必然性的客观知识,即与认识对象相一致的知识。

但关键的是,康德所谓对象,只是自我意识的对象,而不是真正客观存在的对象即自在之物,他所谓普遍必然性的知识,也不是反映了客观世界基本规律的知识,而是被先天的纯粹知性概念或范畴所规定的知识,因为在康德那里,只有先天的东西才具有必然性,而后天的东西只具有偶然性。于是,在康德看来,范畴是一切客观知识的先验来源,一方面综合感性材料,一方面使之从属于先验统觉而获得普遍必然性,这就形成了先天综合判断,引申出了自然科学的基本原理,从而回答了"纯粹自然科学如何可能"的问题。"既然科学所认识的自然界无非是经验对象(包括可能的经验对象)的总和,而任何经验对象作为认识对象又都依赖于知性范畴的先验规定和综合的统一,所以最终是知性、先验自我在向自然界'颁布'规律。康德把自然现象的最普遍的秩序和规律看作是由我们自身即主体的活动所输入的,认为我们如果不自己在自然界中创立这样的秩序和规律,我们就绝不能在现象中看到它们,也不能认识到它们;我们能够'先天地'不依赖经验而肯定每一事件都有原因,正说明我们是由自己的知性这样来(按因果关系)安排自然事物的秩序的,说明'人为自然界立法'。"①毋庸置疑,康德对知性认识的解释,再次说明康德思想的认识论的审美虚无主义属性,它首先否定了自然对象(自在之物)的可知性,否

---

① 杨祖陶:《德国古典哲学逻辑进程》,人民出版社 2006 年版,第 58—59 页。对此,特里·平卡德也指出,康德在回答"表象与其表象的对象之间的关系是什么"这个问题时得出了这样的结论:"一个行动者得以具有自我意识的条件,就是经验对象得以可能的条件——如果我们去看一看我们得以成为具有自我意识的行动者的那些条件,那么形而上学的所有重大问题就得到了严谨的答案,并且,其中一个条件是,我们自发地(即不是作为其他东西的因果性结果)将我们意识经验的某些特征带经经验,而不是从经验中得出这些特征。因而,我们关于自己及世界的经验的一个关键特征,不是对世界中预先存在的那部分特征的'反映',而是由我们自己自发'提供'的。"参见[美]特里·平卡德:《德国哲学 1760—1860:观念论的遗产》,侯振武译,中国人民大学出版社 2019 年版,第 25 页。

定了认识是对客观世界必然规律的反映,然后主张认识就是意志主体把自己的先天纯粹知性概念或范畴加于对象的过程,就是意志主体把自己头脑中的秩序与规律加于自然界的过程。

康德认识论的审美虚无主义最后表现在他的理性认识论中。康德认为,思维的综合统一活动并没有终止于知性,而是要进一步上升到理性这种“思维的最高统一性”[1]。理性和知性虽然都是意志主体的纯粹形式活动,都包含产生原理和概念的先天能力,但也存在根本区别。知性活动的逻辑形式是判断,即通过先天的范畴把感性直观材料综合为经验的判断,即关于对象的知识。知性依赖于直观,知性活动所产生的知识都是关于感性对象的知识。由于感性对象是有限的,知性只能产生相对的、有限的原理即康德所谓“规则”,不可能产生关于全体的知识即康德所谓“原则”,知性使现象得到的统一也还不是完全的、完善的、整体的统一,而只是局部的统一,知性更不可能在不同现象领域的知识之间建立普遍必然的联系。[2] 与此相反,理性活动的逻辑形式是间接推理,即由两个以上的判断作为前提而推出结论。理性在推论中不与直观、经验对象直接相关,而只与知性的概念和判断相关,力图把知性大量杂多的知识归结为数目最少的原理,从而达到知性知识的最高度统一。[3]

理性在其逻辑运用中寻求的是它的判断即结论命题的普遍条件,也就是在知性的有条件的知识里寻找无条件者,借此实现知性的统一,而所谓无条件者,只能是自在之物。理性的概念因此就是关于自在之物的概念,它不同于作为纯粹知性概念的“范畴”,是作为纯粹理性概念的“理念”。理性正是通过它关于无条件者的概念(理念)执行着思维综合最高阶段的功能,即“赋予杂多

---

① ［德］康德:《纯粹理性批判》,邓晓芒译,杨祖陶校,人民出版社 2004 年版,第 261 页。

② 参见［德］康德:《纯粹理性批判》,邓晓芒译,杨祖陶校,人民出版社 2004 年版,第 262—263 页。

③ 参见［德］康德:《纯粹理性批判》,邓晓芒译,杨祖陶校,人民出版社 2004 年版,第 264 页。

的知性知识以先天的统一性"①的功能。理性一方面为知性的各个领域的综合活动指出一个统一的目标,把对有条件的相对之物的认识引向对无条件的绝对之物的认识,另一方面又把其关于无条件的、绝对之物的原理和概念加于有条件的、相对的知性认识之上,使知性的各门知识变成以单一的原理、必然的规律连接起来的完整体系。正是在这里,可以看到康德认识论审美虚无主义的最后一种表现。他否认世界的可知性,然后主张认识就是意志主体把关于自在之物的概念即理念加于各种经验对象之上并使之成为一个统一的世界整体的过程。

至此,康德开始批判传统理性形而上学。迄今为止理性的统一活动所形成的知识,主要表现为先验的灵魂学说、先验的世界学和先验的上帝知识,它们分别从"灵魂""世界""上帝"这些理念出发。但是,由于理念仅仅是理性这种纯粹主观的认识能力按照其主观推理的基本原理所构成的一种主观概念,本身并没有任何客观对象的内容,所以理念"只不过是一个理念"②而已。理性以缺乏对象实在性的理念为前提进行推理,并且认为推理的结论具有可靠的客观性,这种"诡辩"必然会产生真理的幻象。理性的推理可以分为三种:第一种是"先验的谬误推理",第二种是"纯粹理性的二律背反",第三种是"纯粹理性的理想"。③ 通过批判包含这三种推理的旧形而上学(包括自笛卡尔开端的理性心理学、以阿奎那为代表的理性宇宙论和从安瑟尔谟开始的理性神学),康德在形而上学领域完成了他的思维方式革命——他所谓哥白尼式的革命。④ 旧形而上学企图认识自在之物的本质,企图证明灵魂不死、上帝存在和把握宇宙整体,让理性沉溺于真理的幻象中,从而不可能成为真正的科

---

① [德]康德:《纯粹理性批判》,邓晓芒译,杨祖陶校,人民出版社 2004 年版,第 263 页。

② [德]康德:《纯粹理性批判》,邓晓芒译,杨祖陶校,人民出版社 2004 年版,第 279 页。

③ [德]康德:《纯粹理性批判》,邓晓芒译,杨祖陶校,人民出版社 2004 年版,第 287—288 页。

④ 参见[德]康德:《纯粹理性批判》,邓晓芒译,杨祖陶校,人民出版社 2004 年版,第 15 页。

学。也就是说,康德在这里回答了剩余的两个问题:旧形而上学作为人的自然
倾向是可能的,但作为科学知识又是不可能的。形而上学要想成为真正的科
学,就应该只关心理性的理论运用(这样的理性叫理论理性),只处理认识能
力,只研究理性自身的纯粹原理或永恒不变的规律,研究空间、时间、范畴等先
天形式及其运用的原理,这些先天原则虽然不是来自经验,却只对经验有效。

可以说,康德认识论革命的核心就在于强调自在之物的不可知和现象的
观念性,而后者决定了康德所谓思维方式革命就是认识论的审美虚无主义革
命。它不再尝试让我们认识心灵之外的自在世界,而是决定把心灵经验这个
世界时留下的感性印象和印象间的有序关系作为认识对象。① 或者说,它否
定了自在世界的可知性,主张可知的只有主观的现象,而对主观现象的认识,
不过就是用认识主体先天的形式、范畴和理念综合、统一这些现象的过程,是
冯肯斯坦所谓由做而知的过程,也是韦尔施所谓审美化的过程。②

正如沃格林所言,奥卡姆的唯名论把自然秩序设想为一个没有必然性、没
有真实共相因而无法把握其本质的偶然结构,一个拥有绝对权力的上帝会随
时介入并改变的结构,这一点对后来的观念史发展极其重要:"如果自然的本
质是不可知的,我们关于外部世界的知识就成为一个如何依靠人类理性的
概念工具组织经验材料的问题。知识的客体不是'真正的'客体,而是客体
之表象及其被想到的样子(心灵中的意念当然意指一切可以成为谓词的事
物)。这就开启了一条经验科学和理性批判之路,这条道路在康德的体系

---

① 参见[美]唐纳德·A.克罗斯比:《荒诞的幽灵——现代虚无主义的根源与批判》,张红
军译,社科文献出版社 2020 年版,第 281 页。

② 雅克比的批判也证明了康德认识论的审美虚无主义:一切理性主义者都遵循充足理由
律,而不同于莱布尼茨把一个理由序列的第一因规定为"作为自因的无限的智性"的上帝,康德
把第一因重新赋予理性主体。这样一来,"理解某物就意味着给出使它得以是其所是的条件,我
们所能够理解和认识的只是那些我们能够凭借理性的先天形式建构出来的东西,而不是事物自
身的存在,……因此,对理由的反思和对无限智性的追求导致对现实的、外部事物的取消,而代
之以我们自己主观的观念性的构造。"参见罗久:《纯粹理性的虚无主义——论雅可比的康德批
判及其信仰主义哲学》,《西南大学学报(社会科学版)》2015 年第 4 期。

中达到顶峰。"①也可以说，这是一条认识论的审美虚无主义化之路，它从奥卡姆、伽利略、笛卡尔、霍布斯一直延伸到康德。康德剔除了一般理性主义的审美虚无主义中关于自在之物的玄想成分，更为精准、深刻地表述了专注于现象界的认识论的审美虚无主义。正是在被康德明确阐述的认识论的审美虚无主义指引下，启蒙运动一路高歌猛进，把充满野性而神秘的大自然逐渐改造成了完全根据数学法则建构的因而被理性之光照亮的"水晶宫"，改造成了有助于人类安全与繁荣的有序世界，从而减轻了人们对自身实体性存在的焦虑。

二、康德的伦理学革命

和笛卡尔、霍布斯一样，康德的认识论革命也推进了西方人的精神性焦虑。康德认为，由物自身组成的世界完全不可知，我们可知的，只是我们自己心灵的建构。在克罗斯比看来，这无疑是认识论的虚无主义，而后者必然导致宇宙论的虚无主义，因为如果世界完全不可知，那么它就与所有属人的东西不相容，就无法"为人类渴望的价值和存在意义提供空间或支持"，缺乏"我们无意识地规划给它的那些可知原理和意义模式，我们曾经急切地渴望在它那里找到那使它像家一样亲切的东西"。② 不管认识论虚无主义还是宇宙论虚无主义，最终都必然导致生存论虚无主义，即蒂利希所谓对空虚和无意义的焦虑体验。

不同于笛卡尔和霍布斯对这种精神性焦虑浑然不知，康德明确感受到了这种精神性焦虑，并且希望予以克服。然而，他并没有像两百年后的克罗斯比那样，尝试证明活生生的自然本身就存在人类渴望的价值和意义，而是把精神

---

① ［美］艾瑞克·沃格林：《政治观念史稿》卷三，段保良译，华东师范大学出版社2019年版，第116页。

② 参见［美］唐纳德·A.克罗斯比：《荒诞的幽灵——现代虚无主义的根源与批判》，张红军译，社会科学文献出版社2020年版，第35、94页。

性焦虑的产生归因于人无法在自然中实现自己的自由存在。通过《纯粹理性批判》，康德证明了一种关于现象的先验自然科学是可能的。但是，在卢梭哲学的指引下，康德意识到这种自然科学顶多能够实现人类的安全与繁荣，能克服人的实体性焦虑，却不能让人恢复天赋的自由，因为作为自然界、现象界这一"必然王国"的一部分，人必然会受自然规律的支配，毫无自由可言，即使这种规律是理论理性自身建立的，而没有了自由，谈何生命的意义？于是，如何通过恢复人天赋的自由来克服精神性焦虑，成为康德必须要回答的问题。正如蒂利希所言，精神性存在与道德性存在相互依赖，人只要响应义务的召唤，自觉服从"道德规范"，就能够摆脱"极度的空虚和无意义"。① 康德无疑非常认同这一思路，但又强调自由在这一思路中的关键作用。他发现，真正的自由不是不服从任何道德规范，而是自觉服从由意志个体自己发现的具有普遍性的道德规范，而对普遍性道德规范的自觉服从，意味着意志个体能够脱离"必然王国"，进入一个可以赋予生命目的、价值与意义的"自由王国"。出版于1785 年的《道德形而上学原理》，就是这种思考的结果。

康德首先指出，存在之物可以分为自在之物和自然现象，其中自然现象又可以分为无生命的东西和有生命的东西，有生命的东西又可以分为有理性的东西和无理性的东西。自在之物是绝对自由的存在，因为它具有意志即欲求能力，从而能够作为一系列因果性事件的创始因自发、自主、自觉地活动。自然现象中无生命的东西是非自由存在，因为它不具有意志，无法自发、自主、自觉地行动，必须以自在之物或其他自然现象为条件，必须被束缚于因果关系之中。虽然自然现象中有生命的东西都有意志，但只有有理性东西的意志的本性才是"自由"，因为这种意志不受外来原因的限制而独立地起作用，而无理性东西的意志的本性是"自然必然性"，因为这种意志的活动被外来原因所规定。这就是说，有理性东西的意志是一种"自律性"意志，一种按照由自己作

---

① ［美］保罗·蒂利希：《存在的勇气》，成穷译，贵州人民出版社 2009 年版，第 32 页。

为原因设定结果的规律行动的意志,而无理性东西的意志是一种"他律性"意志,一种按照由其他东西作为原因设定结果的规律行动的意志。① 在康德看来,人虽然作为"无理性的东西"具有他律性的意志,但作为"有理性的东西"又具有自律性的意志,而人不同于其他有生命的东西的地方只在于后者。于是,康德只谈论纯粹作为"有理性的东西"的人和他的自律性意志:"在自然界中每一物件都是按照规律起作用。唯独有理性的东西有能力按照对规律的观念,也就是按照原则而行动,或者说,具有意志。"②也就是说,作为"有理性的东西"的人的"意志",是一种理性意志,是一种能够按照自己对规律的表象制定出的"原则"来行动的能力,而只要运用这种能力,人就会按照由自己作为原因设定结果的规律来行动,从而成为自由的存在。

很明显,不同于自在之物是一元性存在,从而是必然的自由存在,人是二元性存在,从而只是可能性的自由存在。作为有理性的东西,人固然是根据自己对规律的表象而制定的原则——"实践规律"——来行动的意志存在,但作为有身体的自然现象,人和其他有生命的东西一样会受到感觉、欲望、爱好——"自然规律"——的支配。于是,人根据自己对规律的表象而制定的原则,大多数情况下还只是具有主观性的"准则"(Maxime),如果这种容易受到自然规律影响的主观性准则不符合客观性的实践规律,也就是没有变成客观性的"原则"(Gesetze),接受这种准则支配的生命活动就不是完全的自由活动,而在康德看来,不完全的自由活动和完全非自由的活动没有什么差别,根本不值得追求。③ 于是,不同于卢梭强调意志的自由选择,④康德要求意志完全摆脱自然规律的支配,而只按照实践规律或道德律行动:"意志是这样一种

---

① 参见[德]康德:《道德形而上学原理》,苗力田译,上海人民出版社1988年版,第100—101页。霍布斯显然没有做这样的区分,他把人和其他有生命的东西的意志都视为他律性意志,都视为自然因果的延伸。

② [德]康德:《道德形而上学原理》,苗力田译,上海人民出版社1988年版,第63页。

③ 参见[德]康德:《道德形而上学原理》,苗力田译,上海人民出版社1988年版,第50页。

④ [法]卢梭:《爱弥儿》,李平沤译,商务印书馆1978年版,第441页。

能力,它只选择那种,理性在不受爱好影响的条件下,认为实践上是必然的东西,也就是,认为是善的东西。"①

康德发现,有机物的自然结构里所有用于一定目的的器官,都与这一目的最相适合。于是,对于像人这样一种"既具有理性,又具有意志的东西"来说,如果自然的真正目的只是要保存他,让他生活舒适或拥有幸福的话,那么自然选中理性来实现这一目的的安排也就太过笨拙了,因为相较于理性,本能更适宜完成这一目的。事实上,当人们渴望运用理性获得舒适或幸福时,最终获得的往往只是"无法摆脱的烦恼"。这种现象恰好说明,人活着还有更高的理想,而理性的使命就是去实现这一理想,也就是"去产生在其自身就是善良的意志"这个"无条件目标"。善良意志作为"最高的善",是"一切其余东西的条件",甚至是舒适或幸福的条件。于是,自然的智慧之所以在人的自然结构里安排理性,就是为了让它来实现这个无条件目标,并且为此还想方设法限制舒适或幸福这种"有条件目标"的实现。②

这里,已经可以看到康德伦理学审美虚无主义的初步表现。他首先致力于摧毁流行的经验主义、利己主义伦理学的个人幸福原则,彻底否定建基于人的身体存在——感觉、经验、本能和欲望等的存在——的道德价值,把人从二元论存在强行规定为一元论存在,把人从既是有理性的东西又是无理性的东西变成纯粹有理性的东西,变成只接受理性引导的自律性意志个体。虽然康德认同奥卡姆的立场,即人原则上是可以超越自然因果关系自由地自我规定的意志个体,但他同时又强调,这一个体只会用具有客观性和普遍性的实践规律规定自我。也就是说,虽然人是一种意志存在,但人的意志只能是一种理性意志、善良意志、道德意志。这显然又让我们想起阿奎那的观点,后者认为上帝的意志只能是善良意志。这种糅合了唯名论和实在论观念的意志概念对康

---

① 参见[德]康德:《道德形而上学原理》,苗力田译,上海人民出版社1988年版,第63页。
② 参见[德]康德:《道德形而上学原理》,苗力田译,上海人民出版社1988年版,第44—46页。

德哲学来说极其重要：

> 尽管在康德哲学里，道德意志被认为能够接受所谓实践理性的规范，但这些规范绝非外在于意志，而是被这种意志自动设定。于是，意志以一种类似于霍布斯和休谟所思考的方式，拥有属于自己的理性，或者能够提供属于自己的内在的运行原则。但是，不同于这两位把人类意志视为自然因果过程的显现，康德坚称意志超越了这些因果过程，而且只有在完全独立于这些因果过程时，才会以一种在道德上负责任的方式行动。因为拥有一种独立于因果关系的道德意志是人性的标志，与之相伴随的（用欧登的话来说）就是，人们"只有在他们完全脱离自然时才是充分意义上的人"。一种仅仅是自然冲动或欲望的创造物的"意志"，或者允许其决定被这些冲动或欲望，或任何其他经验环境或决定所改变的"意志"，都不可能是道德上为善的意志，康德把这种意志视为其人性概念、伦理学、宗教哲学和结构性形而上学的基石。①

由于善良意志概念具体表现为"责任"概念，康德从考察普通人的理性或理性的普通用法如何引导人产生责任概念开始。在康德看来，最普通的人都能够知道，判断一种行为是不是道德行为，主要看它是出于责任还是爱好。明智的商人童叟无欺，但这只是出于自利的意图，而非出于责任。普通人保存自己的生命，只是一种爱好，它固然合乎责任，但并非出于责任，只有那些遭遇不幸的人，以钢铁般的意志和命运抗争的人，虽然不热爱生命但仍不屈服的人，才不是出于爱好和恐惧，而是出于责任。对他人富有同情心，在周围传播快乐，让他人因自己的工作而满足，这些行为要想是道德行为，就不能出于对荣誉的爱好，而只能出于责任。一个人最大的爱好，就是增进自身的幸福，但只有在增进幸福不是出于爱好而是出于责任时，这种行为才具有

---

① ［美］唐纳德·A.克罗斯比：《荒诞的幽灵——现代虚无主义的根源与批判》，张红军译，社科文献出版社2020年版，第394—395页。

道德价值。①

　　这种纯粹的、清除了来自经验的一切要求的"责任观念",或者一般地说,也就是"道德规律的观念",仅仅通过理性的途径对人心产生了比人们从经验所得到的全部其他动机都要强有力的影响,而"理性正是在这里才第一次觉察到,它自己本身也竟是实践的。纯粹的责任观念在对自身尊严的意识中卑视那些来自经验的动机,并逐渐成为它们的主宰"②。这种摆脱了所有经验动机的"纯粹的责任观念"或"道德规律的观念",就是支配作为"有理性的东西"的人的主观准则,而理性之所以是"实践的",正因为它要把这种主观准则变为具有普遍必然性的客观原则。对意志具有强制性的客观原则被称为理性命令,而一切理性命令都用"应该"这个词来表示,它的形式表述就是命令式。一切命令式,或者是有条件的假言命令,或者是无条件的定言命令,其中假言命令把一个可能行为的实践必然性看作达到人之所愿望的,至少是可能愿望的另一目的的手段,而定言命令或绝对命令则把行为本身看作自为的客观必然的,和别的目的无关。一切命令还可以分为技术命令、机智命令和道德命令,其中第一种只要求人们为了任何可能的目的而学习某种技艺,第二种只要求人们选择能够实现自身幸福最大化这个目的的工具,而第三种不关心行为的质料和效果,只关心行为的形式和行为所遵循的原则。如果说技术命令是技艺规则,机智命令是机智规劝,那么道德命令就是道德戒律(规律),而只有后者才伴有"无条件必然性的概念,客观的、普遍适用的必然性的概念"。技术命令和机智命令都是假言命令,只有道德命令是定言命令,而真正的定言命令只有一条:"要只按照你同时认为也能成为普遍规律的准则去行动。"③以这条定言命令为原则,可以推出对责任的普遍命令:"你的行动,应该把行为准

──────────

　　① 参见[德]康德:《道德形而上学原理》,苗力田译,上海人民出版社1988年版,第49—51页。
　　② [德]康德:《道德形而上学原理》,苗力田译,上海人民出版社1988年版,第61页。
　　③ [德]康德:《道德形而上学原理》,苗力田译,上海人民出版社1988年版,第64—72页。

则通过你的意志变为普遍的自然规律。"①康德这里把道德律说成自然规律，就是为了强调道德律的普遍必然性，它和自然规律一样都在形式上构成事物的定在。

康德把责任分为四种，即对我们自己的责任、对他人的责任、完全的责任和不完全的责任，并且证明这四种责任都服从责任的普遍命令。在这里，康德发现违背责任的人们普遍存在的矛盾心理，即人们在客观上承认责任的普遍命令是普遍规律，但主观上又不把它当作普遍规律，认为自己有只此一次、下不例外的自由。然而，这恰好证明我们实际上已经承认定言命令的普遍有效性，似乎只是在不得已的情况下才允许自己搞一点例外。但正是在这里，康德高呼，我们绝不能搞一点点的例外："人的一切都来自规律不容置疑的权威，来自对规律的无条件尊重，没有任何东西是来自人的爱好。若不然，就是践踏人，让他蔑视自己，让他满怀内心的憎恶。"②

康德进一步指出，只有一种东西能够作为定言命令、实践规律或道德律的根据，它就是人："人，一般来说，每个有理性的东西，都自在地作为目的而实存着，他不单纯是这个或那个意志所随意使用的工具。在他的一切行为中，不论对于自己还是对其他有理性的东西，任何时候都必须被当作目的。"也就是说，不同于无理性的东西只是"物件"，只有有理性的东西才是"人身"，人的本性表明自身自在地就是目的，是不可被当作手段使用的东西，是必须被尊重的对象。所以，人不仅仅是作为我们行为的结果而实存的主观目的，还是其实存自身就是目的的客观目的，是任何其他目的都无法替代的目的，是其他一切东西都作为手段为它服务的目的。人在任何时候都必须被当作目的，从这条最高实践原则可以推出如下实践命令："你的行动，要把你自己人身中的人性，和其他人身中的人性，在任何时候都同样看作是目的，永远不能只看作是

---

① ［德］康德：《道德形而上学原理》，苗力田译，上海人民出版社 1988 年版，第 73 页。
② ［德］康德：《道德形而上学原理》，苗力田译，上海人民出版社 1988 年版，第 78 页。

手段。"①

在对上述四种责任的进一步分析中,康德指出,只要把人——纯粹理性的存在——看作自在的目的,人就应该爱惜自己,对他人信守诺言,努力自我完善,促进他人幸福。把人看作自在的目的,这是每个拥有普遍立法意志概念的人都必须服从的规律或法律,而他之所以服从,是由于"他自身也是个立法者,正由于这规律、法律是他自己制定的,所以他才必须服从"。人的意志只有作为自身普遍立法的意志,他所服从的命令才是无条件的,不以任何其他兴趣、关切为根据。从普遍立法的意志概念可以推出"目的王国"的概念。如果每个有理性的东西都服从这样的规律,即"任何时候都不应把自己和他人仅仅当作工具,而应该永远看作自身就是目的",那么就会产生一个由普遍客观规律约束起来的有理性东西的体系,就会产生一个目的王国。目的王国中每个有理性的东西都是普遍立法者,也都是自己所立法律、规律的执行者;他们都是目的,也都是实现这一目的的工具;他们是自由的,也是自律的,而且正因为自律而自由;他们是有价值的,也是有尊严的,而且正是尊重自身所定的道德规律才具有无条件的价值,才赢得至高无上的尊严。要想把目的王国变成和自然王国一样的必然王国,它的每一个成员都应该像后者的每一个成员都"依从由外因起作用的必然规律"那样,必须依从他们"加于自身的规则"。②

道德规律的最终基础是自由,具有终极规定性的道德概念是自由概念。虽然自由作为自在之物是无法证明的东西,但我们只要去设想一个东西是有理性的,这个东西能够意识到自身行为的因果性即具有意志,就必须把自由设定为前提。根据同样的理由,我们"必赋予每个具有理性和意志的东西以依照其自由观念而规定自身去行动的固有性质"③。以自由观念为前提,我们又会得出这样一条行动规律:"行为的主观原则、准则,在任何时候都必须同时

---

① ［德］康德:《道德形而上学原理》,苗力田译,上海人民出版社1988年版,第79—81页。
② ［德］康德:《道德形而上学原理》,苗力田译,上海人民出版社1988年版,第81—99页。
③ ［德］康德:《道德形而上学原理》,苗力田译,上海人民出版社1988年版,第103页。

171

能够当作客观原则,当作普遍原则,当作我们的普遍立法原则。"①但是,意志既然以自由为前提,为什么还要自律,还要自觉服从道德规律?道德规律的约束性究竟由何而来?

康德在这里重启他的认识论革命。他指出,任何一个普通人都可以根据他的模糊的判断力意识到,通过感觉表象能够认识的只是事物的现象,而不是事物自身。这意味着现象之物与自在之物、感性世界与知性世界的划分,也意味着每个人通过不断变化的内部感受都能认识到,自己不仅是现象之物还是自在之物,不仅属于感性世界,还属于知性世界。这种让人意识到自己既属于知性世界又属于感觉世界的能力,就是理性。正是这种能力,让人一方面认识到自己是感觉世界的成员,必须服从自然规律,是他律的,另一方面又认识到自己是知性世界的成员,只服从理性规律,是自律的。②

正是在这里,康德发现了上述问题的答案。他承认人分属于两个世界,作为知性世界的成员,人的行动和纯粹意志的自律原则——道德的最高原则——完全一致,而作为感觉世界的一部分,人的行动又必然符合欲望、爱好等自然规律——幸福原则,必然符合自然的他律性。但是既然"知性世界是感觉世界的依据,从而也是它的规律的依据",人就必须让知性世界对完全属于知性世界的人的意志有直接的立法作用,也就是在承认自己是属于感觉世界的东西的同时,认为自己还是知性世界"规律的主体""意志自律性的主体"或"理性的主体",从而必须把知性世界的规律看作对自己的命令,把按照这种原则行动看作自己的责任。于是,定言命令之所以可能,就在于"自由的观念使我成为意会世界(Intelligible Welt)的一个成员。倘若我仅仅是这一世界的成员,那么我的全部行动就会永远和意志的自律性相符合。然而,我同时既然是感觉世界的一个成员,那么,我就应该和这一规律相符合了。"正是受到

---

① [德]康德:《道德形而上学原理》,苗力田译,上海人民出版社1988年版,第103页。

② 参见[德]康德:《道德形而上学原理》,苗力田译,上海人民出版社1988年版,第105—107页。

自由观念的驱使,受到独立于感觉世界自然规律的意愿的驱使,受到这种道德上的"应该"的驱使,每个普通人都可能得到自由,都可能实现他的人格"更大的内在价值"。① 一旦实现了这种价值,每个普通人也都可能从空虚和无意义的虚无主义体验中摆脱出来。

但是,不同于自然是一个知性概念,可以通过例证来表明自己的实在性,自由是一个理性概念,它的客观实在性无法得到证实。理性为了把自己想成是实践的,必须以自由概念为自己的先决条件,因为"有理性的东西相信自己意识到意志,意识到一种和仅是欲望能力不同的能力,也就是决定自己像理智那样活动的能力",意识到"按照理性规律活动而不以自然本能为转移"的能力。按照自然规律来解释自由的经验主义哲学——如霍布斯哲学——之所以大胆宣布自由不可能,是因为它们仅仅把人看作现象。而只要承认在现象背后有某种自在的东西,也就是承认人作为理智还是自在之物,人的自由就是可能的了。同样,纯粹知性世界的观念,也是一个不可证明但又必要的前提。没有这样的观念,理性要么在感觉世界内以对道德有害的方式,到处摸索所谓最高动机或经验上的关切,要么在意会世界空无一物的空间里耽于幻想,没有行动。有了这样的观念,我们才会形成自在目的的普遍王国,才会衷心关切道德规律,而"我们只有小心谨慎地按照自由准则行事,就像遵循自然规律那样,才能成为这个王国的一员"。②

极力排除、否定人的自然性存在,然后特别强调、肯定人的善良意志存在,认为一群完全自我立法的人可以共同创造一个独立于必然王国的自由王国或目的王国,可以说,康德已经在《道德形而上学原理》中完成了道德哲学领域"哥白尼式的革命",伦理学的审美虚无主义革命。从这个角度看,他后来的

---

① ［德］康德:《道德形而上学原理》,苗力田译,上海人民出版社 1988 年版,第 108—110 页。

② ［德］康德:《道德形而上学原理》,苗力田译,上海人民出版社 1988 年版,第 110—119 页。

《实践理性批判》(1788)并没有实现什么新的超越。也就是说,和《道德形而上学原理》一样,《实践理性批判》同样承认人是一种二元性的存在,承认人作为现象在现象世界受机械的自然因果(欲望、激情、爱好等)的统治而没有自由可言,但又主张人作为自在之物应该主动接受理性的指引,接受先验道德律令的支配而行动,以此证明自己还属于本体世界、自由王国,从而获得真正的自由。①

然而,"正如现象世界最终成为先验想象的综合生产力的一项'计划',本体世界也可以被视为人类意志的一项计划。"②罗森这句话告诉我们,在康德那里,现象世界和本体世界都是意志主体审美化活动的结果,其中现象世界或必然王国是意志主体认识活动的建构结果,本体世界或目的王国是意志主体道德活动的建构结果,是意志主体用自由这个理性概念综合、统一自身所有言行的结果。由于这种审美化的前提是拒绝人的二元性,把现象世界的因果规律对人的主宰强行虚无化,把既定社会秩序的道德立场强行虚无化,把建基于特定环境中的欲望和爱好强行虚无化,要求人"应该"成为彻底独立于自然因果关系和道德传统的纯粹意志个体,一个完全根据自己勇敢的推理得出的普遍性道德法则行动的纯粹意志个体,支配康德实践理性批判的思维方式就不单纯是审美化,而是虚无化与审美化兼而有之的审美虚无主义化。

和康德认识论的审美虚无主义革命一样,康德伦理学的审美虚无主义革命也会导致虚无主义体验,尽管后者致力于克服精神性焦虑、克服空虚和无意义的威胁。当康德把人规定为渴望自由的唯意志论存在时,他已经意识到人会为了实现自由而放弃一切私利,甚至自己的生命。但是,自由为什么只能是行善的自由,而不能是作恶的自由?为什么只能是道德自由,而不能是反道德

---

① 参见 Michael Allen Gillespie, *Nihilism before Nietzsche*, Chicago: The University of Chicago Press, 1995, p.72。

② [美]斯坦利·罗森:《虚无主义:哲学反思》,马津译,华东师范大学出版社 2019 年版,第 71 页。

的自由？为什么只能是有限的自由，而不能是无限的自由？当人为了实现作恶的自由、反道德的自由或无限的自由时，他同样会放弃一切私利甚至自己的生命。而一旦人实现了这种自由，整个人类社会岂不会重新陷入混乱与不安，而对命运与死亡的焦虑——蒂利希所谓最基本的焦虑——岂不会重新泛滥？于是，"面对这个想法，康德害怕了，尽管它还是属于自由的奥秘。自由为什么只应该在'善'的意义上被绝对利用，并且超越经验的利益？为什么在'恶'的意义上不可能？这正是康德的酷似者，萨德先生展开的一个要点。"①本章第四节将会详细谈论这一点。

三、康德的美学革命

由于同属于两个截然不同的、受两种根本有别的规律所主宰的世界，人既是自然感性的存在，又是超感性的存在，既有作为现象的绝对被动性，又有作为自在之物的绝对能动性，而如何统一感性和超感性，统一必然和自由，统一现象与本体，这对康德来说始终是一个问题。在《判断力批判》（1790）中，康德尝试用审美活动扮演这个统一者角色，因为审美活动不仅仅是机械因果性的感性活动，它至少从形式上看还是合目的性的感性活动，是必然与自由相结合、相统一的东西。

在讨论审美活动之前，康德先把人的心理活动分为认识、情感（愉快与不愉快感）和欲求三种，其中认识活动的先天原则是使作为现象的对象成为可能的合规律性原则，欲求活动的先天原则是理性的道德律所体现的终极目的原则，而情感活动的先天原则是使自然向自由过渡的合目的性原则。② 情感活动一方面与认识活动相关联，是对外界刺激的感受，另一方面与欲求活动相

---

① ［德］萨弗兰斯基：《恶，或自由的戏剧》，卫茂平译，生活·读书·新知三联书店2018年版，第181—182页。

② 参见［德］康德：《判断力批判》，邓晓芒译，杨祖陶校，人民出版社2002年版，第33页。

关联,是一种内心的激动,因此支配情感的能力既不是产生概念的知性能力,也不是进行推理的理性能力,而是起判断作用的判断力。① 判断力可以分为"规定性的判断力"和"反思性的判断力",其中前者用先在的普遍去包摄当前特殊的东西,从而规定这个特殊东西的性质,它所遵循的原理是知性的原理,从而把自然界规定为一个机械的因果系统,后者从尚未被知性规律所规定的特殊出发,去寻找这特殊本身的一般规律。② 经验自然中的特殊事物无限多样,绝不是知性所提供的机械因果规律所能概括得了的,它们服从的是多样性的统一这一规律,由此组成的就不再是一个机械的组织,而是有机的整体。于是,反思性的判断力的先天原则,就是"自然的合目的性",即把自然看作一个有目的的东西,把自然界各种特殊事物都视为以目的为依据而彼此相关的东西。③

自然的合目的性仅仅是主体观察自然事物时的一种主观态度或方式,它不是一个自然概念,不涉及事物的性质,不能把主观的目的关系强加给自然事物的客观关系,也不是一个自由概念,不是要达到某种或实用或道德的实践目的,而只与内心的愉快和不愉快的情感相关,而这些情感是由于在一个对象上反思到人的诸认识能力(感性、知性、理性)的协调活动而引起的。自然合目的性又可以分为主观的或形式的合目的性,以及客观的或实在的合目的性,其中只有前者才是反思性的判断力的本质,它让反思性的判断力不与任何概念或对象的实际内容相关,而只从主观愉快的情感来判断对象的形式是美的还是不美的,只表达一种主观状态,即诸认识能力在对象形式上所发生的自由协调活动:当感性直观能力(即想象力)与知性能力自由协调活动时,主体便对客体有了美的表象或判断,而当想象力越过知性与理性能力自由协调活动时,

---

① 参见[德]康德:《判断力批判》,邓晓芒译,杨祖陶校,人民出版社2002年版,第5—13页。

② 参见[德]康德:《判断力批判》,邓晓芒译,杨祖陶校,人民出版社2002年版,第14页。

③ 参见[德]康德:《判断力批判》,邓晓芒译,杨祖陶校,人民出版社2002年版,第15页。

主体便产生了崇高的表象或评价。① 当反思性判断力把在审美判断中已经提供先天根据的自然合目的性概念扩展运用到自然本身的质料上,用以协助知性把握那无法单用知性把握的对象如有机体或宇宙整体时,就形成了客观的或实在的合目的性概念,它不再只是主观形式的概念,而是必须通过事物按其本性就是合目的性的这个客观逻辑概念而发生的,它可以称为逻辑的合目的性,所导致的判断是目的论判断。② 于是,反思性的判断力分为两种,其中"审美判断力"以自然美为对象,"目的论判断力"以自然界的有机统一性为对象,它们都以某种方式体现出主观与客观、自由与必然、特殊与普遍的统一,从而在人的此岸经验(对自然对象的愉快和不愉快感、惊异和惊奇感、崇高感)中提供了此岸与彼岸、认识与道德、必然与自由相一致的暗示或象征。③

康德的美学理论(即《判断力批判》的"审美判断力批判"部分)同样具有明显的审美虚无主义特征。为了让美学扮演从必然向自由的摆渡者角色,康德彻底摧毁了之前的美学传统,重构了一种全新的美学理论。康德美学的审美虚无主义特征,可以通过与之前的德国审美理性主义传统比较来显现。

18 世纪 20—80 年代,德国思想界开展了一场轰轰烈烈的审美理性主义运动。根据弗里德里克·C.拜泽尔的梳理,这一运动的思想渊源可以追溯至莱布尼茨。莱布尼茨哲学的背景主要是新教与天主教、唯名论与实在论的斗争。主张唯名论的路德、加尔文神学,非常敌视生命的审美维度,认为终极救赎只能来自不可理解、唯有信仰的全能意志上帝,尘世感官的美会诱惑我们堕落,思想的美也只是幻觉,因为当一般概念只是名称而不指向实在的共相时,就不可能存在所谓永恒形式的领域。主张实在论的莱布尼茨坚决反对新教神学,他的形而上学把实体作为实在的基本单元,后者被赋予一种活力,即一种

---

① 参见[德]康德:《判断力批判》,邓晓芒译,杨祖陶校,人民出版社 2002 年版,第 27 页。

② 参见[德]康德:《判断力批判》,邓晓芒译,杨祖陶校,人民出版社 2002 年版,第 29 页。

③ 参见[德]康德:《判断力批判》,邓晓芒译,杨祖陶校,人民出版社 2002 年版,第 24—33 页。

可以统一多样性,在多样性中创造统一性即秩序、和谐或美的力量;他的伦理学用本质上是美学的术语来思考至善问题,认为作为幸福或宁静的至善存在于持续的愉快之中,而愉快来自对完善的感知,以至于完善程度越高,愉快的程度也就越高;他的神正论主张,上帝所创造的这个由不同程度的完善性事物有序组成的世界,是所有可能世界中最好的一个,也应该是最美的一个,而美作为从沉思完善中得到的愉快,可以让我们确定神性完善在宇宙中的存在,确定上帝的智慧与善,从而确定自己的最高责任就是爱上帝和荣耀上帝。①

莱布尼茨对审美理性主义传统的重要贡献,在于他强调了一个忠实于经院哲学实在论传统的重要概念"完善"(perfection)。阿奎那曾指出,事物的完善程度与其实在性程度成正比,而上帝由于是最实在的,因此是最完善的。②与此相应,莱布尼茨把完善视为事物的积极实在,把所谓的不完善视为事物的消极实在,它会阻碍事物实现自己的本质。另外,由于完善显现为统一多样性的力量,也可以通过和谐的程度来衡量事物的完善程度,以至于和谐程度越高,也就是越多的事物被统一为一个事物,这一事物完善的程度就越高。③ 在莱布尼茨的启发下,经由沃尔夫、高特谢德、鲍姆加登、温克尔曼、门德尔松和莱辛等人的努力,德国审美理性主义形成了自己的基本教义:(1)美学的核心概念和主题是美;(2)美存在于对完善的感知中;(3)完善存在于和谐中,和谐又是多样性的统一;(4)审美批评和生产由规则所主宰,而规则是哲学家发现、系统化和还原基本原理的目标;(5)真、美与善是同一个东西,是基本价值即完善的不同层面。④ 另外,德国审美理性主义还强调审美判断必须建立在

---

① 参见 Frederick C.Beiser,*Diotima's Children:German Aesthetic Rationalism from Leibniz to Lessing*,Oxford:Oxford University Press,pp.32-34。

② 参见[意]阿奎那:《神学大全》第一集第1卷,段德智译,商务印书馆2013年版,第62—64页。

③ 参见 Frederick C.Beiser,*Diotima's Children:German Aesthetic Rationalism from Leibniz to Lessing*,Oxford:Oxford University Press,p.42。

④ 参见 Frederick C.Beiser,*Diotima's Children:German Aesthetic Rationalism from Leibniz to Lessing*,Oxford:Oxford University Press,p.2。

莱布尼茨所强调的充足理由律之上，也就是说，审美判断必须有理由可循，这些理由部分存在于对象的感性特征里，部分存在于对象的完善、美或多样性的统一中，而愉快的审美经验是一种认知状态，即对完善的直觉。[①] 正是对充足理由律的强调，决定了德国启蒙者的美学思想可以被命名为审美理性主义，而由于这些思想还主要依赖于莱布尼茨的"完善"概念，拜泽尔又把这种理性主义美学命名为"完善美学"[②]。

　　拜泽尔指出，完善美学最突出的特征，是它坚称美存在于主观与客观的关系之中。它虽然也强调美包含愉快的情感，但否认这种情感是纯粹主观性的，而认为愉快是一种认知状态，一种再现形式，也就是"对完善的直觉"，其中直觉是主观性的，而完善是客观性的，是存在于对象自身中的品质，也就是多样性的统一。拜泽尔特别指出，由于崇信充足理由律，理性主义美学最具科学性的方面，表现为对规则的强调。他还指出，德国启蒙者之所以发起审美理性主义运动，正是因为他们发现比起宗教正统或宗教神秘主义，美学对启蒙理性造成的威胁更为严重，正是在自然人性的经验领域而非超自然领域中，潜藏着非理性的力量。完善美学的形成过程，就是用理性来解释并控制这些非理性力量的过程。比如，关于"难以描述之物"，鲍姆加登通过引入"广延的清晰性"概念予以把握；关于"崇高之物"，门德尔松主张，凡具有非凡的完善程度并能唤起钦佩之情的事物的每一种品质都可以称为崇高；关于"新奇而令人惊讶之物"，高特谢德坚持认为即使这些东西也必须有其发生的理由，从而也必然可以被理性所把握；关于悲剧性事件的审美问题，门德尔松坚持认为悲剧的审美愉快来自对具有完善性的英雄品质的钦佩；关于天才需要打破或超越规则的声明，莱辛认为天才不是一种非理性力量，而是一种超理性力量，

---

　　① 参见 Frederick C.Beiser，*Diotima's Children：German Aesthetic Rationalism from Leibniz to Lessing*，Oxford：Oxford University Press，p.5。

　　② Frederick C.Beiser，*Diotima's Children：German Aesthetic Rationalism from Leibniz to Lessing*，Oxford：Oxford University Press，p.24.

天才突破的规则,都是被批评家错误制定并滥用的规则,而不是被天才自然遵循的规则。①

然而,康德的《判断力批判》几乎完全摧毁了这个传统。康德审美理性主义批判的关键前提,是否定审美理性主义者的基本观点,即愉快是一种认知状态,是对对象自身的品质——完善、和谐或多样性的统一——的感知或直觉,而主张愉快的情感是非认知性的。② 另外,康德还认为愉快不是快适,后者只是一种特殊性的感觉,与个体的感官欲望联系密切;愉快虽然也不是善的愉悦,后者相关于一个普遍性的概念,但毕竟还与概念相关,虽然并未确定是哪一些概念。③ 康德对愉快的规定,让我们想起韦尔施的观点。韦尔施指出,美学与感知(aisthesis)相关联,而感知具有感觉(sensation)和知觉(perception)双重含义,它们分别具有情感趋向和认知趋向。感觉与感官的生理反应联系更密切,而知觉能够摆脱这种联系,趋于客观化的认识。这种认识虽然还与愉快的感觉相一致,但这种愉快已经不是感官的生理愉快,而是反思性的愉快。正是由于这种特征,席勒把基于生理愉快的趣味视为低级的,把基于反思愉快的趣味视为高级的,并且主张人们超越低级的生理愉快,追求高级的反思愉快,从而实现原始感性的升华。也正是因为强调升华,席勒美学实际上已经在用伦理学的规则主导自己,从而使自己变成了伦理/美学(aesthet/hics)。④ 其实,韦尔施所谓的伦理/美学已经在先于席勒的康德美学中得到了充分显现,因为康德所规定的愉快,既不是纯粹的认识状态,也不是纯粹的道德状态,而是一种从认识状态向道德状态过渡的反思性状态,一种升华状态。

---

① 参见张红军:《学理之争抑或时代精神之争——评〈狄奥提玛的孩子们:从莱布尼茨到莱辛的德国审美理性主义〉》,《文艺研究》2021 年第 2 期。

② 参见[德]康德:《判断力批判》,邓晓芒译,杨祖陶校,人民出版社 2002 年版,第 37—38 页。

③ 参见[德]康德:《判断力批判》,邓晓芒译,杨祖陶校,人民出版社 2002 年版,第 82 页。

④ 参见[德]沃尔夫冈·韦尔施:《重构美学》,陆扬、张岩冰译,上海世纪出版集团 2006 年版,第 65—76 页。

　　以此为基础,康德得出了一些重要结论:第一,主张审美判断是纯粹主观性的,它只关注我们在沉思对象时所得到的愉快的情感,而不给予我们任何关于对象的知识,从而不会接受充足理由律的支配,不能通过论证被规定。[①]　第二,美不是对象的属性。当我们的直观想象力与知性能力自由协调活动时,我们就对对象有了"美"的表象或判断,这种判断看上去好像是在寻找客观对象的美的属性,实际上却是在寻找人们共有的普遍美感。[②]　第三,虽然肯定审美判断的普遍性和必然性,但又坚决否定存在普遍的鉴赏规则或原则,因为我们不可能通过推理或通过一件作品符合规则就证明它是美的,对艺术作品价值的最终检验标准,只有我们从中得到的愉快。另外,我们并不根据艺术作品是否符合有限的概念,而是根据它们是否能够在想象力和知性之间引起自由的游戏来判断它们是不是艺术作品。[③]　第四,作为内在的客观合目的性,完善概念包含一种亚里士多德式的关于终极因的形而上学,而后者超越了可能性经验的界限。纯粹的鉴赏判断应该不涉及任何目的概念,或者任何对象原本是什么、应该是什么的假设(完善性概念),因为这样的概念会限制想象力和知性的自由游戏。[④]

　　康德之所以强调审美判断的非认知性,是为了让审美判断承担从认识到道德、从必然向自由的过渡者使命。他把审美判断中诸认识能力的协调活动叫作"鉴赏"。鉴赏活动为什么能够连接认识与道德?这是因为作为"诸认识能力"的协调活动,鉴赏虽然不是认识活动本身,却也与认识活动紧密相关,以至于好像就是一种认识活动。同时,作为诸认识能力的"协调活动",鉴赏

---

　　① 参见[德]康德:《判断力批判》,邓晓芒译,杨祖陶校,人民出版社2002年版,第37—38、38—40、46—47、47—48、48—51、125—127页。
　　② 参见[德]康德:《判断力批判》,邓晓芒译,杨祖陶校,人民出版社2002年版,第46—47、47—48页。
　　③ 参见[德]康德:《判断力批判》,邓晓芒译,杨祖陶校,人民出版社2002年版,第121—123、125—127、127—128页。
　　④ 参见[德]康德:《判断力批判》,邓晓芒译,杨祖陶校,人民出版社2002年版,第62—64页。

虽然不是道德活动,却也与人的道德意识紧密相关,以至于它能象征道德。正是在伴随审美判断而出现的愉快中,鉴赏者一边体验到自己超越一切利害关系的自由本质,一边又在以纯粹感性的方式象征性地实践着这一本质,于是产生了从认识到实践、从必然到自由、从现象到本体的过渡。①

但是,鉴赏判断还只是对纯粹美的对象的把握,通过鉴赏判断获得的自由感还必须有一个我们之外的根据即自然的合目的性。只有在对不纯粹的美即崇高的判断中,我们才可能获得以我们自身之内的实践理性为根据的自由感。崇高之所以是不纯粹的美,是因为美涉及对象的形式,而崇高涉及对象的无形式。和美一样,崇高也不是对象自身的属性,而是我们赋予对象的表象。面对自然界的不可测度性,我们虽然发现了自身感性尺度的局限,但也同时发现了我们的理性能力中有一种非感性尺度,后者让我们发现自己具有某种胜过不可测度的自然界的优势。所以,我们在面对自然界的强力时虽然会觉得自己无力和渺小,但也会被唤起一种非自然的力量,这种力量让我们超越了财产、健康和生命之类日常所操心的东西,意识到自己人格的崇高性,而自然界之所以被称为崇高,只是因为它把我们的想象力提高到了去表现那样的场合,其中"内心能够使自己超越自然之上的使命本身的固有的崇高性成为它自己可感到的"②。这种崇高的使命就是战胜自然,实现自己的自由本质。于是,"真正的崇高必须只在判断者的内心中,而不是在自然客体中去寻求,对后者的评判是引起判断者的这种情调的。"③

对于康德的崇高理论,威尔·斯洛克姆如此评价道:

> 正如约翰·扎米特所言,崇高实际上是"一种非凡的经验",它
> 创造了"一种反思,这种发生在主体那里的反思不是针对客体,而是
> 针对自身而言的……。换句话说,崇高是一种经验,这种经验通过审

---

① 参见杨祖陶:《德国古典哲学逻辑进程》,人民出版社2006年版,第99页。

② [德]康德:《判断力批判》,邓晓芒译,杨祖陶校,人民出版社2002年版,第101页。

③ [德]康德:《判断力批判》,邓晓芒译,杨祖陶校,人民出版社2002年版,第103页。

美反思唤起了自我意识"。扎米特后来得出这样的结论："康德的整个崇高理论都在反复考虑'歪曲事实'——自然客体仿佛是感觉的基础,实际上它的根源在自我中。"对康德的崇高构想来说,大山本身只是对心灵创造大山的形象来说是重要的;它只是对大山的感觉,而不是被感觉到的大山,这允许我们在我们自身中创造崇高感。出于对经验之物的讨厌,康德开创了通往崇高的审美经验的伦理维度这一关键阶段。

对康德的理论来说,这一伦理维度是非常重要的。心灵的感受,人们表象客体中的崇高的能力,是一种人类天赋,它既是道德的(伦理的),又是审美的。客体本身并不崇高,因为是我们表象存在于客体中的崇高的能力创造了崇高感。在康德的崇高里,这是一个道德行为,它被康德关于理性法则的谈论所揭示:"我们应该把大自然作为感官对象所包含的一切对我们而言是大的东西,在和理性的理念相比较时都估量为小的。"对理性来说,想象力无能于理解一个客体,这创造了一种崇高感,因为我们"发现任何感性的尺度都与理性的理念不相适合"。这本身似乎并非必然是道德的,但需要记住的是,对康德来说,《判断力批判》的整个原则不是对崇高的说明,而是揭示自由意志和自然世界之间的关联。①

如上所述,已经比较清楚地看到康德美学的革命性。在德国审美理性主义者那里,事物自身的完善、和谐或多样性的统一是让我们判断事物为美的客观品质,崇高不过是非凡程度的完善,而审美活动就是对作为"理性秩序的最佳形式"②的完善的认识,它有助于激发人们对完善性存在的爱欲,有助于巩

---

① Will Slocombe, *Nihilism and the Sublime Postmodern: The (Hi) Story of a Difficult Relationship from Romanticism to Postmodernism*, New York: Routledge, 2006, p.39.

② Frederick C. Beiser, *Diotima's Children: German Aesthetic Rationalism from Leibniz to Lessing*, Oxford: Oxford University Press, p.24.

固理性的统治权,有助于捍卫客观存在的理性秩序。但是,康德完全否定了这种观点,主张美和崇高与事物本身没有必然关系,它们实际上都是我们赋予事物的表象,是我们想象力的自由创造;审美活动不是功利性的认识活动,不是对完善的爱欲,不接受理性规则的束缚,不服务于现存秩序。康德之所以如此理解审美活动,正是因为他要让美尤其是崇高扮演我们从必然王国走向自由王国的过渡者角色。"尽管人类可能永远不会从自然那里得到自由,因为我们就生存于自然世界中,但因为在崇高的经验时刻,'意志'可以从'想象力'那里获得自由,所以我们是自由的。"①也就是说,康德要通过崇高判断的瞬间让我们意识到自己的自由本质,意识到自己可以战胜自然(包括外在自然和人的本性自然即本能欲望),意识到自己的使命就是建立一个自由王国,一个可以赋予生命价值和意义的地方,一个可以摆脱空虚和无意义的世界。这是一个全新的、迄今为止尚未存在的王国,它由一群唯名论意义上的意志个体组成,不过这些意志个体还拒绝来自身体自然的特殊性欲望或爱好的主宰(这种主宰意味着要把他人当作实现这些欲望或爱好的手段),而只意愿普遍性道德原则的支配,即只把人本身当作目的。

在《判断力批判》第一版序言中,康德把自己由三大批判组成的哲学体系比成一座大厦。② 这让我们想起笛卡尔的话。在《谈谈方法》中,笛卡尔也把思想比作建筑,认为真正的思想就像建筑师运用自己"理性的人的意志""按照自己的设想在一片平地上"设计并建起的城镇,总是比原来只是村落、经过长期发展才变成的古城要显得匀称、整齐。于是,笛卡尔彻底怀疑自己曾经接受的原则,把自己曾经相信的那些意见一扫而空,开始"在完全属于我自己的基地上从事建筑"。③ 和笛卡尔一样,康德的哲学也是按照他自己的设想在完

---

① Will Slocombe, *Nihilism and the Sublime Postmodern: The (Hi) Story of a Difficult Relationship from Romanticism to Postmodernism*, New York: Routledge, 2006, p.40.

② 参见[德]康德:《判断力批判》,邓晓芒译,杨祖陶校,人民出版社2002年版,第2页。

③ Descartes, *The Philosophical Writings of Descartes*, Vol.1, trans., John Cottingham, etc., Cambridge: Cambridge University Press, 1985, pp.116-118.

全属于他自己的地基上一手建成的大厦。但不同于笛卡尔哲学建筑的新地基是"我思之我"和全能上帝的混合,康德哲学大厦的新地基彻底排除了上帝,只剩下那个自我意识着的先验自我。在纯粹理性批判那里,这个先验自我主要表现为拥有先验时空形式、先验知性概念的自我;在实践理性批判那里,这个先验自我表现为拥有先验理性概念(即自由)的自我;在判断力批判那里,这个先验自我表现为拥有反思性愉快情感(包括美感与崇高感)的自我。

正是这个独属于康德的地基,让康德的哲学大厦具有与众不同的风格。建筑本来就是艺术中的一种,具有独特风格的建筑,更是具有创造性的艺术。康德把哲学比作建筑艺术,这让我们想起罗森的话,即现代哲学的伟大革命"以确定性的名义反对古人的迷信和空谈",却矛盾性地终结在"极端历史性的哲学"中,终结在作为"诗歌"的哲学中,而这意味着"哲学和诗歌的区别如今已经消失"。① 但是,把哲学历史化、诗化或审美化还只是康德哲学革命的一个方面,其另一面,就是为了实现自己思想的独特性、创新性而对之前理性主义和经验主义思想传统的怀疑、否定与摧毁——他被同时代的人称为"捣毁一切的人"②。于是,康德哲学革命的实质,就是审美虚无主义革命。当然,和笛卡尔、霍布斯一样,由于主张先虚无再存在、先否定再肯定、先毁灭再创造,而非主张即虚无即存在、即否定即肯定、即毁灭即创造,康德的哲学革命还是温和的审美虚无主义革命。

四、萨德的萨德主义

1784 年,康德发表了他的著名文章《对这个问题的一个回答:什么是启

---

① ［美］斯坦利·罗森:《虚无主义:哲学反思》,马津译,华东师范大学出版社 2019 年版,第 6 页。
② ［德］萨弗兰斯基:《恶,或自由的戏剧》,卫茂平译,生活·读书·新知三联书店 2018 年版,第 179 页。

蒙?》。在文章一开篇,康德就指出:"启蒙就是人类脱离自我招致的不成熟。不成熟就是不经别人的引导就不能运用自己的理智。如果不成熟的原因不在于缺乏理智,而在于不经别人引导就缺乏运用自己理智的决心和勇气,那么这种不成熟就是自我招致的。*Sapere aude*(敢于知道)!'要有勇气运用自己的理智!'就是启蒙的座右铭。"①人处于不成熟状态的根本原因,是他懒惰和怯弱。然而这种状态会使人变成驯养的牲口,不敢冒险挣脱拴住它们的缰绳。当他开始喜欢这种状态时,他就不再能够运用他自己的理性:"规则和公式,这些对其天赋进行合理使用(更确切地说是误用)的机械工具,就是一种持久不变的不成熟的脚镣。不论是谁抛开这些脚镣,他也不过就是在最狭小沟渠上做了一次不确定的跳跃,因为他不习惯于这种自由的运动。因此,只有少数人才能通过自己精神的奋斗而摆脱不成熟状态,从而自信地开始前进。"②然而,康德千呼万唤出来的启蒙者,未必如他所愿。其同时代的萨德侯爵,就是一个典型的例证。

拿迪安·阿尔冯斯·法兰高斯·德·萨德1740年出生于巴黎孔代王宫,父亲萨德伯爵是行伍出身的外交家,母亲是孔代公主的高级女佣。由于父母疏于教养和仆人们的骄纵,萨德自小傲慢狂暴。他接受的修道院教育,又让他学会封建权贵们的习气和作派。四年的军旅生涯里,他逛遍了巴黎的妓院。萨德伯爵主宰了儿子的婚姻,决定让他与金钱结合,于是,巴黎税务局长的女儿成为萨德夫人。但是,萨德淫荡成性,继续寻欢作乐,很快被判犯虐待罪入狱。因家庭干涉而减刑出狱的萨德,很快又投入一系列灾难性的性活动,其中一次,就是用鞭打、刀割、蜡封的方式折磨一个失业的纺纱女工。尽管局长夫人出面抗议,萨德仍被关进监狱。出狱后负债累累的萨德依然如故,和妻子的

① [美]詹姆斯·施密特编:《启蒙运动与现代性》,徐向东、卢华萍译,上海人民出版社2005年版,第61页。

② [美]詹姆斯·施密特编:《启蒙运动与现代性》,徐向东、卢华萍译,上海人民出版社2005年版,第62页。

妹妹通奸,和四个妓女玩弄性游戏,在导致其中一个陷入重病后,只身逃往意大利。但是在那里,他被盛怒之下的局长夫人安排收监。成功脱逃后,萨德又安排一次狂欢,从而导致更多的起诉。就这样,萨德一再疯狂、入狱、逃脱,直到1778年又一次被捕。

狱中的萨德开始文学创作。1782年写作的《牧师与濒死者的对话》,建立起了他文学作品的哲学基础,即既然一切都是自然的,那么人类的标准也许不可能判断任何事物。这种哲学使他彻底摆脱内疚和罪恶感,开始创作大量色情小说。1790年,他获得自由,很快就与一位性情甜美的女人挂上钩。这期间,他创作了《奥克斯蒂埃恩的伯爵,或放荡的后果》和《朱斯蒂娜》。1794年,他因为被控为共和国的敌人提供情报而被判死刑,但两天后罗伯斯庇尔倒台,屠杀停止,萨德再次神秘获救。1795年,《阿利恩和瓦尔库尔》以及《闺房里的哲学家》出版。1797年,《新朱斯蒂娜,或美德的不幸,后附她姐姐朱丽埃特的历史,或邪恶之成功》出版,这本没有赚取任何钱财的书为他带来极大的恶名。大革命动乱十年之后,清教主义盛行,萨德因此再次被捕入狱,并在狱中成功诱惑一位清洁工的女儿。1814年,他突然死去,被埋在一座不署名的坟墓中。

在《牧师与濒死者的对话》里,萨德给出了自己的哲学宣言:

> 我所要说的是,我被自然所创造,有着敏锐的感觉和强烈的激情,我被放到地球上的唯一目的就是要屈从它们,安抚它们。它们是被创造的我的组成部分,并且只不过是对自然之神的基本目的实施起着必要作用的机械部分,或者,假如你愿意的话,也可以说,它们是她对我的设计中必不可少的附带后果,并且是完全符合她的法则的。我要忏悔的只是我从未认识到自然之神的无上权威,我的悔恨只在于我对这些能力的节制的使用,在你眼中是犯罪的,对我来说却恰恰是完美的,这些正是自然之神给我使用以为她效力的,而我却不时地抗拒她。为此,我由衷地表示歉意,我被你的荒诞的教义蒙蔽了眼

睛，我曾经用它和一种更为神圣的根植于我体内的强烈欲望搏战，而现在我只为过去如此这般的所作所为而忏悔。在我该收获如此巨大的丰硕果实的时候，我却只采摘了鲜花，这正是我所忏悔的正当理由。①

萨德的哲学明显建基于法国启蒙思想家们决定论的机械唯物主义观点，后者认为宇宙由受物理规律支配的物质单独构成，生命不过是自然的不可停止的力量对分子永恒的重新排列。受此影响，萨德认为上帝及以上帝为依据的道德系统的存在是完全多余的假设，与自然持续快速地再使用分子的现象相比，个体的意志和行为根本没有任何价值，因为价值的事只相关于生命的延续，而不相关于它怎样活着。另外，既然在更多的物质可利用之前，新的形式不可能出现，那么，自然永恒的再创造便设定了破坏的前提。同情、慈善和任何被视为善行的东西都是非自然的，因为帮助弱者延长他们的天定寿数只会减慢这种更新进程，只会阻碍自然的运转，限制原始的分子物质的流动。相反，犯罪、残酷和任何被视为邪恶的东西对自然更有益处，因为它们可以加速破坏，为再创造提供条件。②

由于个体之人只是由神经系统组织起来的物质，而神经系统受一种带电的流体驱使，这种流体又会对感性刺激作出反应，所以当外界出现感性刺激时，个体之人就必然产生反应。比如，欲望就是美丽的原子对个体心灵的冲击所引起的骚动不安的结果。对这些刺激的反应因人而异，弱者的反应微弱，因而可控，强者的反应强烈，因而不可控。但是那些寻求节制快乐和拒绝对他人施加痛苦的道德学家们把弱者的行为称为美德，把强者的行为称为邪恶，而实际上两者都仅仅是相同的身体结构的自然表现。于是在萨德看来，社会就是弱者阻挠强者并且阻挡自然本身发展的一个阴谋集团。幸运的是，社会与道德的限制从来都不曾战胜恶人，他们作为物质有效的再加工者，永远受到自然

① ［法］萨德:《朱斯蒂娜》，旻乐、韦虹译，哈尔滨出版社1999年版，第148页。
② 参见［法］萨德:《朱斯蒂娜》，旻乐、韦虹译，哈尔滨出版社1999年版，第24—26页。

的青睐。由于缺少感情和良心，恶人能够像羊群中的狼一样生活。"实际上，人类的生存就是猎人与受猎者之间力量寻求平衡的张力，它的结局由参与者的技巧来决定，既然参与者并没有有意识地选择他们预先注定的角色，这些角色只是强加于他们的，因此他们就不能因他们的美德而受到赞扬，也不能因他们的邪恶而受到斥责，而只能因他们现在的状况而得到认可。想要实施暴虐和折磨的强烈愿望是自然的，不应该受到抗拒。实际上，除非能够从表现'良好'这一行为中获得快乐，而硬作强求则无疑是一种哲学的荒谬。"①

相较于其他法国启蒙思想家的思想，萨德的创新之处主要表现为通过扩展机械唯物主义的道德内涵而得出的逻辑结论。在他看来，社会是一种反自然的结构。自然根本不会关注人们所谓的"邪恶""渎圣"，因为那里没有上帝。自然界中不存在什么财产，从而也没有什么偷窃的罪恶。在谋杀和自然死亡之间没有什么根本区别，只不过前者可以让"一个未成熟便被结束的生命的分子"能够"更快地归复到那个共同的大池潭"中。于是，在自然这座一心一意从事创造、毁灭、再创造、再毁灭工作的工厂中，所有的道德价值都失去了存在的必要性。②

综上所述，萨德眼中的自然无疑是唯名论上帝的化身，它一直在无动于衷地进行着即虚无即存在、即否定即肯定、即毁灭即创造的审美虚无主义游戏，而萨德眼中的社会无疑是实在论上帝的化身，它合乎理性、讲究道德、遵守法则、循规蹈矩。萨德要做的，就是把实在论的社会变成唯名论的自然，把生活在社会道德秩序中的人变成不受任何道德法则束缚的个体，让他们随唯名论的上帝起舞。在萨德的小说里，这样的游戏无处不在。在《索达姆城的一百二十天》中，萨德一口气列举了"六百种激情的菜单"，从令人震惊的简单的激情，到杀气腾腾的激情，无所不有。通过鞭打、践踏、强奸、绞死、溺死、煮死、斩首和分尸等激情的游戏，他的主人公把他人——主要是漂亮女人——重新毁

---

① ［法］萨德：《朱斯蒂娜》，旻乐、韦虹译，哈尔滨出版社1999年版，第26页。
② 参见［法］萨德：《朱斯蒂娜》，旻乐、韦虹译，哈尔滨出版社1999年版，第27页。

灭为原子,以帮助自然能够更加快速地创造出新的个体。和霍布斯一样,萨德哲学无疑也是决定论的,在那里人就是自然本身,必须按照自然规律存在,根本不可能有属于自己的自由意志。但是根据前述关于路德、霍布斯决定论哲学的分析,唯意志论和决定论不过是一枚硬币的正反两面,可以在瞬间完成转换。于是,萨德哲学不过是又一种以决定论面目出现的唯意志论哲学,它让个体之人成为冷漠无情的唯名论上帝的化身,彻彻底底地玩弄着即虚无即存在、即否定即肯定、即毁灭即创造的审美虚无主义游戏。

正是在萨德被转往巴士底狱的 1784 年,柯尼斯堡的康德发表了他那篇启蒙宣言。根据康德的理解,启蒙者根本上就是一个审美虚无主义者,他首先有勇气运用自己的理智审视并摆脱束缚自己的脚镣,以实现消极的自由,其次敢于按照自己的意愿创造属于自己的生活,以实现积极的自由。[①] 萨德完全符合这两点要求,从而是一个启蒙者,一个审美虚无主义者。不仅如此,他还把自己的思想形成文字去教育和影响别人,从而又是一个宣传审美虚无主义的启蒙者。[②] 不过,康德坚信,真正的启蒙者所意愿的生活,是鄙夷一切自然性、特殊性欲望的生活,一定是海德格尔所谓"人为自己立法,选择约束性的义务,并且承担这种义务"的生活,是真正的审美虚无主义者,是理性主义的审美虚无主义者。然而,萨德的想法与康德完全相反,在他看来,真正的启蒙者所意愿的生活,一定是追逐自然性的欲望和激情的生活,是海德格尔所谓"纯粹的解脱和任意妄为"的生活,是真正的审美虚无主义者,是反理性主义的审美虚无主义者。为什么会这样?根本原因在于,康德和萨德所设想的审美虚无主义者,都首先是意志的存在,其次才是理性的存在。意志首先意愿消极的

---

① 卡尔提示我们注意康德宣言第一段话与屠格涅夫《父与子》中的虚无主义定义("一个虚无主义者是不承认任何权威的人,他不接受关于信仰的某一单一原则,不管这一原则可能受到何等尊重")之间的关联。参见[美]凯伦·L.卡尔:《虚无主义的平庸化——20 世纪对无意义感的回应》,张红军、原学梅译,社科文献出版社 2016 年版,第 22—23 页脚注。

② 萨弗兰斯基也指出:"萨德是启蒙运动的孩子。"参见[德]萨弗兰斯基:《恶,或自由的戏剧》,卫茂平译,生活·读书·新知三联书店 2018 年版,第 189 页。

自我解放,然后意愿积极的自我创造,而理性不过是意志完成自我解放和自我创造的工具。康德一方面承认意志的优先性,另一方面又认为理性可以规定意志,也就是让意志作为善良意志,作为追求普遍善的意志,并且认为只有善良意志才是自由意志。然而,萨德告诉我们,意志的自由本性,决定了意志完全可以不去听从理性的支配,而只去支配理性,意志完全可能不去意愿普遍善,而只去意愿普遍恶,并且命令理性为满足这种意愿而服务。① 从这个角度看,萨德的一部部所谓色情小说,其实根本与色情无关,而只是在探讨意志如何通过支配理性一次次向恶的极限挑战来证明自己的绝对自由。萨德的审美虚无主义已经不再是温和的审美虚无主义,而是激进的审美虚无主义。

康德的伦理学革命,把人描述成了一个至善的楷模,一个无上圣洁且有尊严的存在;而萨德的反伦理学革命,把人描述成了"虐待狂"(sadism),一种极端无耻而邪恶的存在。这个以萨德本人的名字(Sade)命名的语词提醒着我们,康德的理想与现实的距离何其遥远,也提醒着我们,被赋予唯名论上帝的激进审美虚无主义属性的个体之人,很可能只听从特殊意志和作恶意志的支配。一旦这样的个体之人成为衡量道德言行的标准,那就意味着,整个社会将没有任何道德标准可言,所有人都按照自己的特殊意愿行事,都追求自己的绝对自由,从而必然会重新陷入令霍布斯所恐惧的一切人反对一切人的战争状态,也必然会重新陷入最基本、最原始的虚无主义体验,即对命运和死亡的焦虑,对自身实体性存在的焦虑。我们将在浪漫主义者那里看到,萨德主义的出现绝非偶然,而它的流行却是必然。

---

① "马丁·路德称理性为'娼妓'。他以这种方式骂它,因为它为一切目的的献身。不过他仅仅骂了它。而萨德让'娼妓'扮演理性,他演示它的卖淫,用这种理性干淫乱勾当——当着公众的面。在萨德那里,理性自身变得淫荡——若它在其显而易见的狡辩中表现自己。""萨德想用理性来进行他的嘲讽,其火炬应该在前面照亮黑暗的激情。萨德就这样成了一个相反方向的启蒙运动家。理性为深不可测的激情效劳。"参见[德]萨弗兰斯基:《恶,或自由的戏剧》,卫茂平译,生活·读书·新知三联书店 2018 年版,第 190、198 页。

第五章 费希特与浪漫派的审美虚无主义

在阐述认识论的审美虚无主义时,康德清楚这种审美虚无主义可以保证人类的安全与繁荣,却无法保证人类获得更加渴望的自由。人们运用理论理性所能拥有的"真理之乡",只能是现象世界这个狭窄、逼仄的小岛,它的周围却是自在世界那片"广阔而汹涌的海洋"。① 但是,这片充满幻象或海市蜃楼的海洋一直以来都在吸引着人们。尽管康德一再提醒,我们冒险驶向这片大海之前,最好先问一问自己是否根本不可能发现任何别的可以居住的基地,从而不得不被迫满足于这片乏善可陈的无聊小岛,可就连康德本人最终也忍不住要对这片海洋中可能存在的自由王国进行大胆的想象,从而有了自己的实践理性批判和伦理学的审美虚无主义。康德伦理学的审美虚无主义对费希特产生了深远影响,但后者并不满足于前者对抽象的自由王国的虚幻想象,而是要带着更大的勇气直接驶向海洋深处,要在那里找到真正的、现实的自由王国。不过,费希特的审美虚无主义虽然极具革命性,但仍然不能满足德国早期浪漫派成员的胃口,在后者看来,费希特哲学实现的只是道德自由,还不是非道德自由,更不是反道德自由。

---

① ［德］康德:《纯粹理性批判》,邓晓芒译,杨祖陶校,人民出版社2004年版,第216页。

一、费希特的知识学

约翰·戈特利布·费希特(1762—1814)是在法国大革命期间登上哲学舞台的。尽管没有人怀疑费希特深受卢梭哲学和法国大革命的影响,但直到大革命爆发后的1790年,他还是一个忠诚的决定论者,从而对卢梭的自由教义和法国大革命的真实意义领会不深。1790年春,费希特开始接触康德哲学,后者让他"顿开茅塞",尤其是《实践理性批判》,让他觉得自己开始"生活在一个全新的世界之中",从此他相信人的意志是自由的,"我们存在的目的不是为了享有幸福,而是为了值得享有幸福",人作为"进行实践的存在物",作为"在道德和法律的约束下行动的存在物",只有通过对义务的意识和履行,才能证明自身值得享有幸福,而义务的基础就是从自身出发自由立法的意志或实践理性。①

但是,费希特发现康德的哲学革命并不彻底。康德的先验唯心主义,既把"自我意识的先验统一"作为现象世界的规律和人类知识的源泉,又把不依赖自我的"自在之物"作为现象世界的基础和人类知识内容的来源。在费希特看来,这是最坚决的唯心论和最粗陋的独断论离奇荒诞的结合,是不彻底的二元论。② 这种二元论和康德哲学的真正目标即建构"关于自由的第一个体系"相矛盾,因为这样的体系"只能通过对自由独有的因果关系进行哲学证明才能建立,而这只有在把世界演绎为一个来自自由的整体时才能实现"。③ 于是,要把康德哲学革命推进到底,就必须抛弃多余的自在之物概念,仅仅从自我意识的先验统一出发构建一种纯粹主观唯心主义的哲学体系,而《全部知

① 参见[德]威廉·格·雅柯布斯:《费希特》,李秋零、田薇译,中国社会科学出版社1989年版,第25—30页。

② 参见杨祖陶:《德国古典哲学逻辑进程》,人民出版社2006年版,第120—121页。

③ Michael Allen Gillespie, *Nihilism before Nietzsche*, Chicago: The University of Chicago Press, 1995, p.76.

识学的基础》的目标，就在于建立这一体系的基本原理。

在《全部知识学的基础》中，费希特设定了三条基本原理，其中作为所有实在性基础的绝对无条件的第一原理，是"我原初就直截了当地设定我自己的存在"①，即同一性原理 A＝A。尽管这是一条不证自明、被普遍接受的绝对真理，但费希特仍然尝试证明它的真理性。他指出，"我"实际上不是其他，就是自己确立自己、自己产生自己的本原行动："我由自己所作的设定，是我的纯粹活动。——我设定自己，而且是凭着这个由自己所作的单纯设定而存在的；反过来，我存在着，而且凭着它的单纯存在，它设定它的存在。——它同时既是行动者，又是行动的产物；既是活动着的东西，又是由活动制造出来的东西；行动（Handlung）与事实（That），两者是一个东西，而且完全是同一个东西；因此'我存在'是对一种本原行动（Thathandlung）的表述，但也是对整个知识学里必定出现的那种唯一可能的本原行动的表述。"②设定着自己的"我"和存在着的"我"是同一个东西，"我"既然设定自己，所以必然存在，既然"我"存在，所以"我"设定自己，所以"对我来说，我是直截了当地必然存在的。对自己本身而言不存在的那种东西，就不是我"③。

费希特要想完成关于第一条原理的证明，必须超越经验，采取理智直观的方式，后者类似于康德的统觉的先验统一性的直观。但是，费希特接着指出，A＝A 只有在有一个 A 存在的时候才为真，否则就为假，但 A 之所以存在，只是因为它被"我"所"设定"，或被"我"在意识中并且为了意识而建立。这种

---

① 原译文如下："自我原初就直截了当地设定它自己的存在。"参见［德］《费希特文集》第 1 卷，梁志学编译，商务印书馆 2014 年版，第 507—508 页。但是，根据德文原文"*Das Ich fezt urfprünglisch fchlechthin fein eignes Seyn*"（Johann Gottlieb Fichte, *Grundlage der gesammten Wissenschaftslehre*, Leipzig: bei Chriftian Ernft Gabler, 1794, S.15），费希特的"Ich"本是德语第一人称代词"我"，吉莱斯皮就把它译成了英文"I"（Michael Allen Gillespie, *Nihilism before Nietzsche*. Chicago: The University of Chicago Press, 1995, p.78）。本书统一把该译本中德文原文是"Ich"的地方改译作"我"。

② Johann Gottlieb Fichte, *Grundlage der gesammten Wissenschaftslehre*, Leipzig: bei Chriftian Ernft Gabler, 1794, S.10.

③ ［德］《费希特文集》第 1 卷，梁志学编译，商务印书馆 2014 年版，第 506 页。

"对象是被设定的(gesetzt)"的观念,超越了"康德在自我设定的自由哲学的引导下对对象的理解,后者把对象视为给定的(gegeben)"。① 在设定 A 时,"我"宣称 A 是实在的,于是才有了 A = A 这种同一性的可能性,但只有当"我"本身已经具有断言同一性的能力时,这种可能性才存在。在费希特看来,这样一种能力,只能来自"我"对"我"的自我同一性即"我 = 我"的认识。

正是在这里,费希特建立了一种新的自我概念。对费希特来说,"我"的自我设定是一个独断判断,它依赖于"我是(存在)"的判断。不同于康德,费希特认为这一判断是可能的,它接近于康德所谓无限判断。正是这种让主词与任何其他概念失去关联的判断,这种完全不确定的判断,是设定存在的基础性判断。根据这种判断,"存在被理解为意志或我的产品。这个本原的或绝对的我,这个在'我是'或'我 = 我'的判断中断言自己的我,因此是前范畴性的。只要一个谓词附加于它,它就停止成为绝对的。这样一种判断之所以可能,仅仅是因为'我是'的我不是一个物,或一个范畴,而是本原行动,是它产生了所有的物和范畴。"②也就是说,和唯名论的上帝一样,这个"本原之我"或"绝对之我"不是一个物,而只是原初的行动,只是创造性的无,或者说是作为动力因存在的纯粹意志。在最为根本的意义上,这个"我"是彻底自因、自由和绝对的,因为它使自己脱离一切关系,除了那些即将由它自己建立起来的东西。

"绝对之我"如果只设定并因此只意愿它自身,就还只是纯粹、无差别的普遍性,只是完全的自我同一性。为了让这个无差别的"我"生成一个我们通常经验着的有差别的世界,费希特设定了第二条原理,即"我直截了当地对设起来一个非我"③,也就是否定性原理 A ≠ 非 A。这条否定性原理从形式方面

① Michael Allen Gillespie, *Nihilism before Nietzsche*, Chicago：The University of Chicago Press, 1995, p.78.

② Michael Allen Gillespie, *Nihilism before Nietzsche*, Chicago：The University of Chicago Press, 1995, pp.79-80.

③ [德]《费希特文集》第 1 卷,梁志学编译,商务印书馆 2014 年版,第 514 页。

看同样是无条件的,它不能由第一条原理推论出来,因为从第一条原理只能推出被设定的"我"是"我",而不是"非我",不能推出"我"的行动是一种反设或对设行动(die Handlung des Entgegensetzens)①。但是,这条原理从实质或内容方面看则是有条件的,即我们可以确切证明被"我"直截了当地设立起来的是一个"非我",因为凡是同"我"相反或对立的东西,就是"非我"。② 对费希特来说,"非我"这个他者的起源虽然难以解释,但如果没有这个他者,自我意识就是不可能的,因为无限的、无差别的"绝对之我"要想把自身作为"我"来认识,就必须由一个他者来推动"绝对之我"把自己作为对比这个他者的他者继而作为自我同一者来反思。就这样,费希特在自我意识的能动设定活动——本原行动——这一前提下,建立了"我"与"非我"这两个对立面相互联系、相互依赖的唯心主义辩证法。③

但是,"非我"的存在会导致一个"我"难以避免的问题。"非我"作为"我"的对立面会战胜"我",于是,"非我"存在的地方,"我"就不可能存在。同时,"非我"又是被"我"所设立的,而且因此以"我"为先决条件。于是,"我"与"非我"既相互依赖,又相互矛盾。不同于笛卡尔希望用上帝来沟通"我"与"非我",康德在统觉的先验统一性之上建立二者的关联。而以康德为基础,又不同于康德,费希特用他的第三条原理来和解或综合"我"与"非我"。这条原理就是"我在我之中与可分割的我相对立,对设一个可分割的非我"④,即限制性原理 A+非 A=X。费希特认为这条互相限制原理在形式上是有条件的,即它是前两条原理"正题"与"反题"的"合题",也就是由前两个命题所规定了的需要解决的"我"与"非我"的矛盾,但在内容上又是无条件的,因为解

---

① 参见 Johann Gottlieb Fichte, *Grundlage der gesammten Wissenschaftslehre*, Leipzig: bei Chriftian Ernft Gabler, 1794, S.20.

② [德]《费希特文集》第 1 卷,梁志学编译,商务印书馆 2014 年版,第 514 页。

③ Michael Allen Gillespie, *Nihilism before Nietzsche*, Chicago: The University of Chicago Press, 1995, p.80.

④ [德]《费希特文集》第 1 卷,梁志学编译,商务印书馆 2014 年版,第 521 页。

决矛盾的行动不能由前两个命题推演出来,而只能"无条件地和直截了当地由理性的命令来完成",也就是只能由"绝对之我"使它所设定的"我"和"非我"互相限制。① "我"的这一限制行动,并不是在对设行动之前或之后,而是直接就在对设行动之中并与其一起发生。也就是说,限制行动和对设行动是同一回事,只是在反思中才被分别开来。"既然一个非我是相对于我对设起来,那么,与对设相对立的我和对设起来的非我就因而都被设定为可分割的。"②这里所谓"可分割"的"我"与"非我",就是指有限的、成为"某种东西"的"我"与"非我",即具体某个人的"经验之我"和某个事物的"经验非我",其中"非我就是那种不是我的东西,反之,我就是那种不是非我的东西"。③ 它们虽然在现实经验中是外在对立的,但由于这种对立属于"绝对之我"的范围,因此又是"绝对之我"的内部对立,从而都统一于"绝对之我"。

费希特的"绝对之我"来自对一切人的经验意识的抽象:"我们提出经验意识的随便一个什么事实,然后从中把一个一个的经验规定分离出去,继续分离直到最后再没有什么可以从它身上分离出去时,剩下来的这个自己本身绝对不能被思维掉的东西就是纯粹的。"④费希特的这一思路完全就是笛卡尔通过彻底的怀疑最后剩下纯粹的"我思之我"的思路的翻版,只不过"笛卡尔立即陷入了'我思'(作为主体)与'我在'(作为客体)、心灵与身体的矛盾;费希特则认为,借助于康德的作为一种能动活动(本原行动)的自我意识概念,这一矛盾根本不是什么矛盾。矛盾来自'在作为主体的我与作为绝对主体的反思的客体的我之间有了混淆',因为即使是作为客体的'我在',实际上也不是自在的,而是由绝对的、无所不在的'我思'设定、建立起来的,'人们不把他那对自己有所意识的我一起思维进去,是根本不能思维什么的;人们绝不能抽掉

---

① 参见[德]《费希特文集》第1卷,梁志学编译,商务印书馆2014年版,第516页。
② [德]《费希特文集》第1卷,梁志学编译,商务印书馆2014年版,第520页。
③ [德]《费希特文集》第1卷,梁志学编译,商务印书馆2014年版,第520页。
④ [德]《费希特文集》第1卷,梁志学编译,商务印书馆2014年版,第501页。

他自己的自我意识'"①。于是,可以说,费希特的三条原理,实际上都是"绝对之我"的本原行动即意志判断的结果,其中第一条原理是独断性判断,第二条原理是反独断性判断,最后一条原理是综合判断,它为自然世界以及科学建立基础。《全部知识学的基础》的剩余内容,就是从"绝对之我"出发考察"我"与"非我"的辩证和解或相互限制,就是对第三条原理中包含的关于理论理性和实践理性的基本原理的阐述,其中第一部分相当于康德的纯粹理性批判,分析"我"被"非我"所限制的可能性,即对对象世界决定所有主体性结构的思考;第二部分相当于康德的实践理性批判,考察"非我"被"我"所限制的途径,即对象世界被主体所影响的途径。

第三条原理中包含的关于理论理性的定理是:"我设定自己为受非我限制的。"②它一方面强调"我"作为绝对的活动设定"非我",是能动的,另一方面又强调"我"受所设定的"非我"的限制,是被动的。通过分析这一命题中"我"与"非我"的对立与综合,费希特既引申出理论知识的形式即范畴,又引申出理论知识的内容,即质料。首先,他从作为"我"与"非我"的相互限制中推衍出量、质、关系和模态的范畴,如从质的范畴中作为"实在性"和"否定性"范畴的综合统一的"限制性"范畴里引申出"交互规定"范畴(强调"我"与"非我"的实在性或否定性被相互规定),从关系的范畴中引申出"因果性"范畴(强调"我"与"非我"互为因果)和"实体与偶性"范畴(强调"我"的实体、偶性之变)。③ 其次,他从"我"与"非我"的相互限制中引申出理论知识的内容和对象的表象。在费希特看来,"我"作为"绝对之我"的活动是无限的和绝对自由的,但作为"经验之我"即受"非我"限制的"我"的活动是有限的和不自

①　杨祖陶:《德国古典哲学逻辑进程》,人民出版社 2006 年版,第 126 页。杨先生参照的《全部知识学的基础》译本,是商务印书馆 1986 年版的梁志学译本,其中"Thathandlung"被译为"事实行动",现参照《费希特文集》第一卷(商务印书馆 2014 年版梁志学译本)改为"本原行动"。

②　[德]《费希特文集》第 1 卷,梁志学编译,商务印书馆 2014 年版,第 538 页。

③　参见[德]《费希特文集》第 1 卷,梁志学编译,商务印书馆 2014 年版,第 539—558 页。

由的。"我"与"非我"的相互限制作用导致感觉的产生,然后,"我"通过想象力让感觉变成具有空间性和时间性的直观,而想象力所直观的表象是流动的、朦胧的,要通过知性即概念和范畴来加以固定,才能成为有规定性的对象观念。也就是说,通过知性,对象获得了实在性。[1]

　　费希特在这一部分对想象力的强调,令人印象深刻。费希特发现,根据主宰对象世界的自然法则根本无法解释自由和主体性,只有从具有无限性的"绝对之我"出发,才能统一无限与有限、自由与自然。通过区分"经验之我"和"绝对之我",费希特尝试解释"我"既受"非我"限制又不受"非我"限制的事实:"非我是真实的,而且限制着经验之我,但它不能也不可能限制绝对之我。尽管这种办法似乎很特别,但它可以通过费希特的激进声明来证明,即非我本身只是绝对之我的一种表现。经验之我和非我,也就是个体性的人类主体和对象世界,在费希特看来只是绝对之我的自由行动的表现,是作为上帝和人的本质的无限意志的表现。"[2]"经验之我"和"非我"建立关联的关键在于想象力。传统观点认为存在着可以作为衡量标准的客观真理,而由想象力生产的形象则是虚假的幻觉。但是费希特认为已经不存在这样的真理,所有具有决定性的实在性都是想象力的产品,这种想象力通过生产一种统一的形象或比喻,来把无限之物带入有限之物的表象之中,同时让有限之物作为无限之物的对立面显现。比如,我们之所以能够直接把握一棵树的存在,是因为我们的想象力能够把它和它所不是的事物相区分:"由想象力建立的限制既创造了树,也创造了非树。我们根据其中一个来理解另一个。由于是凭直觉可知的,它们可以被抽象,以适合于知性,也就是说,它们可以成为概念和范畴。知性和科学在这个意义上依赖于想象力的创造性力量,正是这个想象力设立了

---

　　① 参见[德]《费希特文集》第 1 卷,梁志学编译,商务印书馆 2014 年版,第 640—659 页。

　　② Michael Allen Gillespie, *Nihilism before Nietzsche*, Chicago: The University of Chicago Press, 1995, p.83.

经验的形式和范畴。"①

由此，费希特认为科学并不依赖于不矛盾律，而是依赖于有限之物和无限之物在想象中的对立。所谓认知就是设立边界，这是所有范畴和判断的本质，这些边界把每一种东西都和它们所不是的东西区别开来。由想象力生产的形象设定了一种边界或限制，以此分别了有限之物和无限之物，同时也通过在边界上把两者带入视野而统一了它们。"于是，在范畴中建立的、对哲学和科学都是本质性的有限之物和无限之物的统一，就是由想象力建立的边界的产品。在这个意义上，哲学和科学完全仰赖于一种想象性的制作，仰赖于诗，原初的希腊意义上的 poiēsis。在费希特的思想中，它们还被定义为理性的，但这只是由于这一事实，即理性自身已经被重新定义为创造性的设定（poisting），而非对既定之物或永恒之物的消极沉思。"②但问题在于，这样一种"诗性科学"无法提供一种牢固的知识基础，因为"我"的无限性行动不可能在想象力生产的任何形象中被完全领会："由想象力设立，以及稍后由理性在理解力中稳固的边界，总是被我自己的无限性行动推倒，因为我总是藐视一切这样的限制。我和非我，无限之物和有限之物的矛盾的理论性解决方案，难以建立一个令人满意的综合。"对费希特来说，这个结论可能无法避免，因为他根据想象力把理性重新定义为一种"无限的创造性意愿"，它"能画出关于它自己的无限性的有限图画。于是，永远不满于这一结果，总是持续不断地画出新的图画，就不足为奇了"。③

正是在这里，可以看到费希特认识论审美虚无主义的独特之处。费希特虽然和康德一样否定存在客观真理，否定思想的沉思性，强调真理的建构和思

① Michael Allen Gillespie, *Nihilism before Nietzsche*, Chicago: The University of Chicago Press, 1995, p.84.

② Michael Allen Gillespie, *Nihilism before Nietzsche*, Chicago: The University of Chicago Press, 1995, pp.84—85.

③ Michael Allen Gillespie, *Nihilism before Nietzsche*, Chicago: The University of Chicago Press, 1995, p.85.

想的反思性,但比康德走得更远。康德把理性划分为理论理性和实践理性,认为前者是主体的一种凭借统觉的先验统一性赋予自然之物以形式从而建构认识对象的能力,主张主体应该满足于运用理论理性认识自然之物或有限之物,而不要妄想认识超自然之物或无限之物(自在之物)。但是,费希特作为"无限的创造性意愿"的理性,不同于康德的理论理性,毋宁说是一种"绝对理性"①,它的最终目标不是让有限之物对象化,而是排除有限之物的干扰,因为有限之物永远不可能使无限之物具体化,永远不可能显现人的自由本质,而人正是通过无限设定与排除有限之物的过程来认识人的无限本质。如果说康德的理论理性是先强调虚无、否定与毁灭,再强调存在、肯定与创造,即一次性地完成认识对象的建构的话,那么费希特的绝对理性强调的是虚无与存在、否定与肯定、毁灭与创造的无限循环,它永远在建立又在推倒存在于有限之物和无限之物之间的边界,永远处在不断扩张有限世界的边界的行动之中。于是,如果说康德认识论的审美虚无主义还是一种温和的审美虚无主义,它追求的是有限的知识,以及建立在这种知识基础上的人类的安全与繁荣,那么费希特认识论的审美虚无主义已经是一种非常激进的审美虚无主义,它追求的是无限扩张的知识,以及建立在这种知识基础上的人类个体的绝对自由:

> 早期现代哲学原则上关注的是人类的保存和繁荣,但即使是在这样的语境中,一些思想家也已经认识到,自由是必要的。这在笛卡尔那里还是含蓄的,在卢梭那里已经是明确的了。但是这种自由与自然的关系,相当程度上还没有被考察。康德直面这一问题,并且尝试为它们的相互共存提供基础。在费希特的思想中,我们看见一种转向,从共存转到作为绝对的自由的主张,以及相应的消灭客体自然的要求。自由且唯有自由才能实施统治,一种纯粹的意志或行动,自身形成,不受任何法律约束,完全知道自己是所有法律、所有逻辑和

① Michael Allen Gillespie, *Nihilism before Nietzsche*, Chicago: The University of Chicago Press, 1995, p.85.

所有本体论的根源。但是,对非我的排除,也就是对客观世界和所有客观理性的排除,包含了对经验之我的排除,因为经验之我只能出现于与非我的联结中。宣称非我必须被排除,因此也意味着宣称经验之我必须成为绝对之我,宣称人必须成为一种绝对不受束缚、因此绝对自由的存在,换句话说,就是宣称人必须成为上帝。①

费希特《全部知识学的基础》的目标,是对一种和解"我"与"非我"的经验进行统一的解释。但是,他发现上述综合——理论性的综合——难以完成这一使命,因为任何一种建立在"非我"或绝对理性基础上的世界解释都无法充分解释经验。于是,他认为必要的综合——实践性的综合——要求彻底排除"非我"。对对象世界的消灭完成于这一证明,即"非我"直接决定于"绝对之我",后者是前者的基础和根源,而这一证明开始于第三条原理包含的另一个命题中:"我设定非我为受我限制的。"②这个命题也包含一个矛盾,即一方面"我"作为"绝对之我"设定自己是"非我"的限制者,从而是能动的,另一方面"我"在设定自己为"非我"的限制者时就受到"非我"的限制,从而又是被动的。这个矛盾是"绝对之我"的本质,并且构成实践的"我"的基本原理。"我"作为"绝对之我"虽然是无限的能动性且拥有绝对自由,但本身只是抽象的同一性,从而无从表现这种能动性和自由,所以必须设定"非我"这个对立物来证明自己的自由;而"我"虽然作为与"非我"相对立的"经验之我"是被动的和受限制的,但本质上又是无限能动的和不受限制的,它力图克服限制它的"非我",以追求无限的能动性和自由。

要想完成这一证明,必须深度考察"我"的自由行动。康德认为这种作为自在之物的自由是不可考察的,但是费希特认为我们可以用包括情感、本能和心理驱力在内的"意志的下意识领域"来定义这个本体性领域。我们通常把情

---

① Michael Allen Gillespie, *Nihilism before Nietzsche*, Chicago: The University of Chicago Press, 1995, p.86.

② [德]《费希特文集》第 1 卷,梁志学编译,商务印书馆 2014 年版,第 537 页。

感理解为激情,也就是对行动的反应,而这种行动有外在于我们的原因。费希特某种程度上同意这种理解,因为从"经验之我"的角度看,所有的情感都是激情。但是,这些激情产生的真正原因,实际上只能是作为绝对行动或纯粹意志的"绝对之我"。如果事实如此,那么情感就是主动、积极的本原行动,而非被动、消极的反应行动:"它们是经验之我对自己的本质的经验,对绝对之我的自由行动的经验,这个绝对之我作用于经验之我,并通过经验之我起作用。费希特关于所有经验的这种基础的想象性建构,是他的自由教义的基本表达,这种教义尝试证明,经验之我和非我事实上只是本原行动或意志的一些时刻,正是这种本原行动或意志构成了绝对之我本身。它是意志的自我奠基行动。"①

意志的自我奠基行为最初作为"努力"(striving)而出现:"我返回自身的纯粹行动,就其与一个可能的客体的关系而言,是一种努力。这种无限的努力向无限冲去,是一切客体之所以可能的条件;没有努力,就没有客体。"②意志是绝对的自由,自由为了使自身免于对他者的依赖,就会努力消解他者的他性。努力作为"经验之我"的意志的支配形式,构成"绝对之我"的意志的"纯粹行动"的不完美表现:"努力总是对某物的追求,这种东西没有出现在行动本身中,而且总是以异己的他者的在场为先决条件。作为结果,只要他者介入,努力就会不满,就会以消灭他者为目标。因此,努力是一种否定形式,它由一种半组织化的视觉引导,也就是说以一种本质上已经是而且因此实际上应该是的视觉引导。正如黑格尔所指出的那样,努力对费希特来说就是康德所理解的'应该'。"③作为本原行动的"我",既是一切又是无,它作为想成为无

---

① Michael Allen Gillespie, *Nihilism before Nietzsche*, Chicago: The University of Chicago Press, 1995, p.87.

② [德]《费希特文集》第 1 卷,梁志学编译,商务印书馆 2014 年版,第 677 页(Johann Gottlieb Fichte, *The Science of Knowledge*, ed.and trans., Peter Heath and Johan Lachs, Cambridge: Cambridge University Press, 1982, p.231)。为了和前面的"本原行动"统一,根据英文译法,笔者把梁先生的译文"纯粹活动"改为"纯粹行动"。

③ Michael Allen Gillespie, *Nihilism before Nietzsche*, Chicago: The University of Chicago Press, 1995, p.88.

限的平面上的一个点，还无法反思自身。当这种纯粹、无条件的拓展行动被不知如何出现在"我"之内的异己的他者所干扰时，"我"意识到自己受到了限制，产生了无能感。正是"我"在与"非我"遭遇时产生的局限性意识或无能感，让"我"被迫退回原点，并且开始意识到自己作为一个"我"存在，也就是作为有限之物的"经验之我"而存在。但是，被"绝对之我"的纯粹意志支配的"经验之我"绝不甘于受限，而总是被一种克服"非我"、追求无限之物的冲动所支配。而这一冲动总是被无限之物所限制。于是，"我"再一次产生了无能的感受。也就是说，向外的以无限之物为目标的离心运动即冲动，让"我"产生了返回"我"自身的向心运动即反思。显然，"我"的本原行动一方面是一种无限的实践性努力，另一方面是一种趋向于反思的理论性力量，这两种驱力同样具有本原性，而且相互需要："反思是我走向我之外的基础，因为只是由于反思的存在，才有限度，也才有内外之分。那种彻底探讨无限者的要求，是我努力寻求普遍因果关系的基础，因此也是通过边界的行动的根源。这样，它使边界作为边界而得以理解，使我作为我而得以理解。没有反思，就可能没有追求无限者的努力，没有这样一种追求无限者的努力，也就没有反思。"①

实践性的努力永远在追求着它永远达不到的理想即绝对自由或实现自由与自然的和解，这说明了"我"的活动具有的一种真正本原性的特征即"渴望"（longing）："这是一种根本没有客体却又不可抗拒地被迫去追求一个客体的活动，是单纯被感觉的活动。但这样一种在我之中的规定，被人们称为渴望，叫做对完全不知道的东西的冲动。这种完全不知其为何物的东西，只能通过一种需求，通过一种不安，通过一种争取自我充实却又并不指明从何予以充实的空虚而显示出来。"②正如吉莱斯皮所言，渴望是居于"我"核心之处的意志原初的、完全独立的显现，是作为自由本质的努力的根源，是"我"的行动的最

---

① Michael Allen Gillespie, *Nihilism before Nietzsche*, Chicago: The University of Chicago Press, 1995, p.90.

② ［德］《费希特文集》第 1 卷，梁志学编译，商务印书馆 2014 年版，第 722—723 页。

深层基础,也是实在性的本体基础:"渴望实际上是指向改变感受的驱力,是指向重新解释客观世界、使世界从属于我的手段。正如我们已经看到的那样,我把非我经验为一道边界,它反映出我自己的无能感,这种感受作为我难以得到无限者的结果出现。这样,感受的改变,只有作为我们扩大无限者的能力的延伸结果而出现。渴望尝试获得无限者,同时对自己的局限性有所意识。但是就它意识到自己的有限性来说,它在某种意义上已经超越了它们。在这种意义上,渴望是无限的绝对之我的能力,它在有限者、经验之我中显示自身。它既是扩大无限者的驱力的源泉,也是反思的驱力的源泉,因此既是理论性意志的源泉,也是实践性意志的源泉。"①

"我"虽然因为渴望而意识到自己的有限性,并且在某种意义上已经超越了有限性,但在实际经验中仍然受到限制,从而仍然需要实际地去克服这种限制。这个过程由想象力根据"我"的命令来重建世界而完成。于是,想象力开始计划新的形象,在有限之物和无限之物之间设立新的边界。新形象和新边界带给"我"一种满意、充实、完成的感觉,但这种感觉转瞬即逝,因为一种厌恶的感觉,一种不满意主体与其自身分裂的感觉会接踵而至。于是,"我"就会重新开始想象力对现实世界的重构,从而走上一条无穷无尽的辩证道路。在康德看来,走上这条道路是一种厄运,因为人类不可能通过重构现实自然世界来实现他的自由,充其量只能在发现和遵循理想道德世界的普遍法则过程中接近他的自由本质。但在费希特看来,人可以通过持续改造现实自然世界来实现他的自由本质,人的道德满足感就是在这种改造过程中获得的自由感。世界改造完成之日,就是自由完成之日,就是"经验之我"从所有锁链中解脱之日,就是"我"实现自己的绝对无限性存在之日,尽管这一天永远不可能到来。

正如萨弗兰斯基所言,凭借《全部知识学的基础》,费希特把这个努力实

---

① Michael Allen Gillespie, *Nihilism before Nietzsche*, Chicago: The University of Chicago Press, 1995, pp.90-91.

现自身无限性本质的"我"大张旗鼓地提升到了"哲学的奥林匹斯山上",现在,这个"我"站在那里,就像德国浪漫主义绘画先驱卡斯帕尔·达维德·弗里德里希的《云端的旅行者》中那个人物,"世界则在他的脚下展开:一片雄伟景象。"通过费希特,"'自我'这个词获得一种巨大的容量,可以与此媲美的,只有以后尼采和弗洛伊德赋予'它'的丰富含义。受众人追捧的费希特,成了主观主义和极端可行性之精神的见证人。臆想的制作的权力发出亢奋之声。"①正是通过这个自我,费希特完成了对康德所划分的两个世界的统一。他通过对现实世界的不断摧毁与重建,把康德自得其乐的"真理小岛"变成了人表现自己无限性本质的自由王国。他把人的道德责任规定为去消灭所有分离人与无限性的有限形式,去持续破坏、毁灭旧形象、旧边界,并持续创造、建构新形象、新边界。

相较于康德,这无疑是一种更为激进的伦理学审美虚无主义。但是,这种伦理学审美虚无主义也更加危险,因为它不再把人视为二元性的自然/自由存在,而是视为绝对自由的存在从而实际上视为自在之物,不再把无限性视为人的信仰,而是视为必然要实现的目标。唯名论正是因为强调绝对自由和无限性,才把实在论光明的上帝变成隐匿在黑暗深渊中的可怕力量,而正如雅克比早就发现的那样,把绝对自由和无限性视为人的本质,意味着上帝的死亡,意味着人自己将成为上帝:"人类有且只有一种选择:要么是虚无,要么就是上帝。在选择虚无时,他让自己变成了上帝。"②于是,人将替代唯名论的上帝,成为激进的审美虚无主义者,成为生成一切又吞噬一切的黑暗深渊:"通过对非我的破坏,人争取实现他自己的无限性,他自己的无限自由。这样一种抗争把光明带进了黑暗,因为它越来越证明,这个深渊其实只是人自己的本质。以

---

① [德]萨弗兰斯基:《荣耀与丑闻——反思德国浪漫主义》,卫茂平译,上海人民出版社2014年版,第91—92页。

② Friedrich Heinrich Jacobi, "Open Letter to Fichte", in Ernst Behler, ed., *Philosophy of German Idealism*, New York: Continuum, 1987, p.138.

这种方式,费希特把人送上一条指向无限性也就是神性的道路。"①

更严重的是,费希特式的意志个体也会成为自身精神性焦虑的根源,而这种焦虑要比人文主义者的焦虑更为严重。不同于人文主义者主张先毁灭再创造的审美虚无主义,费希特式意志个体主张自我创造与自我毁灭无限循环的审美虚无主义,这导致个体一方面无法忍受绝对空白状态,从而渴望创造,另一方面又无法忍受自己的创造物对自己的自由的束缚,从而渴望毁灭,但这种毁灭又再一次让他处于绝对空白状态。于是,他一方面需要不停地创造,另一方面又需要不停地毁灭,而当他无能于创造和毁灭时,他就会觉得自己彻底失去作为"绝对之我"才有的绝对自由,彻底变成没有任何自由可言的"非我"或物,从而陷入致命的绝望和疯狂中。深受费希特影响的荷尔德林曾如此描述自己无能于创造和毁灭,从而沉沦于"非我"中时的感受:"虚无像一个深渊在我们周围张着大口喘息,千万种社会和人的某些行为,无形地、没有灵魂和冷酷地迫害我们。"②用雅克比的话来说,这种虚无体验,是一个幻想成为上帝,但最终只是把自己和周围一切都变成幻相的人必然会产生的体验,因为他根本没有上帝才有的全能。③

尽管如此,这里还是要指出,费希特的审美虚无主义并非彻底激进的审美虚无主义,并非唯名论审美虚无主义的完全实现。根本原因在于,唯名论的审美虚无主义强调虚无与存在、否定与肯定、毁灭与创造的无限循环,这种循环没有目的,不指向未来,不是为了形成一个更好的世界,只是为了证明上帝的绝对自由,而费希特的审美虚无主义虽然也强调无限循环,但这种循环不是原地踏步,而是包含一种螺旋式上升,最终指向一个有待实现的目标,即人的自

---

① Michael Allen Gillespie, *Nihilism before Nietzsche*, Chicago: The University of Chicago Press, 1995, p.92.

② 转引自[德]萨弗兰斯基:《荣耀与丑闻——反思德国浪漫主义》,卫茂平译,上海人民出版社 2014 年版,第 93 页。

③ Friedrich Heinrich Jacobi, "Open Letter to Fichte", in Ernst Behler, ed., *Philosophy of German Idealism*, New York: Continuum, 1987, p.138.

由存在。也就是说，费希特的审美虚无主义里包含了一种辩证的因素，从而包含了一种历史的因素，一种进步的因素，它指引着人们去为未来的自由存在而奋斗，并因此为自己的生命找到了目的、价值和意义。我们即将看到，施蒂纳和尼采取消了这些因素，从而把审美虚无主义推向了极致。

即便如此，相较于之前的审美虚无主义，费希特审美虚无主义已经足够激进，并且将会对年轻的德国早期浪漫派成员产生深远影响。正如格奥尔格·勃兰兑斯所言，费希特的"绝对之我"鼓舞了浪漫主义年轻的一代，在后者看来，这个"绝对之我"就是"思维着的人，是新的自由冲动，是自我的独裁和独立，而自我则以一个不受限制的君主的专横，使他所面对的整个外在世界化为乌有"①。正是这个"绝对之我"，激发了这群任性的青年天才对自由的狂热追求，对外在世界的彻底虚无化与审美化冲动。

二、诺瓦利斯的浪漫化理论

人们通常认为，浪漫主义运动是对启蒙运动的反叛。② 从本研究的思路来看，这种观点既正确又不正确。深受卢梭思想影响，浪漫主义者崇尚返回大自然。"自然"在卢梭那里一方面意味着自然状态，另一方面意味着自然本性。启蒙运动认识论的审美虚无主义破坏了自然状态中的万事万物，把它们变成完全可以替换的零件或碎片，从而把整个自然重构成一个按照牛顿力学规律或康德所谓人类先验法则运行的机器。这虽然有助于利用和征服自然，有助于人类的安全与繁荣，却剥夺了古希腊、中世纪文化传统中自然与具有无

---

① ［丹］勃兰兑斯：《十九世纪文学主流：德国的浪漫派》，刘半九译，人民文学出版社 1997年版，第 24—25 页。

② 参见［俄］加比托娃：《德国浪漫哲学》，王念宁译，中央编译出版社 2007 年版，第 1 页；［英］以赛亚·伯林：《浪漫主义的根源》，吕梁等译，译林出版社 2011 年版，第 9—27 页；［英］蒂莫西·布莱宁：《浪漫主义革命——缔造现代世界的人文运动》，袁子奇译，中信出版集团 2017年版，第 xv—xvi 页。

限性的诸神或上帝的关联,从而让自然本身失去了灵性、魔力和神秘,无法满足人对无限性或意义的渴望。不仅如此,认识论的审美虚无主义所崇尚的数学法则同样适用于人本身,同样会把人变成质料、碎片和零件,会再把人组成听命于他人的机器。于是,启蒙虽然带来了光明,却也带来了单调和乏味,虽然驱散了黑暗,却也驱散了神秘和诗意,导致人对自身精神性存在的焦虑。另外,启蒙运动伦理学的审美虚无主义虽然把人的本性规定为自由意志,但又立刻把自由意志规定为善良意志,规定为按照普遍性的道德法则行动的意志。但是,根据唯名论的观点,自由意志根本上意味着随心所欲的自我解放和自我创造,意味着彻底无规定性的自我规定。把按照唯名论上帝形象塑造的西方个体的本性规定为善良意志,只会让这一个体身上的那些非理性的本能、激情和欲望受到压抑、扭曲和摧残。浪漫主义者要做的,就是反对启蒙认识论的和伦理学的审美虚无主义,希望通过诗性的艺术活动来恢复自然万物的灵性,恢复人的自然本性的全面性和丰富性,恢复生命的意义与完整。

然而,浪漫主义运动看似是对启蒙运动的反叛,实际上和后者一样都属于审美虚无主义运动的一部分,它不过是把启蒙审美虚无主义扭向了另一个方向:如果说启蒙审美虚无主义要把自然建构成符合数学法则的机器或透明的水晶宫,那么浪漫主义的审美虚无主义则要重构自然诗性的混乱、黑暗与神秘;如果说启蒙审美虚无主义要把人性规定为善良意志,那么浪漫主义的审美虚无主义则要把人性重新规定为恶魔意志。这也就是说,浪漫主义的审美虚无主义和启蒙审美虚无主义本质上都是审美虚无主义,而前者不过是在启蒙的基础上把审美虚无主义运动推向了一个新的阶段。由于浪漫主义的主要代表是德国浪漫主义尤其是德国早期浪漫派,本研究主要关注这一派别的代表性成员诺瓦利斯、弗里德里希·施莱格尔和路德维希·蒂克。

从 18 世纪后期开始,浪漫主义运动逐渐支配欧洲各个国家的思想文化领域,于是就有了所谓英国浪漫主义、德国浪漫主义、法国浪漫主义和俄国浪漫主义等。从 1789 年法国大革命到 1830 年法国七月革命,正是德国浪漫主义发展的黄金年代。大约在 1795 年至 1801 年间,奥·施莱格尔、弗里德里希·施莱格尔、诺瓦利斯、施莱尔马赫、威廉·海因里希·瓦肯罗德和路德维希·蒂克等青年学者和作家,共同组成了一个松散的学术团体,它后来被称为"德国早期浪漫派"。不同于德国中期浪漫派醉心于政治热情,致力于统一祖国和唤醒民族意识,也不同于德国晚期浪漫派沉迷于宗教神秘主义,德国早期浪漫派主要致力于用德国古典唯心主义哲学尤其是费希特的思辨唯心主义指导文学理论与实践,以形成诗化的唯心主义。

诺瓦利斯(1772—1801)原名格奥尔格·弗里德里希·菲利普·冯·哈登贝格,虽然在世仅仅 29 年,却因为对出生于其中的巨变时代非常敏感以及异常勤奋而留下了不少传世名作,如断片集《花粉》(1798)、演讲《基督世界或欧洲》(1799)、小说《塞斯的弟子们》(1799)、《海因里希·冯·奥夫特尔丁根》(1802)和诗歌《夜颂》(1800)等,对德国浪漫主义运动做出了重要贡献,从而被称为"浪漫主义之帝"①。

诺瓦利斯思想的来源主要是康德、谢林和黑姆斯泰尔许伊等人的思想,但最初也是最重要的来源无疑是费希特的思想。他曾经说过,自己把 1795 年至 1796 年的所有业余时间都奉献给了"一直最爱的思想和对费希特哲学的艰苦研究"②。不过,在这段时间写下的费希特研究札记表明,他既是一个费希特主义者,又是一个渴望形成自己哲学体系的反费希特主义者。他最初也从"我等于我"出发,断言"我"应该包括一切为"我"之物,从而不承认存在或"非我"的超验性。他还把"我"等同于绝对的行动能力,具体表现为"设定"(即"我设定自身为我")、"分解"(即"我设定自身为非我")和"结合"(即"我与非我同一")这三种行动。不过.在解释费希特的概念(如"生命")时,诺瓦利斯常常按照自己的想法给它们增添新的内涵,或者在进一步解释这些概念

---

① [俄]加比托娃:《德国浪漫哲学》,王念宁译,中央编译出版社 2007 年版,第 209 页。

② [德]恩斯特·贝勒尔:《德国浪漫主义文学理论》,李棠佳、穆雷译,南京大学出版社 2017 年版,第 168 页。

时又提出自己的新概念,如"虚无""单一者""对分者""三位一体"等等。另外,诺瓦利斯对费希特的基本原理也提出了质疑,认为费希特所谓"一切存在皆备于我"太过专断,应当还存在一个客观的"非我",以便"我能够设定自身为我"。这就是说,他既承认"我"相对于存在来说具有积极的、创造性的性质,又承认"我"并没有能力凭借自身消融全部存在,尽管确有可能获得全部存在。另外,在克服费希特主观主义时,诺瓦利斯还试图把"生命"概念确定为存在与非存在的中间环节。这使得诺瓦利斯从费希特返回康德,因为他正确地发现康德那里还保持着跟"生命"即自在之物的联系。肯定"非我"的独立存在,这使得诺瓦利斯最终和费希特分道扬镳,但也并没有因此和康德完全一致,因为他又断言上帝的实在性是自我与自然共同的超验来源。于是,在沉思和批判费希特哲学的过程中,诺瓦利斯一方面走向了客观唯心主义,断言自然或"非我"独立于"我"的存在,另一方面又走向了宗教唯心主义,断言上帝是"我"和"非我"的绝对源泉。①

这些札记还比较清楚地展示了诺瓦利斯哲学的另一个走向。费希特认为作为认识主体的"我"是一种纯粹的意识即理性、理智,一种不夹带任何杂质如情感、情绪之类的纯粹意识活动。不同于费希特,诺瓦利斯认为"我"不是一个抽象的理性原则,而是"人的精神有血有肉的整体,是心灵力量的总和"。也就是说,"我"不是一个理性的自我,而是一个生命的自我,它一方面是有限性的存在,另一方面又意识到这种有限性,渴望超越这种有限性,达到无限性的存在。于是,这些早期札记里,诺瓦利斯已经发展出他在后期"魔幻唯心主义"哲学里才全面阐发的自我概念,这个自我能动地规定着存在,赋予外部世界以灵性。另外,这些札记也改变了费希特辩证法的框架。首先,诺瓦利斯扩大了费希特辩证法的应用范围,即不仅像费希特那样应用于精神范围,还尝试应用于自然现象领域;其次,不同于费希特只是在建构哲学体系时才使用辩证

---

① 参见[俄]加比托娃:《德国浪漫哲学》,王念宁译,中央编译出版社 2007 年版,第 120—126 页。

法,诺瓦利斯把辩证法当作独立研究和沉思的对象,试图把正题、反题和合题规定为概念辩证发展的基本要素;最后,不同于费希特走的是一条顺应综合原则的分析道路,一条直线型道路,诺瓦利斯走的是一条既综合又分析的道路,既强调从一般到特殊,又强调从特殊到一般的循环道路。在这些札记的最后一组断片中,诺瓦利斯还提出一种观点,即一种不成系统的哲学是必要的,真正的哲学体系应当把自由和无限即无系统性引入体系。诺瓦利斯强调,任何哲学最初都有寻觅绝对原因的需求,而如果绝对原因正是因为任何活动都找不到它才成为绝对原因,那么哲学对绝对原因的追求就是无休止的探索活动,就是永恒的渴望。于是,哲学就应该是一个只能用断片来思考的不成系统的开放体系。①

　　1797 年春,随着自己钟爱的未婚妻索菲亚去世,诺瓦利斯的思想也进入了一个决定性时刻,从此他不再围绕费希特式的自我中心、主体中心和哲学的批判语境展开研究,而开始探索"用客体、自然和灵界来扩展和完善主体、人类和世界"②。就在这时,他发现了谢林的自然哲学,开始如饥似渴地阅读,希望从中找到对自己理论具有本质推动力的灵感,以探寻主体与客体的全面结合。③ 但是诺瓦利斯很快就抛弃了谢林,因为后者主张客观世界和主观世界中的每一种事物都表现为并保持着绝对同一性,这些事物之间的差别,既不是质的差别,也不是量的差别,而只是因次的差别。在诺瓦利斯看来,只有作为"上帝—自然—自我"的三位一体的"原初存在""纯粹存在""混沌"或"无限者",才是绝对同一性的存在,而现实中的人由于具有意识,已经处于主体与

---

　　①　参见[俄]加比托娃:《德国浪漫哲学》,王念宁译,中央编译出版社 2007 年版,第 126—130 页。

　　②　[德]恩斯特·贝勒尔:《德国浪漫主义文学理论》,李棠佳、穆雷译,南京大学出版社 2017 年版,第 178 页。

　　③　参见[德]恩斯特·贝勒尔:《德国浪漫主义文学理论》,李棠佳、穆雷译,南京大学出版社 2017 年版,第 178—179 页。

客体、有限与无限、现实与理想、个体与整体的分裂状态。①

但是,如何摆脱这种分裂状态,返回绝对同一性的原初存在呢? 荷兰泛神论哲学家黑姆斯泰尔许伊的思想给了诺瓦利斯以启发。黑姆斯泰尔许伊将牛顿发现的物理学法则——即吸引和排斥——移植到道德领域,又把道德领域爱和自私的法则移植到物理学,认为爱是吸引力、结合力、和谐力的表现,而利己主义是排斥力的表现。他认为无论是人还是世界,其道德器官都对理性保持关闭,而它们能够通过爱揭示世界迄今未知的道德面目,因为爱不仅是世界的普遍法则,还是认识这一法则的最高源泉。黑姆斯泰尔许伊把宇宙视为道德的世界,把爱视为自然的一般法则,这表明他把自然界看作能动的、有灵性的生命有机体。诺瓦利斯陶醉于黑姆斯泰尔许伊对自然过程和心灵过程的类比,发现"内在的崇高快感"就这样脱离了慈善活动和高尚品德,变成"根据第一物理学(形而上学)法则来解释的快感"。他也支持黑姆斯泰尔许伊的黄金时代是人类道德发达的时代的学说,把人的本质视为日臻完善的道德器官。他也深受黑姆斯泰尔许伊用诗歌来对抗启蒙运动唯理论倾向的观点的影响,从而区分了三种现实性即历史、哲学和诗歌,认为哲学(理性、理智)只是解说和整理特定的历史事件,而诗歌则将许多个别的事实跟整体作对比,从而"发现个别中的整体和整体中的个别"。他认为诗歌能够"造成一个美好的社会,或者说内在的整体、和睦的家庭、美好的宇宙庄园"。关于诗歌的这些思想,后来成为他关于"诗中的诗"的学说的基石,后者强调诗歌首先是哲学知识的最高形态即诗性哲学或哲理诗,其次是表现知识普遍适用性的唯一可能形式即诗化科学的百科全书。②

在 1797—1799 年于弗赖贝格矿业学院从事自然科学研究期间,诺瓦利斯重新燃起对康德的兴趣,力求在对康德的批判中发展出自己的浪漫主义哲学

---

①　参见先刚:《谢林是一个浪漫主义者吗?》,《世界哲学》2015 年第 2 期。

②　参见[俄]加比托娃:《德国浪漫哲学》,王念宁译,中央编译出版社 2007 年版,第 130—133 页。

立场。康德认为,无限者虽然必然会敦促我们走出经验及一切现象,但正因为如此不可能被囿于经验范围的思辨理性所认识。但是,实践理性却为我们信仰无限者保留了地盘。对此,诺瓦利斯给出了自己的想法,他认为信仰并没有对立于理论认识,前者不仅是后者的一种形式,而且是后者的较高形式,因为信仰的实现不仅要借助于理性,还要借助于其他内在精神力量。这些在认识论意义上夸大信仰功能的想法影响了诺瓦利斯的道路,他后来又赋予信仰获得理性认识阶段所不能提供的综合知识的可能性。在这一时期,诺瓦利斯还对实践理性的作用范围作了重新解释。对康德来说,纯粹理性的实际运用就是道德上的运用,但诺瓦利斯把实际运用等同于"诗意运用",把实践和诗意视为一个东西,从而把无限者视为诗意认识的对象。在诺瓦利斯看来,诗意认识就是"创造性的认识,与之俱生的是艺术作品中(有限中)对于无限者的塑造和认识"。于是,在康德"确定一个关于无限者的理性概念,只是为了实践理性使用方便"这条原理后面,诺瓦利斯写下这样的原理:"我们认识它(即无限者)的程度,只能是我们实现它的程度。"这就是说,诺瓦利斯不仅认为无限者可以根据被扩大了的认识能力所认识,而且找到了认识无限者的适当工具即诗意认识。当诺瓦利斯把他对康德的重新解释与他从费希特的能动自我观那里得来的东西加以综合时,"哲学(=诗学)天才就变成为创造(塑造无限者)性认识的表达者或载体。"于是,康德所谓先天综合判断如何可能的问题,在他那里就变成了天才精神的综合认识如何可能的问题。康德是因为要批判主体的认识能力才从先验逻辑上考察先天综合判断如何可能,而诺瓦利斯则认为"综合认识是否可能,取决于独立自在的、创造性的自我提炼的精神,即天才是否存在。在天才自我认识(这是其生命活动的表现形式)的进程中,才出现了塑造无限者(宇宙、世界)和对无限者直悟的过程"。由于依据费希特主观主义的立场,诺瓦利斯认为天才精神的综合认识,即从理论上洞察无限者是完全可能的。①

---

① 参见[俄]加比托娃:《德国浪漫哲学》,王念宁译,中央编译出版社2007年版,第133—136页。

从1798年写下的《逻辑论理学断片》开始,诺瓦利斯致力于阐述自己的魔幻唯心主义哲学。他在开篇就指出哲学体现的是一种神秘的、最真实的、贯通一切的思想,从而一开始就赋予神秘主义在哲学中的合法化地位。费希特通过自身活动设定"非我"的"主观之我",仍旧是诺瓦利斯魔幻唯心主义的基本原则,但是在后者那里,费希特纯粹理性的"我"变成了诗意的、感觉的"我",变成了一个"神秘者"。关于神秘者概念的内涵,他如此描述:"禀赋着最高悖论的最高原则,不就是那样一个原理吗? 它不能容忍片刻的宁静,总在吸引和排斥,总是那样不可理喻,我们一旦领悟到它的真谛,它就连续不断地刺激我们去行动,我们才不至于有时厌倦行动或者说对之见惯不怪。按照古代的神秘史诗,上帝是与精神相似的。"①在诺瓦利斯看来,迄今为止我们的思维方式要么只是机械的、推理的、原子论的,要么只是直觉的、生动的,而神秘者正是将逻辑认识和直觉认识综合于自身的最高认识形式,它就存在于最高形式的自我即天才的思想中。这里的天才首先是艺术天才,后者既是推理思想家,又是直觉思想家,他像魔法师一样进行创造,他用诗歌表现的,是由活生生的个体组成的生命世界,它能够揭示有限与无限的最深刻的共通性,揭示人与宇宙相互作用的奥秘。他的魔幻直观能力能够使意识中出现模糊的整体形象,也就是发生从个别(有限者)向绝对者、无限者的升华。②

诺瓦利斯还认为,神秘与浪漫在某种意义上是同一个东西,世界(人和宇宙)的浪漫化,就是人和宇宙二者关系的神秘化:

> 世界必须浪漫化。这样人们会重新发现本真的意义。浪漫化无
> 非是一种质的强化。在这个活动中,低级的自我与一种更完善的自

---

① 转引自[俄]加比托娃:《德国浪漫哲学》,王念宁译,中央编译出版社2007年版,第136—137页。

② [俄]加比托娃:《德国浪漫哲学》,王念宁译,中央编译出版社2007年版,第137—140页。萨弗兰斯基也曾指出,诺瓦利斯最初在费希特影响下从自我意识的结构出发,后来从作为"冲动的和创造性力量的"意志自我出发来建构自己的魔幻唯心主义。参见[德]萨弗兰斯基:《荣耀与丑闻——反思德国浪漫主义》,卫茂平译,上海人民出版社2014年版,第130—131页。

我同一化了。好像我们自身就是这样一种质的乘方。这个活动还完全不为人所知。当我给卑贱物一种崇高的意义,给寻常物一副神秘的模样,给已知物以未知物的庄重,给有限物一种无限的表象,我就将它们浪漫化了。——对于更崇高的物、未知物、神秘物、无限物,方法则相反——它们将通过对应的联系被开方——于是它们获得了寻常的表达。此即浪漫哲学。①

世界之所以需要浪漫化,是因为启蒙运动的唯理论世界图景割裂了人与宇宙的隐秘关联,这一割裂使得自然变得死气沉沉,夺去了自然对人来说非常重要的品格即精神性:"古老的世界垂向终点。人类童年的乐园凋敝了——不再幼稚的成长中的人类竭力攀入更自由的荒芜的空间。诸神及其追随者消失了——大自然空旷寂寥,了无生机。"②作为精神与物质之统一的绝对、诸神或上帝曾经主宰着古老的世界,那里物质拥有灵性,精神拥有物性,精神和物质混沌未分。但是,科学放逐了诸神和上帝,把物质和精神分裂为两个互不联系、互不转化的现实,而所谓浪漫化,就是恢复绝对、诸神或上帝的主宰,恢复人和宇宙内在的统一,使已经祛魅的世界复魅。这种浪漫化,只能由拥有物质变精神、精神变物质的魔法的诗歌天才完成,他首先能够不断地"给卑贱物一种崇高的意义,给寻常物一副神秘的模样,给已知物以未知物的庄重,给有限物一种无限的表象",即把物质向精神"乘方"式地提升,其次能够让"更崇高的物、未知物、神秘物、无限物"向相反的方向运动,即从精神向物质"开方"式地下降。物质和精神、精神和物质相遇之处或统一之处,就是绝对、诸神或上帝的显现之处。当然,绝对、诸神或上帝已经遁去,不可能再重返这个世界。所谓让绝对、诸神或上帝重新主宰这个世界,就是用康德意义上的那个作为

---

① 参见刘小枫编:《夜颂中的革命和宗教——诺瓦利斯选集卷一》,林克等译,华夏出版社2007年版,第134页。

② 刘小枫编:《夜颂中的革命和宗教——诺瓦利斯选集卷一》,林克等译,华夏出版社2007年版,第38页。

"调节性理念"的绝对、诸神或上帝来规定人的存在,而这意味着,浪漫化根本不可能一劳永逸地完成。人必须一而再再而三地浪漫化这个世界,在这个浪漫化行动中无限接近地满足自己对绝对、诸神或上帝的渴望。①

　　根据这种浪漫化理论,诺瓦利斯逐渐形成自己的历史哲学。他把人类历史的发展设想为沿螺旋状上升的运动,其第一阶段是黄金时代,那里人(心灵与肉体)与自然(物质与精神)各自处于无法区分的统一状态,人与自然(部分与整体、有限与无限)之间也是无法区分的统一状态;第二阶段是对黄金时代的否定,那里人开始分裂为心灵与肉体,自然开始分裂为物质与精神,人与自然也处于对立、分裂状态;第三阶段是未来的黄金时代,那里人与自然将各自复归于统一状态,人与自然的关系也复归于统一状态。当然,不同于最初各种无意识的统一,未来黄金时代的统一是分离中的统一,是有意识的统一。②

　　诺瓦利斯于1798—1799年间创作的未完成小说《塞斯的弟子们》所表现的就是这样一种历史哲学。小说的核心部分是关于夏青特和洛森绿蒂的童话故事,它以一个年轻人的爱的能力为线索,表现他从孩提到成人的发展历史。长相俊美、天真烂漫的夏青特最初在森林里生活,整天和动物、飞鸟、树木、岩石对话和游戏,也与可爱的姑娘洛森绿蒂两小无猜。但是好景不长,一个外国人来到这里,给夏青特讲了很多关于异域的故事,还带着他爬进深深的矿井,临走前又送给他一本没有人能读懂的小书。夏青特从此远离洛森绿蒂而一人独处,情绪低落。森林里的一位怪异的老妪告诉他,只有丢掉那本书,离开故乡去寻找生育女神伊西斯,才能恢复健康,才能重新拥有往日美好的时光。他不顾一切地抛下父母和洛森绿蒂,独自奔向女神神殿所在地塞斯。他一路跋山涉水,穿行在蛮荒之地和一望无际的沙漠,到处询问关于女神的消息。随着

---

　　① 参见[德]曼弗雷德·弗兰克:《德国早期浪漫派美学导论》,聂军译,吉林人民出版社2011年版,第235—239页。
　　② 参见[俄]加比托娃:《德国浪漫哲学》,王念宁译,中央编译出版社2007年版,第184页。

时间的流逝,蛮荒之地和沙漠重又变成充满绿意的世界,飞鸟和动物重新在他周围出现,空气重新变得和煦清新。他内心的狂躁不安逐渐变成一种轻柔而有力的韧性,内心的甜蜜和爱意也越来越强烈。终于有一天,他遇到一泓清澈见底的泉水和一簇繁茂的花丛,花丛蔓延而下进入一个山谷,伸向一根根黑色的摩天高柱之间。在花儿和清泉的指引下,他终于找到掩映于奇花异木之间的神殿。在沁人心脾的熏风吹拂下,他安然睡去,让美梦带着他走进神殿。穿过数不胜数的房间,走过各种奇珍异宝,他站在遮着面纱的女神面前。掀开那轻盈闪光的面纱,洛森绿蒂倒在他的怀抱里。①

显然,这则童话故事分为三个阶段,即(作为肉体与灵魂的统一的象征的)夏青特、(作为物质与精神的统一的象征的)自然和(作为人与自然的统一的象征的)洛森绿蒂这三者的天真的统一阶段、分裂阶段以及恢复原初统一的阶段,它们正好对应于人类历史发展的三个阶段。根据前述诺瓦利斯对浪漫化的定义,童话或人类历史能够发展到第三阶段都是两种方向相反的浪漫化的结果。在这则童话里,第二种浪漫化(开方)的结果表现为女神通过蜕变为洛森绿蒂而为夏青特所认识,第一种浪漫化(乘方)的结果表现为夏青特通过面纱后面的洛森绿蒂而获得对女神、无限物、神秘物或未知物的认识。通过这两种浪漫化,肉体与灵魂、物质与精神、人与自然重归统一。

1799 年秋天,施莱尔马赫发表了《论宗教》。在这篇著名演讲里,他创造性地指出,不同于科学、哲学、道德和艺术,宗教本质上是对无限者的直观,它表达的是人类心灵对无限性的渴望。启蒙运动却反对这样的宗教,让人忙碌于俗世的功利和琐碎的事物,从而让心灵变得狭隘和有限,让生活变得平庸和枯燥。于是,至关重要的是呵护和培育人心中的宗教萌芽,促使人们发现并使用对无限者的直观能力。这部著作对诺瓦利斯产生了持久影响,激发他写下了《基督世界或欧洲》,后者再一次表达了他的浪漫化历史哲学。在这篇文章

---

① 参见刘小枫编:《大革命与诗化小说——诺瓦利斯选集卷二》,林克等译,华夏出版社 2008 年版,第 14—18 页。

中，诺瓦利斯首先带着无限的感伤指出，人类曾经有过光辉美妙的时代，那就是基督教主宰下的欧洲世界。这是一个按人性塑造的宗教王国，那里人人有权加入各种隶属于王国首脑的行会，人人处处都受到尊敬、安慰、帮助、保护和忠告，都愉快地从事自己世间的工作，也都有可靠的未来，那时他们的每个过失都会得到原谅，每个污点都会被抹掉、洗净。在那些美妙的教堂聚会里，人们聆听教士们宣讲被赋予上帝的力量的圣女、圣徒如何拯救、帮助、保护虔敬的信徒，在聚会后怀着挚爱传播生命的福音，和其他人分享美好的信仰。① 无疑，诺瓦利斯把中世纪基督教世界美化成了肉体与灵魂、物质与精神、有限与无限统一于基督教上帝的黄金时代。

然而，这时有人开始宣称地球是一颗无足轻重的行星；有人开始关注现实的利益，不再追求信仰与爱，而是追求知识和财产；教士们变得懒惰和卑鄙，人们对王国的尊重和信任逐渐消失，王国的根基发生了动摇。终于，路德开始反抗教会及其纲领，建立新教组织，并用德文翻译《圣经》，宣布《圣经》的普遍适用性。由于公教信仰的巨大范围、灵活性和丰富的材料，也由于《圣经》的秘传方式，以及宗教会议和宗教首脑的神圣权力，文字从未产生过巨大的危害。但是现在这些制约手段被废弃，《圣经》得到绝对的普及，《圣经》中那些贫乏、粗糙而抽象的宗教构想，明显压制和妨害了圣灵自由的启示和渗透。于是，宗教改革运动本来是为了维护基督世界，却导致基督世界从此不复存在。世俗国家纷纷出现，纷纷抢夺基督世界首脑曾经占有的位置。学者阶层逐渐替代了教士阶层，知识逐渐替代了信仰："人们试图在信仰中消除普遍停滞的根基，并希望通过知识的传播来打破这种停滞。神圣的感觉处处受到各种迫害，不论是对它迄今为止的品格，还是对它成熟的个性。人们将现代思想方法的结果称为哲学，将与古老的观念不相容的一切，尤其是每一种反宗教的想法统统算作哲学。最初个人对公教信仰的憎恶，逐渐演化为对《圣经》、对基督教

---

① 参见刘小枫编：《夜颂中的革命和宗教——诺瓦利斯选集卷一》，林克等译，华夏出版社2007年版，第202—203页。

信仰以及最终甚至对宗教的憎恶。更有甚者,这种宗教憎恶十分自然及合乎逻辑地延伸到一切热情之对象上,它诋毁想象和情感、德性和对艺术的热爱、未来和远古,煞费苦心把人排在自然物序列的首位,并且把无限的和创造性的宇宙音乐糟蹋成一座庞大的石磨的单调嘎嘎声。"①人类这时候只剩下一种热情,即对"哲学的祭司和秘法家"的热情,这使得一个"新的教会"开始形成,它的成员"忙于将诗从自然、大地、人的灵魂和科学中清扫出去,消除神圣之物的每一道痕迹,用冷嘲热讽打消对一切崇高的事件和人物的怀念,并且剥掉世界的一切五彩装饰。"②光,因为其数学般的驯服,也因为其放肆,成为这些人的宠儿,他们用它来命名他们的伟大事业——启蒙运动。显然,诺瓦利斯把从宗教改革到启蒙运动这段历史视为人与自然原初统一状态的分裂,作为绝对者的上帝隐匿不见的时代。

然而,人的天性对使之现代化的一切努力并不买账,它"总是那样神奇和莫测,那样诗意和无限"。于是,宗教的复兴终将到来,"一种新的、更高的宗教生命将在它们那里随和平而搏动(开始),并迅速吞灭其他一切世俗的兴趣。"对"人类内心所具有的创造欲、无限性、无穷的多样性、神圣的独特性和不可估量的能力"的一种强烈预感就要到处活跃起来。尽管一切都还只是暗示,但诗人们已经"用言语和行动传扬上帝的福音,并始终忠实于真正的无限的信仰,直到进入死亡"。③ 也就是说,通过诗歌天才们的浪漫化活动,作为绝对者的上帝将重新降临,重新主宰和统一肉体与灵魂、物质与精神、有限与无限。

在生命最后时光创作但同样未完成的小说《亨利希·冯·奥夫特尔丁

---

① 刘小枫编:《夜颂中的革命和宗教——诺瓦利斯选集卷一》,林克等译,华夏出版社2007年版,第209页。

② 刘小枫编:《夜颂中的革命和宗教——诺瓦利斯选集卷一》,林克等译,华夏出版社2007年版,第210页。

③ 刘小枫编:《夜颂中的革命和宗教——诺瓦利斯选集卷一》,林克等译,华夏出版社2007年版,第210—218页。

根》里,诺瓦利斯更为全面而深刻地表现了自己的浪漫化理论。在和蒂克谈及这部小说时,诺瓦利斯写道:"整个作品当是诗之神化(Verklärung)。"①正如伍尔灵斯所言,如此规定这部小说,是基于诺瓦利斯对时代本性的判断,也基于他借艺术影响当下历史发展的愿望,而直接原因是对歌德小说《威廉·迈斯特的学习时代》的批评。② 和弗里德里希·施莱格尔一样,诺瓦利斯最初评价歌德这部小说时也带着赞赏的态度,认为小说的主题是表现济世与诗的冲突,追求至高之物与进入商界的冲突,对美的艺术的感觉与商人生涯的冲突,或美与功利的冲突。但是,诺瓦利斯很快就发现《威廉·迈斯特》不是浪漫小说,而是"一个反诗的毒瘤"③,因为小说的结局并非经济与诗的对立综合,而是经济对诗的征服。歌德小说反映了这一事实,即当时社会占据统治地位的思想是对工作、经济才能和实用理性的强调。但在诺瓦利斯看来,失去了对无限性或绝对的渴望,经济社会将会最终走向毁灭。于是,诺瓦利斯才特意创作《奥夫特尔丁根》,希望用诗神秘化或浪漫化这个已经散文化的世界。

根据自己的浪漫化理论,诺瓦利斯在小说中展开了浪漫化的两种进程,即从有限到无限的乘方的浪漫化和从无限到有限的开方的浪漫化。小说一开头就描述了亨利希关于"蓝花"的梦。④ 这里的蓝花,就是统一了肉体与灵魂、物质与精神、人与自然的绝对、诸神或上帝的象征。小说故事情节围绕一趟旅行展开,和亨利希同行的,是自己的母亲和几位商人,他们的目的地是母亲的故乡。很明显,诺瓦利斯希望把这场经济之旅浪漫化,而这个浪漫化过程,既表现为主人公亨利希通过聆听一个个童话故事,接触一个个传奇人物而满足对

---

① 转引自刘小枫编:《大革命与诗化小说——诺瓦利斯选集卷二》,林克等译,华夏出版社2008年版,第188页。

② 参见刘小枫编:《大革命与诗化小说——诺瓦利斯选集卷二》,林克等译,华夏出版社2008年版,第190页。

③ 转引自刘小枫编:《大革命与诗化小说——诺瓦利斯选集卷二》,林克等译,华夏出版社2008年版,第191页。

④ 参见刘小枫编:《大革命与诗化小说——诺瓦利斯选集卷二》,林克等译,华夏出版社2008年版,第36页。

无限性的渴望的乘方过程,也表现为梦中蓝花最终变成母亲故乡的诗人克林索尔之女马蒂尔德小姐的开方过程。当亨利希亲吻过马蒂尔德小姐后,他感觉自己恍若在天堂,因为他在此刻又想到梦中那朵蓝花,觉得那张由花萼构成并俯向他的面孔,就是马蒂尔德天仙般的面容。① 虽然小说到此并未结束,整部小说也远未完成,但已经可以在这里把握诺瓦利斯浪漫化世界的努力。

正如蒂利希所言,西方人对精神上的非存在的焦虑,亦即对空虚和无意义的焦虑,只是在启蒙运动取得全面胜利后才开始成为主导性的焦虑。② 人必须活在世界里,后者是生命意义的来源。但是,这个世界要想是生命意义的来源,必须是物质与精神相统一的世界,必须是能够响应人的心灵呼唤的世界。启蒙运动之所以会导致精神性焦虑的泛滥,是因为它彻底终结了物质与精神混沌未分的古老世界,并且带来了一个日益理性化、机械化的新世界,一个失去灵性、只剩下僵硬而冷漠的物质性的世界,一个宇宙论虚无主义泛滥的世界。生活于其中的诺瓦利斯,就像一只染上基督鲜血的知更鸟,最先痛苦地唱出了这种精神性焦虑,并且最先给出了重新恢复物质与精神之统一的浪漫化方案。

然而,诺瓦利斯的浪漫化方案也是审美虚无主义式的,因为它也从个体的自由意志出发,也强调意志的毁灭与创造,只不过不同于启蒙运动认识论的审美虚无主义让意志个体否定客观存在的自然本身,只把它视为一堆广延物、质料、碎片或零件,从而根据先验法则把它重构为机器或水晶宫,诺瓦利斯浪漫化的审美虚无主义让意志个体彻底否定作为机器或水晶宫的启蒙自然,而主张把自己渴望的无限性赋予有限的自然事物,把它们重构为物质与精神的统一性存在,重构为"无限的和创造性的宇宙音乐"。在诺瓦利斯看来,恢复了和无限性的关联的自然事物,能够重新充满魅力、神秘和奇迹,重新满足人们

---

① 参见刘小枫编:《大革命与诗化小说——诺瓦利斯选集卷二》,林克等译,华夏出版社2008年版,第107—108页。

② 参见[美]保罗·蒂利希:《存在的勇气》,成穷译,贵州人民出版社2009年版,第36页。

的精神性需要,重新成为生命意义的来源。

但是,由于任何自然事物本身都是有限的,任何通过自然事物体验到的无限性都不是真正的无限性,诺瓦利斯的浪漫化努力仍然属于费希特式努力的范围,从而无法彻底摆脱空虚感、无意义感对人的精神性存在的威胁。更为关键的是,当诺瓦利斯用"乘方""开方"这样的数学术语来描述他的浪漫化方案时,我们就已经知道,这种方案和启蒙规划一样都强调思想的建构性质,从而认识到,诺瓦利斯重新赋予自然的魅力、神秘和奇迹都不是自然本身所有的,而是人为制造出来的致幻剂,它们无法真正实现世界的复魅,也无法真正满足人的精神性需要。于是,用浪漫的审美虚无主义对抗启蒙的审美虚无主义,用想象中精神与物质的统一对抗现实中精神与物质的分裂,用虚构的意义对抗实际的无意义,也就是用有意识的设计赋予自然价值,而不像克罗斯比所主张的那样去承认、发现活生生的自然本身具有的灵性和意义,这决定了诺瓦利斯的努力不可能成功。

三、施莱格尔的反讽理论

如果说诺瓦利斯浪漫化的审美虚无主义的目标是反对启蒙认识论的审美虚无主义,那么弗里德里希·施莱格尔(1772—1829)反讽论的审美虚无主义的目标就是反对启蒙伦理学的审美虚无主义,后者具体表现在他的反讽理论和小说《卢琴德》(1799)中。

施莱格尔的创作活动可以分为四个时期,即"哲学求学"时期(1791—1802)、"酝酿与变化"时期(1802—1808)、"澄明"时期(1808—1822)和"完成"时期。① 在第一时期尤其是耶拿浪漫派时期(1797—1802),施莱格尔致力于学习康德,并用费希特的观点批判康德,还尝试用自己摸索出来的绝对唯心

---

① 参见[俄]加比托娃:《德国浪漫哲学》,王念宁译,中央编译出版社 2007 年版,第 20 页。

主义批判费希特。在创刊于 1798 年的《雅典娜神殿》这份杂志中,施莱格尔曾经发表过这样的断片:"法国大革命、费希特的《知识学》和歌德的《迈斯特》,是这个时代最伟大的倾向。"①施莱格尔之所以把费希特哲学、歌德小说和法国大革命相提并论,是因为在他看来,后者是现实政治的革命,而前两者是人类精神生活的革命。施莱格尔要做的,就是继续深化这种精神革命。但是,由于深受谢林哲学和施莱尔马赫哲学的影响,这一时期的施莱格尔开始强化对费希特哲学的批判。通过重新审视斯宾诺莎哲学,施莱格尔把费希特与斯宾诺莎合而为一,主张哲学的出发点不应该是能动的创造性主体即费希特式的"绝对之我",而应该是斯宾诺莎式的"无限",但这个无限不是斯宾诺莎所认为的那种静止而僵死的实体,而是能动的、自我创造和自我发展的实体。②

在《谈诗》(1800)"关于神话的演说"一部分,施莱格尔指出,现代文学落后于古典文学的根本原因,在于前者没有神话,而神话是古代诗的中心。根据上下文,施莱格尔所谓神话,就是"无限的诗",就是关于无限性的梦想。为了超越古典文学,现代诗人必须拥有自己的"新神话"。如果说古代神话是无意识地、自然而然地产生的,那么新神话必须自觉地产生,也就是"必须从精神的最深处把它创造出来"。而如果说新的神话"只能产生于精神最内在的深处",那么费希特的唯心主义就是最好的范例。在施莱格尔看来,唯心主义是一场"伟大的革命",它属于"人类全力以赴寻找自己的中心"这个包含"一切现象的现象的一部分"。唯心主义揭示了"精神的本质就是自己规定自己,并且在永恒的交替中走出自身又回到自身。任何一个思想都不外乎是这样一个行动的结果:与上述两种情形相仿,唯心主义的每一种形式里,也大致可以见

---

① [德]弗里德里希·施莱格尔:《浪漫派风格》,李伯杰译,华夏出版社 2005 年版,第 78 页。

② 参见[俄]加比托娃:《德国浪漫哲学》,王念宁译,中央编译出版社 2007 年版,第 36—54 页。

到这个过程。因为唯心主义本身只是对那个自我法则的承认,只是那个新的、通过这个认可而变得更快的生活。通过无比丰富的虚构、普遍的可传达性以及活跃的影响力,这种生活辉煌地展现着它自己的隐秘的力量"。于是,他主张一种"新的、同样无限的实在论",后者必将"脱胎于唯心主义而崛起"。①

施莱格尔之所以要在费希特唯心主义基础上建立新的实在论,是因为他受到谢林和施莱尔马赫的客观唯心主义或"完美的实在论"影响,看到了费希特唯心主义思路的困难之处。在费希特那里,处于经验世界之外的"绝对之我"是先验自我,它作为本原行动具有无限的主观能动性,可以设定一切,创造一切。"绝对之我"为了证明自己的存在,就必须设定一个"经验之我",一个位于经验世界之中的有限自我。但是,"绝对之我"和"经验之我"构成了人自身存在的分裂,如何使分裂的自我重新实现统一,就成了问题的关键。费希特的思路是从无限出发设定有限,从绝对出发设定个别。但这一思路的最大困难在于,它等于不承认客观事物、有限之物或个别之物的实在性。1799 年左右,施莱格尔开始倾向于把统一了存在与思维、物质与精神、客体与主体、观念与实在、自然与自我、有限与无限的"绝对同一性"作为思想的起点或最高原则。但就像在谢林那里自然只是无意识的创造性活动,自我则是有意识的创造性活动一样,在施莱格尔尝试建立的绝对唯心主义或"实在论的唯心主义"中,自我虽然不再是思想的最高原则,但仍然作为唯一具有自由意志的存在,自觉追求着统一了有限性与无限性的绝对同一性。② 这里的自我,不再是以无限设定有限、以绝对设定个别的"绝对之我",而是以有限设定无限,以个别设定绝对的"经验之我"。"经验之我"既然意识到自己的本质是"绝对之我",自己的使命是实现无限性,就会通过不断设定又打破边界的方式无限接

---

① ［德］弗里德里希·施莱格尔:《浪漫派风格》,李伯杰译,华夏出版社 2005 年版,第 191—193 页。

② 参见［俄］加比托娃:《德国浪漫哲学》,王念宁译,中央编译出版社 2007 年版,第 36—53 页。

近"绝对之我"。"这正是施莱格尔所强调的'生成'模式——'生成着的无限,只要在它还没有达到自己最高的完满,它仍然还是有限,一如生成着的有限必然包含着无限,只要那永恒的流动性、运动、自我变化以及转换的活动仍然灵验,那么,有限就包含着一种内在的完满性和多样性'。"①这种不断克服经验自我的有限性,向绝对自我的无限自由存在无限逼近的过程,就是反讽。

在其第一部大型断片集《批评断片集》(1797)第 108 条中,施莱格尔如此界定反讽:"反讽出自生活的艺术感与科学的精神的结合,出自完善的自然哲学与完善的艺术哲学的汇合。它包含并激励着一种有限与无限无法解决的冲突、一个完整的传达既必要又不可实现的感觉。它是所有许可证中最自由的一张,因为借助反讽,人们便自己超越自己;它还是最合法的一张,因为它是无论如何必不可少的。"②在其他一些并没有出现"反讽"字样的断片里,施莱格尔进一步解释了他的反讽概念。如《批评断片集》第 28 条:"理解(对于一门特殊的艺术、科学、一个不寻常的人,等等)乃是分解了的精神,也就是自我限制——即自我创造与自我毁灭——的结果。"③第 37 条:"……自我限制……之所以是最必须的,是因为无论何处,只要人们不对自己进行限制,世界就限制人们;从而人们就变成奴隶。(自我限制)之所以是最高的,是因为人们只能在具有无限的力量、即自我创造和自我毁灭的问题和方面中,才能实施自我限制。"④在恩斯特·贝勒尔看来,完全可以认为施莱格尔把反讽理解为"自我限制",它包括两方面交替出现的内容,即"自我创造"与"自我毁灭",而施莱格尔之所以如此理解反讽,是因为他对原始的酒神(狄奥尼索斯)精神的理

---

① 陈安慧:《从哲学到美学的浪漫主义反讽》,《华中学术》(第四辑)2011 年第 2 期。

② [德]弗里德里希·施莱格尔:《浪漫派风格》,李伯杰译,华夏出版社 2005 年版,第 57 页。

③ [德]弗里德里希·施莱格尔:《浪漫派风格》,李伯杰译,华夏出版社 2005 年版,第 47 页。

④ [德]弗里德里希·施莱格尔:《浪漫派风格》,李伯杰译,华夏出版社 2005 年版,第 48 页。

解:酒神代表着无穷的生命活力,它必须有所创造。但这活力如果找不到外部客体,就会回过头来自我施罚。另外,施莱格尔还借用歌德在《威廉·迈斯特的学习时代》中一边幻想尊严和价值、一边轻轻讥笑自己这一现象,来解释这种自我创造和自我毁灭。① 拜泽尔也持相同观点,他指出,反讽者一直在创造,因为他一直在提出更新的视角、更丰富的概念、更清晰的表达,但他也一直在毁灭,因为他一直在批判他自己的努力。正是在这种自我创造与自我毁灭的循环中,他才能投身于对真理的永恒探索中。② 无疑,反讽本质上就是一种强调即虚无即存在、即否定即肯定、即毁灭即创造的审美虚无主义游戏,它尽情地想象着人的无限自由的存在,又一次次讥笑、打击这种想象。

施莱格尔在《〈雅典娜神殿〉断片集》第116条中指出,只有一种"浪漫诗"才能表现这种反讽精神。所谓浪漫诗,就是一种哲学、诗歌、散文、寓言、批评等体裁的大杂烩。③ 由于浪漫诗可以随心所欲地使用各种体裁、运用各种概念、从各种视角出发,反反复复地表达艺术家对人的无限性存在的想象,同时又无情地嘲笑、批评这种想象,从而可以让人们乘着诗意的翅膀在理想和现实之间来回翱翔,所以这种集大成式的文学体裁最适合反讽精神的表现。

施莱格尔自己的未完成小说《卢琴德》就是这样一种浪漫诗。正如《卢琴德》英译者彼得·弗乔所指出的那样,这篇小说是"书信、寓言、双关、象征、幻想、愿景、对话、自传、散文诗以及(存在于未发表的续篇中的)押韵诗"等各种形式技巧的混合。这种多形式的混合,代表了一种"从形式上反映自然的丰富和混乱,反映宇宙中存在的大量不同形式的尝试"。还有,《卢琴德》代表了

---

① 参见[德]恩斯特·贝勒尔:《德国浪漫主义文学理论》,李棠佳、穆雷译,南京大学出版社2017年版,第138—139页。不同于尼采的狄奥尼索斯精神背后是非目的论和诗性逻辑,它仅仅强调自我创造、自我毁灭的无限循环,施莱格尔的狄奥尼索斯精神背后是目的论和辩证逻辑,它强调通过无限循环的自我创造、自我毁灭向人的绝对自由存在目标的无限逼近。

② 参见[美]弗里德里克·C.拜泽尔:《浪漫的律令——早期德国浪漫主义观念》,黄江译,华夏出版社2019年版,第186页。

③ 参见[德]弗里德里希·施莱格尔:《浪漫派风格》,李伯杰译,华夏出版社2005年版,第71—72页。

一种"要在形式上描绘一种精神与才智的成长和结合的尝试",这种尝试"与施莱格尔在他的第116条断片中提出的模式——即一种关于进步的和普遍的诗的学说——完全匹配。而且,具有讽刺意味的是,在它的未完成性中,《卢琴德》也符合这一学说的另一部分:因为它未完成,《卢琴德》永远不可能是一部小说,而必须永远试图成为一部小说。"①仅仅是形式的丰富性和内容的未完成性,就已经表现了这篇小说的无限性主题。

除了形式的丰富和小说的未完成性,施莱格尔还希望通过一种艺术的混乱、一种有系统的混乱来表达他的无限性主题。小说开头,叙述者朱利叶斯给卢琴德写了一封信。这封信本来应该是向她诉说自己遇到她之后极度幸福的感受,后来却中断了这条叙述逻辑,而朱利叶斯这样做只是为了"从一开始就摧毁我们称作'秩序'的事物,以便消除它,并明确地宣告和在事实上确认迷人的混乱的权利"。在朱利叶斯看来,生命和爱给予他的素材太过"循序渐进和循规蹈矩",如果按照事情本来的样子来叙述,会使这封独特的信"变得令人难以忍受的统一和单调",让它"无法实现它应该实现的目标,即重新创造与融合庄严的和谐、迷人的欢愉这二者最美丽的混乱"。于是,朱利叶斯宣告自己具有"毋庸置疑的搞乱一切的权利",并且决定从他写就的散乱的纸页中东拿一张,西拿一张,再把它们放在信件的这个或者那个部分。② 正是通过这种结构上的混乱,施莱格尔希望表达艺术家具有不受故事本身逻辑束缚的绝对自由。正如黑格尔所言,在施莱格尔那里,艺术家就是"自由建立一切又自由消灭一切的'我'",对于这个"我"来说,所有东西都不是绝对的和自在自为的,而只显现为"由我自己创造并且可以由我自己消灭的显现(外形)",所有东西都是狭隘、呆板、有约束性的,只有能创造也能消灭这些东

---

① Friedrich Schlegel, *Friedrich Schlegel's Lucinde and the Fragments*, trans., Peter Firchow., Minneapolis: University of Minnesota Press, 1971, p.39.

② 参见 Friedrich Schlegel, *Friedrich Schlegel's Lucinde and the Fragments*, trans., Peter Firchow., Minneapolis: University of Minnesota Press, 1971, pp.45-46。

西的艺术家之"我"是绝对自由的。① 这让我们再一次回想起唯名论的上帝,那位根据自己的意愿而非理性创作世界戏剧,又根据自己的意愿随时介入和改变戏剧结构以确保自己绝对自由的"全能的诗人",那位随心所欲地玩弄着即虚无即存在、即否定即肯定、即毁灭即创造的无限循环游戏的审美虚无主义者。

当然,最能表现施莱格尔对无限性存在的渴望的,是《卢琴德》塑造的人物形象。小说男主人公朱利叶斯是一个神志恍惚、身心分裂、意志消沉、遍寻刺激的颓废艺术家,他的许多青春时光"如同那些年纪太轻的人身上所常见的一样,只是由一系列女性的名字记载而成"②。和这些女人的交往,只能满足他的肉欲,无法满足他的精神需要,从而只会让他产生越来越强烈的分裂感、无聊感、空虚感和无意义感,越来越强烈的精神性焦虑。直到遇见女艺术家卢琴德,他才重新"变得完整和丰富",重新"找到完全的和谐",真正摆脱这种焦虑。③

卢琴德之所以有如此魅力,是因为她最为自然。施莱格尔认为,支配自然的是一种被动原则,而植物和夜晚是这种原则的最好体现。植物本能地服从着自然的命令,它的生长、开花、枯萎都与季节相协调。它从不需要发展独属于自身的原则,不需要反抗自然,因为它没有反抗意识。于是,植物只为自己而存在,只是自己的成就和目的。这一点与人类形成鲜明对比,因为后者反抗自然,并且寻求属于自己的规则,按照自己的理想生活,并且试图把自己的意识强加于自然。施莱格尔认为这是人的变态,人只有像植物那样完全被动、漫无目的,才能重新达到完美状态。卢琴德就是这样的人,她就像在纯粹自然状

---

① 参见[德]黑格尔:《美学》第一卷,朱光潜译,商务印书馆1997年版,第82页。

② [丹]勃兰兑斯:《十九世纪文学主流·德国的浪漫派》,刘半九译,人民文学出版社1997年版,第67页。

③ 参见 Friedrich Schlegel, *Friedrich Schlegel's Lucinde and the Fragments*, trans., Peter Firchow, Minneapolis: University of Minnesota Press, 1971, p.103。

态下长成的植物那样,只为自己而存在,只是自己的成就和目的。她也热爱大自然和那些精致的人类面孔,也希望用自己的艺术表现这些美,但绘画对她来说不是一种需要耐心和勤奋的职业,而只是一种兴趣和爱的劳动。她从不会刻意构思和拼命劳作,而只是带着漫游时产生的灵感随意作画,但这样画出来的画却具有极其强大的表现力,能让人感受到空气的新鲜气息,感受到风景的可爱野性,感受到人类面孔深不可测的多样性与美妙的和谐。① 就像植物自然而然就能开出美丽的花朵,卢琴德自然而然就能展现出完美的人性;就像花是植物的顶点一样,卢琴德就是人性的顶点。② 那是一种"完全而无限"的人性,"不知道何谓分裂"的人性。③

另外,夜晚也是被动原则的体现。夜晚是休息而非劳作的时间,是做梦而非思想的时间,是爱和激情的时间。但是,这样的时间里的生活并不是无聊和懒惰的,而是富有创造性的。"激情一词在德语('Leidenchaft'来自'leiden'即受苦)和英语('passion'来自拉丁语'pati'即受苦)中都来自相同的概念,即受苦、被动、被做而非做;但同样是在英语和德语中,激情这个词还都表示一种强大的情感力量。换句话说,激情是一种不能有意识地意愿而只能由自然触发的东西。一旦释放,它就会拥有巨大的能量。因此,真正具有创造力和活力的人是被动的、顺应自然的人;他不服从理性或人的任意规则,而只屈服于神圣的灵感。"④卢琴德就是这样的人。"Lucinde"这个名字来自拉丁语"lux",意思是"光"。然而,这种光不是白天的光,而是夜晚的光,苍白的月亮与星星的光,它由白天的太阳的光点亮。这种光也不是男性的光,而是女性的光,它

① 参见 Friedrich Schlegel, *Friedrich Schlegel's Lucinde and the Fragments*, trans., Peter Firchow, Minneapolis: University of Minnesota Press, 1971, p.97。

② 参见 Friedrich Schlegel, *Friedrich Schlegel's Lucinde and the Fragments*, trans., Peter Firchow, Minneapolis: University of Minnesota Press, 1971, p.61。

③ Friedrich Schlegel, *Friedrich Schlegel's Lucinde and the Fragments*, trans., Peter Firchow, Minneapolis: University of Minnesota Press, 1971, p.47.

④ Friedrich Schlegel, *Friedrich Schlegel's Lucinde and the Fragments*, trans., Peter Firchow, Minneapolis: University of Minnesota Press, 1971, p.27.

由男性爱情的光点亮。卢琴德是被动接受的光,但正是在这被动接受中,她的激情、创造力、活力和灵感被触发了。于是,被爱情点亮的她每天都会表现出"新的不同",她的性格变得"越来越丰富",她的独创性好像"取之不尽,用之不竭",她的容貌显得"更加年轻"。很多人分别具有的一些特质,如"感官的美丽新奇、令人陶醉的激情、谦虚的活动、温顺高尚的品格"等,现在居然全都聚集在她一个人身上。①

正是在和卢琴德的相爱中,朱利叶斯越来越发现,只有遵循被动原则的生活,即植物般无目的、无追求的生活,闲散、无所事事的生活,由爱触发激情的生活,才是真正的生活,拥有这种生活的人,才是整体的人。于是,朱利叶斯决定发展一门关于闲散的艺术、科学乃至宗教,而它的核心观念就是:"一个人或一个人的作品越是神圣,就越像植物;在自然的所有形式中,这种形式是最道德的,也是最美丽的。于是,最高、最完美的生活方式实际上不过是纯粹按照植物那样生活。"②根据这种宗教,朱利叶斯嘲笑所有牺牲自己的睡眠时间而不懈追求某个目标的道德努力,主张在"真正被动的神圣宁静"中"记住自己的整个自我,思考世界与生活"。他反对"教育和启蒙的发明者"普罗米修斯以不自然的方式造人,因为这样做到头来让他自己从神变成人,永远无法摆脱劳作的枷锁,而赞成以"崇高的休闲"为目标的赫拉克勒斯通过自然的方式——"让50个女孩子忙碌一晚上"——造人,因为这样做到头来让他由人上升为奥林匹斯山的众神之一。③ 朱利叶斯希望拥有的,只是"一种纯粹的爱,它是一种不可分割的单纯的感觉,不包含任何不安的努力。每个人都给予他所接受的,每个人都喜欢对方;一切都是平等的、完整的和完全的,就像来自

---

① 参见 Friedrich Schlegel, *Friedrich Schlegel's Lucinde and the Fragments*, trans., Peter Firchow, Minneapolis: University of Minnesota Press, 1971, p.101。

② Friedrich Schlegel, *Friedrich Schlegel's Lucinde and the Fragments*, trans., Peter Firchow, Minneapolis: University of Minnesota Press, 1971, p.66.

③ 参见 Friedrich Schlegel, *Friedrich Schlegel's Lucinde and the Fragments*, trans., Peter Firchow, Minneapolis: University of Minnesota Press, 1971, pp.63~67。

神圣的孩子的永恒之吻。通过快乐的魔力，相互冲突的形式的大混乱化为遗忘的和谐之海。当幸福的阳光被最后一滴渴望的泪水折射时，伊利斯（彩虹女神——引者）已经在用她彩虹般的细腻色彩描绘着天堂永恒的眉心。幸福的梦想成真，一个新世界的纯净轮廓从忘川的波浪中升起，美丽如阿乃迪奥米妮（希腊神话中爱与美的女神——引者），并且在逐渐消失的黑暗中展开它们的形状。在金色的青春和纯真中，时间和人在自然那神一样的宁静中徘徊；而曙光女神总会来临，总会变得更加美丽。"[1]无疑，这种倡导闲散、自然的非道德性教义，与启蒙思想家如费希特强调征服自然的道德性教义完全相反。它所理解的无限性存在，不再是通过一次次地建立又推翻自然事物的边界而形成的对象性存在，而是在爱的结合中实现的灵与肉、精神与物质、自然与自由的统一性存在。

施莱格尔虽然通过《卢琴德》充分表达了他对无限性存在的想象，但从来都没有忘记对这种想象的讥笑。他赋予小说的副标题"一个笨拙男性的自白"[2]，说明了这部小说是以一个容易犯错者的角色——朱利叶斯——的口吻写就的，而这为施莱格尔作为作者随时中断、介入、评价和批判故事的结构、人物、主题准备了条件。正如弗乔所言，角色概念是施莱格尔非常感兴趣的一个主意，正是这个概念塑造了他的反讽观念："施莱格尔将角色手法的起源追溯至古希腊喜剧，特别是名为'离题演唱'——即在剧情中间插入的以诗人的名义向观众发表的演讲——的手段。施莱格尔认为，这种中断技巧——或者布莱希特后来所谓陌生化效应——本质上与他所钦佩的小说家如塞万提斯、狄德罗、斯特恩、让·保罗的人物角色或叙事者践行的方法相同。《卢琴德》的中断法似乎明显模仿了这些作者中最后两位的小说。

---

[1]　Friedrich Schlegel, *Friedrich Schlegel's Lucinde and the Fragments*, trans., Peter Firchow, Minneapolis: University of Minnesota Press, 1971, p.106.

[2]　Friedrich Schlegel, *Friedrich Schlegel's Lucinde and the Fragments*, trans., Peter Firchow, Minneapolis: University of Minnesota Press, 1971, p.43.

在施莱格尔的头脑中,中断或'离题演唱'观念与反讽观念密切相关。事实上,在其一个断片中,他说'反讽是一种永久的比喻'。换言之,反讽包括对作品自身的持续自我意识,以及对艺术作品同时作为虚构和对现实的模仿的意识。在这方面,艺术作品的反讽对应于一种反讽态度,施莱格尔认为后者是现实生活中不能不有的态度。只有通过反讽,人才能同时达到接近现实和远离现实的目的。只有这种反讽的态度,才能使人完全投身于有限的现实,同时也使人认识到,从永恒的角度看,有限性是微不足道的。"①这就是说,施莱格尔一方面尽情地幻想着人的无限性存在,另一方面又提醒自己注意这种存在的虚幻性;一方面提醒自己必须完全投身有限的现实,另一方面又鼓励自己蔑视现实的有限性。就这样,施莱格尔"乘着诗意的翅膀"——一只是自我创造、一只是自我毁灭的审美虚无主义翅膀——来回翱翔在理想和现实之间。

显然,施莱格尔的反讽理论是一种比费希特知识学更为激进的审美虚无主义。如果说费希特知识学的起点是抽象的、没有身体性的绝对自我,希望经验自我通过不断地设定又推翻有限与无限的边界,来把现实世界改造成绝对自我自由存在的舞台,追求的是一种普遍性的道德自由,一种精神上的自我完善,那么施莱格尔反讽理论的起点就是处于身体与灵魂、现实与理想的矛盾中的经验自我,希望通过艺术和爱情来克服这些矛盾,追求的不再是按照普遍性原则行动的道德自由,而是追求个体完整和统一的非道德自由。这意味着启蒙伦理学的审美虚无主义已经开始蜕变为浪漫主义非伦理学的审美虚无主义。即便如此,施莱格尔的审美虚无主义还不是浪漫主义的审美虚无主义中最为激进的一种,因为它追求的还只是非道德自由,而不是反道德自由。路德维希·蒂克所追求的,正是这样一种自由。

---

① Friedrich Schlegel, *Friedrich Schlegel's Lucinde and the Fragments*, trans., Peter Firchow, Minneapolis: University of Minnesota Press, 1971, p.29.

四、蒂克的费希特主义

路德维希·蒂克(1773—1853),海涅所谓"浪漫派最活跃的作家之一"①,是反讽理论的第二位代表人物。在于 1799 年去耶拿和施莱格尔兄弟、诺瓦利斯等交往之前,蒂克已经独自推出了许多作品,如小说《威廉·洛维尔》(1795—1796)、童话故事《金发艾克贝尔特》(1796)、戏剧《穿靴子的猫》(1797)和小说《施特恩巴尔德的游历》(1798)等。在很多评论家看来,蒂克这一时期的大多数作品都先于施莱格尔兄弟构想并践行了浪漫主义的反讽精神。②

在和施莱格尔兄弟接触后,蒂克本人也同意用反讽来定义自己作品中所表现的那种风格。但他更愿意把它称为一种"超凡精神",这种超凡精神"用爱贯穿了全部作品,但仍悠然自得地高高凌驾于整个作品之上;它只有从这种高度(艺术欣赏者也同样)才能创造和领会艺术作品"。③ 也就是说,他主张艺术家和欣赏者在将感情投入作品中的同时还要保持自身的独立和自由,要能时刻超越于作品之上或之外而不受作品自身逻辑的束缚。这种主张明确表现在《穿靴子的猫》中,当愚蠢的皇帝正在和远道而来向公主求婚的纳坦艾尔·冯·玛尔辛基对话时,后者却突然要求前者闭嘴,因为观众可能会认为这样的对话不自然。蒂克为什么会突然给出这样一个戏剧性画面?原来,当戏剧故事按照自己的逻辑展开时,艺术家和欣赏者就必须顺着这条逻辑往前走,从而不再有自己的自由了。于是,蒂克毫不犹豫地斩断了这一逻辑,告诉观众

---

① [德]海涅:《论浪漫派》,张玉书译,人民文学出版社 1979 年版,第 85 页。
② 参见[德]萨弗兰斯基:《荣耀与丑闻——反思德国浪漫主义》,卫茂平译,上海人民出版社 2014 年版,第 101 页。
③ [德]曼弗雷德·弗兰克:《德国早期浪漫派美学导论》,聂军译,吉林人民出版社 2011 年版,第 343 页。

舞台上本来就是一无所有,那里上演的,只是艺术家和欣赏者自己的"超凡精神",一种"凌驾于整个文学之上,毁灭一切、包容一切"的反讽精神。① 无疑,和施莱格尔一样,蒂克也渴望艺术家是一个能够超越所有法则、秩序和逻辑,能够自我创造、自我毁灭的激进审美虚无主义者。

尽管如此,人们还是认为,只是在和施莱格尔兄弟接触后,蒂克才更为自觉地践行了反讽精神。② 就连蒂克本人也认为,自己在前耶拿时期的作品中表现出来的反讽精神还只是无意识的,自己的第一部书信体长篇小说《威廉·洛维尔》更是如此。③ 但在笔者看来,正是在《威廉·洛维尔》中所表现出来的那种反讽精神,让这部小说成为激进审美虚无主义的重要里程碑。

正如萨弗兰斯基所记述的那样,蒂克的姐夫和他人共同经营着一个文学工厂,他们迎合大众趣味,大量制作与恐怖、强盗、骑士等要素相关的小说。受到他们的怂恿,极具文学天赋的蒂克开始创作这种文学,从而小小年纪就能赚取大笔金钱。但是,蒂克同样属于向《少年维特的烦恼》和卢梭学习感觉自身的那一代人:"所以,面对周遭的文学,那独特的、他自己想象为某种核心体的自身,却滑落一边,这让他感到苦恼。他如此精通描述恐怖和感人的情景,但自己几乎没有此类经历;他对善于讨女人喜欢者、勇士和城堡小姐们错综复杂的心灵世界感同身受,但自己只是一个身处青春期的才华横溢的年轻人。艺术和生活在他身上造成了一种危险的不平衡状态。有一次,他在一封信中将自己的情感生活与天边飘动的云彩相比。它们组成花样繁多而又无法把握的形态。它们没有本质。不过,云彩一旦散去,会显露一片朗声欢笑的蓝天,而文学的情感一旦消失,只会留下一片深邃的虚空。这让他感到恐惧。他以发疯的工作效率,试图超越这个虚空,但还是无法完全摆脱虚无感。而对他所服

---

① 参见[德]曼弗雷德·弗兰克:《德国早期浪漫派美学导论》,聂军译,吉林人民出版社2011年版,第349页。

② 参见[德]海涅:《论浪漫派》,张玉书译,人民文学出版社1979年版,第90页。

③ 参见[德]曼弗雷德·弗兰克:《德国早期浪漫派美学导论》,聂军译,吉林人民出版社2011年版,第373页。

务的大众趣味的蔑视,甚至让这种感觉变得更强。"①无疑,蒂克在少年时代就已经遭遇精神性焦虑。《威廉·洛维尔》虽然形成于大学时代,不再是为文学工厂而作,但仍然强烈表现了蒂克对这种焦虑的逃避。他在写这部小说时,尚未接触费希特哲学。但是,在耶拿和费希特相见时,他会发现自己通过小说《威廉·洛维尔》表达出来的思想,要比费希特的哲学更为敏锐、更激进也更富吸引力。

《威廉·洛维尔》从这样一个情节开头,英国乡村青年威廉·洛维尔原本多愁善感、耽于幻想,慈爱而多病的老父亲为他安排了一次远赴法国和意大利的长途旅行,希望他能够因此尽快变得成熟。离开英国之前,洛维尔刚刚获得渴望已久的神圣爱情,后者来自朋友的妹妹阿玛丽·威尔蒙特。如果说刚到巴黎时他还带着初恋的纯洁和坚贞而厌恶、拒绝一切诱惑,那么当美丽的布莱恩维尔伯爵夫人出现时,他很快就不能自已并陷入迷狂。他明明知道自己背叛了每天都在思念他的阿玛丽,但又无法拒绝背叛所带来的肉欲之乐。

当不得不离开伯爵夫人时,洛维尔开始了漫长的意大利之旅。他欣赏过美丽的大自然,也经历过强盗的劫掠,还曾流连过罗马的古建筑与废墟,沉思过宇宙和生命的奥秘。外在世界的旅行,必然导致内部精神的发展变化,洛维尔有一天终于产生了如下顿悟:

> 存在于我之外的一切实际上可能只存在于我内部。我的外在感官改变了现象,而我内在的感官则安排它们并赋予它们连贯性。这种内在的感觉就像一面巧妙的镜子,将许多广泛分散和陌生的形式组合成一个单一的、定义明确的图像。……我所遇到的一切,都只是我心灵之眼、我内心深处的灵魂的幻影,它被不可渗透的屏障挡在了外部世界之外。对于任何身体、灵魂与我的组织方式不同的东西来

---

① [德]萨弗兰斯基:《荣耀与丑闻——反思德国浪漫主义》,卫茂平译,上海人民出版社2014年版,第103—104页。

说,一切都是荒凉、混乱、陌生而无形的;但是我的以分类、因果为指导原则的知性,会发现一切都是完全一致的,因为它不可能通过混沌(的原理)来认识这个整体的本质。人类如何(傲慢地)带着他的魔杖踏入这虚空;他挥舞着它,然后——很快!——相互敌对的元素迅速凝结;一切都汇成一幅美丽的图画;他缓缓走遍(由他貌似真实的创造产生的)这个整体,而他只能向前看的目光其实什么都没有看到,也无法意识到它背后的一切又都再次分裂和飞散。

……

因此,我的外在感官统御着物质世界,我的内在感官统御着道德世界。一切都屈从于我的意志;每个现象,每个行动,我爱怎样称呼就怎样称呼:有生命的和无生命的世界都取决于我的精神所控制的铁链,我整个的生活不过是一场梦幻,它各种各样的形状都是按照我的意志形成的。我自己就是整个自然的唯一法则,一切都得服从这个法则。我正消失在一片巨大的、无限的虚空中;我不能写下去了。①

毫无疑问,洛维尔的顿悟是完全费希特式的。他发现,没有"我"的世界,只是"荒凉、混乱、陌生而无形"的"虚空",但"我"的先天知性原则,可以把这个世界重构为"单一的、定义明确的图像"或"一幅美丽的图画"。于是,"我"就是绝对自由的自在之物,"我"就是"整个自然的唯一法则",一切都"屈从于我的意志",一切都取决于"我的精神所控制的铁链"。当然,伴随洛维尔的顿悟的,还有更为强烈的虚无主义体验。他意识到,在他之前和之后,世界都是混沌或虚无,虽然他的自由意志可以让世界作为一个有结构的、单一的、明确的、美丽的整体而存在,但这样的存在极其短暂,一旦他的意志行动结束,世界就会很快重归于混沌或虚无。于是,他总是被自己要陷入"一片巨大的、无限

---

① Ludwig Tieck, *William Lovell*, Berlin:Dietrich Reimer,1828,S.177–179.

的虚空"的焦虑感——蒂利希所谓对空虚和无意义的焦虑——所包围,从而又总是被必须有所创造的紧迫感所支配。后来的黑格尔曾经在他的美学讲演录里谈到,一个小男孩把一块石头抛进河里,然后惊奇地看着水中所现的圆圈,觉得这是一个由他自己创造的作品。① 不同于黑格尔的乐观,蒂克通过洛维尔表达的感受更加复杂:他既看到了抛石头后水中出现的圆圈,还看到了圆圈消失后一切都重归于混沌;他既为自己赋予世界形式与价值的创造能力而骄傲,又为这种创造能力和创造效果的不可持续而焦虑,更为这个世界根本不可改变的混沌性、虚无性或无价值状态而绝望。蒂克通过洛维尔表达的这种复杂感受,实际上就是施莱格尔所谓反讽精神,一种"有限与无限无法解决的冲突、一个完整的传达既必要又不可实现的感觉"。

正是带着这种反讽精神,洛维尔开始走上真正的探险之旅。和费希特的"绝对之我"的意志行动主要表现为不断突破外在物质世界的边界不同,蒂克的洛维尔的意志行动主要表现为不断突破内在道德世界的边界。他发现,"肉欲是我们存在的最大奥秘;即使最纯洁、最炽热的爱情也渴望在这眼泉水中冷却下来;爱必须消亡,这样我们才会觉得自己是人,才能从虚假的幻影中解脱出来……诗歌、艺术甚至宗教信仰,都不过是肉欲的掩饰……性感和淫乐是音乐、绘画和一切艺术的精神,人的一切欲望都围绕着这个磁极飞舞……"②于是,他拒绝回到初恋情人的身边,而是开始一个接一个地追求并抛弃其他女人。他为了占有天真纯洁的乡村少女罗瑟琳而谋杀她的未婚夫,但在得手后又迅速遗弃她。他尝试毒死自己最好的朋友,并引诱和拐骗朋友的姐姐艾米丽,最终又任由她在悔恨中死去。他在追逐肉欲时丝毫没有罪恶感,也丝毫没有对受害者的同情,因为他觉得自己根本不是恶棍,而是一个英雄,他的动力不是邪恶的欲望,也不是美好的前程,而是"对自由的渴望,对认识

---

① 参见[德]黑格尔:《美学》第一卷,朱光潜译,商务印书馆1997年版,第39页。
② Ludwig Tieck, *William Lovell*, Berlin:Dietrich Reimer, 1828, S.212-213.

他隐秘的内在自我以及主宰所有人的那种内在强力的渴望"①。这种崇高的形而上学使命美化了他的所有观念和行为。不道德和肉欲主义在他看来是获得解放的手段,而拒绝罪恶感和同情是因为它们不利于对内在自我的认识:"这些感觉会限制意志。成为自由的,不仅仅意味着克服外在的束缚,更重要的是克服内在的束缚。洛维尔的肉欲主义不只是快乐主义,而是一种狂妄的自我确定,它以一种虐待狂(又译作'萨德主义'——引者)的方式考察关于世界的最深刻而最有意义的真理,就像它们在他的感觉里所反映的那样。放荡(libertinism),是解放(liberation)的途径。"②于是,小说中处处可见这一现象,即他同时扮演着两个角色,一个是狂热的诱奸者,一个是见证自己自由本质的观察者。正如勃兰兑斯所言:"他并不是用他的血肉,而是用他的在想象中紧张的头脑从事放荡行为。他是一个纯粹的理智人物,一个地地道道的北德意志人。"③

肉欲的满足,不仅能让洛维尔觉得一切都"屈从于我的意志",一切都取决于"我的精神所控制的铁链",从而觉得自己获得了真正的自由,还能让他暂时摆脱如影随形的虚无体验。比如,在占有罗瑟琳的那一刻,他如此感慨:"哦,让我周围的一切都笼罩在黑暗和不确定中;没有其他情感可以保证我们真正的满足,也没有任何智力上的快乐能够真正赋予我们新的生命。只有在这里,在这里,所有散布在我们生命中的快乐和幸福的感觉才会汇聚在一起。这是唯一的乐趣,我们忘记了我们存在核心的荒凉空虚;我们被感官的欲望所吞没,它的咆哮着的滔天巨浪席卷着我们;然后我们躺在幸福的深渊中,从这

---

① Michael Allen Gillespie, *Nihilism before Nietzsche*, Chicago: The University of Chicago Press, 1995, p.107.

② Michael Allen Gillespie, *Nihilism before Nietzsche*, Chicago: The University of Chicago Press, 1995, p.107.

③ [丹]勃兰兑斯:《十九世纪文学主流:德国的浪漫派》,刘半九译,人民文学出版社1997年版,第30页。

个世界和我们自己那里挣脱出来。"①然而,肉欲的满足只能带来片刻的享受,让他暂时忘记"存在核心的荒凉空虚",把这"虚无的深渊"暂时转换为"幸福的深渊"。于是,他必须不停地追逐、诱惑、占有和抛弃女人,不停地作恶,不停地伤害那些生活在传统道德标准下的人们。这样,洛维尔向残酷的肉欲主义不断重复而又深化的旅行,只是一种英雄主义的悲剧式努力,一种渴望获得无限性和绝对自由而不得的努力,一种渴望摆脱虚无的深渊或存在的无意义状态而不得的努力。而且,就像费希特已经证明的那样,这种努力永远不可能达到目标。当他跨越一道地平线时,一道新的地平线又总是横亘在他面前,当他撕掉一层面纱时,一层新的面纱又总是遮在他眼前。最为致命的是,正当洛维尔恶事干尽却逃脱一切惩罚,从而相信自己无所不能,相信自己拥有可以奴役一切的精神锁链时,他接到了一封来自父亲仇人的信,后者让他明白,自己在意大利和英国所做的一切,看似都基于自己的自由意志,其实都是一个策划已久的阴谋的一部分,这个阴谋就是通过引诱他走向彻底的堕落而惩罚他的父亲。此时的洛维尔终于明白,自己根本没有什么自由意志可言。面对追杀他的仇敌,万念俱灰的洛维尔摘下一朵锦葵,戴在胸前,好让对方的枪口瞄准。枪声响起,他彻底堕入了虚无的深渊。

年轻的蒂克之所以给洛维尔设定了一个死亡的结局,是因为他发现自己对这种肉欲冒险的文学幻想不但无法实现绝对的自由,根本上也无法摆脱虚无和无意义感。和奥卡姆一样,蒂克也意识到人的自由存在的虚幻性。然而,和人文主义者的悲剧性哀叹一样,蒂克设计这样的结局,正是他坚守的反讽精神的必然表现,因为这种精神不仅强调自我创造,还强调自我毁灭,它要用自我毁灭来嘲笑人自身的有限性,但也正因为这种嘲笑而超越了有限性,证明了人的无限性本质。比起人文主义者的悲剧性哀叹,蒂克的反讽精神更加绝望地执着于人的绝对自由的理想。

---

① Ludwig Tieck, *William Lovell*, Berlin: Dietrich Reimer, 1828, S.308.

蒂克的反讽精神并非后继乏人。正如吉莱斯皮所言,蒂克的"洛维尔事实上是整个德国浪漫主义英雄家族的兄长,这个家族包括了荷尔德林的许珀里翁、布伦塔诺的高迪微和布吕希纳的丹东。他还是像拜伦的唐璜、谢林的普罗米修斯、司汤达的于连·索雷尔、普希金的尤金·奥涅金和莱蒙托夫的毕巧林这样的浪漫主义英雄并不遥远的著名表亲",而洛维尔之所以有如此影响力,正因为他是一个"彻底的自我主义者",一个"彻底的费希特主义者"。①洛维尔之所以是彻底的费希特主义者,之所以是众多浪漫主义英雄的原型,正是因为他坚决地主张一种更为激进的审美虚无主义:

> 尝试在"我"的绝对自治之中为人类生活奠定基础,是对传统道德的反叛,这标志着欧洲思想生活激进变革的开始。它毁坏了所有的客观标准,削弱了理性自身,确立了超理性、情绪和感觉的霸权,不断关注并信仰那些超自然的、不可思议的和奇迹般的东西。在拒绝自然的理性秩序和一种数学式的自然科学时,这种绝对的主观主义以一种唯名论的方式转向一种绝对任性和潜在的非理性的意志,但是这种意志,不再是神秘的上帝,而是一个"绝对之我"。在这一意义上,唯心主义和浪漫主义标志着传统基督教上帝的死亡,它被简化成一个概念,预示着一种超人的到来,后者接受他的潜意识本能的指引。②

一方面是"毁坏了所有的客观标准,削弱了理性自身",另一方面是"确立了超理性、情绪和感觉的霸权,不断关注并信仰那些超自然的、不可思议的和奇迹般的东西",这无疑是审美虚无主义的思维与存在方式。不仅如此,这种绝对主观主义的思维与存在方式不再强调康德、费希特式的善良意志,即被理

---

① Michael Allen Gillespie, *Nihilism before Nietzsche*, Chicago: The University of Chicago Press, 1995, p.106.

② Michael Allen Gillespie, *Nihilism before Nietzsche*, Chicago: The University of Chicago Press, 1995, pp.109–110.

性所规定的意志,而是强调"一种绝对任性和潜在地非理性的意志",一种被"潜意识本能"所规定的萨德式意志。这意味着,审美虚无主义者的目标已经不再是人类的安全与繁荣(如笛卡尔和霍布斯),不再是个体的道德自由(如康德和费希特),也不再是个体非道德的爱的自由(如施莱格尔),而是个体反道德的作恶的自由,审美虚无主义也因此开始成为一种恶魔性力量,海德格尔所谓"纯粹的解脱和任意妄为",开始替代"人为自己立法,选择约束性的义务,并且承担这种义务"。然而,即便如此,蒂克的审美虚无主义也还不是唯名论审美虚无主义的完全实现,因为他的审美虚无主义中仍然包含辩证的因素,还把人的绝对自由视为需要实现的终极理想,从而还强调为这种理想"献身",而非像施蒂纳和尼采那样强调当下的享乐或沉醉。

第六章　审美虚无主义的完成

审美虚无主义虽然已经在浪漫主义那里转变为一种恶魔性力量,但仍旧吸引着歌德、黑格尔这样的古典主义和理性主义作家,他们既认识到浪漫主义审美虚无主义的危险性,又想方设法把它转化为一种积极、进步的力量。在跨越六十年、直到 1832 年才最终完成的《浮士德》里,歌德让浮士德和魔鬼签约,像洛维尔那样走上一条肉欲主义的道路,一条创造与毁灭的审美虚无主义之路。然而,就像历史中的拿破仑、拜伦、弗里德里希二世和彼得大帝等人物一样,浮士德的邪恶行为最终也从属于上帝的事业,成为"实际上是更高和更广泛的善的一部分"①。和文学的歌德一样,哲学的黑格尔也吸收了浪漫主义的恶魔意志,让后者服务于绝对精神实现普遍善的狡计:恶作为绝对自由就是绝对的否定,但绝对否定必然会自否定,因而是否定之否定即肯定,于是恶最终会转变为善。黑格尔虽然重回理性主义,把浪漫主义的审美虚无主义者转变成了理性的代理人,把恶魔式存在转变成了神性存在,但这种理性主义本身仍然是审美虚无主义的,因为它的起点即绝对精神不过就是创造性的无,而绝对精神实现自身现实性、具体性和丰富性的方式,仍然是虚无与存在、否定与

---

① Michael Allen Gillespie, *Nihilism before Nietzsche*, Chicago: The University of Chicago Press, 1995, p.114.

肯定、毁灭与创造的无限循环运动。①

不同于歌德和黑格尔对浪漫主义的审美虚无主义抱持一种乐观主义的态度，叔本华极其敏锐地意识到审美虚无主义的危险性，他希望遏阻审美虚无主义在费希特主义、浪漫主义、古典主义和理性主义中的一路狂奔，其使用的武器，就是意志哲学。但是这种决定论的意志哲学，同样是审美虚无主义式的。不同于叔本华，施蒂纳看到的不是既有审美虚无主义运动的危险性，而是它的不彻底性，他要用自己的利己主义哲学把审美虚无主义推向极端。尼采无疑通过叔本华哲学感受到了强烈的虚无主义危机，但又认为克服这种危机的关键不是反对审美虚无主义，而是将其推向极致。尼采某种程度上肯定会赞同施蒂纳完全、彻底的审美虚无主义主张，但也会坚决反对这种享乐主义的审美虚无主义与庸俗、卑劣的末人的关联，因为他的强调艺术沉醉的审美虚无主义，是赠送给作为未来统治者的超人的礼物。

一、叔本华的意志哲学

阿图尔·叔本华（1788—1860）出生于一个商人家庭，所在自由城市但泽曾是波罗的海地区重要的贸易之都，受到波兰王国的保护，但从 17 世纪末开始走向衰落，并且随着波兰沦为哈布斯堡王朝、俄罗斯、普鲁士之间利益角逐的玩物而逐渐丧失独立地位。处于这样一个混乱的时代，父亲海因里希·弗洛里斯·叔本华虽然具有商人特有的自信、冷峻和清醒，但也总是活在恐惧和焦虑之中，并且最终以自杀的方式结束一生。叔本华从老父亲那里继承的，除了巨额的财富和商人性格，还有这种恐惧和焦虑，而他那异常自恋、酷爱交际、对他不管不顾的母亲，更是让叔本华觉得无助。②

---

① 参见张红军：《论审美虚无主义》，《哲学研究》2018 年第 12 期。

② 参见［德］萨弗兰斯基：《叔本华及哲学的狂野年代》，钦文译，商务印书馆 2010 年版，第 7—23 页。

叔本华所处的时代,让他实在无法相信有一个恪守秩序、公正无私、充满爱心的实在论上帝的存在,即使是启蒙思想家莱布尼茨的神正论教义,也无法让他摆脱这样一种观点,即除了善的意志之外,一定还存在恶的意志,而二者的对立冲突必然导致世界的混乱。年轻的叔本华所心仪的,是稍早于自己的浪漫派思想家关于艺术的言说。叔本华深信:"我们的生命被消解成碎片布满废墟之上,可是我们必须凭借勇敢的臂膀披荆斩棘穿越这片废墟,紧紧依靠艺术,依靠伟大的、恒久的事物,只有它们才能超越一切并抵达永恒。永恒从天上向我们伸出熠熠生辉的手,于是我们便可以大胆地悬浮于可怕的深渊之上,盘旋于天地之间!"①此时的叔本华认为,艺术能够借助于想象力的游戏为我们创造一种永恒之物,生命依赖它可以摆脱虚无主义的折磨。

但是,叔本华也清醒地意识到,靠想象力的梦游"悬浮于可怕的深渊之上,盘旋于天地之间"毕竟不可靠。在叔本华读过多遍的《威廉·洛维尔》中,洛维尔的朋友曾这样评价他:"没有一只鹰会像他那样对以太和所有天体如此友好,他经常飞离我的视线如此之远,以至于他让我认真地想起可怜的伊卡洛斯——总之,他是一个梦想家。当这样一个生灵一旦感到自己的双翼失去了力量,他所依赖的空气变得稀薄——那么他就会盲目地任由自己坠落,双翼折成两半,从此不得不永远爬行。"②叔本华也曾像洛维尔那样沉迷在肉欲的追逐中,但从中感受到的不是自由,而是奴役和锁链,不是幸福,而是空虚和无意义。于是,叔本华不得不自问:"我"真的就是自在之物吗?"我"真的可以超越时空而拥有绝对自由吗?作为自在之物的"我"难道不是一种可怜的幻想吗?"我"难道不是真正自由的自在之物手中的玩物,从而没有任何自由可言吗?凭借一种独特的"优良意识"③,叔本华逐渐认识到,来自肉体的性欲而

① 转引自[德]萨弗兰斯基:《叔本华及哲学的狂野年代》,钦文译,商务印书馆2010年版,第102页。

② Ludwig Tieck, *William Lovell*, Berlin: Dietrich Reimer, 1828, S.5.

③ 参见[德]萨弗兰斯基:《叔本华及哲学的狂野年代》,钦文译,商务印书馆2010年版,第215页。

非"我",才是"我"的行动的主宰者,而来自肉体的性欲,又从属于作为"世界之躯体"的"意志",后者才是康德所谓自在之物,唯一真正的自在之物。① 这些认识,成为他即将开创的新哲学的基础。

如果说从笛卡尔尤其是康德开始的哲学主要是反思哲学或意识哲学,那么叔本华所开创的哲学就是意志哲学。如果说反思哲学强调具有自我意识的"我"把自己确立为主体,然后根据主体的理性意志为自己创造一个不断完善的对象化世界,那么意志哲学则强调意志是一切事物的根本,它不是理性的,也不需要什么自我实现,而只是追求意愿的满足。被意志支配的"我"虽然具有理性,可以表象这个世界,但这种表象活动从属于意志自身的意愿活动,从而没有任何自由可言。正如萨弗兰斯基所言,如果说反思哲学的目标是"将自然精神化",那么意志哲学的目标是"将精神自然化"。② 《作为意志和表象的世界》就是这种意志哲学的集中表现。

要想理解《作为意志和表象的世界》,必须首先提及叔本华的博士学位论文《充足理由律的四重根》(1813),因为在叔本华看来,前者处处以后者的内容为前提。③ 在这篇论文中,叔本华和费希特、谢林、黑格尔一样认同哲学的中心问题是自由与自然必然性的关系问题,也像他们一样认为这个问题已经在康德关于纯粹理性的第三个二律背反的描述中清楚表达出来了。在那里,康德通过证明凭借自然的因果关系和凭借自由的因果关系相互必需和相互矛盾,展示了现时代自然与自由、自然科学与道德之间的核心矛盾。不同于康德的先验唯心主义解决办法,费希特、谢林和黑格尔所采用的是思辨唯心主义的解决办法,而在叔本华看来,后者根本不是什么解决办法,而只是进一步隐瞒

---

① 参见[德]萨弗兰斯基:《叔本华及哲学的狂野年代》,钦文译,商务印书馆2010年版,第220页。

② 参见[德]萨弗兰斯基:《叔本华及哲学的狂野年代》,钦文译,商务印书馆2010年版,第33页。

③ 参见[德]叔本华:《作为意志和表象的世界》,石冲白译,杨一之校,商务印书馆1982年版,第3页。

了存在中真实而持久的分裂。正是由于康德本人并没有特别地凸显这一矛盾,而且仍然假定理性某种意义上可以主宰现象和本体领域,却没有意识到意志实质上的非理性,思辨唯心主义联结这种分裂的轻率办法才成为可能。叔本华的论文,就是要去掉康德十二范畴表中的十一个范畴,主张现象领域或康德所谓表象领域只被因果关系这种必然性所主宰。① 在后来的著述尤其是《作为意志和表象的世界》中,叔本华越来越明确地指出,这种不可更改的必然性的根源存在于意志之中,而意志就是藏在现象背后的自在之物。康德之所以没有抓住这一事实,是因为他仍然纠缠于笛卡尔的意识哲学。但是意志不可能被意识所把握,因为它是意识的基础。意志通过我们的肉体(Leib)②来统治我们,所以我们只能通过自己的肉体而非意识来理解意志。

在该书开篇"世界作为表象初论"中叔本华就明确指出,世界的一面自始至终都是表象,而另一面自始至终都是意志。③ 世界之所以是表象,是因为世界的存在是完全相关于它与作为表象者的人来说的。时间、空间和因果性,先验地存在于人的意识中,只有人在认识万物,也就是把这些先验形式赋予万物,从而把它们变成表象时,这个世界才作为一个有序的、统一的整体存在。于是,作为表象的世界,有着不可分的两半,其中一半是在时空中具有杂多性并受因果性支配的客体,另一半是不在时空中、不受因果性支配的主体,即作

---

① 参见[德]叔本华:《充足理由律的四重根》,陈晓希译,洪汉鼎校,商务印书馆1996年版,第159页。

② 德语中表示躯体的词语主要是"Körper"和"Leib"。在黑格尔哲学中,人的躯体是和纯粹的精神(Geist)对应的身体(Körper),而动物的躯体是和有欲念的灵魂(Seele)对应的肉体(Leib)。与之不同,叔本华主张人和动物的躯体都是肉体(Leib),而与之对应的都是意志(Wille)。石冲白先生在翻译《作为意志和表象的世界》时,把文中的"Leib"都译成了"身体"。这种译法至少模糊了叔本华与黑格尔哲学字面意义上的区别。本书依据德文原著(Arthur Schopenhauer, *Die Welt als Wille und Vorstellung*, in *Werke in Fünf Bänden*, ed., Ludger Lutkehaus, 5 Vols. Berlin: Haym, 1851),把"Leib"改译为"肉体"。深受叔本华影响的尼采,也主要用"Leib"来谈论人的躯体。关于这两个德语词的翻译,参见拙文《谁是虚无主义的"极致"?——海德格尔存在论视域中的马克思、尼采思想比较》(《现代哲学》2016年第3期)。

③ 参见[德]叔本华:《作为意志和表象的世界》,石冲白译,杨一之校,商务印书馆1982年版,第28页。

为认识着而永远不被认识的主体,它们相互依存,互为条件。不存在没有客体的主体,也不存在没有主体的客体。①

所有的表象都可以区分为直观表象和抽象表象。直观表象包括整个可见世界或全部经验,旁及经验所以可能的诸条件即时间、空间等,而抽象表象就是概念,是对表象的表象。如果说直观表象属于所有拥有动物性肉体的存在,那么抽象表象专属于人类。由于表象作为主体的客体而对主体存在,表象的每一特殊的类也都只为主体中相应的一种特殊规定或认识能力而存在。和纯粹的时间、空间对应的是主体的纯粹感性,和时空中的物质或因果性对应的是主体的知性或直观,而和概念对应的是主体的理性。② 感性和知性属于经验认识能力,而理性属于抽象认识能力。作为拥有动物性肉体的存在,我们具有经验认识能力,能够认识到时间就是先后继起的瞬间,空间就是并列的位置,时空中的物质就是按照因果关系的排列,它们都只是相对的实际存在、偶然的存在或作为现象的存在,而非永不变异的存在或自在之物。但是作为人,我们还拥有抽象认识能力,因而还能够超越现实的客体,思考过去和未来的一切,以及所有可能性的王国,并按照这种可能性行动。于是,人除了过一种具体的生活之外,还经常过一种抽象的生活。在具体生活中,人和动物一样身不由己地参与奋斗、受苦、死亡的过程,心灵也总是随着这一过程发生激烈的动荡。但是在抽象生活中,人只是一个他具体生活的旁观者,人的心灵也只是一面镜子,无声地反映着一切。一旦通过这种冷静的旁观看清楚了必然性,人就开始作出决断,发布对他来说最重要或最可怕的命令如自杀、决斗或冒险赴死,并且无情地忍受或执行这些命令。这时,理性已经从理论理性变成了实践理性。不同于康德,也不同于萨德,叔本华认为实践理性与伦理或美德完全不相关,

---

① 参见[德]叔本华:《作为意志和表象的世界》,石冲白译,杨一之校,商务印书馆1982年版,第29页。

② 关于德文词"Verstand",英语通常译作"understanding",中文通常译作"知性",而石冲白先生把它译成了"悟性"。为保持本书中的术语前后一致,这里把"悟性"改为"知性"。

它既可以和元凶大憝同行，也可以和美德懿行为伴。不过，在叔本华看来，实践理性最完美的表现，也就是人禽之别的最高峰，是斯多葛学派的伦理学，这种伦理学根本无关于道德，而只相关于心灵的宁静和幸福，认为人们只要认识到所有的痛苦和折磨都是因为欲有所有而不得有，都是因为贪欲而非贫穷，从而不再被贪欲所支配，就会摆脱折磨，获得心灵的宁静。①

在第二篇"世界作为意志初论"里，叔本华开始谈论作为意志的世界。原有的哲学、数学和自然科学都只能告诉我们世界除了是表象以外，就再也没有什么了。它们把探讨世界本质的人视为纯粹认识着的主体，或者是"长有翅膀而没有身躯的天使"，而非同时还有着肉体的个体。然而，认识主体的认识虽然是作为表象的世界得以存在的依据，但这种认识毕竟是以他的肉体为媒介而获得的。对于认识主体来说，肉体以两种方式存在。一种是认识主体知性直观中的表象，它作为众多客体中的一个，服从支配这些客体的规律；另一种就是意志，因为认识主体的每一种意志活动都立即而不可避免地表现为他肉体的动作。意志活动和肉体活动不是因果关系，而是同一种活动，只不过后者是完全直接给予的，而前者是在直观中给予知性的。"肉体的活动不是别的，只是客体化了的，亦即进入了直观的意志活动。……整个肉体不是别的，而是客体化了的，即已成为表象了的意志。"叔本华在第一篇里把肉体叫作"直接客体"，在这里则把肉体叫作"意志的客体性"，因为每一种真正的意志活动都立即而直接地也是肉体的外现活动，而对肉体的每一作用也立即而直接地就是对意志的作用。这种作用如果和意志相违，就叫"痛苦"，如果和意志相契合，就叫"适意"或"快感"。于是，苦乐感受不是表象，而是意志在肉体中的显现。②

————————

① 参见［德］叔本华：《作为意志和表象的世界》，石冲白译，杨一之校，商务印书馆1982年版，第134—139页。

② 参见［德］叔本华：《作为意志和表象的世界》，石冲白译，杨一之校，商务印书馆1982年版，第151—152页。

　　既然肉体既是主体的直接客体,又是意志的直接客体,那么我们就可以通过对自己肉体的双重认识来认识自然中每一现象的本质,从而认识整个物体世界的本质:"如果说物体世界除了只是我们的表象以外,还应是什么,那么,我们就必须说,它除了是表象而外,也就是在它自在的本身,在它最内在的本质上,又是我们在自己身上直接发现为意志的东西。"①为了进一步说明意志是世界的本质,叔本华继续谈论作为意志的直接客体的肉体。尽管肉体的每一个别行为必然随动机而发起(即遵循道德的必然性),尽管肉体的成长、营养过程和发展变化都必然遵循因果律(即遵循物理学的必然性),但这些行为及其条件,执行行为的肉体本身,从而还有肉体存在于其中、由之而存在的行为过程等等,都不是别的,而只是意志的客体化。这正是人的肉体从根本上和人的意志完全相适应的原因,肉体各部分完全和意志所由宣泄的各主要欲望相契合的原因。如同人的一般形体契合于人的一般意志一样,个人的肉体也契合于个体的意志、个体的性格。于是,人的肉体会表现出个别的特征,表现出鲜明的个体性。一旦人们通过肉体认识到自己的现象的本质就是自己的意志,他就会认识到和自己的现象相类似的所有现象根本上也都是那同一个意志。② 一切表象,一切客体,都只是现象,唯有意志是自在之物,它是一切表象、客体和现象即一切可见性、客体性所以得出的东西,是所有个别事物乃至整个大全的最内在的本质。

　　作为自在之物的意志根本不同于一切从它而出的现象的地方,是它完全不受各种根据律的支配,从而是完全无根据的。所有现象中,人的意志是作为自在之物的意志最鲜明的现象,以至于人们会认为自己的意志也是无根据的,即自由、独立、无所待的。但是,人的意志毕竟不是作为自在之物的意志,而只

----

①　[德]叔本华:《作为意志和表象的世界》,石冲白译,杨一之校,商务印书馆1982年版,第158页。

②　参见[德]叔本华:《作为意志和表象的世界》,石冲白译,杨一之校,商务印书馆1982年版,第164页。

是后者的一种现象，从而必须以进入现象的形式，进入根据律：

这就是一件怪事的来源，［其所以怪的是］每人都先验地以为自己是完全自由的，在其个别行为中也自由；并且认为能在任何瞬间开始另外一种生涯，也就是说变为另外一个人。但是通过经验，后验地，他又惊异地发现自己并不自由，而是服从必然性的；发现他自己尽管有许多预定计划和反复的思考，可是他的行径并没改变；他必须从有生之初到生命的末日始终扮演他自己不愿担任的角色，同样的也必须把自己负责的［那部分］剧情演出直到剧终。①

如果说具有抽象的表象能力，能够认识到自己就是意志，并且能够根据自己有意识的动机行动的人也没有自由的话，那么那些只具有直观表象能力，有可能根据动机行动的动物就更没有自由可言了，至于那些只按照盲目的刺激行动的植物，还有无机界那些纯粹被自然力推动的现象，就根本谈不上什么自由了。唯一真正自由的，只是意志本身，只是客体化的意志或意志的现象都从之而出的自在之物。

意志之所以绝对自由，是因为其绝不进入时间和空间。进入时间和空间的事物，都是意志的现象，是杂多之物。既是康德又是柏拉图信徒的叔本华认为，在意志和意志的现象之间，还存在一种东西即"理念"，而所谓理念，就是"意志的客体化每一固定不变的级别"，它们作为最完满且永恒的标准形式表现在无数个体中，但本身并不进入时空。② 在意志客体化的较低级别即无机体这个理念中，意志的一些现象陷入相互冲突，从中产生了更高级的理念即有机体的现象，而这些现象把原先所有的一切较不完备的现象都降服了，并且在降服后还容许它们的本质在一个较低级的状态中继续存在。同样，在有机体

---

①　［德］叔本华：《作为意志和表象的世界》，石冲白译，杨一之校，商务印书馆1982年版，第169页。

②　参见［德］叔本华：《作为意志和表象的世界》，石冲白译，杨一之校，商务印书馆1982年版，第190—191页。

这个理念级别,意志的现象继续相互冲突,从而产生了有机的浆液、植物、动物和人各种级别的理念的现象,而后者都降服和包容了前者的本质。然而,由于较高的理念只能通过降服较低级的理念才能出现,那么它必然会受到这些较低理念的抵抗,后者虽然已经处于被驱使的地位,但仍然努力挣扎着要重获自己自在的本质独立完整的表现。① 这种抵抗,最为集中地表现在人类有机体表出的意志现象中。不管是物理、化学的力,还是有机的浆液、植物和动物,都渴望从人类有机体那里夺回属于它们自己的物质,都希望重新表出它们自己的本质。于是,就有了肉体生活的重负,有了睡眠的必要性和死亡的必然性。这样,我们就在自然中到处看到你死我活的斗争,也从中认识到对意志来说有着本质重要性的自我分裂:

> 这种普遍的斗争在以植物为其营养的动物界中达到了最显著的程度。在动物界自身中,每一动物又为另一动物的俘虏和食料,也就是说每一动物又得让出它借以表出其理念的物质,以便于另一理念得据以为其表出之用,因为每一动物都只能由于不断取消异类的存在以维持它自己的存在。这样,生命意志就始终一贯是自己在啃着自己,在不同形态中自己为自己的食品,一直到了人类为止,因为人制服了其他一切物种,把自然看作供他使用的一种出品。然而就是在人这一物种中,如我们在第四篇里将看到的,人把那种斗争,那种意志的自我分裂暴露到最可怕的明显程度,而"人对人,都成了狼"了。②

紧接着,叔本华又描述了动物界、植物界、无机界乃至整个宏观宇宙中存在的斗争。他指出,正是这种斗争让整个表象世界处于无休止的运动中。不

---

① 参见[德]叔本华:《作为意志和表象的世界》,石冲白译,杨一之校,商务印书馆1982年版,第211页。

② 参见[德]叔本华:《作为意志和表象的世界》,石冲白译,杨一之校,商务印书馆1982年版,第212—213页。

仅如此,这一运动还没有任何目标或目的,而只是运动。于是,意志就在其一切现象中表现出了它的"虚无性"①。正是在这里,我们看到叔本华所描写的意志和唯名论的上帝几乎如出一辙。意志总是有所意愿,有所追求。于是,它不是僵死的实体而只是虚无,不是静止的虚无而是永远的运动,不是有目的的运动而是没有任何目的的运动,它无动于衷、完全盲目、不受约束、无休无止地玩着即虚无即存在、即否定即肯定、即毁灭即创造的审美虚无主义游戏。这种游戏根本上就是自我创造、自我毁灭的意志的自我折磨、自我折腾,正是意志的这种莫名其妙的自我折磨、自我折腾,让它所支配的表象世界变成到处都是战争、伤害和痛苦的地狱。②

在作为意志最明显、最完美的客体化的人那里,也可以发现这种游戏最典型的表现。人总是在愿望、愿望的满足和新的愿望的循环中存在,如果这种循环保持顺畅,人就感到幸福,如果这种循环太慢,人就感到痛苦,而如果这种循环陷于停顿,人就感到空虚,感到致命的无聊。于是,人必须保证自己审美虚无主义的循环游戏顺畅无阻,必须清楚自己曾经欲求什么,还要欲求什么,也就是说,必须有目的地行动。但是,人绝不可能知道他根本上欲求什么。他的每一次欲求可能都有目的,但是他所有的欲求总起来却是没有目的的,因为后者只是作为自在之物的意志在人的身上的显现,而意志的行动就是毫无目的的。③ 于是,在叔本华的哲学中,人不是审美虚无主义游戏的主人,而只是意志的审美虚无主义游戏的显现。他无疑具有意志,但不具有自由意志,因为只有作为自在之物的意志才是唯一的自由意志。具有意志的人,只是作为自在之物的意志的服务者,从而只是一种决定论式的存在。也正因为是一种决定

---

① 参见［德］叔本华:《作为意志和表象的世界》,石冲白译,杨一之校,商务印书馆1982年版,第215页。

② 参见 Michael Allen Gillespie, *Nihilism before Nietzsche*, Chicago: The University of Chicago Press, 1995, p.189。

③ 参见［德］叔本华:《作为意志和表象的世界》,石冲白译,杨一之校,商务印书馆1982年版,第236页。

论式的存在,从事审美虚无主义游戏的人自己也不得不成为一种自我折磨、自我折腾的意志,不得不成为那个把表象世界变成地狱的"黑暗的、恶毒的上帝"①。正是在这里,叔本华完全否定了费希特、谢林、浪漫派、黑格尔哲学中的辩证法因素,后者认为,自觉从事审美虚无主义的循环游戏,会把人引向一种更好的世界秩序。而在叔本华看来,这样一种看法只会忽视审美虚无主义游戏的危险性,只会导致更多的混乱,更多的伤害和痛苦:"站在意志的各种客体化之物的顶端,作为最具个体性的存在,我们是自然的主人和拥有者。我们靠其他存在者而生存;它们的存在服务于我们的舒适与享乐。但是,我们不是最幸福的,而是最悲惨的存在者。作为最具个体性的存在,我们是我们自己幸福的最大敌人。那些向我们清楚显示如何获得所欲之物的知识,同样向我们显示其他可欲之物的无限性,它们被那些只依据本能生存的存在者所遮蔽。每一个体都只寻求自己的扩张,都为了实现这一目标而意愿牺牲所有的自然之物,甚至包括他自己的人类同伴。作为自然主宰者的人,却不能主宰自身,因此不得不把可怕的痛苦不断施予他自己和同类。"②

在第三篇"世界作为表象再论"里,叔本华考察人停止为意志服务、停止从事审美虚无主义游戏的可能性。在叔本华看来,这种可能性是存在的,只要人能够变成纯粹认识的主体,而不再是意志个体。人们如果能够放弃对事物的习惯看法,不再按照根据律去探讨事物之间的关系,也就是不再追问什么时候、什么地点、什么用处和为什么,而只是关注事物本身是什么,不再让抽象的思维和理性的概念充满意识,全神贯注地观审恰在眼前的对象,自失于对象之中,忘记他的个体或意志,只是作为纯粹的主体或客体的镜子而存在,好像只有对象的存在而没有觉知这一对象的自己了。主体在这时所

---

① 参见 Michael Allen Gillespie, *Nihilism before Nietzsche*, Chicago: The University of Chicago Press, 1995, p.190。

② Michael Allen Gillespie, *Nihilism before Nietzsche*, Chicago: The University of Chicago Press, 1995, p.190.

认识的,不再是个别事物,而只是摆脱了根据律的理念,是永恒的形式,是意志在每一级别上的直接客体性。正是由于这一点,置身于这一直观中的人不再是个体的人,而只是"认识的主体,纯粹的、无意志的、无痛苦的、无时间的主体"①了。

但是,在叔本华看来,历史学家、自然科学家和数学家都在根据律的各种形态中研究各种现象之间的联系,只有艺术家考察不在一切关系中的理念,或作为自在之物的意志最恰如其分的客体性。科学总是追随着无休止地变动着的因果关系洪流而前进,总在每次达到目的之后又奔向下一个目标,从而永远无法获得完全的满足。与此相反,艺术在任何时候、任何地方都已经到达目的地,因为"艺术已把它观审的对象从世界历程的洪流中拔出来了,……艺术使时间的齿轮停顿了"②。艺术天才的本质就在于完全沉浸于对象的纯粹观审中以把握理念的能力:"天才的性能就不是别的而是最完美的客观性,也就是精神的客观方向,和主观的,指向本人亦即指向意志的方向相反。准此,天才的性能就是立于纯粹直观地位的本领,在直观中遗忘自己,而使原来服务于意志的认识现在摆脱这种劳役,即是说完全不在自己的兴趣、意欲和目的上着眼,从而一时完全撤销了自己的人格,以便[在撤销人格后]剩了为认识着的纯粹主体,明亮的世界眼。"③

在所有的艺术形式中,叔本华最为看重的是音乐。不同于其他艺术都只是通过表现个别事物而引起人们对理念的认识,从而通过理念间接地把意志客体化,音乐则跳过了现象世界,跳过了理念,直接对意志本身进行客体化。其他艺术都只是理念的写照,而音乐则是对意志自身的写照;其他艺术表现的

---

① 参见[德]叔本华:《作为意志和表象的世界》,石冲白译,杨一之校,商务印书馆1982年版,第250页。

② [德]叔本华:《作为意志和表象的世界》,石冲白译,杨一之校,商务印书馆1982年版,第258—259页。

③ [德]叔本华:《作为意志和表象的世界》,石冲白译,杨一之校,商务印书馆1982年版,第259—260页。

只是意志的阴影,音乐表现的却是意志的本质。音乐和理念及其现象之间虽然没有直接的相似性,却有一种平行关系,一种类比的可能性:就像低音的谐振产生了所有的高音,自然的全部物体和组织都是由无机的自然界和行星的体积逐步发展而来的;就像在低音和高音之间存在构成谐音的一切补助音,现象世界和自在之物之间存在全部级别的理念;就像音阶中存在一定的间距,理念之间也存在一定的差别;就像主调把所有的音调连贯成一个完整的乐曲,人的生命意志把自己的人生连贯成一个完整的过程;就像乐曲中会出现变调,人生充满了幸福、痛苦与无聊的变化;就像曲调有急速与舒缓、单调与繁复之分,人生也充满了顺境与逆境、高潮与低潮;就像曲调终会结束,过渡到另一曲调,个体的生命终会结束,而意志又会在另一个体中显现。尽管可以作出如此类比,但绝不可忘记音乐根本不表现现象,而只表现一切现象的本质,即意志本身。正因为只表现那完全脱离根据律的意志本身,我们才能在对音乐的欣赏中完全——尽管只是暂时性地——脱离根据律的束缚,享受意志本身才拥有的绝对自由。①

在第四篇"世界作为意志再论"中,叔本华探讨个体的第二种救赎方案即宗教禁欲主义。我们已经清楚地认识到,纯粹的意志只是不可遏止的盲目冲动,我们在无机界、有机界和我们自己的生长发育中看到的所有意志现象,都是这种冲动。既然意志所意愿的,就是如此存在的生命,而生命就是意志的意愿在表象上的主要体现,叔本华干脆就把意志等同于生命意志。② 意志作为自在之物是世界的本质,生命作为意志的镜子是世界的现象,二者不可分离,永远相伴。意志总是生命意志,生命总是被意志所支配;生命个体固然有生有死,但生命意志超越一切生死;生命个体会因生死而苦乐,但生命意志会因超

① 参见[德]叔本华:《作为意志和表象的世界》,石冲白译,杨一之校,商务印书馆1982年版,第354—370页。

② 参见[德]叔本华:《作为意志和表象的世界》,石冲白译,杨一之校,商务印书馆1982年版,第377页。

越生死而哀怨不入;生命个体会因无法摆脱根据律而不自由,但生命意志会因在根据律之外而绝对自由;生命个体会因不断地追求而在痛苦和无聊中摇摆,但生命意志只是盲目的冲动;生命个体会因自身的保存而彼此冲突、对抗,但生命意志超然物外;生命个体渴望区分善恶,呼唤正义、同情和博爱,但生命意志只是无动于衷。生命个体的一切不幸,都是由于他执着于自己的"个体化原理"或"利己主义",只认识到"个别事物和这些事物对他本人的关系"。生命个体只有认识到自己根本上只是生命意志的一个现象,唯有放弃个体化原理或利己主义才能摆脱生命意志的主宰,才会彻底、坚决地"拔去贪欲的毒刺",堵塞"一切痛苦的来路",以此"纯化和圣化"自己。①

　　迄今为止,能够做到自觉的禁欲主义和生命意志之否定的,只有信仰基督教、印度教或佛教的那些圣徒,他们是追求绝对自由的生命个体的榜样。但是,由于肉体就是意志本身,肉体只要存活一天,生命意志就必然主宰生命个体一天。所以,对生命意志的否定就必须时刻进行,就像那些圣徒的生活充满"心灵的斗争"②一样。不过,对生命意志的否定,绝不能采取自杀的方式。对生命意志的否定的关键,是对享乐而非痛苦深恶痛绝。自杀者之所以自杀,只是对他所拥有的生活条件不满而已,而后者恰好说明他并没有放弃生命意志,而只是"在他毁灭个别现象时放弃了生命"③。但是,因绝食而死的行为绝不是一般的自杀,因为它不是对痛苦深恶痛绝,而是对享乐深恶痛绝,它对欲求的彻底中断,就是对生命意志的彻底否定,它是生命意志自身"自由地直接侵入意志现象的必然性"④而产生的结果。于是,只要拒绝了享乐,生命个体就

---

①　参见［德］叔本华:《作为意志和表象的世界》,石冲白译,杨一之校,商务印书馆1982年版,第519—520页。

②　参见［德］叔本华:《作为意志和表象的世界》,石冲白译,杨一之校,商务印书馆1982年版,第536页。

③　参见［德］叔本华:《作为意志和表象的世界》,石冲白译,杨一之校,商务印书馆1982年版,第546页。

④　［德］叔本华:《作为意志和表象的世界》,石冲白译,杨一之校,商务印书馆1982年版,第552页。

会超越根据律和因果链,变成和生命意志本身一样的自由。最后,叔本华借助于基督教的两个形象——亚当与耶稣——来启迪读者的选择。一方面,基督教教义在亚当那里找到了肯定生命意志的象征,而亚当传给我们的原罪让我们所有人都得分受痛苦和死亡;另一方面,基督教教义又在耶稣身上找到了否定生命意志、摆脱意志束缚的象征,这位人化的上帝由纯洁的童贞女所生,只有一个虚幻的肉体,因而不会受生命意志的支配,也不可能有任何罪尤。①

于是,在印度教和佛教的启发下,叔本华给西方个体开出了基督教禁欲主义的救赎方案。对于这个方案可能遭到的攻击,即意志的彻底取消所导致的只能是空洞的无,叔本华的回应是:对于那些通身还是意志、如此贪生的人们来说,彻底取消意志后所剩下的当然就是无,是令人痛恶的、阴森可怕的无,但是对于那些意志转向自身、否定自身的人们来说,使这个如此真实的、包括所有的恒星和银河系在内的整个世界都变成的无,是一种令人宁静、自得和怡悦的无,是让人从意志中获得解放的无。②

毋庸置疑,和路德、霍布斯、萨德的哲学一样,叔本华的生命意志哲学也是一种决定论。但是就像已经多次指出的那样,决定论和唯意志论不过是审美虚无主义这枚硬币的两面。虽然叔本华的生命意志哲学认为,只有作为自在之物的意志掌握玩弄即虚无即存在、即否定即肯定、即毁灭即创造的审美虚无主义游戏的权利,而包括人类个体在内的所有现象之物都是意志的玩物,但作为唯一能够意识到自己的肉体就是意志自身的人类个体,完全有可能以意志自居,自觉玩弄起即虚无即存在、即否定即肯定、即毁灭即创造的无限循环游戏,以此实现只有唯名论上帝才能够享受的绝对自由。

---

① 参见[德]叔本华:《作为意志和表象的世界》,石冲白译,杨一之校,商务印书馆1982年版,第555页。
② 参见[德]叔本华:《作为意志和表象的世界》,石冲白译,杨一之校,商务印书馆1982年版,第559—564页。

二、施蒂纳的唯一者哲学

叔本华《作为意志和表象的世界》首版于 1818 年,由于在主题和风格方面与当时占据主流地位的黑格尔哲学格格不入,这本书几乎没有产生任何实质性影响。出现于 1844 年的第二版,依然如石沉大海。而就在这一年,麦克斯·施蒂纳(1806—1856)的《唯一者及其所有物》出版了,并立即遭到一片批判之声。

19 世纪四五十年代的德国,正处于一种令人失望的分裂状态,政治统治者及其学术机构妄图重建一种文化统一性。拿破仑统治时期,强调服从法律的道德性概念的康德伦理学,深得需要权威领导的人们的信任。在后来为争取自由而进行的斗争中,德国人民又深受费希特的道德教义启发,后者强调从道德努力的实在中推论出自然的实在,强调作为天职的行动的庄严性。深受费希特启蒙哲学影响的德国早期浪漫派和中期浪漫派,也在很大程度上激发了德国人的自由精神和民族意识。然而,随着 1815 年拿破仑统治的垮台、维也纳会议的召开和欧洲各封建王朝的复辟,一种只对意识形态稳定性感兴趣、反对一切民族民主运动的正统派教义在德国大行其道,德国浪漫主义也逐渐蜕变为向宗教神秘主义寻求寄托的晚期浪漫派。到了施蒂纳的青年时代,德国启蒙运动理性主义的自由主义观念已经被驯化为温文尔雅的经典人道主义。德国各州尤其是普鲁士的贵族们打心眼里喜欢的,是能够为他们的统治提供合理性解释的思想,而由于强调"凡是合理性的就是现实的,凡是现实的就是合理性的",黑格尔哲学恰逢其时。①

1831 年黑格尔的死,导致德国思想进入混乱的过渡期。虽然黑格尔的敌人们早在他活着的时候就致力于发现和公布他思想中的失败之处,但更多的

---

① 参见 R. W. K. Paterson, *The Nihilistic Egoist Max Stirner*, Oxford: Oxford University Press, 1971, pp.22-24。

反对者在批判黑格尔的同时，又尝试使用其辩证法来调整自己的思想。于是，在施蒂纳思想开始走向成熟的时期，德国哲学变成了黑格尔主义哲学。最初主宰德国哲学风景的是保守的右翼黑格尔主义，而1835年大卫·弗里德里希·施特劳斯《耶稣传》的出版，标志着左翼黑格尔主义运动的开始，后者通过运用经典的黑格尔式概念和论证模式，批判地分析被接纳的信仰和实践的预设，迅速破坏了固有的权威、教义和社会制度。①

左翼黑格尔主义者有一个活动中心，即"自由人"俱乐部。这个俱乐部的核心成员虽然大都属于青年黑格尔派，但也不乏拥有其他观点的人物。这使得该俱乐部成为一个思想的票据交换所，也使得作为成员之一的施蒂纳在这里能够充分了解针对时代问题的各种思想规划。另外，作为报刊记者而进行的各种活动，对讨论当时社会和宗教矛盾的关键性著作的深入阅读和研究，也让他能够频繁接触其他各种知识和观点。带着从这些交际和阅读里获得的观点和立场，施蒂纳从1842年1月开始发表作品。最初，他所持立场还主要是虽然激进但很平庸的自由人道主义，但不到三年时间，他就出版了《唯一者及其所有物》，后者最终确立了他独一无二的哲学身份——一名通过彻底的审美虚无主义实现自己绝对自由的利己主义者。

"我把无当作自己事业的基础"——这是《唯一者及其所有物》导论部分的名字。施蒂纳一开始就指出，所有的事，包括神的事，人类、真理、自由的事，人道、正义的事，人民、君主和祖国的事，精神的事，都应该是"我的事"，唯有"我的事从来就不该是我的事"，否则，"我"就会被骂成"只考虑自己的利己主义者"。然而，那些需要我们责无旁贷地为之操劳、献身并受其鼓舞的事业，本质上都是纯粹利己主义者的事业。于是，做一个利己主义者才是最时行的："既然神和人类不外乎只将它们的事业置于自己的基础上；那么，我也就同样将我的事业置于我自己的基础上。同神一样，一切其他事物对我皆是无，我的

---

① 参见 R. W. K. Paterson, *The Nihilistic Egoist Max Stirner*, Oxford: Oxford University Press, 1971, p.28。

一切就是我,我就是唯一者。"关键在于,和看不见的神与人类一样,"我"也是无,但"我"并非"空洞无物意义上的无,而是创造性的无,是我自己作为创造者从这里面创造一切的那种无"。①"我"首先是无,其次从无中创造出一切,施蒂纳一开始就亮明了自己审美虚无主义者的身份。

《唯一者及其所有物》全书就是一部审美虚无主义宣言,它分为两大部分,其中第一部分"人",旨在论述利己主义者如何对一切试图利用、控制、主宰自己的概念幽灵进行质疑、否定与摧毁,让自己变成彻底的"无";第二部分"我",旨在论述利己主义者如何通过征服概念幽灵、重建周围世界来重新创造并占有自己。第一部分第一章把"人"的一生分为三个发展阶段:被世界诱骗的现实主义童年、被思想迷醉的理想主义青年和完全根据自己的念头或利益处置事物与思想的利己主义成年阶段。第二章"古代人和现代人"②分为三节。在名为"古代人"的简短一节里,施蒂纳对作为现实主义童年的古代人和实在的关系进行解释,指出如果说严酷无情的自然对早期希腊人来说就是一切,那么随着希腊—罗马文明走向终结,还属于这一文明的哲学家们包括怀疑主义、斯多葛主义和伊壁鸠鲁主义者们,就已经完全拒绝了物质世界的束缚,开始在精神中自由生活。于是古代人让位于现代人,异教让位于基督教,尘世让位于天堂。③

在名为"现代人"的漫长一节中,施蒂纳开始诊断现代人特有的"中迷"特征。在名为"精神"的第一小节里,他指出人类历史的理想主义青年阶段或基督教阶段所趋向的,就是精神的自我实现。纯粹的精神就是无,它必须借助于

---

① ［德］施蒂纳:《唯一者及其所有物》,金海民译,商务印书馆1989年版,第3—5页。
② 金海民先生这里译作"古代人和近代人",参见［德］施蒂纳:《唯一者及其所有物》,金海民译,商务印书馆1989年版,第15页。根据帕特森的翻译"Ancients and Moderns"(R.W.K.Paterson,*The Nihilistic Egoist Max Stirner*,Oxford:Oxford University Press,1971,p.67),笔者把金先生的译文改为"古代人和现代人"。
③ 参见［德］施蒂纳:《唯一者及其所有物》,金海民译,商务印书馆1989年版,第15—25页。

创造一个精神的世界才得以存在。就像神话中神只需要造出最初的人，而人类的其余则由自我繁殖而产生那样，精神完成了最初的创造活动，紧随其后的就是创造物的自然繁殖。于是，产生精神的人让自己成为精神。就像思维者在思维的热忱中很容易听而不闻、视而不见那样，产生精神的人即信仰者也会在对作为创造者的精神的信仰中完全消融在精神中，把它作为理想、作为神供拜起来，为它的需要而奉献出自己所有的利益。即使当费尔巴哈在剥去理想的超验性时，他也还在把精神、理想或神视为人的本质，人的最高本质。到此，施蒂纳指出，最高本质无疑是人的本质，但关键是，最高本质只是他的本质而不是他自己。① 如果说基督教把最高本质放在"我"外部的彼岸，那么费尔巴哈则把最高本质放在"我"内部的彼岸，它们同样都只把"我"视为精神的造物，视为满足精神的存在需要的工具，而忽视了"我"的肉体性存在，忽视了"我"为肉欲的满足而追逐物质利益的利己主义打算。正如克罗斯比所言，在施蒂纳看来，费尔巴哈用人来替代上帝，等于是半途而废，因为"人"和所有普遍与本质一样，都是想象力的虚构，把这种虚构作为生活的道德标准，个体就会再一次成为牺牲品，再一次丧失自己的唯一性特权。②

在名为"中迷者"的第二小节里，施蒂纳继续描述现代信仰者的中迷状态。幽灵信仰是宗教信仰的根基，于是后期浪漫派人物试图重新唤醒充满幽灵的神话世界。然而，承认幽灵的存在，就等于承认世界的精神化，承认我们所有人的肉体都是暂时的、虚无的假象，承认我们都是等待获救的本质即精神。我们因为有思想，故而有精神，思想所想的就是神圣、永恒的真理，它不是对我们肉体的感觉而言，而是对我们精神的信仰而言。真理的信仰者实际上是一种无意识的利己主义者，他不仅不愿意成为利己主义者，还会和自己的利

---

① 参见［德］施蒂纳：《唯一者及其所有物》，金海民译，商务印书馆1989年版，第35页。
② 参见［美］唐纳德·A.克罗斯比：《荒诞的幽灵——现代虚无主义的根源与批判》，张红军译，社科文献出版社2020年版，第23页。

己主义作斗争。但他这样做,只是为了使自己变得崇高,即满足他的利己主义。①　但是,无意识的利己主义者太过坚定地献身于追求更崇高的本质的事业,忘记了自己必须在每时每刻都是自己的创造物的基础上成为自己的创造者,成为自己的本质,从而把自己的本质变成神秘的外来物、神圣物,并想方设法确定后者的实在性。于是,一部现代史就是不断赋予最高本质新的外表或形象的历史,这种形象最初是犹太教的上帝,基督教的上帝,路德的上帝,后来是康德的启蒙者,黑格尔的绝对精神,最终是费尔巴哈的人类。但是在有意识的利己主义者看来,所有这些努力都没有根本区别。正因为如此,现代社会是一个彻头彻尾的精神病院,几乎所有人都是"中迷者"②,都是他们自己固定观念——宗教信仰或道德信仰——心甘情愿的受害者。他们会无比"狂热"③地保护这些观念,反对任何认为它们是幻觉的人们,即有意识的利己主义者。

在第三小节"教阶制"里,施蒂纳总结了对现代人的意识的解释。在施蒂纳看来,世界历史可以分为三个时期,即以埃及和北非高级文化为核心的"黑人"时期(它属于束缚于事物的时代或古代),始于匈奴终于俄罗斯人的"蒙古人"时期(它属于束缚于思想的时代或基督教时代),以及即将开始的"高加索人"时期(它属于"我"作为事物与思想的所有者的时代)。对于蒙古人时代来说,"只要非我的坚硬钻石在价格上坚挺,那么我的价值就不可能定高。"④蒙古人时代的一切变化都不过是改革性或改良性的,而非破坏性或毁灭性的,因为作为"非我"的实体、客体依然如故地存在着。人们像一群蚂蚁那样围绕着"非我"忙忙碌碌地建造了一个又一个天国(犹太人的天国、基督教的天国、新教徒的天国、精神的天国),那里只有精神主宰着一切,感性完全没有权利;那里的人只分为两个阶级,即有教养者和无教养者,其中前者专注于思想和精

---

①　参见[德]施蒂纳:《唯一者及其所有物》,金海民译,商务印书馆1989年版,第39页。

②　[德]施蒂纳:《唯一者及其所有物》,金海民译,商务印书馆1989年版,第47页。

③　[德]施蒂纳:《唯一者及其所有物》,金海民译,商务印书馆1989年版,第48页。

④　[德]施蒂纳:《唯一者及其所有物》,金海民译,商务印书馆1989年版,第72页。

神，或国家、皇帝、教会、神、道德、秩序等等精灵，而后者仅仅关心自己的肉体需要，但由于柔弱无力而不得不听命于前者。这就是教阶制的根本意义，它表现为思想、精神无限全能的统治。在蒙古人时代，没有人能够摆脱这种统治。只有随着高加索人时代的到来，才有人会"把精神消融在他的虚无之中"。他这个曾经借助于精神将自然说成是虚无、有限和暂时的东西的人，同样也会把精神本身贬低为虚无，只要他"作为无限的'我'行事和创造"。①

但是，在描述真正的高加索人之前，还需要曝光最后的蒙古人，一群伪高加索人，他们虽然自称"天国的攻击者"，实际上只是在寻求建立更好的天国。这就是本章第三节"自由者"的主要任务。在第一小节"政治自由主义"里，施蒂纳批判市民阶级这一政治新教徒。就像新教徒消灭了个人灵魂与上帝之间的教会中介一样，市民阶级也只是消灭了个人和他的统治者——国家——之间的贵族和教士这一中介等级，它依然信仰着国家这个绝对的统治者，并心甘情愿地为之牺牲自己。于是，在国家这个最高的神那里，市民阶级个体的特殊利益和个性依然遭到排斥，或者说所有人彼此都没有区别，都只是"公民"，他们拥有的只是"理性的秩序""道德的行为""有制约的自由"，而非"无政府状态、无法纪、独自性"，都只是"权力的自由"，而非"我的自由"。② 不过，市民社会也有教阶制，它表现为市民阶级对无产阶级的统治。但正是这个由最底层者、动荡不宁者、变化无定者组成的无产阶级，这个只考虑自己的肉体需要的阶级，最有可能怀疑并推翻这个教阶制，因为后者维护的只是市民阶级的利益。

在第二小节"社会自由主义"里，施蒂纳指出，政治自由主义追求的只是摆脱主子的统治的个人之间政治的平等，而非财产的平等，社会自由主义——社会主义的自由主义——追求的则是财产的平等：如同政治自由主义主张任何人都无权发布命令一样，社会自由主义主张任何人都不拥有什么；如同政治

---

① ［德］施蒂纳：《唯一者及其所有物》，金海民译，商务印书馆1989年版，第76页。
② ［德］施蒂纳：《唯一者及其所有物》，金海民译，商务印书馆1989年版，第111—114页。

自由主义主张只有国家保持命令权一样,社会自由主义主张只有社会保持财产;如同政治自由主义主张市民阶级所有人都作为公民而平等,社会自由主义主张无产阶级或游民阶级所有人都作为服务彼此的劳动者而平等。由于所有的劳动都具有同等价值,所有的劳动者都是平等的,都会从社会这个财产的最高授予者那里获得平等的报酬,这使得劳动者摆脱了资本主义时代靠幸运活下来的生存状态。但是,当劳动者必须有义务为这样一个社会效劳时,这个社会就成了"新的主子""新的幽灵""新的'最高本质'",它使得劳动者无法作为利己主义者而享受自己的生活。

在"人道自由主义"这一小节里,施蒂纳指出,人道主义的或"批判的"自由主义要拒绝的,不是市民阶级的市民意识,也不是无产阶级的工人意识,而是每一种局限于某一特殊群体的阶级意识,然后致力于解放我们根本而普遍的人性。比如说,犹太人只是犹太人,而不是"人"。犹太人只有忘记了他的犹太性,才能作为"人"平等生活在纯粹的人类意识共同体中。于是,在人道主义的自由主义那里,自由主义的圆圈终于全部完成了:"自由主义在人和人的自由上有着它的善的原则;在利己主义与一切私人的东西上有着它的恶的原则,在前者那里有着它的神;在后者那里则有着它的魔鬼。如果说在'国家'中特殊的人或私人失去了他们的价值(没有个人的特权);在'工人或游民社会'中,特殊的(私人的)财产丧失了对它的承认;那么在'人道的社会'中,一切特殊的东西或私人的东西就均不在考虑之列。"①如果说政治自由主义追求的是竞争的自由,社会自由主义追求的是福利的自由,那么人道自由主义重新追求蒙古人最初的追求——精神自由。不同于社会自由主义者要求的是为了赢得闲暇从而还有利己主义企图的劳动,人道自由主义者要求的是绝对自觉的、没有利己主义企图的、仅仅将人作为目标的、纯粹批判性的精神劳动。但是,人道自由主义者或批判的自由主义者看似最不利己主义,实际上却是最

---

① [德]施蒂纳:《唯一者及其所有物》,金海民译,商务印书馆1989年版,第137—138页。

利己主义的。就像艺术家通过创作表现的看似一个更有尊严、更高尚、更伟大的人，更成其为人的人，实际上表现的正是艺术家自己，因为只有"人之所能你无所不能；人所不能你皆能之"的艺术家自己，才能够成为胜任此事的"唯一的人"，才能如此表现人。① 所以，恰恰是人道自由主义者在把一切"私人"的东西变成"非人"的东西的过程中凸显了这个私人的存在。只要把人道自由主义的思想颠倒过来，人道主义者就成了利己主义者，成了真正的高加索人。②

　　如果说《唯一者及其所有物》第一部分旨在谈论唯一者消极的自我解放，那么该书第二部分就旨在谈论唯一者积极的自我创造。第一章论"我"的"独自性"。施蒂纳指出，之前的现代人总是渴望自由，渴望做一个自由人。但是，如果自由只是不受某物约束或摆脱某物，自由的渴望就无法完全实现，因为"人们能摆脱许多东西，然而却摆脱不了一切；人们能自由于许多东西，却不能自由于一切"③。于是，我们越自由，就对新的束缚越敏感，越觉得不自由。另外，"自由只能是完全的自由；一小块自由并非是自由。"④之前的现代人总是渴望某种特定的一小块自由，如信仰自由、政治自由等，但对某种特定自由的渴望，必然包含着对某种新的统治的向往，而这意味着完全的自由根本不可能实现。为什么不鼓足勇气，让人们真正完全与整个地成为中心和主要事物呢？为什么不能像唯名论的上帝那样成为生成一切又吞噬一切的深渊？"'我是什么？'你们中的每一个人均要如此问自己。一个深渊，一个没有规则、没有法则的冲动、欲求、愿望、情欲的深渊，没有光明和北极星的一片混沌状态！"这个"我"只会把自己视为"魔鬼"或"野兽"，只会遵循它的"冲动"行事，只会根据"利己主义"或"独自性"行事，而对自己之外和之上的"神""戒

---

① 参见［德］施蒂纳：《唯一者及其所有物》，金海民译，商务印书馆 1989 年版，第 144 页。
② 参见［德］施蒂纳：《唯一者及其所有物》，金海民译，商务印书馆 1989 年版，第 153 页。
③ ［德］施蒂纳：《唯一者及其所有物》，金海民译，商务印书馆 1989 年版，第 168 页。
④ ［德］施蒂纳：《唯一者及其所有物》，金海民译，商务印书馆 1989 年版，第 171 页。

律"之类置之不理。这个利己主义者或具有独自性的"我"能够"创造出一种新的自由;因为独自性是一切的创造者"。这是一种完全的、绝对的自由,而非一小块自由,因为"我"摆脱了"非你、非我、非我们的一切",因为"我即是核,它应从一切包裹中解脱出来,从一切束缚着的外壳中解放而自由"。① 于是,施蒂纳主张我们不要去做自由者,而是去做利己主义者或具有独自性的人。自由只是教导我们摆脱自己,却不告诉我们自己是谁,而独自性却召唤我们回到自己。自由人摆脱了很多东西,但又被新的东西所束缚,所以仅仅是"自由病患者,梦幻者和狂热者"②,而具有独自性的人却可以摆脱一切,成为真正的自由人。具有独自性的人本来就是完全自由的,因为他除了承认自己外别无他物,他不需要解放自己,因为他向来就是抛却除自己之外的一切,他在评估任何东西时都不会让它们大于、高于自身。就像唯名论的上帝一样,他总是从自身出发,又返回自身。他不是理想主义者,而是利己主义者。理想主义者是沉睡的、进行自我欺骗的、疯狂的利己主义者,而独自性的利己主义者是公开的、大肆宣扬的、自觉的利己主义者,他并不徒劳无益地追求虚幻的、未来的自由,而是通过获得权力和所有物而获得实际的、当下的自由。

在最长的第二章"所有者"那里,施蒂纳谈论"我"的所有者身份。他从再一次批判人道主义宗教开始。费尔巴哈人的宗教或"国家宗教"之所以是基督教的"最后的变形",是因为它把"我"的诸多品质中的一个即"我"的人性确立为高于"我"的权威原则,从而根据这一原则把作为利己主义者的"我"判定为"非人"而非"人",因为"我"会利用国家,消灭"人的社会"。③ 然而,作为国家的敌人,"我"根本不会为其牺牲什么,而只是利用它,而为了能够充分利用它,"我就将其变为我的所有物和创造物,这就是说我消灭国家并代之以利

---

① ［德］施蒂纳:《唯一者及其所有物》,金海民译,商务印书馆1989年版,第172—175页。
② ［德］施蒂纳:《唯一者及其所有物》,金海民译,商务印书馆1989年版,第176页。
③ 参见［德］施蒂纳:《唯一者及其所有物》,金海民译,商务印书馆1989年版,第191—192页。

己主义者的联合。"①摧毁、消灭现有的国家,把它变成"我"的所有物和创造物,让它为满足我的需要而存在,这意味着"我"就是一切:"当费希特说'自我是一切'时,看来这与我的主张是完全协调的。不仅仅自我是一切,而且自我是摧毁一切的;只有处在自身解体之中的自我,从未存在的自我——有限的自我才真正是自我。费希特谈到了'绝对的'自我,而我则说我自己、消逝的自我。"②也就是说,费希特谈的是"绝对之我",而施蒂纳谈的是"经验之我",这个正在消逝的、有限的肉体自我才是真正的"我",它拒绝强加的权力,只追求自己拥有的权力:"我的权力是我的所有物。我的权力给予我所有物。我的权力是我自己,由于这种权力我因而是我的所有物。"③

在第一节"我的权力"里,施蒂纳首先区分了权力与权利。在他看来,前者是具有自由意志的个体的独特实在,后者是一个幽灵般的社会的抽象而压抑的精神,它寻求通过监督它的成员而变得无所不在。但是,真正的权利不是他人的赏赐,"谁有强力,谁就有权利;你们没有强力,那么你们也就没有权利。"④权利在社会中扮演的角色由法律来赋予,后者反对变化无常的个人意志的任性命令。即使如此,权利也仍然是来自意志的命令,只不过不是个人意志,而是普遍意志、统治意志或国家意志。这种意志主宰、冻结或石化了作为个体的"我"的自由意志。如何改变这种情况? 只有通过反对这种普遍意志,也就是通过自由意志个体的"犯罪"才能做到。这当然不是说"我"要过一种小偷小摸的卑贱生活——尽管从对财富的热衷方面看,"我"肯定不会阻止自己这样生活——而是说"我"将会"毫不容情地进行最无节制的亵渎",因为对"我"来说"没有什么东西是神圣的"。⑤ "我"要亵渎的对象,包括一切神圣

---

① [德]施蒂纳:《唯一者及其所有物》,金海民译,商务印书馆 1989 年版,第 192 页。
② [德]施蒂纳:《唯一者及其所有物》,金海民译,商务印书馆 1989 年版,第 195 页。
③ [德]施蒂纳:《唯一者及其所有物》,金海民译,商务印书馆 1989 年版,第 200 页。
④ [德]施蒂纳:《唯一者及其所有物》,金海民译,商务印书馆 1989 年版,第 207—208 页。
⑤ [德]施蒂纳:《唯一者及其所有物》,金海民译,商务印书馆 1989 年版,第 198 页。

物,如财产、婚姻、家庭、信仰、国家或人类等。"我"不要求任何权利,也不需要承认任何权利。只要"我"是强大的,"我"就是权力本身,就可以自己授予自己权利。①

正如施蒂纳在下一节"我的交往"中所证明的那样,"我"的权力在"我"的交往领域得到了最全面的表现,当然也遇到了相应的挑战。在国家、教会、社会、家庭、民族、人民那里,施蒂纳再一次发现导致"我"无法得到"漫无节制的自由"的主要障碍,因为这些幽灵愈是自由,个人就愈是受束缚。于是,他再次大声呼吁摆脱这些幽灵:"——人民死啦。——我享安康!"②但是,摆脱了各种幽灵束缚的"我"还是无法实现自己的绝对自由。通过考察"社会"一词的词源学结构,施蒂纳发现德语"社会"(Gesellschaft)的词源是"大厅"(Saal),它能容纳很多人。这些人组成了社会,但彼此之间并没有"交往",因为真正的交往是"我"与"你"之间、纯粹利己主义个体之间的关系,与第三者无关。但现实情况是,大厅或社会这个第三者在决定你我之间的关系。比如,为监禁者准备的监狱,就决定了监狱中"你"与"我"的关系不可能是真正的交往。不仅监狱如此,整个社会包括家庭、家族、教会、国家、党派等都是监狱社会,在那些地方都不可能实现真正的交往。于是,"我"要想获得绝对自由,必须首先不再与社会打交道,而只与"我"自己打交道,只与和"我"一样的唯一者、利己主义者打交道。

"我"与其他利己主义者的交往,根本上是围绕财产问题展开的。就像"我"整个地只属于人民、国家,"我"的财产也只是"精灵的财产,如人民的财产"。正是因为国家的存在,国家对"我"的剥削、利用和使用,"我"才处于贫穷状态。但是,问题在于"只有权力决定财产"。既然"只有国家是掌权者,那么只有国家才是所有者"。③ 于是,"我"要摆脱贫穷状态,就要像国家那样拥

---

① 参见[德]施蒂纳:《唯一者及其所有物》,金海民译,商务印书馆1989年版,第227页。
② [德]施蒂纳:《唯一者及其所有物》,金海民译,商务印书馆1989年版,第235页。
③ [德]施蒂纳:《唯一者及其所有物》,金海民译,商务印书馆1989年版,第275页。

有强力。只要拥有了强力,就拥有了财产;只要"我"保持对某物的权力,那么它就保持为"我"的财产。于是,施蒂纳进一步得出结论:"我"的财产并非物,而就是权力。因为"我"是通过权力而获得对这棵树的权利的,而且只有通过持久拥有权力才能保住这棵树,所以"我"的所有物根本上不是像这棵树那样的独立存在物,而是存在于"强大的自我、在我这个强大有力的人之中"的权力:"权力即是权利。"①

但是,每个拥有权力的利己主义者如何实际拥有他们对各种独立存在物的权利?当前的市民社会强调平等的"自由竞争"。市民社会固然前所未有地强调了参与竞争的都是利己主义的个体,但是只有在国家这个主人赋予个体一定的金钱或实物时,他们才可以参与自由的竞争,否则就不可能有什么竞争的自由。利己主义者要做的是:"你需要什么,你就去攫取什么吧!这样就宣告了一切人反对一切人的战争。我一个人决定,我想拥有什么。"②不同于市民社会宣扬每个人都是所有者,利己主义认为只有"我"才是所有者;不同于市民社会宣扬"我"需要什么,就靠竞争得来什么,利己主义认为"我"需要什么,"我"就为自己拿什么;不同于市民社会宣扬"我"和"你"都是平等的竞争者,利己主义认为"我"作为唯一者和强者高于这一部分,应该占有比弱者更多的财产。这里,作决定的不是"爱的原则"或"仁慈、温和、善良等爱的动机"甚至"正义和公平",而是"利己主义、私利",因为爱只要求自我牺牲,而利己主义只简单地决定:"我需要什么,就得有什么,并且就得给我拿来什么。"③只有从利己主义出发才能解决财产问题,只有通过一切人对一切人的战争才能让"我"这个唯一者变成所有者。"我"固然也爱人,但"我是带着利己主义的意识爱他们的",由于"我忍受不了爱人的额头上忧伤的皱纹,故而为了我自己的缘故,我吻掉这些皱纹。如若我不爱此人,那么他就总是满额皱纹,这

---

① [德]施蒂纳:《唯一者及其所有物》,金海民译,商务印书馆1989年版,第302页。
② [德]施蒂纳:《唯一者及其所有物》,金海民译,商务印书馆1989年版,第281页。
③ [德]施蒂纳:《唯一者及其所有物》,金海民译,商务印书馆1989年版,第280—281页。

些皱纹与我无关,我只驱赶我的忧愁"。① "我"的爱是自私的爱,与无私的、神秘的或浪漫主义的爱相距甚远。浪漫的爱是一种着迷状态,是一种强调为爱的对象作出牺牲的爱。"我"的爱的对象只是"我"的所有物,而"我不欠我的所有物什么东西而且对它也没有什么义务,就如同我对我的眼睛没有什么义务那样。如果说我仍然极为小心地爱惜它,那么这只是因为我自己的缘故"②。

于是,施蒂纳把利己主义者之间的交往视为一种相互利用的关系。利己主义者并不寻求建立人类历史一直在寻求建立的"共同体",而是"追求片面性"③。他们并不寻求无所不包的团体或所谓"人类社会",而只是在其他人那里寻求可以作为他们的所有物使用的手段和机构,就像他们并不把树木、野兽看作他们的平等者一样。没有人是"我"的平等者,没有人值得"我"的尊重,他们对"我"来说只是有用或无用的对象。如果"我"能利用某个人,"我"就会和他结成"联盟"以倍增"我"的力量。这一联盟不同于家庭、种族、民族这样的自然团体,也不同于教区、教会这样的精神团体,后两者会压制、使用和消费"我",前者会被"我"占有、利用和消费,而"一旦你知道不再能从联盟得到利益的话,你就'没有义务和不讲信义地'抛弃联盟"④。

于是,施蒂纳断言,我们时代的入口处铭刻的箴言,不应该再是阿波罗的"认识你自己",而应该是"实现你的价值"。但是,施蒂纳打算不再通过历史上重复出现的"革命"而是纯粹个人的"暴动"来实现自己的价值。在施蒂纳看来,革命的出发点是对现状的不满,暴动是对自身的不满;革命是武装的反抗,而暴动是个人的反抗;革命旨在建立新的安排和制度,而暴动旨在摆脱任何别人的安排,而只听从我们对自己的安排,并且不再对任何制度抱有奢望。

----

① [德]施蒂纳:《唯一者及其所有物》,金海民译,商务印书馆1989年版,第321页。
② [德]施蒂纳:《唯一者及其所有物》,金海民译,商务印书馆1989年版,第323页。
③ [德]施蒂纳:《唯一者及其所有物》,金海民译,商务印书馆1989年版,第343页。
④ [德]施蒂纳:《唯一者及其所有物》,金海民译,商务印书馆1989年版,第345页。

"由于我的目的却并非推翻现存状态,而是要超越在它之上,所以我的意图和我的行为丝毫没有政治的或社会的性质,而是仅仅针对我自己和我的独自性的,因而是利己主义的意图和行为。"①

施蒂纳由此进入第三节"我的自我享乐"。对利己主义者来说,享乐就如同燃烛取光那样去消费和利用生命。宗教世界中的人们总是把现在的自己视为泡影,总是在寻求真正的自我,于是那活在"我"之中的并非"我",而是基督或任何其他精神的自我。只有"在我确信我自己和我不再寻找我自己的情况下,我才真正是我的所有物","我"才因此能够拥有自己并使用和享受自己。于是,不同于基督教主张"我走向我自己",利己主义主张"我从我自己出发";不同于基督教主张"我憧憬着我自己",利己主义主张"我拥有我自己"。于是,问题不再是"人们如何获得生活",而是"人们如何能够挥霍享受它";不再是人们如何在自己那里确立真正的自我,而是"人们如何自我消化、自我复生"。② 不要再活在憧憬中,而要活在享乐中;不要再为了天职、使命或任务而活着,而要为了生命力量的表现而活着。花卉从来没有自我完善的使命,只是竭尽全力吸取和消受营养、空气和阳光;小鸟从来不按照什么命令作息,只是运用它的力量捕捉甲虫、尽情歌唱。"人只要像花鸟那样使用他的力量、干预世界,他就会变得强大许多。"③

并非"我"完成了使命、天职或任务后才成为真正的人,"我"本来就是真正的人。"我"最初的咿呀学语是真正的人的生活标志,"我"临终的呼吸是真正的人的最终力量的气息,而这期间的生命过程就是"我"的力量的表现。"我"不再把自己当作目标,而是当作起点;"我"不再渴望做"正义的人",追求"正义的事物",而是要按照"我"天性的冲动或生命的意志活着。历来的教育确实都在让"我"成为"强者",这个强者所有的力量却被用来超越"我"的

---

① ［德］施蒂纳:《唯一者及其所有物》,金海民译,商务印书馆1989年版,第349页。
② ［德］施蒂纳:《唯一者及其所有物》,金海民译,商务印书馆1989年版,第354页。
③ ［德］施蒂纳:《唯一者及其所有物》,金海民译,商务印书馆1989年版,第361页。

一切冲动,用来压制"我"的欲求、想望和激情。历来的科学和艺术也都在让"我"成为世界的"主人",这个主人却只能征服世界,而不能征服科学、艺术所代表的精神。于是,"我"一直以来还都是弱者,是奴隶。"我"固然有意志,但"我"的意志不被允许集中在易逝的事情上,而只被允许集中在"永恒的、绝对的、神的、纯粹人的之类的事情上",集中在"精神的事情上",集中在"本质上"。① 于是,要做真正的强者和主人,"我"和事物之间的关系必须是独自性的,而非普遍性的。比如,基督教要求《圣经》对一切人来说都是同样的事物,而"我"如何对待《圣经》,这应该完全是"我"的爱好和"我"的随心所欲的事情。其实,就连基督教徒、黑格尔和思辨神学家们也都是在按照内心的爱好随心所欲地对待《圣经》,这说明"事物以及对它的观察并不是第一位的,而我则是第一位的,我的意志是第一位的。人们欲图从事物中产生出思想,欲图在世界上发现理性,欲图在世界上拥有神圣性,因此人们将会找到它们。'你们寻找,你们就会找到。'我欲图寻找什么,这决定于我"②。与此相应,"我对客体所作的每一判断,都是我的意志的创造物。"从这一观点又可以推出如下重要的观点:

> 我并没有在创造物上、判断上丧失我自己,而是保持为不断进行创造的创造者、判断者。各种对象的一切谓语均是我的陈述、我的判断、我的创造物。如若它们欲图摆脱我和自己独立起来,或者甚至欲图使我敬佩,那么我最紧迫要做的事就是将它们收回到它们的虚无之中,即收回到我自己这个创造者之中去。神、基督、三位一体、道德、善之类就是这样的创造物。关于它们,我不仅必须允许自己说,它们是真理,而且也必须允许自己说,它们是欺骗。如同我曾经欲图和命令它们的存在那样,我也可以欲图它们的不存在。我绝不能允许它们成长凌驾在我之上,绝不能拥有听任它们变为某种"绝对的

---

① ［德］施蒂纳:《唯一者及其所有物》,金海民译,商务印书馆1989年版,第368—370页。
② ［德］施蒂纳:《唯一者及其所有物》,金海民译,商务印书馆1989年版,第373页。

东西"的软弱性,如果是这样的话,它们就将被永恒化并从我的势力和命令之中逃脱。①

把这段话和我们关于唯名论上帝的审美虚无主义属性的描述相比较,我们自然会强烈地意识到,施蒂纳是一个何其彻底、激进的审美虚无主义者!和唯名论的上帝一样,他要证明自己的存在,必须把客体变成自己意志的创造物。但是为了保证自己作为绝对的创造者的地位不受自己创造物的侵犯,他又必须立刻把它们收回到它们的"虚无"中去。于是,和唯名论的上帝一样,施蒂纳的唯一者展开了自我创造、自我毁灭的无限循环游戏,并在这种游戏中享受、消受或消费自己的生命。至关重要的是,在费希特、浪漫派甚至黑格尔、费尔巴哈那里,已经存在越来越激进的审美虚无主义,但不同于这些审美虚无主义的意志主体仍然主要是抽象的"我""绝对""精神""人"等,施蒂纳审美虚无主义的意志主体是具体的、有血有肉的、已经出生但绝对会死亡的现世个体,甚至就是施蒂纳本人。前者依然作为利己主义者在呼吁、召唤甚至强迫后者参与到他的事业当中去,而后者决计摆脱这种事业,而全心投入他自己的利己主义事业当中去。如果说前一种事业还需要"我"的献身,那么后一种事业只需要"我"的享乐。不仅如此,"我"还可以随心所欲地利用之前那些利己主义者的思想,只要它们有助于"我"利用并控制他人以实现自己的享乐。"我"可以利用甚至也创造这些思想,但绝不会被它们所控制。一旦意识到这种危险,"我"必须立刻使它们归于"虚无"。"我"要时刻做到既拥有思想又没有思想。② 这就是说,思想,或者真理,只是"我"的创造物或所有物,它们自身并没有价值,其价值只存在于"我"那里。不存在客观的、先在的真理或价值依据,"我"的即虚无即存在、即否定即肯定、即毁灭即创造的游戏,完全依据"我"自己的意志。"没有思想是神圣的,因为没有思想相当于'虔诚',没有感情是神圣的(没有神圣的友好的感情、没有母亲的感情等等),没有信仰是神

---

① ［德］施蒂纳:《唯一者及其所有物》,金海民译,商务印书馆 1989 年版,第 374 页。

② 参见［德］施蒂纳:《唯一者及其所有物》,金海民译,商务印书馆 1989 年版,第 384 页。

圣的。它们全部是可让渡的,我的可让渡的财产,如同被我所创造那样,也同样被我所消灭。"①

在结束语第三章"唯一者"中,施蒂纳再次总结了西方世界从神到人的历史进程,然后指出只有利己主义者的历史才真正有价值,因为他只欲图发展他自己,而不是发展什么人类观念、神的计划、天意、自由等。基督教的历史总是在追问"什么是人"这个问题,而现在应该变成"谁是人"这个问题。提问者用"什么"来寻找的是概念的实现,而如果用"谁"来开头,提问者自身就是问题的答案。概念只不过是名称,它无法表达出"我"究竟是谁。那么,"我"是谁?施蒂纳给出了最后的答案:

> 我是我的权力的所有者。如果我知道我自己是唯一者,那么从今往后我就是所有者。在唯一者那里,甚至所有者也返回他的创造性的无之中去,他就是从这创造性的无之中诞生。每一在我之上的更高本质,不管它是神或人,都会削弱我的唯一性的感受,而且只有在这种意识的太阳之前才会黯然失色。如果我把我的事业放在我自己、唯一者身上,那么我的事业就放在它的易逝的、难免一死的创造者身上,而他自己也消耗着自己。我可以说:

> 我把无当作我自己事业的基础。②

这最后一句话,也是全书的第一句话,就是施蒂纳的审美虚无主义宣传口号。

正如吉莱斯皮所言,中世纪唯名论革命是"一场对存在本身产生质疑的存在论革命",几乎所有后续的欧洲思想都接受了这场革命所着力断言的"存在论层次上的个体主义"。③ 然而,正如施蒂纳所梳理的那样,他之前的思想都还没

---

① ［德］施蒂纳:《唯一者及其所有物》,金海民译,商务印书馆1989年版,第398页。
② ［德］施蒂纳:《唯一者及其所有物》,金海民译,商务印书馆1989年版,第408页。
③ ［美］迈克尔·艾伦·吉莱斯皮:《现代性的神学起源》,张卜天译,湖南科学技术出版社2019年版,第24页。

有从彻底的个体主义出发,它们所谓的个体头脑中还装着各种共相。只有施蒂纳自己的唯一者哲学才真正完成了唯名论革命,只有在他的唯一者头脑中,任何需要为之献身的神灵、统治者、人民或真理之类的普遍概念才统统消失不见。和唯名论上帝一样,施蒂纳的唯一者独立于一切法则和秩序之外,随心所欲、冷漠无情地玩弄着即虚无即存在、即否定即肯定、即毁灭即创造的审美虚无主义游戏。这种游戏并不指向未来的某个目标,即使像绝对自由这样的目标,也只是为了当下的享乐,而且把当下的享乐本身视为绝对自由的实现。可以说,施蒂纳把从人文主义运动开始的审美虚无主义世俗化进程推向了庸俗化的极端。

从人文主义运动开始,很多思想家之所以采取审美虚无主义的思维与存在方式,是为了应对实在论的上帝之死和唯名论的上帝之生所导致的虚无主义危机。即使是叔本华,也在从反面证明,人不可能成为审美虚无主义游戏的主人,不可能用审美虚无主义克服虚无主义危机。然而,施蒂纳虽然也遭遇了虚无主义危机,也主张审美虚无主义,但并非为了用审美虚无主义来对抗虚无主义危机,而只是为了实现当下的自由。正如 R.W.K.帕特森在比较施蒂纳与尼采的思想时所言:"也许可以不那么绝对地说,两位思想家的哲学最初都反映了位于现代欧洲意识核心的一个基本困扰,他们属于第一批诊断并记录这一困扰的思想家之列,这一困扰是如此严重,以至于在一个充满不确定性的时代,西方文明结构的基础都被它撼动了。尼采预见到,紧跟上帝之死而来的,必然是规范的倒塌,而且如果一切都是徒劳,结果必然是一种普遍的道德和思想挫败,紧随其后的明显而公开的后果,只能是经济危机和政治灾难。四十年前,站在类似的深渊边上,更为直接、更肆无忌惮地瞪着这虚空的施蒂纳,带着一种冷漠的超然,向世人宣告这深渊深处只是无意义和荒凉破败。就像尼采那样,施蒂纳一开始就致力于直面虚无主义的挑战,不找任何借口和虚饰地直面虚无主义的含义,表达他对这个被罩上危险的虚无主义阴影的世界的反应。"①

---

① R.W.K.Paterson, *The Nihilistic Egoist Max Stirner*, Oxford: Oxford University Press, 1971, pp.160-161.

也就是说，早在尼采之前四十年，施蒂纳就遭遇了实在论的上帝之死和旧价值的式微，就发现自己处于一个空虚和无意义感开始泛滥的世界，一个蒂利希所谓对精神上的非存在的焦虑成为主导趋势的时代。然而，不同于尼采面对虚无主义的危险痛彻心扉，施蒂纳根本没有把虚无主义视为危险，而只是视为机遇，视为实现唯一者绝对自由的机遇，因为只有在这样一个无意义的世界，人才能够真正摆脱法则和秩序，真正成为完全独立、为所欲为的个体。于是，施蒂纳一边倾听旧价值崩塌的声音，一边暗自欣喜。他不仅没有呼唤用新的价值替代旧价值，反而主张把残留在人的头脑中的所有价值幽灵都彻底驱逐，从而完全拒绝了根据这些价值再建造一个有意义的世界的可能性。对施蒂纳来说，"无意义性是他自己亲手释放的世人皆知的魔鬼，是他有意贴在自己经验之上的人格标志，是他自由选择和真正渴望的一种主宰性的普遍现象；而且因此，他居于其中的形而上学荒漠，最终是他自己创造出来的荒漠；在注视深渊时，他最终是在注视他自己。"①

为了实现唯一者的当下自由，施蒂纳不仅要把现实世界虚无化为彻底的无意义和无价值状态，还要重新创造一个世界，一个有利于唯一者享乐与消受这种当下自由的世界。但是，这样一个世界不能再是实在论哲学意义上有序而稳固的宗教世界，不能再是笛卡尔、霍布斯意义上有助于人类安全与繁荣的科学世界，不能再是康德、费希特意义上有助于人的道德自由的目的世界，甚至也不能是施莱格尔、蒂克意义上有助于人的非道德或反道德自由的反讽世界，而是一个必须能够瞬间被摧毁的反世界：

> 在这一意义上，即唯一者的直接经验的粗糙元素，被作为这些元素核心和基础的唯一者根据自身的人格加以组织化和总体化的意义上，唯一者的世界确实是一个"世界"。但是这种总体化创造出来的并非这样一个世界，即作为一个安全的、无限的框架，它能够保证它

---

① R.W.K.Paterson, *The Nihilistic Egoist Max Stirner*, Oxford：Oxford University Press, 1971, p.242.

的居民们的行动和目的,赋予他们一种稳定的意义;唯一者并没有创造出一个"世界",就像一个提供了无限丰富的膳宿设施的剧院,所有的演员因此能够在其中保持和完善自己被赋予的角色。由唯一者竖立起来的框架之所以要被竖立起来,只因为它可以被即刻拆除;剧院之所以持续开放,只因为他的老板可能在持续践行着他关闭剧院的权力。这个由施蒂纳所创造的世界,是一个可以瞬间被摧毁的世界,而它之所以被"创造"出来,仅仅是为了被瞬间摧毁。从它的创造者"创造性的无"那里继承过来的特征,决定了它只可能变为虚无。由创造者自我取消的行动统一起来的世界,它的统一性是不断消失的统一性。确实,唯一者的世界不过就是一个反世界(anti-world)。①

实在论的上帝创造了一个有序而稳固的世界,但也因此把自己束缚于其中,从而失去了绝对自由。唯名论的上帝创造了一个可以瞬间被推翻的世界,却因此实现并保证了自己的绝对自由。笛卡尔、霍布斯、康德、费希特、施莱格尔、蒂克等创造的世界虽然各有不同,但都有一个共同点,即它们都不是一个能够瞬间被全部推翻的世界,这决定了这些创造者会在自己的造物面前失去绝对自由。施蒂纳的唯一者之所以要创造一个可以瞬间被推翻的世界,就是为了希望自己和唯名论的上帝一样实现绝对自由。确实,和唯名论的上帝一样,施蒂纳的唯一者也是创造性的无,也是一处产生又吞噬一切的深渊。他的任何创造物,根本上都应该是对他的绝对自由本性的再肯定和再创造,而不能束缚和改变他的绝对自由,因此根本上都应该被摧毁。于是,不同于之前的大多数审美虚无主义者都在为自己一次性地创造一个稳固、确定和完善的世界,或者通过辩证的方法为自己创造一个无限地趋于稳固、确定和完善的世界,因为只有这样的世界才能够让自己对抗虚无主义危机,施蒂纳这个审美虚无主

① R. W. K. Paterson, *The Nihilistic Egoist Max Stirner*, Oxford: Oxford University Press, 1971, pp.243-244.

义者为自己创造的世界却是深渊的摹本,是产生一切又吞噬一切的虚无本身,因为和唯名论的上帝一样,施蒂纳这个冷漠无情的唯一者不需要对抗虚无主义危机,而只是他人虚无主义危机的根源。正是这一点,决定了施蒂纳的审美虚无主义是唯名论审美虚无主义的彻底世俗化。

然而,吊诡的是,审美虚无主义的思想逻辑虽然在施蒂纳那里已经达到了最高峰,却又立即掉头而去,另寻他路了。施蒂纳的思想如彗星般仅仅闪烁了四年之久,就开始被人遗忘,而且持续长达半个多世纪。① 正是在此期间,尼采思想崛起,并对 20 世纪以来的西方思想产生了巨大影响力。虽然人们在寻找尼采思想的渊源时重新发现施蒂纳,发现尼采与后者有太多的相似之处,但这些已经无法让施蒂纳光芒再现。② 于是,只能从尼采那里另寻审美虚无主义思想逻辑的巅峰。

三、尼采的艺术家形而上学

正如萨弗兰斯基所言:"可怕的事物是尼采一生的题目,是他的尝试和蛊惑。"③弗里德里希·威廉·尼采(1844—1900)首先遭遇的"可怕的事物",就是他自己的生活。尼采出生于一个牧师家庭,父亲卡尔·尼采酷爱音乐,常常引导尼采在钢琴上即兴演奏。然而,在尼采还不到 5 岁时,慈爱的父亲就因患脑软化症而去世。后来,尼采又相继经历了弟弟、姑妈和祖母的死亡。可以说,对命运和死亡的焦虑(其中也包括对罪过与谴责的焦虑,对空虚和无意义的焦虑),很早就开始折磨尼采的心灵。

---

① 参见 R. W. K. Paterson, *The Nihilistic Egoist Max Stirner*, Oxford: Oxford University Press, 1971, p. 98。

② R. W. K. Paterson, *The Nihilistic Egoist Max Stirner*, Oxford: Oxford University Press, 1971, p. 145.

③ [德]萨弗兰斯基:《尼采思想传记》,卫茂平译,华东师范大学出版社 2007 年版,第 9 页。

　　从 14 岁进入普福塔文科寄宿中学开始，尼采逐渐养成写日记和自传的习惯，希望通过这种方法认识和把握自己的命运。尼采最初信仰上帝，认为正义、至善的上帝对他的引导，就像"一个父亲引导他那羸弱的幼儿"①。但是，大卫·施特劳斯的《耶稣传》，让他开始怀疑这一信仰。在 18 岁时写下的论文《命运和历史》中，尼采描述了一幅没有上帝的世界图像。不过，面对这个没有任何意义和目的的世界，年轻的尼采选择了他几乎还完全不了解的唯心主义哲学的态度，那就是激发可以"内在超越的、提升生命的意志"。尼采尽管在这里强调了具有自我意识和自由意志、能够自我塑造的个体观，但还是想让这一观念与其基督教信仰取得和解。在他看来，上帝在耶稣基督身上成了人，这意味着值得做人，但我们"尚未是人"，而"成为一个人"才是当下最重要的任务，为此我们不需要再妄想一种非尘世的世界。②

　　这一时期的尼采虽然渴望自由，但不得不按照寄宿制学校严格的规章制度活动。他开始借助想象力为自己拓展逼仄的生活空间，尝试写一部《威廉·洛维尔》式的自传，讲述青春期的他如何耽于对女人的幻想。尼采最终放弃写作，因为对他来说，自我指涉的魅力仍然是个秘密。这一时期的他更希望在从小酷爱的古典音乐中寻找"对不可预见的展望"，在"内心生命的琴弦震响"中"感受自己的本质"。③

　　1864 年的尼采，已是波恩大学的学生，他对自己生命的反思活动变得更加自觉和强烈。这一年的除夕夜，他最初处于身心和谐的状态，在演奏完舒曼的《曼弗雷德》安魂曲后，觉得自己已经超越于时间之上，获得了生活的勇气和坚定性。然而不久，他又突然意识到自己的当下。他看见一个濒死者，在被

---

　　①　转引自[德]萨弗兰斯基：《尼采思想传记》，卫茂平译，华东师范大学出版社 2007 年版，第 23 页。

　　②　参见[德]萨弗兰斯基：《尼采思想传记》，卫茂平译，华东师范大学出版社 2007 年版，第 25—29 页。

　　③　[德]萨弗兰斯基：《尼采思想传记》，卫茂平译，华东师范大学出版社 2007 年版，第 29—30 页。

黑暗包围的床上呻吟喘息。片刻之后，那濒死者不见了，一个声音响起："你们这些时间的笨蛋和蠢人。这个除了在你们脑袋里、什么地方都不存在的时间！我问你们，你们都干了什么？要是你们想存在，想拥有你们希望和执意要得到的东西，那就这么做。"①他在日记里如此解释这种虚无主义体验：那在床上喘息的形体是拟人化的时间，它以自己的死亡把个人抛回他自身；不是时间，而是自身那创造性的意志改变和发展着个人。他总结道："不能信赖客观的时间。形成独特的自身，这项工作还得由自己完成。"②

在莱比锡大学学习期间，尼采的古典语文学成绩优异，并且在大学毕业前夕就已经收到巴塞尔大学的古典语文学教授聘书。1865 年 10 月，尼采在莱比锡一家旧书店里发现了两卷本的《作为意志和表象的世界》。他一下子就成了叔本华的信徒，意识到世界的本质不是什么理性或逻辑，而是一种幽暗的、生机勃勃的本能或意志，意识到意志是自己虚无主义体验的根源，意识到通过艺术尤其是音乐摆脱意志束缚从而摆脱虚无主义体验的可能性，也因此意识到自己的事业不是古典语文学而是哲学，是通过哲学改造人性，实现人性的神圣化。

1868 年 10 月，尼采首次见到年长自己三十一岁的瓦格纳，并很快把他视为叔本华主义者，认为他的歌剧能够完成叔本华赋予音乐的使命。为了帮助瓦格纳实现他所谓"伟大的文艺复兴"，尼采开始写作《悲剧从音乐精神中的诞生》(简称《悲剧的诞生》)，并于 1872 年出版。在献给瓦格纳的序言中，尼采指出这本书要处理的绝不是无关紧要的艺术问题，而是"一个严肃的德国问题"③，即德意志文化更新的问题。通过这本书，他希望证明希腊悲剧文化形成于一种音乐精神，还希望证明德国文化也可以通过类似的精神得到更新

---

① 转引自［德］萨弗兰斯基：《尼采思想传记》，卫茂平译，华东师范大学出版社 2007 年版，第 31 页。

② 转引自［德］萨弗兰斯基：《尼采思想传记》，卫茂平译，华东师范大学出版社 2007 年版，第 31 页。

③ 参见［德］尼采：《悲剧的诞生》，孙周兴译，商务印书馆 2012 年版，第 18 页。

并变得高贵。

就像叔本华思想中意志与表象的对立那样，尼采在这本书一开始就设定了狄奥尼索斯式存在与阿波罗式存在的对立，指出希腊艺术最初表现为造型艺术（即阿波罗艺术）和音乐艺术（即狄奥尼索斯艺术）的巨大对立，后来表现为既是狄奥尼索斯式的又是阿波罗式的阿提卡悲剧。① 如果说阿波罗式存在的典型状态是梦，是个体化的形象世界，那么狄奥尼索斯式存在的典型状态就是醉，是主体完全的自身遗忘。面对叔本华所描述的那个充满斗争、伤害、痛苦和死亡的表象世界或"存在的深渊"②，希腊人最初寄希望于个体化原理，也就是寄希望于秩序和形式。但是随着狄奥尼索斯狂欢节从东方传入，表现为激情、纵欲、狂热的狄奥尼索斯式存在与阿波罗式存在产生了严重对立。最终的结果是双方的和解，通过这种和解，希腊人把自己的文化建立在狄奥尼索斯式存在的基础上。但是，不像东方文化那样沉沦于其中，也不像后来的欧洲文化那样逃离它，希腊人把狄奥尼索斯式存在转换为某种崇高的东西即奥林匹斯神话。希腊民间传说曾经讲过，狄奥尼索斯的同伴、森林之神西勒尼认为，对人来说最好的事情是从未出生，次好的事情就是快快死去。也就是说，人的出生意味着要变成一个个体，意味着和整体的分离或异化，这种经验会导致痛苦，而唯一可以减轻痛苦的方法就是停止成为个体，赶快死去，重回本原统一性。③ 但是，希腊人最终没有这样选择。他们虽然认识到人生此在的恐怖与可怕，却在这种恐怖和可怕面前树起了光辉灿烂的奥林匹斯诸神形象。也就是说，希腊人用一种神化个体性的阿波罗式艺术在他们和生活之间插入了一个美丽的假象世界，用快乐诸神对抗泰坦式的恐怖诸神，用纯粹表象的快乐来避免绝望的折磨，犹如"玫瑰花从荆棘丛中绽放出来"④。这种方法逆转了西

---

① 参见［德］尼采：《悲剧的诞生》，孙周兴译，商务印书馆 2012 年版，第 19 页。
② ［德］尼采：《悲剧的诞生》，孙周兴译，商务印书馆 2012 年版，第 44 页。
③ 参见［德］尼采：《悲剧的诞生》，孙周兴译，商务印书馆 2012 年版，第 32 页。
④ ［德］尼采：《悲剧的诞生》，孙周兴译，商务印书馆 2012 年版，第 34 页。

勒尼的格言:希腊人让诸神过上了人的生活,从而为人的生活作了充分的辩护,被这些诸神的明媚阳光所照耀的人生此在,开始被视为值得追求的,而西勒尼所谓"快快死去"或"从未出生"反倒成了糟糕的事情。于是,荷马式的人类的真正痛苦,反倒是与这种人生此在的分离,他们对短命的旷世英雄——如阿喀琉斯——的悲叹,本身就是对这种人生此在的颂歌。

通过荷马式的阿波罗幻想,希腊人的意志取得了辉煌的胜利。但是,这种胜利非常短暂。个体化原则非常强调界限、适度和自知之明,因为只有这样才能脱离意志的本原统一性,而由于希腊人仍然把自己植根于沉醉、过度和狂欢等狄奥尼索斯式元素以及意志的本原统一性中,这意味着后者最终会消解所有阿波罗式的个体性。于是,对抗狄奥尼索斯式存在的第二种方式,只能是多立克式的国家和艺术:"只有在一种对泰坦式野蛮的狄奥尼索斯本质的不断反抗当中,一种如此固执而脆弱、壁垒森严的艺术,一种如此战争式的和严肃的教育,一种如此残暴而冷酷的政制,才可能更长久地延续下来。"①但是,这样一种依靠残暴而冷酷的政制取得的胜利同样不可能长久。

带来最后一场攻击的是阿尔基洛科斯。不同于沉湎于个体化梦想的阿波罗式艺术家荷马,阿尔基洛科斯是充满激情的狄奥尼索斯式抒情诗人。他原本"是与太一及其痛苦和矛盾完全一体的",并且能够把这种太一的摹本制作为音乐,即对世界的重演或重铸。但是,在阿波罗的梦的影响下,抒情诗人又把音乐显现为一种比喻性的梦境,显现为他与世界心脏的统一性的形象。于是,"这梦境使那种原始矛盾和原始痛苦,连同假象的原始快乐,变得感性而生动了。"②不同于雕塑家和史诗诗人沉湎于形象的纯粹观照中,也不同于狄奥尼索斯式的音乐家无须任何形象,只是原始痛苦本身及其原始的回响,抒情诗人则从神秘的自弃状态和统一状态中产生出一个形象和比喻的世界,它完全不同于雕塑家和史诗诗人的那个形象世界。通过观照形象这面假象的镜

① 〔德〕尼采:《悲剧的诞生》,孙周兴译,商务印书馆 2012 年版,第 40 页。
② 〔德〕尼采:《悲剧的诞生》,孙周兴译,商务印书馆 2012 年版,第 44 页。

子,雕塑家和史诗诗人免于和形象所代表的人物融为一体,但抒情诗人的形象无非就是他自己,而且只是他自己的客体化。因此,"作为那个世界的运动中心,他就可以道说'自我'(ich)了:只不过,这种自我(Ichheit)与清醒的、经验实在的人的自我不是同一个东西,而毋宁说是唯一的、真正存在着的、永恒的、依据于万物之根基的自我,抒情诗的天才就是通过这种自我的映像洞察到万物的那个根基的。……实际上,阿尔基洛科斯,这个激情勃发、既爱又恨的人,只不过是天才的一个幻想,他已经不再是阿尔基洛科斯,而是世界天才,他通过阿尔基洛科斯这个人的那些比喻,象征性地道出自己的原始痛苦。"①

于是,不同于叔本华根据主客观的对立来划分各种艺术,尼采认为,具有意愿、要求其自私目的的主体,根本不应该被看作艺术的本源,但只要主体是艺术家,就已经摆脱了自己的个体性意志,仿佛成为一种媒介,通过这一媒介,那真正存在着的主体便得以庆贺它在假象中的解脱:"唯当天才在艺术生产的行为中与世界的原始艺术家融为一体时,他才能稍稍明白艺术的永恒本质;因为在这种状态中,他才奇妙地类似于童话中那个能够转动眼睛观看自己的可怕形象;现在,他既是主体又是客体,既是诗人、演员又是观众。"②正如吉莱斯皮所言,"狄奥尼索斯式诗人是自身和意志相统一的天才,是意志创造的中介,是为意志而迷狂的存在。正如被知性所认识的那样,艺术家和世界本身不是自为的存在,也不是仅仅为我们的存在,而只是为本原意志的存在,这个本原自我位于世界的中心。这个本原自我就是狄奥尼索斯,人和世界因此只有通过狄奥尼索斯与自身的和解,才能作为这个伟大宇宙艺术家的自我创造的产品而具有存在的理由。"③

对于抒情诗来说,音乐的旋律是第一位的和普遍性的东西,而语词、形象

---

① [德]尼采:《悲剧的诞生》,孙周兴译,商务印书馆 2012 年版,第 45—46 页。
② [德]尼采:《悲剧的诞生》,孙周兴译,商务印书馆 2012 年版,第 48 页。
③ Michael Allen Gillespie, *Nihilism before Nietzsche*, Chicago:The University of Chicago Press, 1995, p.208.

和概念只是对音乐的模仿，因为音乐的世界象征关涉"太一心脏中的原始矛盾和原始痛苦，因此象征着一个超越所有现象、并且先于所有现象的领域"，而语言作为"现象的器官和象征"绝不可能"展示出音乐最幽深的核心"。①于是，抒情诗依赖于音乐精神，恰如音乐本身在其完全无限制的状态中并不需要形象和概念，只不过还能容忍它们与自己并存罢了。只是在以抒情诗为基础发展起来的酒神颂歌中的萨蒂尔合唱队的歌曲，以及从合唱歌曲中诞生的悲剧那里，音乐才与形象和概念完成了统一。不同于阿波罗颂歌中的合唱者都保持着自己的个体性，酒神颂歌中戴着萨蒂尔面具的合唱者完全忘掉了自己的身份、地位或时空中的存在，仅仅把自己看作萨蒂尔，又作为萨蒂尔来观看神灵狄奥尼索斯。②至于悲剧，它总是"一再地在一个阿波罗形象世界里爆发出来的狄奥尼索斯合唱歌队"，那把悲剧编织起来的合唱部分，一定程度上就是整个所谓对话的娘胎，即"全部舞台世界、真正的戏剧的娘胎"，在多次相继爆发的过程中，悲剧的这个原始根基放射出戏剧的幻景："它完全是梦的显现，从而具有史诗的本性；但另一方面，作为一种狄奥尼索斯状态的客观化，它并不是在假象中的阿波罗式解救，相反，是个体的破碎，是个体与原始存在（Ursein）的融合为一。"③

于是，在尼采看来，希腊悲剧就是狄奥尼索斯式智慧的阿波罗式具体体现。欧里庇得斯之前的希腊悲剧实际上都是以狄奥尼索斯为主角的，而舞台上出现的角色如普罗米修斯、俄狄浦斯等，都不过是狄奥尼索斯的面具而已。只有这样一个神祇的存在，才能让我们理解这些悲剧英雄何以让我们赞叹，因为他们根本上都是那个自愿经历个体化之苦又自我克服这种痛苦的狄奥尼索斯，那个作为原始统一性的本原意志。在叔本华那里，受本原意志支配的个体毫无自由可言，只有痛苦和无聊的轮回，从而根本上是一种悲剧性存在。虽然

① ［德］尼采：《悲剧的诞生》，孙周兴译，商务印书馆 2012 年版，第 52—53 页。
② 参见［德］尼采：《悲剧的诞生》，孙周兴译，商务印书馆 2012 年版，第 60—61 页。
③ ［德］尼采：《悲剧的诞生》，孙周兴译，商务印书馆 2012 年版，第 65—66 页。

艺术家能够通过创作和聆听作为本原意志客体化的音乐，让他们暂时摆脱这种存在，但这种摆脱本质上是对本原意志的放弃。尼采固然认同叔本华关于人的悲剧性存在的论断，但是不同于叔本华的地方在于，他认为像埃斯库罗斯和索福克勒斯这样的艺术家所创作的悲剧不是要让人放弃本原意志，而是要让人能够在悲剧英雄所遭遇的无以复加的痛苦中感受到某种崇高的东西，即认识到"与所有痛苦为伴的个体存在其实都只是那神性意志的某个时刻，认识到我们就是这种意志，认识到我们就是狄奥尼索斯"①。这种认识，既是我们快乐的源泉，又是我们存在的理由。

尼采注意到，埃斯库罗斯和索福克勒斯的悲剧中狄奥尼索斯式强大的本原性力量和阿波罗式强大的神化力量是平衡的。只有从深渊的恐怖中才能开出美丽的花朵，而为了生命的美丽，希腊人必须得忍受何等的痛苦！但是，欧里庇得斯打破了这种平衡，他希望根除悲剧中的狄奥尼索斯元素。悲剧从狄奥尼索斯与阿波罗的对立，变成了戴着萨蒂尔面具的狄奥尼索斯与戴着欧里庇得斯面具的苏格拉底的对立，并且因此走向了毁灭。欧里庇得斯的审美苏格拉底主义的最高原则是"凡要成为美的，就必须是理智的"，它可以和苏格拉底的命题"唯知识者才有德性"相提并论。② 根据这一原则，欧里庇得斯校正了悲剧的语言、人物、戏剧结构和合唱歌队音乐等所有重要元素，把它们理性主义化，让其失去神秘和悬念，仅靠人物的激情和雄辩来征服观众；根据这一命题，苏格拉底带着对音乐的轻蔑和优越之情走进希腊人的生活，驱散他们"只靠本能从事"③的习惯，培养他们有意识地认识事物的能力。柏拉图焚烧了自己的诗稿，继承了苏格拉底的理性主义精神，把诗歌变成了哲学的奴婢。哲学的辩证法中暗藏着乐观主义的要素，在它的结论"德性即是知识；唯有出

---

① Michael Allen Gillespie, *Nihilism before Nietzsche*, Chicago: The University of Chicago Press, 1995, p.210.
② ［德］尼采:《悲剧的诞生》，孙周兴译，商务印书馆2012年版，第93页。
③ ［德］尼采:《悲剧的诞生》，孙周兴译，商务印书馆2012年版，第98页。

于无知才会犯罪;有德性者就是幸福"①中,蕴含着悲剧的死亡。亚里士多德也用他的辩证法的"三段论皮鞭"把音乐从悲剧中驱逐出去,从而摧毁了悲剧的本质。亚里士多德以后,各种哲学流派纷至沓来,普遍的求知欲笼罩世界,科学的发展树立起"惊人地崇高的当代知识金字塔"②。世界历史的这一切转变,无不以苏格拉底的理论乐观主义为界碑。

然而,物极必反,科学在自己的界限之处重新发现了不可认识的本原意志。于是,就像巨蛇乌洛波洛斯咬住了自己的尾巴,乐观主义求知欲的尽头,是悲观主义的艺术重现。理性主义的苏格拉底死去,从事音乐的苏格拉底将会再生,悲剧因音乐而毁灭,也将必然从音乐精神中再生。在尼采看来,叔本华的思想和瓦格纳的音乐是悲剧再生的起点,因为叔本华重新发现了音乐作为本原意志的客体化的本质,瓦格纳重新发现了音乐与形象、概念的关系,也就是希腊悲剧中狄奥尼索斯与阿波罗两种力量并重所产生的审美效果。尼采指出,音乐既能激发对狄奥尼索斯式存在的普遍性的比喻性直观,还能使得这种比喻性形象以至高的意蕴显现出来,所以他大胆推断,音乐具有诞生"悲剧神话"的能力。③

至此,尼采开始谈论德意志文化的更新问题。在他看来,贪婪的意志总是在寻求某种手段,通过某种笼罩万物的幻景使它的造物持守在生命中,并以此迫使他们存活下去。于是,意志就通过三种品质高贵的人物制造出三种幻景,其中一种受缚于苏格拉底的求知欲,一种迷恋于艺术之美的面纱,一种迷恋于形而上学的慰藉,而它们分别构成三种文化,即亚历山大文化、希腊文化和婆罗门文化。④ 由于这三种文化都是由高贵者创立的,它们都需要奴隶阶层的存在,而奴隶阶层的消失,必然意味着文化的灭亡。从苏格拉底开始,整个现

① ［德］尼采:《悲剧的诞生》,孙周兴译,商务印书馆 2012 年版,第 104 页。
② ［德］尼采:《悲剧的诞生》,孙周兴译,商务印书馆 2012 年版,第 111 页。
③ 参见［德］尼采:《悲剧的诞生》,孙周兴译,商务印书馆 2012 年版,第 121 页。
④ 参见［德］尼采:《悲剧的诞生》,孙周兴译,商务印书馆 2012 年版,第 130 页。

代世界都陷入亚历山大文化之网中,而被它奉为理想的存在者,是苏格拉底式的理论家。这种理性主义文化当然也需要奴隶阶层,但它内在的乐观主义让它否定了奴隶阶层存在的必要性,从而导致了自身必然毁灭的命运。这种文化的代表,即多说少唱的歌剧文化,把音乐视为奴仆,把歌词视为主人,从而让音乐失去了自己作为本原意志的客体化的神圣使命,让歌剧沦为一种玩弄形式的肤浅的娱乐。但正是在狄奥尼索斯精神消失于现代世界之时,只向希腊文化学习的德国文化正在悄悄经历狄奥尼索斯精神的复苏。从巴赫到贝多芬、瓦格纳的德国音乐,就像从永不枯竭的深渊中升起的魔鬼,是"唯一纯粹的、纯净的、具有净化作用的火之精灵",而从康德到叔本华的德国哲学,就是"用概念来表达的狄奥尼索斯智慧",它们会共同把我们引向一种"新的此在形式"。① 严格来说,德国精神的这种复苏只是向自身的回归,因为外部势力的长期入侵让德国人一直生活在奴役状态,现在,"在返回到自己的本质源泉之后,德国精神终于可以无需罗马文明的襻带,敢于在所有民族面前勇敢而自由地阔步前进了。"②

然而,在十四年后为该书写的序言"一种自我批评的尝试"中,尼采毫不客气地指出了这本书的各种缺点,从而几乎完全否定了凭借德国音乐复苏德国文化或德国精神的可能性。他认为,这本带着"年轻的勇气和怀疑"写就的书本来是通过谈论希腊人的那种"强者的悲观主义"而表达一种"艺术家形而上学"的,后者的使命是"用艺术家的透镜看科学,而用生命的透镜看艺术",是回答这样一个难题即"什么是狄奥尼索斯的"(它具体包括如下问题,即"希腊人与痛苦的关系""希腊人对美的渴求是起源于缺失、匮乏、伤感、痛苦还是健康、充沛和丰盈""希腊人为什么会把狄奥尼索斯式的狂热者和原始人设想为萨蒂尔""悲观主义的盛行是否意味着希腊人正处于青春的丰富""乐观主义、理性主义、民主制的胜利是否意味着希腊人精力下降、暮年将至""用生命

① [德]尼采:《悲剧的诞生》,孙周兴译,商务印书馆2012年版,第144—145页。
② [德]尼采:《悲剧的诞生》,孙周兴译,商务印书馆2012年版,第146页。

的透镜来看,道德意味着什么"等),并且证明这一命题,即"唯有作为审美现象,世界此在才是合理的",或者,只有艺术而非道德,才是"人类的真正形而上学的活动"。但是,由于还没有形成和使用"自己特有的语言",只是在用康德、叔本华的套路说话,还从瓦格纳信徒的角度看问题,或者说,还没有使用毁灭一切再创造一切的审美虚无主义思维方式,他并没有清晰表达出这种艺术家形而上学。首先,艺术家形而上学应该明确表现出一种"超善恶"的精神,但是该书却在处理基督教时竟然采取了一种"沉默姿态",而后者是与这种形而上学所传授的"纯粹审美的世界解释和世界辩护"完全对立的,因为它只强调道德,而以艺术为敌,以生命为敌,以现实世界为敌。其次,叔本华把悲剧精神规定为听天由命,规定为对生命和世界的疏远与冷漠,而尼采居然用叔本华的套路来解释与此完全相反的狄奥尼索斯精神和希腊悲剧。再次,尼采从近来的德国音乐开始编造所谓"德国精神",然而事实是,以瓦格纳为代表的德国音乐彻头彻尾是浪漫主义的,是最没有希腊性的音乐,而德国精神也因1871 年德意志帝国的成立完成了向平庸化、民主制和现代理念的过渡。①

在这份自我批评的最后,尼采概括了他在《悲剧的诞生》之后要走的路,那就是首先彻底否定"一切形而上学的慰藉",然后提供一种"尘世慰藉的艺术",它的表现形式就是《查拉图斯特拉如是说》。② 这就是说,《悲剧的诞生》完成之后,尼采结束了他的学徒期,开始了彻底的毁灭与创造之旅,开始了属于他自己的审美虚无主义之旅。③

---

① 参见[德]尼采:《悲剧的诞生》,孙周兴译,商务印书馆 2012 年版,第 1—13 页。
② 参见[德]尼采:《悲剧的诞生》,孙周兴译,商务印书馆 2012 年版,第 15 页。
③ 人们通常把尼采思想的发展分为三个阶段,其中 1854—1876 年是尼采思想的早期学徒阶段,代表作是《悲剧的诞生》《不合时宜的沉思》等;1876—1881 年是尼采思想的中期批判阶段,代表作是《人性,太人性的》《朝霞》《快乐的科学》等;1881—1889 年是尼采思想的后期创新阶段,代表作是《查拉图斯特拉如是说》《善恶的彼岸》《论道德的谱系》《敌基督者》《偶像的黄昏》《瓦格纳事件》《瞧,这个人》等。笔者认同这种区分,但又主张把尼采后期思想分为《查拉图斯特拉如是说》阶段和《查拉图斯特拉如是说》之后阶段,因为正是在这本书之后,"虚无主义"才真正成为尼采思想的关键词,早期概念"狄奥尼索斯"概念也才重新出现在尼采著述中。

四、尼采的毁灭与创造之旅

中期尼采的思想道路并非一开始就表现为即毁灭即创造的审美虚无主义，而是首先表现为纯粹的虚无主义，即对自己所属思想传统的彻底怀疑、批判与毁灭，而这应该与他于 1873 年阅读屠格涅夫小说《父与子》，以及于 1874 年可能接触施蒂纳的《唯一者及其所有物》有关。关于尼采是否真的受到施蒂纳的影响，萨弗兰斯基持肯定的态度。① 正如他所言，中世纪的唯名论致力于为一个不可理解的创造性的上帝作辩护，后者"从虚无中创造了自己和世界，以自身的自由高踞于任何逻辑，甚至高踞于真理之上"，而作为尼采之前 19 世纪最极端的唯名论者，施蒂纳志在为创造性的个体自我作辩护，从而首先否定了一切起统治和束缚作用的总体性概念，如"宗教""逻辑""人类""平等""博爱""自由"等，以便"让个体人回到自己那无名的实存，把他从本质论的监狱中解放出来"。② 施蒂纳的否定哲学很可能影响了尼采："在那样的时刻，当尼采必须为自己的思维营造空间、当他为了生命活力的缘故而思考知识和真理问题以及如何把知识的刺针转向知识自身时，尼采可能也经历了这个哲学，作为那解放的一击。"③ 卡尔·洛维特认为，即使尼采从未在自己的著述中提及施蒂纳，这也不能否认他们之间存在思想上的逻辑关联。④ 尼采和施蒂纳对基督教的批判是如此的一致，以至于人们会断言"施蒂纳是尼采取得

---

① 尼采在 1874 年曾让他的学生从巴塞尔图书馆借出施蒂纳的著作；尼采曾与知心女友谈论过施蒂纳。参见［德］萨弗兰斯基：《尼采思想传记》，卫茂平译，华东师范大学出版社 2007 年版，第 138 页。

② ［德］萨弗兰斯基：《尼采思想传记》，卫茂平译，华东师范大学出版社 2007 年版，第 139—142 页。

③ ［德］萨弗兰斯基：《尼采思想传记》，卫茂平译，华东师范大学出版社 2007 年版，第 142 页。

④ 参见［德］卡尔·洛维特：《从黑格尔到尼采》，李秋零译，生活·读书·新知三联书店 2006 年版，第 236 页。

自己武器的'思想武库'",至于尼采从不提及施蒂纳,或许恰恰是因为"施蒂纳吸引着他,同时又使他反感,而且他不愿意被人与施蒂纳混为一谈"。①

但是,不同于施蒂纳对尼采的影响仅仅是一种可能性,尼采确确实实读过屠格涅夫的小说,主人公巴扎罗夫的虚无主义态度也无疑深刻影响了他。②在完成于后期的《快乐的科学》(又译作《快乐的知识》)第五卷中,尼采曾经提及"彼得堡模式的虚无主义",并且认为它意味着"对不信仰的信仰,以至于到了为之殉难的地步"(*faith in unbelief* to the point of martyrdom)。③ 于是,和巴扎罗夫一样,在自己还不清楚未来的样子、不知道如何建设的情况下,尼采首先开始了那种实证主义的虚无主义者清扫地基的工作,并且一直持续了五六年。

尼采的清扫工作,主要表现在《人性的,太人性的》(1878)、《朝霞》(1881)和《快乐的科学·第一——四卷》(1882)等格言式著作中。此时的尼采已经开始频繁生病,并预感父亲的命运会在他身上重演。这加剧了精神上的孤独,他需要一个伴侣,一个"自由精灵",一个可以对话的自己。在后来补写的序言中,尼采宣称《人性的,太人性的》是一部献给自由精灵的书。这个自由精灵曾经受到一种最结实的绳索的束缚,那就是"应尽的责任",就是对古老事物"应有的崇敬之情"。然而,自由精灵有一天决定性地经历了一次"大解脱"。一种"宁死也不在这里生活"的意志和愿望觉醒了,一种"要求自决、要求自我估价的力量和意志""要求自由意志的意志"第一次迸发了。他被把

---

① [德]卡尔·洛维特:《从黑格尔到尼采》,李秋零译,生活·读书·新知三联书店2006年版,第252页。关于尼采与施蒂纳之间可能存在的关联,也参见 R. W. K. Paterson, *The Nihilistic Egoist Max Stirner*, Oxford: Oxford University Press, 1971, pp. 145—161;[法]德勒兹:《尼采与哲学》,周颖、刘玉宇译,社会科学文献出版社2001年版,第234—240页。

② 参见[英]沙恩·韦勒:《现代主义与虚无主义》,张红军译,郑州大学出版社2017年版,第25页。根据吉莱斯皮的梳理,尼采对陀思妥耶夫斯基、车尔尼雪夫斯基、巴枯宁、赫尔岑和克鲁泡特金的阅读,也影响了他对俄国虚无主义的理解,参见 Michael Allen Gillespie, *Nietzsche's Final Teaching*, Chicago: The University of Chicago Press, 2017, p.27。

③ Nietzsche, *The Gay Science*, trans., Josefine Nauckhoff, Cambridge: Cambridge University Press, 2001, p.205.

一切以某种羞怯保护起来的东西翻转过来的好奇心所支配,越走越远,并且因此同时陷入肉体的病痛和精神的孤独,但又坚信唯有经历如此病痛和孤独,生命才能"更健康"。①

可以说,最初题献给伏尔泰的《人性的,太人性的》整部书,写的都是一个获得启蒙的自由精灵对自己曾经的所爱之物、事实上的锁链进行彻底的怀疑、批判和破坏。尼采首先批判的是形而上学。不同于历史科学不承认永恒的人类、事实或绝对的真理之类的东西,形而上学哲学缺乏历史感,耽于宏大的幻想,相信永恒的真理和存在,拥抱目的论,对永远处于生成之中的世界、人及人的认识能力视而不见。② 形而上学总是乐于抽象地设定。比如,关于"人",由于缺乏历史感,哲学家们总是认为"'人'是一种永远真实的事物,一种在一切流变中保持不变的事物,一种可靠的事物尺度",但实际上"一切都是生成的,没有永恒的事实,就像没有绝对的真理一样"。③ 关于形而上学所假定的真实世界,尼采认为那纯粹是激情、谬误和自我欺骗的结果,关于这个世界的知识是一切知识中最无关紧要的一种,甚至比大风浪中水手眼里关于水的化学分析的知识还无关紧要。④ 关于语言,尼采指出,人类借助于语言在现实世界边上建立起了一个属于自己的固定不变的世界,以为立足于此就可以彻底改造现实世界,并且成为后者的主人,这种虚妄根本上来自这一事实,即人类一直以来都认为事物的概念和名称是真实存在的东西,都认为自己"在语言中掌握了关于世界的知识"。⑤ 哲学家们总是把世界分为现象与自在之物,并认为后者是前者的依据。但在尼采看来,整个世界是一个逐渐生成并永远处于生

---

① 参见[德]尼采:《人性的,太人性的》,杨恒达译,中国人民大学出版社 2011 年版,第 4—11 页。
② 参见[德]尼采:《人性的,太人性的》,杨恒达译,中国人民大学出版社 2011 年版,第 13 页。
③ [德]尼采:《人性的,太人性的》,杨恒达译,中国人民大学出版社 2011 年版,第 13 页。
④ 参见[德]尼采:《人性的,太人性的》,杨恒达译,中国人民大学出版社 2011 年版,第 16 页。
⑤ [德]尼采:《人性的,太人性的》,杨恒达译,中国人民大学出版社 2011 年版,第 17 页。

成过程中的世界,从来没有什么自在之物,也没有自在之物与现象的区分。①
关于数字,尼采指出,数字法则的发明建立在这样一个错误的基础上,即认定
世界上存在若干相同的事物。世界上确实存在事物,但并不存在完全相同的
事物,甚至不存在固定不变的事物。② 通过这种形而上学批判,可以发现,尼
采和施蒂纳之间即使没有一种传记性的关联,也确实存在一种思想性的关联,
因为和施蒂纳一样,尼采也坚决反对实在论而主张唯名论,在这个唯名论的世
界里,只有永远处于生成与毁灭过程中的个体事物。早期尼采已经认识到这
一可怕的、深渊般的真理,但总想避而远之。现在,很可能是受到施蒂纳的鼓
舞,他勇敢地站在深渊边上,并且完全睁开了双眼。

在关于道德观念的议论中,尼采更明显地表现出他与施蒂纳的共同之处。
尼采指出,哲学家们(如康德)总是在一种错误分析的基础上设想一种错误的
伦理学,然后为了使这种伦理学站得住脚,又反过来求助于宗教和神话的无中
生有。然而,在国家产生以前的状态中,人类的行为根本上都只受自我保存的
冲动支配,只受个人的快乐意图支配,而且也没有善恶之分。只是在国家产生
之后,才有了区分善恶的道德,也才有了对道德的强制性规定。即便如此,个
人也只是为了自我保存,才会服从这种强制性道德。于是,真正的道德,只与
得到快乐和防止不快有关。为快乐而进行的斗争之所以有正义与非正义、高
贵与卑贱、善与恶之分,正是因为强者掌握了话语权。强者的权力决定了他拥
有比弱者更多的权利:"一个人有多大权力,就有多大权利。"③由此,我们必须
认识到,"人对自己的行动和本质不负任何责任,……因为赞美自然和必然性

---

① 参见[德]尼采:《人性的,太人性的》,杨恒达译,中国人民大学出版社 2011 年版,第
20—22 页。

② 参见[德]尼采:《人性的,太人性的》,杨恒达译,中国人民大学出版社 2011 年版,第
23—24 页。

③ [德]尼采:《人性的,太人性的》,杨恒达译,中国人民大学出版社 2011 年版,第 57 页。
这让我们再次想起施蒂纳的声明"权力即是权利",参见[德]施蒂纳:《唯一者及其所有物》,金
海民译,商务印书馆 1989 年版,第 302 页。

或谴责自然和必然性,都是愚蠢的。……无论是虚荣、复仇、快乐、有用、恶意、狡诈的行为,还是牺牲、同情、知识的行为……一切都是必然……一切均为无辜。"①

关于宗教观念,尼采指出,在希腊人那里,众神不是自己的主人,而是自己所属社会集团最成功者的映像,从而是自己的理想。于是,当希腊人赋予自己这样的神祇时,他们把自己想得很高贵,因为他们和神祇的关系,就像下层贵族同上层贵族的关系。但是,基督教却完全压扁、粉碎了人类。它先让人类陷入罪恶的深渊,然后又用一道来自上帝的光芒照亮深渊,人类因这种怜悯的行为惊得目瞪口呆,尔后又欢呼雀跃,以为自己看到了天堂。靠着这种病态的幻觉,基督教让人变得麻醉和陶醉,从而毁掉了人。② 在整个基督教时代,只有基督教的创始人耶稣是无罪的,因为他自视为上帝之子。耶稣的这种"自负"传给了很多出类拔萃的圣徒,他们在禁欲主义的自我压迫中实际上是在"将他自己的一部分作为上帝来膜拜",从而让自己获得死后进天堂的特权。但是今天,只要会使用"理性解释之光",会使用科学,我们每个人其实都可以获得耶稣那种"完全的无罪感"和"完全的无责任感"。③

关于艺术,尼采指出,人们之所以崇拜艺术天才,是因为后者向我们呈现的艺术作品不是正在生成的一切,而是已经完成的一切,在那里我们似乎能够直觉到事物的本质,把握奇迹或神圣。尼采坚决反对艺术家把艺术当作鸦片一样的东西来促进这种幻觉,主张艺术家应该直面这个永远处于生成之中的世界。④ 诗人们为了让生活变得轻松,会逃避艰辛的当下,或用过去的光芒让

---

① [德]尼采:《人性的,太人性的》,杨恒达译,中国人民大学出版社 2011 年版,第 65—66 页。

② 参见[德]尼采:《人性的,太人性的》,杨恒达译,中国人民大学出版社 2011 年版,第 75—76 页。

③ [德]尼采:《人性的,太人性的》,杨恒达译,中国人民大学出版社 2011 年版,第 83、85、90 页。

④ 参见[德]尼采:《朝霞》,杨恒达、杨俊杰译,中国人民大学出版社 2016 年版,第 99—100 页。

当下获得新的色彩。尼采认为,诗人们这些手段起不到多大抚慰和治疗作用,他们甚至有时候还在通过消除人们的激情而阻止他们真正改善自己的生活。① 虽然启蒙运动动摇了宗教教条,唤起一种彻底的不信任,但宗教情感并没有因此死亡,它转而投入了艺术的怀抱。在尼采看来,艺术不应该再是"作为招魂女巫的艺术",艺术家应该向科学家那样"站在启蒙运动和进步的人类男性化运动的最前列",彻底地怀疑、否定和批判一切女性化、爱幻想、不敢直面生成世界的思想。②

除了上述批判,尼采还展开了文化批判。关于文化,尼采指出,精神的进步,仰赖于"那些比较不受束缚、比较不可靠、道德上比较薄弱的个人:正是这些人尝试着新事物,一般来说,也尝试着许多事物"③,因此,共同体必须能够允许自由思想家的存在,而自由思想家的本质"不在于他有更为正确的观点,而在于他摆脱了传统的东西,也无论其结果是成功还是失败"④。文艺复兴、宗教改革和启蒙运动,这些思想运动之所以能够让欧洲文化摆脱中世纪的阴影,就是因为有这样一批自由思想家的存在。然而,欧洲仍然担负着沉重的文化负担,仍然需要一场"新的文艺复兴",仍然需要呼唤"科学精神",只有后者才能使人"多一点冷静、多一点怀疑,尤其可以让对终极真理的信仰热潮降降温"。⑤ 文化的更新,需要可怕的能量即"人们称之为恶的东西":"最野蛮的力量首先破坏性地开辟道路,然而尽管这样,他们的行为是必要的,从而后来会有一种更温和的文明在这里建立其家园。"⑥

尼采的形而上学、道德、宗教、艺术、文化等方面的批判,都在他的《朝霞》和《快乐的科学》中继续进行着。正如沃纳·丹豪瑟所言,早期尼采已经认识

---

① ［德］尼采:《朝霞》,杨恒达、杨俊杰译,中国人民大学出版社 2016 年版,第 93 页。
② 参见［德］尼采:《朝霞》,杨恒达、杨俊杰译,中国人民大学出版社 2016 年版,第 93 页。
③ ［德］尼采:《朝霞》,杨恒达、杨俊杰译,中国人民大学出版社 2016 年版,第 124 页。
④ ［德］尼采:《朝霞》,杨恒达、杨俊杰译,中国人民大学出版社 2016 年版,第 126 页。
⑤ ［德］尼采:《朝霞》,杨恒达、杨俊杰译,中国人民大学出版社 2016 年版,第 136 页。
⑥ ［德］尼采:《朝霞》,杨恒达、杨俊杰译,中国人民大学出版社 2016 年版,第 136 页。

到真理和生命存在的冲突关系,但采取了幻想主义的方式来解决这种冲突。中期尼采开始认识到,"真理不能因为其可能带来死亡效果而被拒斥;即使最丑陋的真理,在其可以被美化或克服之前,也必须被面对。由于决心不惜一切代价无情地面对真理,尼采不可避免地走向虚无主义。"①就在这场虚无主义之旅的尽头,1881 年 8 月初的一天,尼采终于决心宣布这条最丑陋、可怕的真理,一条深渊般的真理——现实世界就是相同者的永恒轮回!② 无疑,这条真理早已存在于印度神话中,存在于希腊神话中,存在于前苏格拉底哲学中,存在于叔本华哲学中,而尼采无疑非常熟悉这些神话和哲学,在从事中期批判时也已经自觉不自觉地从这条真理出发。③ 那么尼采为什么选择在此时郑重宣布这条真理呢? 在吉莱斯皮看来,这是因为尼采在彻底地怀疑、否定和毁灭之前的形而上学传统之后,决定开始创造属于自己的新(反)形而上学,而后者的核心就是这条真理:

> 相同者的永恒轮回观念,位于我将称之为尼采(反)形而上学的东西的核心。让我解释一下我用这一术语所表达的意思。哲学或形而上学传统意义上可以分为两个部分—— 一般形而上学(*metaphysica generalis*)(包括本体论和逻辑学)和特殊形而上学(*metaphysica sepecialis*)(包括神学、宇宙论或自然科学、人类学)。那些标志着尼采成熟思想的决定性概念——(1)末人的危险与超人的可能性,(2)基督教上帝的死亡和狄奥尼索斯式存在的出现,(3)权力意志,(4)理性被诗或音乐性思想所替代,和(5)永恒轮回学说——规定了他用以替代传统欧洲形而上学的(反)形而上学。超

---

① [美]沃纳·丹豪瑟:《尼采眼中的苏格拉底》,田立年译,华夏出版社 2013 年版,第 134 页。

② 参见[德]萨弗兰斯基:《尼采思想传记》,卫茂平译,华东师范大学出版社 2007 年版,第 251—254 页。

③ 参见[德]萨弗兰斯基:《尼采思想传记》,卫茂平译,华东师范大学出版社 2007 年版,第 257—259 页。

人/末人观念是他变了形的"人类学"的基础;上帝之死(和狄奥尼索斯的再生)是他的新"神学"的基础;而权力意志是他的"宇宙论"的基础。通过这三组概念,他实质上重新定义了特殊形而上学。他返回视角主义,他的不存在绝对者的观念,以及没有什么是绝对真实的观念,都建立在他全新的诗性或音乐性"逻辑"之上。而且,最后,永恒轮回定义了他的新本体论或存在观念。这些概念一起构成了他的新一般形而上学。因此,就在尼采(反)形而上学拒绝传统形而上学的内容时,它的基本结构却依赖于传统形而上学。

这种(反)形而上学持续发展着,直到永恒轮回学说赋予它统一性。比如说,早在《朝霞》那里,"权力"观念就是核心问题,尽管"权力意志"观念直到《查拉图斯特拉如是说》这样的出版著作中才开始出现。上帝之死首先出现在《快乐的科学》中,超人观念首先出现在他年轻时对拜伦的描述中,而一种早期版本的狄奥尼索斯式存在观念出现在《悲剧的诞生》中。视角主义是他中期作品的特征,但只是在永恒轮回的语境中才成为一个连贯一致的原则。①

于是,尼采的虚无主义之旅就从这一刻开始变成了审美虚无主义之旅。或者说,尼采之前的思想之旅,主要以虚无化为主,尽管也不可避免地伴随着审美化,此后,他的思想之旅,将要以审美化为主,尽管也不可避免地伴随虚无化。《朝霞》(又译作《曙光》)就是这段审美化之旅的最初一步。在后补的《朝霞》序言中,尼采把自己描述为一个地下人,一个打洞者、挖掘者、暗中破坏者,而他之所以能够忍受如此漫长的黑暗,只是为了拥有自己的"朝霞",之所以要让地面上的一切建筑都摇摇欲坠甚至沦为废墟,只是为了让它们重新

---

① Michael Allen Gillespie, *Nietzsche's Final Teaching*, Chicago: The University of Chicago Press, 2017, pp.13-14.

建立在更为坚实的基础上。① 正如该书副标题"关于道德偏见的思考"所标示的那样，《朝霞》专注于摧毁既有的道德信仰，重建新的道德标准。正如尼采在自传《瞧，这个人》(1908)中所总结的那样，传统道德起源于人们应该相信"根本上一切都处于最好的掌握当中"，有关"神性的驾驭和人类命运中的智慧，《圣经》这本书会给我们以最终的慰藉"。② 这样一个要求在被置回实在性中之后，就成了一种"意志"，它力求不让我们认识到如下真相：

> 人类迄今为止一直处于最坏的掌握当中，一直都受到那些败类、狡诈的报复者、所谓"圣徒"的统治，都受到这些世界诽谤者和人类败坏者的统治。教士们(包括隐蔽的教士们，即哲学家们)不光在某个特定的宗教团体中成了主人，而且竟成了一般主人，颓废之道德、求终结的意志，被视为自在的道德——表明这个情况的决定性标志，乃是非利己主义者普遍分有的绝对价值，以及利己主义者普遍分有的敌意。在这一点上与我意见不一者，我认为他是受传染了……然而，全世界都与我意见不一……对一个生理学家来说，这样一种价值对立根本就毋庸置疑。要是在有机体内部，极微小的器官哪怕有一丁点儿减退，难以完成牢靠地实施自我保存、精力补偿，实施自己的"利己主义"，那么，整个有机体就会蜕化。生理学家要求切除蜕化部分，他否定任何与蜕化者的团结，丝毫都没有对蜕化者的同情。而教士想要的恰恰是整体的蜕化，人类的蜕化：因此之故，教士就要保存蜕化者——以此为代价，他得以支配人类……那些辅助的道德观念，诸如"灵魂""精神""自由意志""上帝"之类，假如不是要在生理上毁掉人类，它们还具有何种意义呢？……如果人们不再严肃对待

---

① 参见［德］尼采：《朝霞》，杨恒达、杨俊杰译，中国人民大学出版社2016年版，第3—8页。这让我们再次想起笛卡尔和康德的建筑比喻，从而意识到尼采思想与这两位思想家共有的审美虚无主义本质，尽管尼采总是抓住一切机会嘲讽他们。

② ［德］尼采：《瞧，这个人》，孙周兴译，商务印书馆2016年版，第105页。

肉体（Leib）——也即生命——的自我保存、力量提高，如果人们从贫血症中虚构出一个理想，从对肉体的蔑视中虚构出"灵魂的救治"，那么，这要不是一贴导致颓废（décadence）的药方，还能是什么呢？——重力之丧失，对自然本能的抗拒，一句话，"无自身性"——这就是迄今为止的道德。①

这段写于1888年的话，明显站在他后来开始清楚表述的（反）形而上学的立场上，《朝霞》的价值就在于后者证明了基督教道德是求权力的意志对肉体生命本身的统治，尼采的"朝霞"即独属于尼采自己的思想，将是一种新道德观，它肯定肉体生命本身。这一点可以从《朝霞》对"第一个基督徒"保罗的分析中看到。尼采指出，如果我们不把保罗的书信当作"圣灵"的启示来读，而是当作保罗的心灵自白来读，我们就会发现一颗"最有野心、最讨厌的灵魂"。保罗最关心的问题是："犹太法律是怎么一回事？该法律的执行是怎么一回事？"他年轻的时候，渴望满足法律的需要，雄心勃勃地要做到犹太人所能想象的最出类拔萃的地步。他成为上帝及其法律的狂热捍卫者，不断与违法者和怀疑者作斗争。后来才知道，他这个"实际上暴烈、感性、忧郁、恶毒地充满仇恨的人"不可能自己执行法律，而且更让他感到不可思议的是，他的放纵的权力欲在一次次刺激他成为违法者。他开始仇恨法律，努力寻找摧毁法律的手段。当他在偏僻的街头碰到了那位闪耀着神的光芒的基督时，他恍然大悟。基督，死在十字架上的基督，就是法律的摧毁者。为什么？因为法律借以栖息的地方是肉体，随着肉体的死亡，一切欲望都死亡了，一切犯罪的必要性都死亡了，法律也就不存在了。于是，"和基督合而为一，与基督一起复活，与基督一起分享神之荣耀，像基督一样成为'神之子'"就成为保罗的目标，保罗之醉也由此而达到顶峰："他的灵魂的咄咄逼人也登峰造极——带着合而

①　参见［德］尼采:《瞧，这个人》，孙周兴译，商务印书馆2016年版，第105—106页。根据德文版（Friedrich Nietzsche, *Ecce Homo*, KSA 6, Herausgegeben von Giorgio Colli und Mazzino Montinari, Berlin: Walter de Gruyter & Co., 1988, S.331），笔者把这段译文里的"身体"都改译为"肉体"。

为一的念头，任何羞耻、任何从属、任何限制都从灵魂上抹去，权力欲的不可遏制的意志显示为陶醉于对神之荣耀的期待里。"①这就是第一个基督徒的真实面目，他证明了来自生命、来自肉体的权力意志，如何在基督教那里变成了对生命、对肉体本身的统治！

和《朝霞》一样，《快乐的科学》的题目也揭示了尼采新哲学的即将诞生。在第二版前言中，尼采指出，《快乐的科学》意味着"一个思想者的农神节"，整本书"不过是在长期贫困和虚弱无力之后的娱乐，是对力量回归的欢呼，是对明后天新觉醒信念的欢呼，是对未来、对临近之冒险、对重新敞开之大海、对重新被允许相信的目标有突然的感觉和预感而发出的欢呼"。② 这就是说，在对传统形而上学、宗教、道德、艺术、文化等进行无情的批判时，尼采自身也陷入可怕的虚无中，觉得自己贫困、无力、虚弱、迷惘和绝望。然而，也正是在这种批判中，尼采渐渐找到新的目标和希望，那就是呵护和赞美恢复健康的肉体或生命："整体来看，哲学是否至今一般而言都只是一种对肉体的解释（eine Auslegung des Leibes），一种对肉体的误解（ein Missverständniss des Leibes）？……我仍然期待着'医生'一词例外意义上的哲学医生——一种这样的人：他不得不探究人民、时代、种族、人类的总体健康的问题——有一天将有勇气把我的怀疑推向极端，敢于提出这样的命题：至今所有的哲学思考都同'真理'毫无关系，而是同某种其他的东西，让我们说，同健康、未来、生长物、强力、生命……有关。"③

在《快乐的科学》中，尼采的毁灭性批判终于达到了极端，在那里他借狂

---

① ［德］尼采：《朝霞》，杨恒达、杨俊杰译，中国人民大学出版社2016年版，第39—42页。

② ［德］尼采：《快乐的知识》，杨恒达、杨俊杰译，中国人民大学出版社2016年版，第247页。

③ ［德］尼采：《快乐的知识》，杨恒达、杨俊杰译，中国人民大学出版社2016年版，第249页。根据德文版（Friedrich Nietzsche, *Die Fröhliche Wissenschaft*, Herausgegeben von Giorgio Colli und Mazzino Montinari, Berlin: Deutscher Taschenbuch Verlag de Gruyter, 1999, S.348），该段引文中的所有"身体"都应该改译为"肉体"。

人之口大声宣布："上帝死了!"①上帝之死,虽然意味着整个传统形而上学的死亡,意味着无价值、无意义世界的彻底到来,意味着"第二种虚无主义"的降临,但也意味着大解脱,意味着机遇,意味着尼采终于可以完全自由地、创造性地表达他的新(反)形而上学,而《查拉图斯特拉如是说》(写于1883—1885年)就是其集中表现。

五、尼采的新(反)形而上学(一)

在《瞧,这个人》中,尼采如此评价他的《查拉图斯特拉如是说》:"在我的著作中,我的《查拉图斯特拉》兀自矗立。以这本著作,我给予人类迄今为止最大的馈赠。"②正如吉莱斯皮所言,尼采通过这本书赠予人类的,就是他的新(反)形而上学,包含特殊形而上学和一般形而上学两部分,其中前者包括神学、人类学和宇宙论,后者包括本体论和逻辑学,它们在《查拉图斯特拉如是说》中,正好与"上帝之死""超人""权力意志""相同者的永恒轮回""音乐逻辑"这五个关键词对应。通过分析这五个关键词,我们会发现,尼采新(反)形而上学的目标,就是呼吁人们做一个渴望无尽的自我创造与自我毁灭的审美虚无主义者。

著作开头,四十岁的波斯人查拉图斯特拉决定结束隐居状态,下山向世人赠予他的智慧。不同于在森林里遇到的那位热爱上帝的圣人,查拉图斯特拉宣称自己要赠予世人的智慧建立在"上帝已死"的基础上。③ 所谓上帝已死,就是人们不再相信上帝创造了人,而是相信人创造了上帝。上帝已死,意味着人们正面临最危险的时刻,因为人"一直是被对高于他的东西的信念做成他

---

① ［德］尼采:《快乐的知识》,杨恒达、杨俊杰译,中国人民大学出版社2016年版,第351页。
② ［德］尼采:《瞧,这个人》,孙周兴译,商务印书馆2016年版,第4—6页。
③ 参见［德］尼采:《查拉图斯特拉如是说》,钱春绮译,生活·读书·新知三联书店2012年版,第6页。

之所是",而随着这"高于他的东西"的死去,人也将不再是人。① 然而,最危险的时刻也是最具希望的时刻,因为上帝之死可以让人从既有观念中解放出来,人可以不再是人,但因此可能成为"超人"。

究竟何谓超人? 首先,超人不是那位走钢丝的表演者,因为超人不像后者渴望超脱尘世,渴望形而上的世界或来世,而是渴望"忠于大地"②。这是一种全新的价值,要想让世人认同这种价值,就必须同时进行"毁灭和创造"③。因为上帝的影响在其死亡后仍然徘徊不去,世人仍然活在上帝所代表的价值中,于是查拉图斯特拉面向世人的第一个演讲,就是对世人依然信奉的价值进行无情的嘲讽和毁灭。迄今为止的一切生物,都曾创造过超越自身的某种东西,人也应该是被自身所超越的东西,即超人。在上帝所主宰的时代,人是蔑视生命者、行将死灭者、毒害肉体者、亵渎大地者。现在,超人首先要蔑视这一切蔑视,把那曾经被蔑视的重新奉为崇高之物。也就是说,超人要重新肯定生命,肯定大地,肯定肉体,即肯定生存本身。④

其次,超人不是那些打断查拉图斯特拉演讲的世人,因为他们自甘做"末人"。末人也爱生命、大地和肉体,但他们把这一切都庸俗化了,因为他们只愿享受眼前的幸福,而不愿参与毁灭与创造的超人式生存。在这一点上,末人甚至还不如走钢丝者,因为后者还敢把冒险当作自己的职业。于是,查拉图斯

---

① 参见[美]沃纳·丹豪瑟:《尼采眼中的苏格拉底》,田立年译,华夏出版社 2013 年版,第219页。

② [德]尼采:《查拉图斯特拉如是说》,钱春绮译,生活·读书·新知三联书店 2012 年版,第7页。

③ [美]沃纳·丹豪瑟:《尼采眼中的苏格拉底》,田立年译,华夏出版社 2013 年版,第220页。

④ 参见[德]尼采:《查拉图斯特拉如是说》,钱春绮译,生活·读书·新知三联书店 2012年版,第8页。根据对科利版《尼采著作全集》的搜索,笔者发现在《查拉图斯特拉如是说》之前的文本中,尼采对"身体"和"肉体"的区分并不明确和自觉,但是在《查拉图斯特拉如是说》那里,尼采只是在谈及渴望超越尘世的走钢丝者的躯体时使用了"身体"(Körper)一词(Friedrich Nietzsche, *Also sprach Zarathustra*, Herausgegeben von Giorgio Colli und Mazzino Montinari, Berlin: Deutscher Taschenbuch Verlag de Gruyter, 1999, S.21-22),而在其他谈及人的躯体的地方都使用了"肉体"(Leib)一词。这足以说明尼采有意针对黑格尔,只在肉体的意义上谈论人的存在。

特拉意识到,他不应该再像牧羊人对羊群那样说话,而应该只对可能的超人说话。他要从羊群中骗走许多只羊,要惹恼那自称是善人和义人的牧人:"瞧这些善人和义人! 他们最恨什么人? 是把他们的价值之石版打碎的人,那个破坏者,那个犯罪者——不过,他却是创造者。瞧这些一切信仰的信徒! 他们最恨什么人? 是把他们的价值之石版打碎的人,那个破坏者,那个犯罪者——不过,他却是创造者。"①无疑,世人最恨的就是超人,而超人就是身兼破坏者和创造者两种角色的审美虚无主义者。

从此,查拉图斯特拉不再去喧嚣的市场向世人演讲,而就像这本书的副标题所说的那样,只是对一切人又不对任何人说话。他首先宣讲的是关于人的精神的三段变化,即精神怎样变为骆驼,骆驼怎样变为狮子,而狮子怎样变为孩子。具有强力的精神最初渴望骆驼的重负,并为自己能够承担这种重负而高兴,这种重负就是"你应当",就是已经被创造出来的一切价值。然而,精神还是变成了狮子,因为具有强力的精神还渴望"我要",渴望创造新的价值。但是,狮子并不能胜任新价值的创造,而只能为精神"创造自由以便从事新的创造",只能对"应当去做的义务说出神圣的否字",只能为精神赢得"建立新价值的权利"。也就是说,狮子能做的,只是精神消极的自我解放。精神积极的自我创造,还需要从狮子变成孩子。然而,连最勇猛的狮子都做不到的事情,孩子为什么能做到? 这只是因为"孩子是纯洁,是遗忘,是一个新的开始,一个游戏,一个自转的车轮,一个肇始的运动,一个神圣的肯定"②。于是,作为审美虚无主义者的超人,必须先作为狮子彻底否定自己曾经的骆驼角色,再作为初生的孩子,开始自己全新的存在。

如果说《查拉图斯特拉如是说》第一卷以"上帝已死"和"超人"为关键

① [德]尼采:《查拉图斯特拉如是说》,钱春绮译,生活·读书·新知三联书店 2012 年版,第 19 页。

② [德]尼采:《查拉图斯特拉如是说》,钱春绮译,生活·读书·新知三联书店 2012 年版,第 21—23 页。

词,并且把超人理解为作为毁灭者与创造者的审美虚无主义者,那么该书第二卷以"权力意志"(或译作"强力意志")为关键词,并且把超人的毁灭与创造行为规定为权力意志的审美虚无主义游戏的自觉表现。正如吉莱斯皮所言,权力意志是尼采宇宙论的基石。不同于传统宇宙论认为一种理性的秩序在主宰整个世界和生命,尼采认为主宰世界和生命的是非理性的意志。但是,不同于叔本华把生命意志理解为自我保存的意志,尼采认为生命意志是拿生命本身做赌注去追求成为"更高者、更远者、更复杂者"①的意志。凡是不存在者,就不能有意志,而既已存在者,就不会追求生存,而只会追求权力,就是去征服、命令、掌握一切。更重要的是,生命个体会不断否定自己,因为不管它拥有了什么,后者瞬间就会成为它的敌对者,成为它要放弃和超越的对象。于是,求权力的意志,即通过不断的毁灭与创造证明自己更强大的意志,才是主宰整个世界和生命的根本原则。正因为如此,这个世界中的每个生命都是"自己必须不断超越自己者"②,都是从事着毁灭和创造的循环游戏的审美虚无主义者。

带着这种观念反观之前的基督教观念,就会发现,不是上帝创造了人,而是人创造了上帝。查拉图斯特拉告诉想象中的朋友们,对上帝的臆测意味着我们具有创造的意志,这种意志要把一切都变成人能想到、看到、摸到的东西。于是,被称为世界的这个东西,必须是我们创造行为的产物。没有这种创造,人生无法忍受,因为我们不可能活在一个我们完全不理解的世界中。但是,创造不能再是对能够支配这个世界的上帝或"唯一者、完全者、不动者、充足者、不灭者"的创造,因为它们是仇视人类的,而应该是对处于"时间和生成"中的人本身的创造。这样的创造,就像艺术家的锤子那样,是把超人最理想的形象

---

① 参见[德]尼采:《查拉图斯特拉如是说》,钱春绮译,生活·读书·新知三联书店2012年版,第129页。

② [德]尼采:《查拉图斯特拉如是说》,钱春绮译,生活·读书·新知三联书店2012年版,第129页。

从最坚硬、最丑陋的石头里敲打出来，解放出来。① 创造者不能再像教士那样只会创造作为拯救者的上帝，而是要创造自己。创造者不能再像一切以道德自居的人那样遵从各种流行观念，而是要自己创造新的道德。创造者不能再和贱民共饮生命的泉水，而应该在最高处开掘独属于自己的快乐之泉。创造者不能再像暗藏复仇心的平等说教者，因为得不到权力而反对一切有权力的人，而应该为了超人之爱而肯定人类的不平等，肯定人与人之间的斗争："善与恶，富与贫，贵与贱，一切价值的名称：应当是斗争的武器，应当是表示生命必须不断超越本身而向上的响亮的标志。"②

查拉图斯特拉接着告诉我们，这两种创造意志看似截然不同，实则是同一种意志——"权力意志"——的不同表现形式。传统中的那些最高智慧者把推动他们创造上帝这样的最高存在者的意志称为求真理的意志，而后者实际上不过是求权力的意志的一种表现形式而已。最高智慧者之所以认识不到这一点，是因为他们不像查拉图斯特拉，在后者那里求权力的意志达到了自我意识。求真理的意志想使一切存在者成为可能被思考的对象，想进行善与恶的价值评价，还想创造一个能让他们跪拜的精神世界，因此本身就是求权力的意志，就是"赋予一个内在无意义的实在以意义的意志，是使世界臣服于一个人对世界的看法的意志"③。超人要做的，就是抛弃这种求真理的意志，而自觉从事权力意志不断毁灭与创造的游戏，这种游戏不会把根本上毫无意义的现实世界再改变为有意义的世界，但可以把它改造成美的世界，后者可以让人沉醉并因此变得更加热爱生命。

然而，什么是美？这个问题已经不能再根据求真理的意志，而只能根据求

---

① ［德］尼采：《查拉图斯特拉如是说》，钱春绮译，生活·读书·新知三联书店2012年版，第90—93页。

② ［德］尼采：《查拉图斯特拉如是说》，钱春绮译，生活·读书·新知三联书店2012年版，第111页。

③ ［美］沃纳·丹豪瑟：《尼采眼中的苏格拉底》，田立年译，华夏出版社2013年版，第228页。

权力的意志来回答。美不是纯粹的静观所得,而是主动的毁灭与创造活动的结果,是超人把自己的权力意志投射到事物上的结果。这种投射活动肯定不是消极的月亮之爱,而只能是积极的太阳之爱。叔本华所谓纯粹的认识者能够抛弃欲念、静观人生,就像冰冷的月亮在感受大地之美。对此,查拉图斯特拉坚决反对,他主张人应该像狗伸出滴下馋涎的舌头那样,带着欲望去改变人生。不同于月亮之爱的伪善和好色,太阳之爱"全是纯洁,全是创造者的愿望"!不同于月亮之爱,太阳之爱像一个"创造者、生育者、乐于成长者"那样爱大地。真正纯洁的爱,恰好不是带着羞耻感和内疚感远观大地,而是像太阳那样带着让大地生育的强烈意愿。"太阳之爱全是纯洁,全是创造者的欲望!"因为"太阳之爱的焦渴和呼吸的热气",大海陷入了迷狂,它"情愿让太阳的焦渴吻它,吸它;它情愿化为大气、高空、光的道路和光的本身"。因为太阳之爱,大地和大海上的一切都成为美的事物。①

正是在关于权力意志的议论里,可以看到尼采对审美虚无主义的进一步表述。他首先和叔本华一样,向我们揭示了一个被从事着创造与毁灭的审美虚无主义循环游戏的意志所主宰的世界,一个由无数不断生成与消逝的个体事物组成的无意义世界。但是,不同于叔本华认为人的意志不可能是自由意志,尼采认为人的意志就是获得自我意识的权力意志,就是能够自觉进行毁灭与创造的审美虚无主义游戏的不断自我克服、自我超越的权力意志,进而主张人们不仅应该勇敢接受生成世界的无价值性和无意义性,还应该通过主动的毁灭与创造活动不断美化这个世界。

相较于施蒂纳对虚无主义危机不管不顾,而只追求个人的自我享乐,尼采这里似乎能够直面世界的无意义性,并且坚信通过自觉的审美虚无主义行动能够让世界变美,从而让生命变得可以忍受。然而,一旦审美虚无主义行动无法持续,世界就会陷入混乱,生命就会失去美的沉醉,人们瞬间就会堕入彻底

---

① 参见[德]尼采:《查拉图斯特拉如是说》,钱春绮译,生活·读书·新知三联书店2012年版,第137—140页。

无意义的深渊。尼采显然意识到了这个后果。在"预言者"一章里,他让查拉图斯特拉倾听预言者对这种可能性的描述,从而陷入忧心忡忡的思考,并为此沉沉睡去。醒来时,他告诉弟子们这样一个可怕的梦,在那里他推开了死亡城堡的大门,看到了一条条被征服的生命躺在玻璃棺材里,还看到棺材裂开,从中吐出千声大笑。① 不同于某个弟子把这个梦解释为生命对死亡的嘲笑,查拉图斯特拉已经开始模模糊糊地意识到他的思想的关键词除了"上帝已死""超人"和"权力意志",还必须有"相同者的永恒轮回"。

在第三卷中,查拉图斯特拉开始谈论相同者的永恒轮回思想。他首先指出,峰顶与深渊本是一体。登上存在的至高处,就会看到脚下虚无的深渊,而要想做最高者,就必须再一次从深渊开始向上攀爬,这是超人的命运。这种攀登与下坠的循环,会使任何缺乏足够勇气的人疲惫不堪,而对超人来说,他必须时刻鼓足勇气,向任何懈怠发出攻击的号角。他告诉自己,勇气乃是无上的诛戮者,能击灭一切懒惰、软弱、同情、痛苦乃至死亡,面对攀登与下坠的循环,它敢于说:"这就是以前的生存吗? 好罢! 再来一次!"②查拉图斯特拉把时间比作两条方向相反的长路,它们都通向"永恒",而它们相交的地方就是"瞬间"。一切能走的,都在过去的路上曾经走过一次,但必须在未来的路上再走一次;一切能发生的,都在过去的路上曾经发生过一次,但必须在未来的路上再发生一次。这里只有必然性,没有合理性。③ 于是,虚无与存在永恒轮回,否定与肯定永恒轮回,毁灭与创造永恒轮回,审美虚无主义的游戏永恒轮回。

这是一种极其可怕的思想,因为它意味着从本体论层面彻底否定了上帝、理性、永恒秩序的存在,彻底取消了人类生命的意义来源。于是,对于这一思

---

① 参见[德]尼采:《查拉图斯特拉如是说》,钱春绮译,生活·读书·新知三联书店 2012年版,第 155 页。

② [德]尼采:《查拉图斯特拉如是说》,钱春绮译,生活·读书·新知三联书店 2012 年版,第 178 页。

③ 参见[德]尼采:《查拉图斯特拉如是说》,钱春绮译,生活·读书·新知三联书店 2012年版,第 179 页。

想,查拉图斯特拉一直不敢轻易示人,就像一个偷偷吞下金子的矿工那样胆怯地沉默着。他逐渐意识到,自己仍然没有完全摆脱重压之魔的过度严肃和沉闷,致使这一思想与真正的智慧还有距离。重压之魔来自人们内心的恐惧,在一个即使不敌视人但至少也毫无意义的世界中,人们最害怕的是去成为一个真正的自我。只有绝对的勇气才能克服这种恐惧,只有拥有绝对的权力意志才敢于想象一个毫无意义的世界,一个无休止地重复自身的世界,一个没有任何合理性的世界。于是,他还需要一种来自"伴有一群鸽子的欢笑的狮子"的大笑声,需要"具有狮子意志的人"的快乐来杀死重压之魔。① 终于,在"康复者"一章中,查拉图斯特拉担负起做第一个"永远回归的教师"的命运,并且勇敢地宣布了这一深邃而可怕的思想。是的,一切事物永远回归。虽然"我"在死去的一瞬间会化为乌有,但那"我被扯在其中的诸因之结是回归的——它将把我再创造出来!我本身就属于永远回归的诸因之一。我将跟这个太阳,跟这个大地、跟这只鹰、跟这条蛇一起回来"。而且,"我"并不是回到一个新的人生或更美好的人生,而是"永远回到这同样的、同一个人生"。②

但是,既然相同者的永恒轮回是如此可怕、如此难以承受的事实,"我"为什么还必须意愿这一事实?原来,通过意愿相同者的永恒轮回,人可以意愿和肯定一个即将变成过去的未来,从而能够成为他自己行动的第一因,就像唯名论的上帝通过创造一个可以瞬间被摧毁的世界以确保自己的造物主地位一样。而且,相同者的永恒轮回,也保证了低级事物的继续存在,而它们将会作为权力意志的刺激和挑战发挥作用,鼓励超人不断地自我超越。于是,通过意愿相同者的永恒轮回,权力意志"达到其最高形式:它克服自身,同时又完全

---

① 参见[德]尼采:《查拉图斯特拉如是说》,钱春绮译,生活·读书·新知三联书店 2012 年版,第 228、242 页。
② [德]尼采:《查拉图斯特拉如是说》,钱春绮译,生活·读书·新知三联书店 2012 年版,第 256—264 页。

肯定所有事物。通过这种完全肯定,人不再是人而成为超人"①。

但是,处于这样一个永恒轮回、毫无意义的世界,超人如何忍受生命? 查拉图斯特拉仍然诉诸美。于是,《查拉图斯特拉如是说》的第五个关键词"音乐逻辑"就出现了。在查拉图斯特拉看来,永恒轮回虽然是一处必然性的深渊,但同时又是"供神圣的偶然所使用的舞厅",是"供神的骰子和掷骰子赌徒使用的神桌",在这个深渊里,"我"这个瞬间存在,不须再是理性的认识者和驯服者,而"宁愿以偶然之脚——跳舞"。② 所谓跳舞,就是伴着音乐的节奏扭动肉体(Leib),是"柔软的、使人无话可说的肉体,这个舞蹈者,自我享乐的灵魂就是他的象征和精髓"③。正如已经在前面指出的那样,黑格尔用精神对应于人的身体,用灵魂对应于动物的肉体。而尼采认为人的躯体只是肉体,与之对应的,只是灵魂。灵魂的享受不同于黑格尔所谓精神直观到理念或真理时而产生的抽象愉悦,而是来自肉体的快感,是肉体按照音乐的节奏扭动时产生的和谐感、统一感、沉醉感。于是,只要去舞蹈,沉重的生命就会变得轻盈,痛苦的灵魂就会化为飞鸟。④ 于是,只要去舞蹈,人们就可以沉醉于美的享受中,对空虚和无意义的焦虑就会烟消云散。查拉图斯特拉要赠予人类的新智慧,简单来说就是做一个舞蹈者。在那位信仰上帝的圣者眼中,正在下山的查拉图斯特拉就是这种智慧的化身:"他不是像个舞蹈者一样走过来吗?"⑤

查拉图斯特拉不仅强调跳舞,还强调唱歌:

———————————

① [美]沃纳·丹豪瑟:《尼采眼中的苏格拉底》,田立年译,华夏出版社 2013 年版,第232 页。

② [德]尼采:《查拉图斯特拉如是说》,钱春绮译,生活·读书·新知三联书店 2012 年版,第 190 页。

③ [德]尼采:《查拉图斯特拉如是说》,钱春绮译,生活·读书·新知三联书店 2012 年版,第 221 页。

④ 参见[德]尼采:《查拉图斯特拉如是说》,钱春绮译,生活·读书·新知三联书店 2012年版,第 278 页。

⑤ [德]尼采:《查拉图斯特拉如是说》,钱春绮译,生活·读书·新知三联书店 2012 年版,第 5 页。

如果你不愿哭泣，不愿通过哭泣来减轻你那紫红色的忧伤，那么，你就必须歌唱，哦，我的灵魂啊！——瞧，我自己也在微笑，我，向你做出这样的预告：

——歌唱，唱起激越的狂歌，直到一切大海平静下来，倾听你的渴望，

——直到平静的充满渴望的海上飘来小船，这金色的奇迹，在它的金色四周，跳着善的、恶的、一切奇异的东西，

——还有许多大大小小的动物以及一切长着轻捷而奇异的脚、能在紫罗兰色的海路上行走的动物，

——走近这个金色的奇迹，这条随意漂泊的小船，走近小船的主人：他可是采葡萄者，手拿金刚石的剪刀等候着，

——他就是你的伟大的解救者，哦，我的灵魂啊，他没有名字——只有未来之歌才会发现他的名字！确实，你的呼吸已经散发出未来之歌的香气了，

——你已在发烧而做梦，你已在焦渴地酣饮一切深沉的、哗哗响的安慰之泉，你的忧伤已经憩息在未来之歌的极乐之中！①

尽管这段话太过诗意而难以理解，但尼采无非是想通过它告诉我们，和跳舞一样，有节奏的歌唱能够让我们"平静"，获得"安慰"，感到"极乐"，忘记"忧伤"。②

如上所述，《查拉图斯特拉如是说》围绕"上帝已死""超人""权力意志""相同者的永恒轮回""音乐逻辑"五个关键词谈论了一种全新的生存智慧，一种审美虚无主义的存在方式：它要人们彻底否定传统宗教和形而上学所幻想的那个虚假的真实世界，勇敢地接受一个毫无意义的现实世界，就像勇敢地

---

① ［德］尼采：《查拉图斯特拉如是说》，钱春绮译，生活·读书·新知三联书店 2012 年版，第 266—267 页。

② 尼采对音乐逻辑的解释，更多存在于最后阶段的写作中，参见本章最后一节。

直视一个令人眩晕的深渊那样;它要人们认识到支配这个现实世界的意志是
一种进行着无限的毁灭与创造的无限充盈的力量,人自己就是这种获得了自
我意识的权力意志,因而能够自觉培育这种毁灭性与创造性力量,自觉运用这
种力量来改造现实世界,把后者变成美的对象,从而让生命变得可以忍受,并
且在这样做的过程中克服自身的平庸,成为高贵的超人;超人固然也会死去,
也是偶然性的瞬间存在,但这并不重要,重要的是他敢于把深渊作为舞台,敢
于在那里循着音乐的节奏舞蹈和歌唱,从而享受生命的和谐、充盈与快乐,并
以此鼓舞后来的人们继续去做超人,以保证整个人类不会堕入因颓废而衰落、
灭亡的命运。

六、尼采的新(反)形而上学(二)

尼采虽然认为《查拉图斯特拉如是说》是"给予人类迄今为止最大的馈
赠",但仍然觉得自己的思想在这部太过诗性的著作中还没有得到全面而系
统的阐发。① 在于 1885 年至 1886 年间相继为已经发表过的作品(包括《悲剧的
诞生》、《人性的,太人性的》第一卷和第二卷、《朝霞》以及《快乐的科学》)重
写新的前言过程中,②尼采对自己的思想道路有了更为清晰的认识,进而决定
写一部更伟大的代表作。正如吉莱斯皮所梳理的那样,尼采虽然曾经考虑过
使用"权力意志"一词来为这部著作命名,但也考虑过其他名称,如"重估一切

---

① 正如科利版《尼采著作全集》主编乔尔乔·科利所言,"一位感到自己还未曾充分实现
的哲学家——他谈论过希腊人,作为心理学家、道德论者和历史学者都立了言,最后以《查拉图
斯特拉如是说》达到了诗性创作的高峰,可他还想在理论领域也有成就——在努力,也许甚至怀
有某种体系性的意图,要颁布关于此在之诸原理的法则。这位哲学家就是处在其创作最后阶段
的尼采。"参见[德]尼采:《论道德的谱系》,赵千帆译,商务印书馆 2016 年版,"科利版编后记"部
分,第 197 页。

② 和叔本华的遭遇一样,尼采此时才得知,他之前出版的书仅仅卖出了 500 册左右,其余
大部分都躺在出版商施迈茨内尔的库房里。他尽管已经在德国获得了一定的名声,但根本上还
"只是一个几乎尚未被人认真读过的谣言"。参见[德]萨弗兰斯基:《尼采思想传记》,卫茂平
译,华东师范大学出版社 2007 年版,第 331 页。

价值的尝试""解释所有事件的尝试""生成的无辜""荷马""永恒轮回哲学"和"伟大的正午"等。① 从 1885 年秋起,一直到 1889 年初,尼采在笔记本里写满了关于这本书的各种提纲、目录、结构、布局和论述片段。但是,也许已经预感到自己的精神即将崩溃,预感到自己恐怕完成不了这一宏大的写作计划,尼采还在这期间先后写出了《善恶的彼岸》《快乐的科学·第五卷》《论道德的谱系》《瓦格纳事件》《尼采反瓦格纳》《偶像的黄昏》《敌基督者》和《瞧,这个人》等短篇著作,其中后五本在发疯前的 1888 年一年之内完成。②

在海德格尔看来,尼采真正想要表达的哲学最终并没有完成,也没有以著作形式公之于世。"尼采在其创作生涯中自己发表的文字,始终是前景部分。……真正的哲学总是滞后而终成'遗著'。"③海德格尔所谓"遗著",就是尼采的妹妹把尼采为其主要著作所准备的草稿汇编而成的《权力意志》。正是在这部著作中,尼采"真正的哲学"得以实现,它包括相同者的永恒轮回学说、权力意志学说和价值重估学说三个要素,而前两者就是后者的具体表现。④ 也正是通过对这三个要素及其之间关系的分析,海德格尔得出了如下结论,即尼采哲学的核心要义是追问最高存在者而遗忘了存在本身的虚无主义的完成。⑤ 对此,吉莱斯皮指出,海德格尔虽然认识到了相同者的永恒轮回学说的重要性,但并没有把它置于尼采后期思想的核心,也没有认识到后期尼采思想的本质是围绕这一核心建立起来的新(反)形而上学,而是让这一学说

---

① 参见 Michael Allen Gillespie, *Nietzsche's Final Teaching*, Chicago:The University of Chicago Press,2017,p.17。

② 人们通常认为《瞧,这个人》是尼采最后为出版而写的作品。根据孙周兴教授的考证,完成于 1889 年 1 月 2 日的《狄奥尼索斯颂歌》才是尼采自己确定要印行的最后作品,参见孙周兴:《作为哲学家的狄奥尼索斯(代译后记)》,载[德]尼采:《狄奥尼索斯颂歌》,孙周兴译,商务印书馆 2016 年版,第 81—82 页。

③ [德]海德格尔:《尼采》,孙周兴译,商务印书馆 2002 年版,第 8—9 页。

④ 参见[德]海德格尔:《尼采》,孙周兴译,商务印书馆 2002 年版,第 17—18 页。

⑤ 参见[德]海德格尔:《林中路》,孙周兴译,上海译文出版社 2004 年版,第 272 页。

乃至尼采整个后期思想都服务于海德格尔自己的形而上学批判。① 在吉莱斯皮看来,《查拉图斯特拉如是说》之后尼采的所有著述,包括为出版而写作的东西,以及各种笔记材料,都是在进一步强调相同者的永恒轮回学说的重要性(《查拉图斯特拉如是说》还没有赋予其应有的、足够的重要性),也都是在围绕这一学说更加清晰、明确地建构他自己的形而上学大厦:"确实,永恒轮回的思想为一种新(反)形而上学设立了基础,在这种形而上学中,各种新的本体论、逻辑学、神学、宇宙论和人类学被结合起来构成一个新的整体。他的新(反)形而上学不是把人理解为理性的存在,而是理解为意愿着的存在,不是把自然理解为在理性秩序中运转的事物,而是理解为权力意志,不是把上帝理解为一个至高无上的理性存在,而是理解为一种狄奥尼索斯式的意志或生命力量,不是把逻辑理解为理性,而是理解为诗或音乐,不是把本体论理解为不变的形式(事物或运动),而是理解为一个永远重复着自我相同的循环的生成总体。这整栋建筑的关键,就是永恒轮回观念。没有这个本体论的基础,所有其他的东西都根本上还是无意义的,是各种混乱的偶然性运动,是纯粹的变化。"②

笔者非常认同吉莱斯皮的观点。不过,如果《查拉图斯特拉如是说》的新(反)形而上学主要以"上帝之死""超人""权力意志""相同者的永恒轮回""音乐逻辑"为关键词的话,那么最后创作阶段尼采著述中的新(反)形而上学还要新增两个关键词,即"虚无主义"和"狄奥尼索斯",而它们都密切相关于"上帝之死"。正是在对这七个关键词的阐述中,可以看到最后创作阶段尼采思想的审美虚无主义本性。

把尼采之前的著述和这一时期的著述相比较,会发现二者之间在字面上

① 参见 Michael Allen Gillespie, *Nietzsche's Final Teaching*, Chicago:The University of Chicago Press,2017,p.14。

② Michael Allen Gillespie, *Nietzsche's Final Teaching*, Chicago:The University of Chicago Press, 2017,p.18。

的最明显区别之一,就是后者开始越来越频繁地使用"虚无主义""虚无主义的""虚无主义者"等语词。搜索科利版《尼采著作全集》(KSA)前13卷(第14、15卷是编者对前13卷的注释,以及尼采生平介绍和索引),笔者发现这些语词共出现约295次,其中在《悲剧的诞生》新前言"一种自我批评的尝试"(写于1886年)中出现了1次,《善恶的彼岸》(写于1886年)中出现了1次,《快乐的科学·第五卷》(写于1887年)中出现了3次,《论道德的谱系》(写于1887年)中出现了13次,《瓦格纳事件》(写于1888年)中出现了1次,《偶像的黄昏》(写于1888年)中出现了5次,《敌基督者》(写于1888年)中出现了7次,《瞧,这个人》(写于1888年)中出现了3处,《权力意志》(即《尼采著作全集》第12卷《1885—1887年遗稿》、第13卷《1887—1889年遗稿》)中共出现了248次(其中绝大多数从1887年才开始出现)。这些语词虽然也在尼采中期著述中出现了13次,但它们出现的地方都是遗稿(《尼采著作全集》第9卷《1880—1882遗稿》中出现了4次,第10卷《1882—1884年遗稿》中出现了1次,第11卷《1884—1885年遗稿》中出现了8次)。虚无主义概念最初的零星出现,应该与尼采1873年读过屠格涅夫的小说《父与子》有关,而其集中出现在尼采最后创作时期,尤其是在从1887年到1888年间的著述里,应该与他1887年初阅读陀思妥耶夫斯基小说《群魔》有关。① 但是,尼采的虚无主义概念要比屠格涅夫、陀思妥耶夫斯基的虚无主义概念复杂、含混得多,以至于连他自己都可能不清楚这个概念究竟被自己赋予了多少种意义。尽管如此,还是可以明确地说,尼采用虚无主义一词表达的最初也是最重要的意思,恰好与屠格涅夫、陀思妥耶夫斯基要表达的意思完全相反。在两位俄国作家那里,虚无主义主要指一种反基督教的态度,而在尼采那里,基督教本身被视为虚无主义。不仅如此,尼采还把基督教虚无主义视为规定了整个欧洲现代性历史的虚无主义运动的一部分。也就是说,尼采要用虚无主义来批判基督教神学,批

---

① 参见 Friedrich Nietzsche, *Selected Letters*, ed.and trans., Christopher Middleton., Chicago: University of Chicago Press, 1969, pp.260-261。

判作为基督教神学延伸的欧洲现代性思想。

这里先来分析这种包括基督教虚无主义在内的虚无主义运动。正如《尼采著作全集》主编乔尔乔·科利所言，《查拉图斯特拉如是说》之后的尼采开始"把一切实在还原到'权力意志'（个体化原则就是受它节制）之表象"，尽管尼采反对这样一种"把一切属性追溯到一个唯一的、即便是一分为多的根源"的形而上学方法。新的权力意志哲学和叔本华的生命意志哲学的亲缘性一望即知，因为两者处理的都是"一个存在于我们内部（一切神学皆被克服掉了）的、我们也通过一种当下的把握而参与其中的非理性实体"。区别只在于，"叔本华想要拒绝和否定这个实体，而尼采相反要接受和肯定它。"①这就是说，和叔本华一样，尼采也持一种意志宇宙论，也承认伴随权力意志的是世界的无意义性和生命的苦难，但是不同于叔本华因为生命的苦难而拒绝和否定权力意志，尼采接受和肯定了生命的苦难，从而接受和肯定了权力意志本身。②

对尼采来说，拒绝苦难，就是在拒绝权力意志、生命和现实世界本身，而这意味着意志不再意愿存在，而是意愿虚无。虚无不等于真空、一无所有，而指的是诸如上帝这样的虚幻不实之物。由于意志总是得有所意愿，所以总是"需要一个目标"，它与其"无所意愿"，宁愿"意愿虚无"。③ 尼采把这种宁愿意愿虚无也不愿意愿充满苦难的生命和现实世界的态度视为虚无主义，并在很多地方界定这种虚无主义。在《悲剧的诞生》新前言中，尼采首次提及一种"实践的虚无主义"④。根据上下文，这个短语应该指的是基督教的道德，后者根本上是"对生命的敌视"，是"生命对于生命的厌恶和厌倦"，是"对虚无、终

---

① ［德］尼采:《论道德的谱系》，赵千帆译，商务印书馆 2016 年版，"科利版编后记"部分，第 197 页。

② 参见［德］尼采:《论道德的谱系》，赵千帆译，商务印书馆 2016 年版，"科利版编后记"部分，第 200 页。

③ ［德］尼采:《论道德的谱系》，赵千帆译，商务印书馆 2016 年版，第 108 页。

④ ［德］尼采:《悲剧的诞生》，孙周兴译，商务印书馆 2012 年版，第 14 页。

结、安息的要求"。① 在《善恶的彼岸》中，尼采把宁可意愿"一个可靠的无"也不意愿"一个未知的什么东西"的哲学态度视为"虚无主义"，视为"疲乏欲死的绝望灵魂的标记"，无论这一灵魂做出何等英勇的姿态。② 在《论道德的谱系》中，尼采把虚无主义规定为一种"抛弃这个此在而向往虚无"的态度，一种"求虚无的意志"。③ 在《敌基督者》中，尼采指出："在我看来，生命本身就是求生长、延续、力量积聚和权力的本能：凡是缺乏权力意志的地方就有没落。我以为，人类所有的最高价值都缺乏这种意志，——没落的价值、虚无主义的价值以最神圣之名在施行统治。"④

在尼采看来，这种作为"求虚无的意志"的虚无主义规定了整个欧洲现代性历史，它可以追溯至第一个理性人也是第一个现代人苏格拉底的哲学，继而在基督教信仰和基督教神学中达到高峰，又在德国哲学尤其是康德哲学那里改头换面，并且在叔本华和瓦格纳的思想和艺术中得到最后的表现。正如前述，尼采曾用"第一种虚无主义"来解释这一虚无主义运动的起因。但是，这一解释只是把虚无主义运动的开端追溯至基督教的诞生。其实，尼采所谓"第一种虚无主义"，不仅可以规定犹太先民的虚无主义体验，也可以规定希腊先民的虚无主义体验。早在《悲剧的诞生》中，尼采就已经通过叙述森林之神西勒尼的故事提及这种体验。这个故事充分说明希腊先民们"认识和感受到了人生此在的恐怖和可怕"⑤。确实，面对残酷无情的现实世界，面对随时随地都会到来的灾难、战争、不幸、疾病和死亡，希腊先民们就像坐在"大海中间一叶颠簸不息的小船上"⑥，必然会时时感受到生命的有限、渺小、脆弱、无常、孤独和无意义。这种恐惧自然强力和无常命运的心理，证明希腊先民同样

---

① ［德］尼采：《悲剧的诞生》，孙周兴译，商务印书馆2012年版，第11页。
② 参见［德］尼采：《善恶的彼岸》，赵千帆译，商务印书馆2015年版，第19页。
③ ［德］尼采：《论道德的谱系》，赵千帆译，商务印书馆2016年版，第100、106页。
④ ［德］尼采：《敌基督者》，余明锋译，商务印书馆2016年版，第8页。
⑤ ［德］尼采：《悲剧的诞生》，孙周兴译，商务印书馆2012年版，第33页。
⑥ ［德］尼采：《悲剧的诞生》，孙周兴译，商务印书馆2012年版，第38页。

有过虚无主义体验。于是,尼采所谓用于克服"第一种虚无主义"的欧洲虚无主义运动,可以进一步追溯至古希腊时期。

在尼采看来,以希腊神话尤其是希腊悲剧为代表的希腊文化曾经有效克服了这种虚无主义体验,但是苏格拉底摧毁了这种文化,开创了一种苏格拉底文化或亚历山大文化。这种文化的根本特征就是崇尚理性的抽象沉思而否定感性的生命和生命的感性,认为存在比生命更重要的东西,它们作为生命的价值依据存在于真实的理念世界而非虚假的现实世界中。在《偶像的黄昏》中,尼采指出,因为苏格拉底,"整个希腊的沉思都狂热地转向理性,这表明了一种困境:人们处于危险之中,他们只有一种选择:或者走向毁灭,或者——成为可笑的有理性的人……人们必须像苏格拉底那样,制造一个永久性的白昼——理性的白昼——用以对抗黑暗的欲望。"①崇尚理性的苏格拉底必然会把理性所认定的价值置于自己的生命之上,并且甘愿为这一价值而牺牲自己的生命。在他看来,生命只意味着长久的病痛和苦难,而死亡才是真正的医生。于是,不是雅典人,而是苏格拉底自己给自己递上了盛有毒药的酒杯。这个一切自欺者中最聪明的人留下一种勇敢赴死的智慧,从此以后,历代最智慧的人都将对生命做出同样的判断,即"它毫无用处",人们从他们口中听到的都将是同样的声音,一个"充满怀疑、充满忧郁、充满对生命的厌倦、充满对生命的反对的声音"。② 从此以后,历代哲学家都在痛恨生命,都在努力把一切处于生成、变化中的偶然性事物制作成永恒的"概念木乃伊",并把它们作为偶像来崇拜。③

毋庸置疑,柏拉图是最接近苏格拉底的智慧之人,是最早制造概念木乃伊的哲学家。他开创了一种"柏拉图主义",即"对纯粹精神和自在之善的发明",正是这种一切教条论中的"最恶劣、最乏味和最危险者",把智慧转变为

---

①　[德]尼采:《偶像的黄昏》,李超杰译,商务印书馆2013年版,第17页。

②　[德]尼采:《偶像的黄昏》,李超杰译,商务印书馆2013年版,第12页。

③　参见[德]尼采:《偶像的黄昏》,李超杰译,商务印书馆2013年版,第19页。

对永恒的真理、理念等本质上是虚无的东西及其所在真实世界的爱欲。① 柏拉图主义对生命和现实世界的否定、对真理和真实世界的渴望,在基督教——"基督教就是民众的柏拉图主义"②——文化中达到了巅峰。在《悲剧的诞生》新序言中,尼采如此写道:"基督教根本上自始就彻底地是生命对于生命的厌恶和厌倦,只不过是用对'另一种'或者'更好的'生命的信仰来伪装、隐藏和装饰自己。对'世界'的仇恨、对情绪的诅咒、对美和感性的恐惧,为了更好地诽谤此岸而虚构了一个彼岸,根本上就是一种对虚无、终结、安息的要求,直至对'最后安息日'的要求。"③

在《敌基督者》那里,尼采进一步梳理了虚无主义运动在基督教文化中的表现,即后者对罗马文化乃至整个古代文化的摧毁,对伊斯兰文化的摧毁,对文艺复兴成果的摧毁,对德意志原始文化的摧毁。④ 这种摧毁行为的主力军无疑就是以保罗和路德为代表的基督教神学家。尼采批判了一种所谓"神学家本能"的东西,它反对生命的本能,把一切"提高生命、增强生命、肯定生命、为生命辩护、使之凯旋"的东西都视为假,把一切"最危害生命"的东西都称为真。⑤ 在尼采看来,正是这种神学家本能败坏了德国文化、德国哲学尤其是康德哲学:"一次狡黠的怀疑,开启了通往古老理想的隐秘小路,使得'真实的世界'和'道德'这两个概念(——这两个曾经有过的最邪恶的错误!)现在重又作为世界的本质,变得即便不可证明,也无可反驳了……理性、理性的权利够不到这么远……人们从实在中弄出了一个'假象';把一个完全虚构的世界,存在者的世界,弄成了实在……康德的成就只是一个神学家的成就:与路德、莱布尼茨一样,康德是用来制止本身不稳当的德意志诚实的另一个止轮

---

① 参见[德]尼采:《善恶的彼岸》,赵千帆译,商务印书馆2015年版,第4页。
② [德]尼采:《善恶的彼岸》,赵千帆译,商务印书馆2015年版,第5页。
③ [德]尼采:《悲剧的诞生》,孙周兴译,商务印书馆2012年版,第10—11页。
④ 参见[德]尼采:《敌基督者》,余明锋译,商务印书馆2016年版,第93—102页。
⑤ 参见[德]尼采:《敌基督者》,余明锋译,商务印书馆2016年版,第12页。

器——"①尼采认为,康德所谓德性、义务、善本身等,都是些"幻象、没落、生命最后的衰退",都是对"抽象之神的献祭"。"人们居然没有感到康德的绝对命令是危害生命的!……只有神学家本能为他辩护!——生命本能所强制的行为在快感中证明自己是一个正确的行为:那个心怀基督教教条的虚无主义者却将快感视为反驳。"②

在尼采看来,欧洲虚无主义运动在叔本华和瓦格纳那里得到了极端表现。在《论道德的谱系》序言中,尼采指出,叔本华以他所强调的"同情之本能、自我否定之本能、自我牺牲之本能的价值"为基础"对生命,也就是自己对自己说不",而恰好在这里尼采发现了"全人类的大危险":"它最精巧的勾引和诱导——究竟要诱引到何处?到虚无里去?——恰好在这里,我看到终结的开端,看到伫留,看到往回望的疲乏,看到意志转而反对生命,看到那最后的病在温柔而消沉地宣告着:我是在把那个越来越广为扩散的同情道德——它甚至侵袭了哲学家们,使他们生了病——理解成我们这个变得阴森叵测的欧洲文化的最阴森的症状,理解成欧洲文化通向一种新佛教的歧途吗?通向一种欧洲佛教?通向虚无主义?"③在《瓦格纳事件·尼采反瓦格纳》中,尼采进一步把自己曾经追随的瓦格纳视为"颓废艺术家"④,把瓦格纳的音乐艺术视为虚无主义运动在他那个时代最隐蔽的表现:"瓦格纳是一个大气派的蛊惑者。在精神事物方面没有任何疲惫的、早衰的、危害生命的、诽谤世界的东西,是瓦格纳艺术不加以隐秘地保护的——此乃最黑暗的蒙昧主义,他却把它隐藏在理想的光环中。他迎合任何一种虚无主义的(——佛教的)本能,在音乐中加以美化,他迎合任何一种基督教义,任何一种宗教上的颓废(décadence)表达形式。"⑤

---

① [德]尼采:《敌基督者》,余明锋译,商务印书馆2016年版,第13—14页。
② [德]尼采:《敌基督者》,余明锋译,商务印书馆2016年版,第14页。
③ [德]尼采:《论道德的谱系》,赵千帆译,商务印书馆2016年版,第7—8页。
④ [德]尼采:《瓦格纳事件·尼采反瓦格纳》,孙周兴译,商务印书馆2017年版,第19页。
⑤ [德]尼采:《瓦格纳事件·尼采反瓦格纳》,孙周兴译,商务印书馆2017年版,第43—44页。

从苏格拉底到叔本华、瓦格纳的欧洲虚无主义运动持续了两千多年,但对永恒的理念、上帝及其所在真实世界的漫长寻求最终一无所获。于是,一种"作为心理状态的虚无主义",也就是"第二种虚无主义"终于出现了:两千多年来,我们一直在所有事件中寻找着一个能够让我们达到的目标,但最终只能徒劳地认识到,这是一个相同者永恒轮回的世界,一个根本不可能有终极目标的世界,从而也是无法获得生命意义的世界;这个世界也根本没有什么整体性、系统性、组织性或统一性,生命个体因此无法依赖于或投身于一个整体或一种普遍,无法因此获得幸福的依据;人们后来虽然不再相信还存在一个真实的彼岸世界,也不否认此岸世界的唯一性,但又完全无法忍受在这个生成世界中的生存,因为这种生存充满了苦难。于是,生命无意义,生命没有归宿,生命无法忍受,这些灰飞烟灭般的消极体验,让欧洲人重新陷入虚无主义危机。①用蒂利希的话来说,对空虚和无意义的焦虑,对人的精神性存在的焦虑,终于成为最沉重的、最难以忍受的虚无主义体验。这种精神性焦虑的泛滥,反过来又会导致人对自身实体性存在的焦虑,因为前者会让人更加颓废,更加衰弱,更加无能于对抗命运与死亡的威胁。

这种作为心理状态的虚无主义是一种典型的无家可归状态,一种极其严重的精神危机。然而,哪里有危险,哪里就可能有拯救,尼采认为这种无家可归状态为创造全新的德国文化乃至欧洲文化提供了难得的机会:"我们无家可归者——是的! 但我们是要充分利用我们的处境的优势,而不是毁灭于此;我们要使自己能获得自由的空气和强大的丰富光亮。"②

如何利用这一机会? 尼采给出的方案还是虚无主义,即作为"最高价值的自行贬黜"的虚无主义:"虚无主义乃是一种常态。虚无主义:没有目标;没有对'为何之故?'的回答。虚无主义意味着什么呢? ——最高价值的自行贬黜。"③

---

① 参见[德]尼采:《权力意志》,孙周兴译,商务印书馆 2007 年版,第 720—721 页。
② [德]尼采:《权力意志》,孙周兴译,商务印书馆 2007 年版,第 192 页。
③ [德]尼采:《权力意志》,孙周兴译,商务印书馆 2007 年版,第 399 页。

如何理解如此抽象的虚无主义定义?① 继续看他在同一则笔记中接下来的表述。他认为这种虚无主义具有两种含义,即"作为提高了的精神权力"之象征的"积极的虚无主义",和"作为精神权力的下降和没落"之象征的"消极的虚无主义"。② 积极虚无主义是强者的标志,因为在强者那里"精神力量可能如此这般地增长,以至于以往的目标('信念'、信条)已经与之不相适应了"。也就是说,由于目标、信念、信条等信仰"一般而言表达的是生存条件的强制性,一种对某个人物借以发育、生长、获得权力的各种关系的权威的屈服",所以即使强者也需要信仰,但由于强者以往的信仰已经不能满足日益增长的精神力量的需要,它必然会被强者"作为强暴性的破坏力量"无情地摧毁,强者自身也会因为拥有这种破坏性力量而成为虚无主义者。但强者对以往信仰的摧毁,是为了确立新的信仰,而他具有"生产性的力量"可以创造新信仰,于是强者又是"积极的"虚无主义者。③ 与之相对,消极虚无主义是弱者的标志,因为在后者那里"精神力量可能已经困倦、已经衰竭,以至于以往的目标和价值不适合了,再也找不到信仰"。也就是说,由于精神力量的困倦、衰竭而无法再坚守以往的目标和价值,弱者变成了虚无主义者,又由于不想"再进攻",生产性的力量"不够强大",或者由于"颓废"和"犹豫不决"而不能生产"创造"新

---

① 海德格尔的解释最具代表性:"对尼采来说,虚无主义不是一种在某时某地流行的世界观,而是西方历史的发生事件的基本特征。甚至在虚无主义并没有作为学说要求受到拥护,而似乎表现为它的对立面的时候,而且恰恰就在这个时候,虚无主义发挥着作用。虚无主义意味着:最高价值的自行贬黜。这就是说:在基督教中、在古代后期以来的道德中、在柏拉图以来的哲学中被设定为决定性的现实和法则的东西,失去了它的约束力量;而在尼采那里这始终就是说:失去了它们的创造力量。"参见[德]海德格尔:《尼采》,孙周兴译,商务印书馆2002年版,第26—27页。

② [德]尼采:《权力意志》,孙周兴译,商务印书馆2007年版,第400页。

③ 参见[德]尼采:《权力意志》,孙周兴译,商务印书馆2007年版,第400页。这里可以看出,吉莱斯皮把积极虚无主义视为狄奥尼索斯式虚无主义的最后一个准备阶段是错误的。尼采所谓积极虚无主义并非如吉莱斯皮所说的那样是纯粹否定性的虚无主义,而已经是即虚无即存在、即否定即肯定、即毁灭即创造的审美虚无主义,从而已经等同于吉莱斯皮所谓狄奥尼索斯式虚无主义。

的信仰,弱者又是"消极的"虚无主义者。①

尼采这里将虚无主义与"精神权力""精神力量"相关联,与强者、弱者相关联,也就是在将虚无主义与自己的新宇宙论的基石——权力意志——相关联,而积极虚无主义和消极虚无主义不过是权力意志的两种基本表现形式。为了说明这种关联,要进一步理解尼采的权力意志概念。正如海德格尔所言,对尼采来说,权力意志是所有存在者共有的基本特征,"任何一个存在者,就其存在着而言,都是权力意志。"②对于生命个体来说,意志不是某种心灵能力,心灵反倒从属于意志。不仅心灵,连身体和精神都从属于意志。③ 意志不是静态的某物,而总是表现为意愿着的行动,但意愿根本上不是对某物的意愿,也不是对幸福或情欲的意愿,而是对意愿的意愿,是"力求成为更多的意愿"④。于是,意志乃是"朝向自身的展开状态——始终是一种超出自身的意愿"⑤。作为超出自身的意愿,意志就是"能够赋予自身以权力的强大权能"⑥。由于"意志是权力,而权力是意志",所以意志"根本上就是权力意志,而且仅仅是权力意志"。⑦ 作为"存在者的存在和本质",权力意志是"创造者",但这里的创造或"制作意义上的生产"并非决定性的,决定性的事情是"提升和转变,是使某物变得与……不同——而且是本质上的不同。因此,创造根本上包含着摧毁的必要性(Zerstörenmüssen)。在摧毁中,大逆不道的东西、丑陋的东西和恶劣的东西被设定起来;这一点必然地属于创造,也即属于权力意志,因而属于存在本身。存在之本质包含着不之性质,后者并非空虚的

---

① 参见[德]尼采:《权力意志》,孙周兴译,商务印书馆2007年版,第400—401页。
② [德]海德格尔:《尼采》,孙周兴译,商务印书馆2002年版,第18页。原文中权力意志被译作"强力意志",为保持译文统一,凡出自该书译文的"强力""强力意志"都改译作"权力""权力意志"。
③ 参见[德]海德格尔:《尼采》,孙周兴译,商务印书馆2002年版,第38页。
④ [德]海德格尔:《尼采》,孙周兴译,商务印书馆2002年版,第63页。
⑤ [德]海德格尔:《尼采》,孙周兴译,商务印书馆2002年版,第43页。
⑥ [德]海德格尔:《尼采》,孙周兴译,商务印书馆2002年版,第44页。
⑦ [德]海德格尔:《尼采》,孙周兴译,商务印书馆2002年版,第43页。

纯粹虚无,而是具有强大作用的否定"。①

海德格尔对权力意志的创造性与毁灭性特征的强调,确实符合尼采自己对权力意志及以之为基础的世界的规定:

> 你们知道这个世界对我来说意味着什么吗?要叫我把它映在镜子里给你们看看吗?这个世界是:一个力的怪物,无始无终,一个坚实固定的力,它不变大,也不变小,它不消耗自身,而只是改变面目;作为总体,它的大小不变,是没有支出和消费的家计;但也无增长,无收入,它被"虚无"所缠绕,就像被自己的界限所缠绕一样,不是任何含糊的东西,不是任何浪费性的东西,不是无限扩张的东西,而是置入有限空间的力,不是任何地方都有的那种"空虚"的空间,毋宁说,作为无处不在的力乃是忽而为一,忽而为众的力和力浪的嬉戏,此处聚积而彼处消减,像自身吞吐翻腾的大海,变幻不息,永恒的复归,以千万年为期的轮回,其形有潮有汐,由最简单到最复杂,由静止不动、僵死一团、冷漠异常,一变而为炽热灼人、野性难驯、自相矛盾;然而又从充盈状态返回简单状态,从矛盾嬉戏回归到和谐的快乐,在其轨道和年月的吻合中自我肯定、自我祝福;作为必然永恒回归的东西,作为变易,它不知更替、不知厌烦、不知疲倦——这就是我所说的永恒地自我创造、自我毁灭的狄奥尼索斯的世界,这个双料淫欲的神秘世界,它就是我的"善与恶的彼岸"。它没有目的,假如在圆周运动的幸福中没有目的,没有意志,假如一个圆圈没有对自身的善良意志的话——你们想给这个世界起个名字吗?你们想为它的一切谜团寻找答案吗?这不也是对你们这些最隐秘的、最强壮的、无所畏惧的子夜游魂投射的一束灵光吗?——这是权力意志的世界——此外一切

---

① [德]海德格尔:《尼采》,孙周兴译,商务印书馆2002年版,第64—65页。

皆无！你们自身也是权力意志——此外一切皆无！①

既然权力意志就是永恒的自我创造、自我毁灭行动，被权力意志支配的世界根本上只是一与多、聚与散、静与动、和谐与矛盾的永恒循环，那么它就是一个虚无主义的世界，就是"发生事件的无意义状态"②，因为它"没有目标""没有对'为何之故?'的回答"，它即使自我创造了最高价值，也会自我毁灭这最高价值，也就是"最高价值的自行贬黜"。于是，在被权力意志支配的生成世界中，"虚无主义乃是一种常态。"

但是，承认权力意志的世界是虚无主义的世界，是无意义的世界，这如何有助于摆脱"作为心理状态的虚无主义"？如何有助于克服蒂利希所谓对精神性存在的焦虑？问题的关键，就在于选择强者的积极虚无主义还是弱者的消极虚无主义。在尼采看来，人类只有"在权力意志、在求权力之增长的意志中"才能保存自己，而权力意志根本上是一种"阐释"或"解释"行为，是通过规定目的与手段、原因与结果、主体与客体、行为与遭受、自在之物与现象而"主宰"事物，所以任何人类的提升都会导致"对比较狭隘的解释的克服"，任何已经取得的增强和权力扩张都会"开启全新的视角"，并且令人去"相信新的视野"。③ 强者与弱者的根本区别在于，强者身上的权力意志——"求权力之增长的意志"——无比充盈，这让他渴望并能够参与权力意志世界那"永恒的自我创造、自我毁灭"的审美虚无主义游戏，无休止地重估旧价值和创造新价值，"创造性地重又设定一个目标、一个为何之故、一种信仰"④，永远从全新的视角看待这个世界。强者虽然因为认同权力意志世界的无意义性而是虚无主义者，但因为能够主动参与自我创造和自我毁灭的循环游戏，主动解释和赋予

① Nietzsche, F, *The Will to Power*, trans., Walter Kaufmann and R. J. Hollingdale, New York: Random House, 1968, pp.549-550.

② ［德］尼采:《权力意志》，孙周兴译，商务印书馆 2007 年版，第 135 页。

③ ［德］尼采:《权力意志》，孙周兴译，商务印书馆 2007 年版，第 135、164 页。

④ ［德］尼采:《权力意志》，孙周兴译，商务印书馆 2007 年版，第 400 页。

世界新的价值,并且能够从中体验到意志的充盈和生命的快乐,从而又是积极的虚无主义者,并且因为这种主动和积极而能够走出作为心理状态的虚无主义。与此相反,弱者虽然也因为认同权力意志世界的无意义性而是虚无主义者,但又因为权力意志的下降和没落而"不再拥有阐释的力量、创造各种虚构之物的力量"①,无法主动参与自我创造和自我毁灭的审美虚无主义游戏,无法从中体验到意志的充盈和生命的快乐,从而又是消极的虚无主义者。

在尼采看来,苏格拉底之前的古希腊历史是被强者的积极虚无主义支配的历史,而从苏格拉底开始的西方现代性历史是被弱者的消极虚无主义所支配的历史,在那里弱者虽然曾经创造过一个目标、一个为何之故、一种信仰即基督教,但这并不相关于权力意志的生成世界,而只相关于没有生成、没有矛盾、没有变化、没有痛苦的永恒世界或真理世界。正是在对这个"如其应当是地存在的世界"的信仰中,弱者越发蔑视眼前这个生成世界、矛盾世界、变化世界和痛苦世界,越发蔑视这个"如其所是地存在的世界"里的一切有生命的存在者,乃至弱者自身的生命,而这又使得弱者的权力意志越发衰弱,连信仰那个曾经由自己创造出来的"如其应当是地存在的世界"的激情也没有了。于是,弱者就变成了无能于解释和信仰的消极虚无主义者:"虚无主义者是这样一种人,对于如其所是地存在的世界,他断定它不应当存在;对于如其应当是地存在的世界,他断定它并不实存。据此看来,此在(行动、受苦、意愿、感受)就没有什么意义了:'徒然'的激情乃是虚无主义者的激情。"②这种"徒然"的激情,就是作为心理状态的虚无主义。

既然弱者的消极虚无主义是导致作为心理状态的虚无主义泛滥的原因,那么,强者的积极虚无主义就是摆脱作为心理状态的虚无主义的唯一途径,而由于强者的积极虚无主义只存在于古希腊时代的狄奥尼索斯精神之中,尼采在其最后创作阶段开始重新提及这一神灵,并把"权力意志的世界"等同于

---

① ［德］尼采:《权力意志》,孙周兴译,商务印书馆2007年版,第417页。
② ［德］尼采:《权力意志》,孙周兴译,商务印书馆2007年版,第417页。

"狄奥尼索斯的世界",就不令人奇怪了。根据对科利版《尼采著作全集》的统计,笔者发现,像"狄奥尼索斯""狄奥尼索斯的""狄奥尼索斯式存在"这样的语词在尼采早期著作中处处可见,却在从《人性的,太人性的》到《查拉图斯特拉如是说》的所有著述里完全消失,尔后又猛然出现了 130 次之多,其中《善恶的彼岸》里出现过 6 次,《论道德的谱系》里出现过 1 次,《尼采反瓦格纳》里出现过 4 次,《偶像的黄昏》里出现过 18 次,《瞧,这个人》里出现过 29 次,《狄奥尼索斯颂歌》里出现过 3 次,而《权力意志》(即科利版《尼采著作全集》第 12、13 卷)里出现过 69 次。

但是,重新出现的狄奥尼索斯精神已经不是早期尼采所理解的狄奥尼索斯精神。在《悲剧的诞生》中,尼采模仿叔本华思想中意志与表象的对立,让狄奥尼索斯式存在和阿波罗式存在相对立,其中狄奥尼索斯式存在是对意志的神化,意味着本原统一性或混乱的深渊,是阿波罗式存在——对个体性存在的神化——痛苦的根源。走出狄奥尼索斯存在的道路有两条,即圣徒之路和艺术家之路,其中东方人走的是第一条路,而希腊人走的是第二条路。但是,不同于叔本华的艺术家认为意志是人的痛苦的根源,人的个体性存在根本上是一个悲剧,从而通过艺术尤其是音乐艺术放弃个体性、放弃生命来摆脱意志的支配,尼采的艺术家虽然也认为意志是人的痛苦的根源,人的个体性存在根本上是一个悲剧,但并不主张通过放弃个体性和生命来摆脱意志的支配,而主张通过描述意志在悲剧英雄——阿波罗式个体性存在——身上的直接表现(即他们所有的欲望和痛苦),让人类个体感受到自己就是意志的某个时刻,就是戴着阿波罗面具的狄奥尼索斯,从而不需要经历西勒尼的死亡就可以返回本原统一性,并因为这种返回而把生命的痛苦转换为生命的快乐,把生命的悲剧转换为生命的崇高。尼采的艺术家形而上学,就是狄奥尼索斯精神,一种面对生命的痛苦而仍然能够肯定生命本身的精神。

不同于早期尼采的狄奥尼索斯式存在是对叔本华生命意志的神化,晚期尼采的狄奥尼索斯式存在是对自己命名的权力意志的神化;不同于早期尼采的狄奥尼索斯式存在对立于阿波罗式存在,晚期尼采的狄奥尼索斯式存在对立于被钉十字架者。正如吉莱斯皮所言,权力意志对尼采来说是对世界本质的形而上学解释:"世界的中心是一团混乱。尽管这种混乱缺乏秩序、安排、形式、美、法度和目的,但它的每个时刻都被一种控制性的冲动或必然性所主宰,被权力意志所主宰。权力意志不仅仅是所有事物的驱动力;所有事物都只作为权力意志的时刻而存在,因此也只在它们与其他存在者的敌对关系中并通过这种关系而存在。于是,就像叔本华的生命意志一样,权力意志是一种普遍意志,它会分裂出反对自身的意志;但是不同于叔本华的意志,权力意志不是超越于世界之外的东西,也没有超越那些构成它的时刻。它的每一个时刻都在努力成为超越所有其他时刻的主人。于是,在任何给定的时间里,每一个时刻既是盈又是亏,既是他者的主人,又是他者的奴隶。自然也由此不被因果关系所规定,而是由生成和自己的斗争所规定。"①作为包含一切的权力意志的诸多时刻,人类持续地处于与自身、他人以及所有其他存在者的战争中,持续地追求主宰一切的权力,同时又持续地处于被奴役的危险中。然而,人类在追求权力的过程中总是被挫败,因为它总是要服从于先前的因果关系,总是要受惠于也屈从于先前的意志形式或时刻。于是,为了能够真正自由地意愿和主宰一切,人类开始把权力意志神化,将其转换为通过信仰而可以与之同一的神灵,因为只有权力意志可以毁灭和超越一切先前的因果关系、意志形式或时刻。但是,由于人类所拥有权力意志的强度不同,他们可以在强壮的民族和虚弱的民族两个极端之间被分类,他们创造和信仰的神灵也可以在强壮的神灵和虚弱的神灵两个极端之间被分类,而这两个极端,就是希腊人的狄奥尼索斯和犹太人的被钉十字架者。在尼采看来,存在的混乱是巨大的心理重负,很少有人能够承担。作为权力意志的最高表现形式,希腊人所信仰的狄奥尼索斯接纳了存在所有的不一致和矛盾,生命所有的欲望和痛苦,并且能够把它们转

---

① Michael Allen Gillespie, *Nihilism before Nietzsche*, Chicago: The University of Chicago Press, 1995, p.218.

换为一个美丽的整体。和狄奥尼索斯同一的希腊人因此能够自由地意愿和主宰一切，能够自由地自我毁灭与自我创造。但是，所有其他民族信仰的神灵，尤其是犹太人信仰的被钉十字架者却无法接纳这种混乱，他向他的民众允诺的，是一个静止的、没有变化、生成、矛盾、混乱的永恒世界，但也因此否定了处于生成世界的生命本身。与被钉十字架者同一的犹太人，和后来接受这一信仰的所有欧洲人，都因此变得越来越衰弱，越来越无力意愿和主宰一切。①

于是，晚期尼采著述中的狄奥尼索斯，处处都以被钉十字架者的对手形象出现。在《善恶的彼岸》这部"未来哲学序曲"的结尾部分，尼采宣称自己作为"狄奥尼索斯神最后的弟子和入室传人"，要在"允许的范围内"教人一点点狄奥尼索斯哲学，那是可以"提升"人，使他变得"更强健、更邪恶和更深刻"并且"更美"的智慧。② 无疑，在尼采所描述的这个健康的、非道德的和审美的狄奥尼索斯形象背后，闪烁着一个孱弱的、道德的和丑陋的被钉十字架者形象。在《悲剧的诞生》新前言中，尼采指出狄奥尼索斯就是艺术家之神，他由于"丰富和过于丰富"而无疑就是最强者，但也因为"最富于冲突和矛盾"而是"最苦难者"，而这位最强者自我解脱的方法，不是赋予世界此在以"道德解释和道德意蕴"，而是以"假象"。这里的假象和"妄想、错误、解释、装扮、艺术"一道都属于"'欺骗'（Täuschungen）"，因而都具有"反道德倾向"，都只是"审美现象"。③ 在《快乐的科学》第二版前言中，尼采指出，假象不是真理，真理需要到事物的内部去寻找，而假象就是事物的外观，就是艺术家之神赋予事物的形式、声音、言语。④ 无疑，尼采在这两处地方描述的狄奥尼索斯神是没有道德重负的审美之神，和他对应的，正是那位背负着十字架的道德之神。

---

① 参见 Michael Allen Gillespie, *Nihilism before Nietzsche*, Chicago：The University of Chicago Press, 1995, pp.219-225。

② 参见［德］尼采：《善恶的彼岸》，赵千帆译，商务印书馆 2015 年版，第 298—299 页。

③ 参见［德］尼采：《悲剧的诞生》，孙周兴译，商务印书馆 2012 年版，第 9—10 页。

④ 参见［德］尼采：《快乐的知识》，杨恒达、杨俊杰译，中国人民大学出版社 2016 年版，第 252—253 页。

在《偶像的黄昏》中，尼采说出了狄奥尼索斯这位"审美法官"的智慧：第一，没有什么东西是美的，只有人是美的；第二，没有什么东西是丑的，只有退化的人是丑的；第三，无论美丑，其前提都异常丰富地储存在人的本能之中，即人的权力感、权力意志、勇气和骄傲之中，所有这些东西的衰退都会唤起丑的判断，而其上升都会唤起美的判断。① 正是因为拥有这样的智慧，希腊人才知道自己只有成为强者才能应对近在咫尺的危险。成为强者，意味着"力的过量"②，意味着性欲的旺盛，意味着生命通过生殖而实现永恒，意味着为了拥有生产、创造的快乐而必须勇于承担分娩的痛苦。③ 于是，"酒神狂欢体现了一种泛滥的生命感和力感，其中，甚至痛苦也成了兴奋剂。"④正是这种狂欢的心理学是理解悲剧情感的钥匙："甚至在其最陌生、最艰难的问题上也肯定生命，生命意志在其最高类型的牺牲中感受到自己生生不息的乐趣——我把这叫作狄奥尼索斯式的，我猜想这才是通往悲剧诗人心理学的桥梁。不是为了摆脱恐惧和怜悯，不是为了通过激烈的爆发从一种危险的激动情绪中净化自己（亚里士多德就是这样理解的），而是为了超越恐惧和怜悯，成为永恒的生成乐趣本身，——那种也把毁灭的乐趣包含于自身之中的乐趣。"⑤在这里，同样能够感觉到，尼采所描述的狄奥尼索斯神和信奉他的希腊人，就像查拉图斯特拉所描述的孩子那样天真、无辜、健康、活泼、生命力十足，他们没有骆驼的重负和狮子的怀疑，而只会参与并享受权力意志毁灭与创造的审美虚无主义游戏，而和这样的形象对照的，无疑仍然是被钉十字架者和信仰他的犹太人，乃至所有颓废、衰弱、无力的欧洲基督徒。

正如吉莱斯皮所言，晚期尼采著述中的狄奥尼索斯，不再戴着阿波罗的面具，而是戴着苏格拉底的面具，这个苏格拉底，也已不再是理性主义者或禁欲

---

① 参见［德］尼采：《偶像的黄昏》，李超杰译，商务印书馆2013年版，第65—66页。
② ［德］尼采：《偶像的黄昏》，李超杰译，商务印书馆2013年版，第97页。
③ 参见［德］尼采：《偶像的黄昏》，李超杰译，商务印书馆2013年版，第99页。
④ ［德］尼采：《偶像的黄昏》，李超杰译，商务印书馆2013年版，第99页。
⑤ ［德］尼采：《偶像的黄昏》，李超杰译，商务印书馆2013年版，第100页。

主义者,而是从事音乐的哲学家,是好色之徒,是爱欲(eros)原则——基督教在挪用柏拉图主义时消除了这一原则——的坚守者,他既有勇气揭示存在的深渊和根本性的混乱,又有能力用音乐逻辑把这深渊和混乱转换为一个美丽的整体。① 在早期艺术家形而上学中,尼采把音乐理解为先于一切现象的自在之物,并用它来解释一切现象甚至是意志。但是在后期哲学中,音乐不再被理解为自在之物,而是被理解为权力意志的卓越形式。② 音乐甚至比哲学还更有力,因为哲学只是让人能够理解存在的根本性的混乱,而音乐却能够让人把这种混乱转换成某种更高级的东西:"在尼采后期思想中,存在对他来说就是生成(becoming)。传统哲学尝试通过使生成服从于概念而取消生成问题。但是,生成却躲开一切概念,从它们下面和旁边溜走。这样,范畴性的思考难以把握生成。确实,这种思考只能把生成认识为一种否定,一种非存在,一种不同于设置在概念中的真实世界的表象世界。尼采哲学揭露了传统哲学的谎言,也揭示了存在的混乱,但它不能把这种混乱的东西转换为生成。不过,音乐能做到这一点。"③

音乐为什么能够把存在的混乱转换成美丽的整体? 对尼采来说,音乐在最一般的意义上就是指旋律,就是和声的有节奏的发展,即从谐和到不谐和,再返回谐和:"节奏通过划分当下的时期而形成时间。它实现这一目标,靠的不是强弱重音的交替——这是一种现代的误解——而是长短音符或时段的交替。节奏打破了无差别的生成之流,使之成为有规律的音程。它创造和控制着时间,规定着生命的节拍。"④音乐因此具有一种巨大的控制力量,它不是唤

---

① 参见 Michael Allen Gillespie, *Nihilism before Nietzsche*, Chicago: The University of Chicago Press, 1995, pp.226-228。

② 参见 Michael Allen Gillespie, *Nihilism before Nietzsche*, Chicago: The University of Chicago Press, 1995, pp.231-232。

③ Michael Allen Gillespie, *Nihilism before Nietzsche*, Chicago: The University of Chicago Press, 1995, p.234.

④ Michael Allen Gillespie, *Nihilism before Nietzsche*, Chicago: The University of Chicago Press, 1995, p.234.

起激情,而是约束和组织激情,通过形成各种生命节奏而把人狂乱的心绪引向一个目标,把各种激情的杂音和谐化为一道优美的旋律。于是,对尼采来说,音乐可以"整理生成",而不是"怯懦地服从于生成",或者"徒劳无益地想要消除生成"。①

在尼采看来,生成的混乱本质上是对立或差异,是矛盾或悖论,音乐能够把这些对立、差异、矛盾或悖论转换为一个整体,从而成为"统一性和同一性的根源"。但是,这样的同一性,是一种"和谐的同一性",而非"逻辑的同一性",因为"世界的和谐"表现为"多样性的统一性",而局部的不和谐只是"一个服从于更大的音乐整体的时刻"。于是,在尼采那里,"和谐(harmony)替代了不矛盾律,旋律(按 *Harmoniefolge* 即和声来理解)替代了充足理由律。尼采所谓的整体,不再被理性法则所主宰,而是被审美法则所主宰。"②这样,尼采的思想就不可能像费希特、谢林和黑格尔那样是辩证的。尽管尼采也并置了对立面,但对他来说"对立是音乐性的,而非辩证的,而且他的音乐逻辑寻求的,不是矛盾的综合,而是把不谐和转换进更高的和谐,转换进一种美,这种转换达到某种程度,以至于人们一再需要那矛盾和不协调,因为它们属于那本原性创造力量的旺盛生产力的一部分,而每个人至少在某个短暂的狂喜瞬间,就是那种本原性创造力量"③。

但是,并非所有的音乐都看重旋律,从而都能建立这种和谐的同一性。比如,瓦格纳的音乐就是如此。他虽然注意到现实性的混乱特征,但无能于对此进行音乐性的转换。"于是,他只是表达了从这种混乱中获得拯救的模糊愿望。在他的艺术中,部分支配着整体,乐句支配着旋律,瞬间支配着时间,个人

①　Michael Allen Gillespie, *Nihilism before Nietzsche*, Chicago: The University of Chicago Press, 1995, p.235.

②　Michael Allen Gillespie, *Nihilism before Nietzsche*, Chicago: The University of Chicago Press, 1995, p.235.

③　Michael Allen Gillespie, *Nihilism before Nietzsche*, Chicago: The University of Chicago Press, 1995, p.236.

痛苦(*pathos*)支配着民族精神(*ethos*),而且精神(*esprit*)支配着感觉。生命就是矛盾,就是悲剧。结果,不是和谐,而是不和谐,处于瓦格纳乐曲的核心,它表达着矛盾的痛苦,以及对和解的无尽渴望。结果,他的音乐不可能通过旋律实现和谐,因为他的旋律总是不完整的,也因此是无限的,是一连串指向和解的音调,但那和解却永远难以实现。"①然而,在尼采看来,"无限性的旋律根本就不是旋律。它不能秩序化、和谐化生成。真正的旋律应该是一种强力意志的表现,这种意志能够生产出统一的整体。瓦格纳的无限旋律最终是不完整的旋律,也因此是瓦格纳的颓废的反映,是一种虚弱意志的反映。"②这就是说,瓦格纳的音乐之所以无能于把生成的混乱转换为存在的和谐,根本上是因为瓦格纳是被钉十字架者的信仰者,从而是虚弱意志的化身:

> 每一种艺术,每一种哲学,都可以被看作对成长的生命或衰败的生命的救助手段:它们始终是以苦难和受难者为前提的。不过,存在着两类受难者,一类是苦于生命力过剩的受难者,他们意愿一种狄奥尼索斯的艺术,同样意愿一种对生命的悲剧性洞见和展望;另一类则是苦于生命之贫乏的受难者,他们向艺术和哲学要求安宁、寂静、平静的海洋,抑或要求陶醉、痉挛、眩晕。对生命本身复仇——此类贫乏者最荒淫的陶醉方式!瓦格纳如同叔本华,满足了此类贫乏者的双重需要——他们否定生命,他们诽谤生命,因此他们是我的对跖者。最富于生命力的人,狄奥尼索斯式的神和人,不仅乐于看到那种可怜之物和可疑之物的景象,而且乐于看到那可怕的行为,以及任何一种奢华的摧毁、分离、否定,——在他那里,凶恶、愚蠢、丑陋的东西仿佛是许可的,就像它在天性中显现为得到许可的那样,原因在于一

---

① Michael Allen Gillespie, *Nihilism before Nietzsche*, Chicago: The University of Chicago Press, 1995, p.236.

② Michael Allen Gillespie, *Nihilism before Nietzsche*, Chicago: The University of Chicago Press, 1995, p.236.

种生产性的、重建性的力量的过剩,后者甚至能够从每一片沙漠中创造出一片丰富的沃土。①

这就是说,瓦格纳的音乐艺术之所以难以和谐化生成,是因为瓦格纳的生命力过于贫乏,不愿看到存在的混乱,从而不可能把它们重组为和谐的整体。但是,对于生命力过剩——这种过剩的生命力本身就是一种"生产性的、重建性的力量",一种能够"从每一片沙漠中创造出一片丰富的沃土"的力量——的艺术家来说,他们不仅乐于看到存在的混乱,乐于看到那种"摧毁、分离、否定"的行为,还乐于看到这种行为所产生的那些"凶恶、愚蠢、丑陋的东西",因为生命的创造性力量本身首先需要毁灭一切,通过这种毁灭为自己准备重建的材料。而且,就像不可能只存在一道旋律或一段音乐那样,这种毁灭与创造不是一次性完成的,而是无限循环和不断展开的。于是,瓦格纳之所以无能于和谐化生成,是因为他不是一个审美虚无主义者,他的音乐还不是一种强调即虚无即存在、即否定即肯定、即毁灭即创造的审美虚无主义艺术。

瓦格纳的音乐之所以不是审美虚无主义的,是因为在倾听这种音乐时,我们的肉体会产生抗议:

> 我对瓦格纳音乐所持的异议乃是生理学上的异议:那么,何以还要给这样一些异议披上美学的外套呢? 美学其实无异于一种应用生理学。——我的"事实",我的"真实小事"(*petit fait vrai*),即这种音乐一旦对我发挥作用,我就再也不能轻松地呼吸了;我的双脚立即对这种音乐生出愤怒,进行反抗;它们需要节拍、舞蹈、进行曲——按瓦格纳的《皇帝进行曲》,就连那年轻的德国皇帝也不能进行了,它们首先要求音乐有令人出神入迷的作用,而后者就在于良好的行进、迈步、舞蹈之中。但我的胃不也会抗议吗? 我的心呢? 我的血液循环呢? 难道我的内脏不会郁郁不乐吗? 难道在我这里不会突然变得嘶

---

① ［德］尼采:《瓦格纳事件·尼采反瓦格纳》,孙周兴译,商务印书馆 2017 年版,第 91—92 页。

哑吗？为了听瓦格纳音乐，我需要热兰德尔药片……于是我问自己：我整个肉体究竟想要从音乐中得到什么？因为根本就没有什么灵魂……我相信，我的肉体想要放松：就好像所有动物的功能，都会通过轻松、奔放、欢快、自信的节奏而得到加速；就好像那坚强不屈的、铅一般沉重的生命，会通过纯真、温柔、圆润的旋律而失掉自己的重负。我的忧郁想要在完美性的隐藏之所和深渊里憩息：为此我就需要音乐。①

这就是说，瓦格纳的音乐根本上只是戏剧的手段，而戏剧的目的又是道德。但对于尼采来说，音乐应该是一种生活方式，支配这种生活方式的，不是哲学，而是美学，后者本质上又是"应用生理学"，即一种能够让人跟着音乐"轻松、奔放、欢快、自信的节奏"或"纯真、温柔、圆润的旋律"舞蹈，从而摆脱"铅一般沉重"的生命重负，从而在"完美性的隐藏之所和深渊里憩息"的学问。简而言之，这样的美学，不是教人逃避存在的深渊的美学，而是教人们在深渊之上舞蹈的美学！尼采承认，这种美学所追求的不是深刻的道德，而只是一种肤浅的快乐，希腊人的快乐就是这样一种快乐，而我们要学习的，正是希腊人："这些希腊人呵！他们是擅长于生活的！维持就必须勇敢地持留于表面、褶皱、表皮上，必须膜拜假象，必须相信形式、音调、话语，相信整个假象的奥林匹斯！这些希腊人是肤浅的——出于深刻……我们不是正要回到这一点上么？我们这些精神的莽撞者，我们登上了当代思想最高和最险的顶峰，从那里出发环顾四周，从那里俯视山下？从这一点上讲，我们不就是——希腊人吗？（我们不就是）形式、音调、话语的崇拜者吗？恰恰因此而成为——艺术家？……"②在尼采看来，亨德尔、莫扎特、贝多芬、罗西尼的音乐，就是一种

---

① ［德］尼采：《瓦格纳事件·尼采反瓦格纳》，孙周兴译，商务印书馆2017年版，第71页。根据科利版《尼采著作全集》，本段译文中的"身体"都被改译为"肉体"。

② ［德］尼采：《瓦格纳事件·尼采反瓦格纳》，孙周兴译，商务印书馆2017年版，第120页。

"为艺术家的艺术",而且"只是为艺术家的"艺术。① 这是因为,这些音乐只是在表现作为创造者和毁灭者的艺术家的强健生命力,而这位艺术家的原型,就是狄奥尼索斯。

于是,最后创作阶段尼采思想的基本原理就是一位名叫狄奥尼索斯的"宇宙艺术家","存在对他来说是力量(*dynamis*)或能量(*energeia*),因为它是诗(*poiēsis*)的产品。作为自我生殖的艺术作品,自然是一种艺术家的意志,这种意志持续却不成功地尝试用有限的形式表现它自己的无限性。"②这个艺术家不是认识者而是行动者,不是道德哲学家而是诗人,他时时刻刻都在操弄着自我创造与自我毁灭的审美虚无主义游戏,一种把生成的混乱和矛盾转换为和谐,又把和谐重新转换为混乱与矛盾的无限循环的解释游戏,以此"持续却不成功地尝试用有限的形式表现它自己的无限性"。正如吉莱斯皮所言,比起费希特的"绝对之我",这个"宇宙艺术家"要更加自由,因为即使"费希特这个比同代人赋予绝对者更宽泛的活动范围的哲学家,也相信绝对者的自我生产很大程度上被它自己先前的决定所限制。它通过一种自我否定从自身创造出世界,而在更多的创造中,它受到它已经创造出来的世界的结构的束缚。它不是通过消灭和再造一个新世界而行动,而是靠修改它已经建立起来的世界而行动。于是,根据唯心主义,所有的改变,都是决定性的否定(determinate negation)的结果,而非绝对性的否定(absolute negation)的结果,因此走的是一条辩证的道路。相反,尼采臆断狄奥尼索斯意志是绝对自由的,不会被它过去的行为所束缚。改变不是决定性的否定的结果,而是绝对性的否定的结果。这种意志铺平了一块地基,为一种全新的可能性的自然发生开创了空间"③。

① ［德］尼采:《瓦格纳事件·尼采反瓦格纳》,孙周兴译,商务印书馆 2017 年版,第 119 页。

② Michael Allen Gillespie, *Nihilism before Nietzsche*, Chicago: The University of Chicago Press, 1995, p.252.

③ Michael Allen Gillespie, *Nihilism before Nietzsche*, Chicago: The University of Chicago Press, 1995, p.252.

这就是说，不同于费希特的"绝对之我"每一次的虚无、否定或毁灭行动都是有限的，每一次的存在、肯定或创造行动也因此是有限的，他依靠一个被不断扩大、修改、完善的现实世界来证明自己的自由存在，而尼采的"宇宙艺术家"每一次的虚无、否定或毁灭行动都是彻底的，每一次的存在、肯定或创造行动也因此都是彻底的，他依靠不断彻底毁灭和彻底再造一个全新的世界来证明自己的绝对自由和无限性本质。

但这并不是说尼采的"宇宙艺术家"已经等同于施蒂纳的"唯一者"，因为后者总是怀着怨恨和复仇的心态产生并吞噬着一切，而前者却是天真而无辜地创造并毁灭一切。晚期尼采希望，信奉并和这样一位狄奥尼索斯神同一的欧洲人，能够活得像海滩上的小男孩那样。在阳光明媚、海风习习的上午，小男孩趴在那里，用沙子堆起一座城堡（就像用音符组成一道旋律），欣赏片刻，又一脚踹毁，重新开始，不知过去，不知未来，没有骆驼道德的重负，也没有狮子怀疑一切的责任，没有对罪过与谴责的焦虑，也没有对空虚和无意义的焦虑，而只有音乐家那样的审美乐趣，把自然万物当作音符自由重组又随意拆解的乐趣。小男孩就是未来的超人。但是，超人也会长大、变老和死去。超人如何面对死亡的恐惧？他还应该继续向自己信奉的狄奥尼索斯神学习："基督教的上帝让他的儿子死而自己不死，与此相反，狄奥尼索斯神则亲历死亡：他必须意欲自己的自我隐匿和消失以显示其真实性。他的在场为了对再来一次进行肯定而必须变成不在场。他和人都是一种通道：他不满足于仅仅指出道路而不亲自经历它，他要经历它并且死去。"①于是，作为狄奥尼索斯的门徒，超人既应当享受一个充满力量的神灵所能享受的毁灭与创造的快乐，也应该经历死亡，为自己的超人后代让路。于是，与死亡如影随形的虚无主义危机也不再是问题，因为死亡的必然性已经"被爱所遮蔽，被渴望创造的疯狂所遮

---

① ［德］卡尔·洛维特等：《墙上的书写——尼采与基督教》，田立年等译，华夏出版社2004年版，第211页。

蔽,被渴望克服自身的疯狂所遮蔽"①。

　　尼采生前最后一部为出版而写作的书是《瞧,这个人》,这本书的最后一句话如此写道:"——人们理解我了吗?——狄奥尼索斯反对被钉十字架者……"②这是尼采对自己一生思想功业的总结,他认为自己在十字架神学之外独创了一种狄奥尼索斯神学。但是,尼采显然并不清楚自己的狄奥尼索斯概念与唯名论上帝的关联,没有认识到这个唯意志论上帝在他构造狄奥尼索斯概念时所扮演的关键角色。尼采的狄奥尼索斯概念早在德国早期浪漫派那里就已经出现,后者对狄奥尼索斯的理解深受费希特的绝对主体性哲学的影响,而费希特哲学的根源又可以追溯至康德、笛卡尔直至中世纪末的唯名论哲学。③ 尼采的思想并不像他自己所认为的那样具有革命性,因为这种思想和彼特拉克、马基雅维利、路德、笛卡尔、霍布斯、康德、萨德、费希特、诺瓦利斯、施莱格尔、蒂克、叔本华、施蒂纳的思想一样,都属于从中世纪末开始的唯名论革命传统,这种思想的核心概念"狄奥尼索斯",不过是唯名论上帝的最后一副面具。

　　于是,如果说被钉十字架者是实在论的审美理性主义上帝,那么狄奥尼索斯就是唯名论的审美虚无主义上帝,而"唯名论的上帝反对实在论的上帝",或者"审美虚无主义的上帝反对审美理性主义的上帝",才应该是尼采一生思想的写照。如果事实如此,那么尼采最大的功业,不是独创了一种新(反)形而上学,而只是把开端于中世纪末的审美虚无主义思想逻辑推向了极致。尼采所谓作为心理状态的虚无主义,实际上就是中世纪末唯名论革命开始就一直伴随着西方人的虚无主义体验。尼采之所以比别人更为痛苦地感受到了这

　　①　Michael Allen Gillespie, *Nihilism before Nietzsche*, Chicago:The University of Chicago Press, 1995,p.231.

　　②　[德]尼采:《瞧,这个人》,孙周兴译,商务印书馆2016年版,第167页。

　　③　参见 Michael Allen Gillespie, *Nihilism before Nietzsche*, Chicago:The University of Chicago Press,1995,pp.241-246。

种虚无主义，是因为实在论的上帝虽然很早就受到唯名论的上帝以及信奉唯名论的西方个体的挑战，但总是变着各种样式继续顽固地存在于人的头脑中，这些人也由此并没有经历过彻底失去实在论的上帝的感觉，而尼采自己亲手彻彻底底地杀死了这位实在论的上帝，也把自己彻彻底底抛进了一个只是无限生成与毁灭，完全没有任何目的、秩序、意义和价值可言的唯名论世界。但也正是因为这种极度痛苦、无以复加的虚无主义体验，让尼采最为勇敢而坚决地选择了唯名论的思维与存在方式，即做一个真真正正的审美虚无主义者，像唯名论的上帝那样玩起即虚无即存在、即否定即肯定、即毁灭即创造的无限循环游戏，他虽然无法彻底摆脱虚无主义体验的折磨，却能享受毁灭与创造的彻底自由。

在《瞧，这个人》最后一节中，尼采再一次引用《查拉图斯特拉如是说》里的一句话来总结自己一生的命运：

——而且，谁若想在善与恶中成为一个创造者，他就必须先成为毁灭者，必须先打碎价值。

所以，至高的恶归属于至高的善：而这种善却是创造性的善。①

无疑，和作为"创造者和毁灭者"的唯名论上帝一样，尼采的命运，就是做一个完全沉浸于毁灭与创造的无限循环游戏的审美虚无主义者。

---

① ［德］尼采：《瞧，这个人》，孙周兴译，商务印书馆2016年版，第156页。

结　语

一、审美虚无主义的余绪

本书虽然只是梳理了到尼采为止少数思想家的著述,但已经足以证明如下论断:审美虚无主义是西方现代性的精神本质,它规定着西方个体的思维和存在方式,鼓励个体通过消极的自我解放和积极的自我创造实现自由的自我规定,主张个体应该质疑、否定和摧毁一切传统、秩序和价值观念,并根据自己的意愿对身外世界进行创造性的重构,呼吁个体卸去认识客观真理的责任,摆脱遵循道德法则的重负,而只去享受随心所欲的自我创造与自我毁灭所带来的纯粹生命的快乐。

审美虚无主义的思想逻辑虽然完成于尼采,却没有终结于尼采,它继续主宰着尼采之后的西方思想。在 20 世纪以来的众多哲学、文学与艺术文本中,到处可以发现审美虚无主义的存在。

海德格尔之所以被视为 20 世纪最重要的西方思想家之一,是因为不同于古希腊以来的西方思想家都只关注存在者的存在(das Sein des Seienden),他关注的却是存在(Sein)本身。然而,这种关注必须从对人的考察开始,因为人是唯一一种存在对他来说成为问题的存在者,也就是唯一能够关心他的存在的可能性的此在(Dasein)。他的早期著作《存在与时间》,就致力于用现象学的方法分析此在的生存结构。这种分析试图确定的不是此在是什么,而是此在如何生活或生存。海德格尔认为,虽然"此在"不是笛卡尔意义上与世界对立的"我思"主体,而是在世界中的存在,也就是和其他此在一起并且通过各种自然事物来存在,但这种存在毕竟不同于世界中其他自然物的"现成存在"(existentia),而是"生存"(Existenz),即"去存在"(Zu-sein)。去存在的过程就是去"是什么"的过程。虽然任何一种"是什么"都只是此在的"非本真状态",无法道出此在的"本真状态",但此在只有在非本真状态即"沉沦"中才能领悟自己的本真状态。在沉沦中,此在可以选择"不是自己本身",也可以选择"是自己本身"。选择"不是自己本身",意味着自甘堕入非本真状态,接受常人的独裁,在常人规定的"是什么"中"是"着这"什么",既不用负责任,因而也无所谓自由。选择是自己本身,则意味着选择去"是",而不是"是什么"。于是,去"是"就是一个不断是什么又不断超越什么的过程,一个不断肯定与否定的过程,一个不断创造又毁灭的过程,因而是一个不断抛弃"有"又时时面对"无"的过程,一个总是体验着"畏"的过程。正是在畏这种危险的虚无主义体验中,此在才有机会成为"自由的存在",即进入存在的本真状态,因为畏能够"把此在个别化并展开出来成为'唯我'(solus ipse)。但这种生存论的'唯我主义'并不是把一个绝缘的主体物放到一个无世界地摆在那里的无关痛痒的空洞之中,这种唯我主义恰恰是在极端意义上把此在带到它的世界之为世界之前,因而就是把它本身带到它在世界之存在的本身之前"①。毋庸置疑,尽管海德格尔一再声明自己的生存论的"唯我"此在不同于笛卡尔的"我思"主体,但二者的思维与存在方式并没有根本区别,它们都不过是既强调虚无化又强调审美化、既强调自我解放又强调自我创造的审美虚无主义。正是通过这种审美虚无主义的思维与存在方式,此在才觉得自己进入了存在的本真状态。

---

① [德]海德格尔:《存在与时间》,陈嘉映、王庆节译,生活·读书·新知三联书店2006年版,第217—218页。

　　《存在与时间》原计划包括两部,但实际发表的只是第一部中的前两部分。海德格尔之所以放弃完成这本书的工作,根本上是因为他意识到自己的理论不仅没有走出一直以来都在反对的主体性形而上学,反而进一步增强了主体性的统治地位。于是,他开始了从此在到存在本身的著名"转向"。要去谈论存在本身,必须首先摧毁传统形而上学和本体论,即不再把存在理解为存在者的存在,而是理解为虚无。但是,这里的虚无不是指一无所有,而是表现为生成又吞噬一切的深渊,是自我创造与毁灭的本原性运动。于是,整个西方的历史,包括古代、中世纪和现代,都是作为虚无的存在自我显现与隐匿、自我遮蔽与去蔽的历史(Geschichte),而位于这种历史中的西方人,只能接受这种历史赋予他的命运(Geschick)或宿命(Schicksal)。① 海德格尔相信自己所理解的虚无就是希腊人所理解的原初的混沌(chaos),并且认为希腊人所理解的宿命就是持续重返这原初的混沌。但是正如吉莱斯皮在论文《海德格尔思想中的时间性与历史》中所言,海德格尔把希腊人想象成了比尼采想象的还要彻底的狄奥尼索斯式存在,但这样一种希腊人形象在很多方面与他们自己的理解格格不入,因为希腊人还相信,宙斯的法律统治着一切,而这说明希腊人最深刻的原则不是重返混沌,而是建立理性的秩序。② 于是,海德格尔的存在观念实际上"更具基督教思想的特征",它根本上"类似于由邓斯·司各脱、奥卡姆的威廉和迈斯特·艾克哈特发展出来的全能上帝观念",根本上等同于"上帝超自然、超理性的意志"。③ 这意味着,后期海德格尔的存在观念仍然在宣扬着审美虚无主义的思维与存在方式,而这同样意味着,海德格尔所处时代的欧洲人尤其德意志人,还必须接受这种作为全能上帝的存在赋予他们的宿

---

　　① 参见 Michael Allen Gillespie,"Temporality and History in the Thought of Heidegger,"*Revue Internationale de Philosophie* 43(1989),pp.46–47。

　　② 参见 Michael Allen Gillespie,"Temporality and History in the Thought of Heidegger,"*Revue Internationale de Philosophie* 43(1989),p.49。

　　③ Michael Allen Gillespie,"Temporality and History in the Thought of Heidegger,"*Revue Internationale de Philosophie* 43(1989),p.49.

命,那就是像唯名论的上帝一样,做一个即虚无即存在、即否定即肯定、即毁灭即创造的审美虚无主义者。于是,尽管后期海德格尔致力于批判现代技术及其背后的形而上学传统,致力于"保护人得以居住的自然和地球",呼吁人不要做"存在者的主宰",而要做"存在的看护者",①但他对存在的唯意志论理解决定了他的思想目标难以完成,因为这个做"存在的看护者"的目标,与西方个体不得不成为审美虚无主义者的宿命相矛盾,后者只会使存在永远处于动荡不安状态。

不同于海德格尔,对于大大方方承认自己是笛卡尔主义者的萨特来说,审美虚无主义就是他要明确宣扬的东西。就像笛卡尔承认人虽然是身体性的存在但更是精神性的存在一样,萨特认为人虽然是自在的存在但更是自为的存在,这决定了人的本质必然是自由,决定了人必然把实现绝对的自由视为唯一重要的目标。就像笛卡尔从普遍怀疑开始一样,萨特从说"不"开始。组成大自然的各种物质,大多坚实而牢固,人本身却一直处于极度的脆弱性、不可靠性和偶然性中。但是,不同于其他事物,人具有一种骄傲而光荣的力量,那就是说"不"的自由:"人的自由在于说'不',这就是说,人是虚无赖以存在的存在者。人能在怀疑中中止整个自然和历史,在笛卡尔式的怀疑论者曾在其前彷徨的虚无背景下把自然和历史暂时搁置起来。在这里,萨特不过是从笛卡尔的怀疑论中引出结论罢了。"②通过说"不",人获得了超越自然万物的消极自由,但也不得不直面虚无的深渊。和笛卡尔通过怀疑确定"我思"主体的存在后还要致力于证明上帝的存在不同,萨特接下来开始谈论自我如何从虚无中创造自己的积极存在:"对萨特来说,自我的虚无性是采取行动的意志的基础:气泡中间是空的,并且将要破碎,那么我们除了丢开那个气泡的力量和热

---

① 宋祖良:《拯救地球好人类未来——海德格尔的后期思想》,中国社会科学出版社 1993 年版,第 31、241 页。

② [美]威廉·巴雷特:《非理性的人——存在主义哲学研究》,杨照明、艾平译,商务印书馆 1995 年版,第 239 页。

情之外还能剩下些什么？人在一个并不知道他的宇宙中的存在是荒谬的，只有通过他从自己的虚无中着手实行自由设计，他才能赋予自己以意义。"①正如巴雷特所言，萨特这种诉诸行动意志、于荒谬的虚无中自我创造的努力，说明他还与尼采有着"秘密血缘关系"②。在笔者看来，萨特之所以与尼采有着秘密血缘关系，不过是因为尼采和笛卡尔甚至奥卡姆有着秘密血缘关系，而这种关系的纽带就是强调自我解放与自我创造的审美虚无主义。

很多现代主义文艺理论和实践，也在宣扬着审美虚无主义的思维与存在方式。在发表于 1918 年的《达达宣言》中，特里斯坦·查拉宣称，达达主义者"就像一阵狂风，撕碎了乌云和祈祷者的衣裙，我们期待着灾难、大火、腐朽来临时的伟大奇观"，宣称"每个人都必须高呼：去做伟大的破坏性的、否定性的工作吧。去打扫一切，去清除一切吧"。③ 但是，达达不可能是一种绝对否定性的运动，"就像尼采对作为虚无主义的现代性的批判包含着对虚无主义的克服的思想，这种克服通过对'生命'的肯定来完成，许多达达主义者也寻求完成从否定到肯定的整个运动，他们只是把前者视为一个阶段。"④在苏黎世达达创始人之一雨果·鲍尔那里，这种既强调否定又强调肯定的审美虚无主义态度表现得尤为明显。他认为艺术本质上不能被理解为纯粹的否定，相反，艺术的否定是为肯定一种新价值清扫地基："通过否定我们都熟悉而且到现在还在起作用的那些东西，并且用新的东西来替代它们，艺术扩展了我们的世界。这就是现代美学的力量；人们不可能既是一个艺术家，又相信历史。"⑤他

---

① ［美］威廉·巴雷特：《非理性的人——存在主义哲学研究》，杨照明、艾平译，商务印书馆 1995 年版，第 243—244 页。

② ［美］威廉·巴雷特：《非理性的人——存在主义哲学研究》，杨照明、艾平译，商务印书馆 1995 年版，第 244 页。

③ ［英］沙恩·韦勒：《现代主义与虚无主义》，张红军译，郑州大学出版社 2017 年版，第 83—84 页。

④ ［英］沙恩·韦勒：《现代主义与虚无主义》，张红军译，郑州大学出版社 2017 年版，第 85 页。

⑤ ［英］沙恩·韦勒：《现代主义与虚无主义》，张红军译，郑州大学出版社 2017 年版，第 87 页。

在伏尔泰酒馆朗诵过的那首名叫"*Karawane*"的所谓"没有语词"的"响亮的诗",首先完全否定了被新闻滥用和腐化的语言,继而希望用一些新发明的语词来把握事物的本质,在能指和所指间建立一种新型关系,对每一个听众都产生独特的效果。总而言之,"我想要我自己的材料,我自己的节奏,还要有我自己的元音和辅音,以配得上那种节奏和所有我自己的东西。"①

渴望破坏一切又创造一切的达达主义,是几乎所有现代主义艺术流派的缩影。正如何清教授所言,无论表现主义、野兽主义、立体主义、未来主义、纯粹主义、至上主义、构成主义、原始主义、象征主义和超现实主义之间存在何种不同乃至对立,它们还都具有一种"共同的态度",即"一种不停否定、不停创新立异的心理趋向"。② 正是在这种"不停否定、不停创新立异"的审美虚无主义态度支配下,一个现代主义流派刚完成对另一个现代主义流派的否定和超越,又很快被另一个现代主义流派否定和超越。也正是因为这种不断的否定和超越,现代主义艺术变得越来越远离现实世界,越来越没有主题和形象,最终只剩下红色、黄色、蓝色或黑色的方块,只剩下卡西米尔·马列维奇《白底上的白方块》,或者干脆只是山姆·弗朗西斯以《绘画》为标题展出的一张空白画布。没有了主题和形象可以否定与创新的现代主义艺术家,开始把绘画行为本身定义为反绘画,也就是开始远离画布,在日常生活中从事又一轮毁灭与创新的审美虚无主义运动,于是就有了波普艺术、新现实主义艺术、装置艺术、事件艺术和概念艺术等。

在出版于1951年的《反抗者》中,加缪描述了一部开始于18世纪末"欧洲的骄傲的历史"③,一部存在于从萨德、浪漫主义、陀思妥耶夫斯基、施蒂纳、

---

① [英]沙恩·韦勒:《现代主义与虚无主义》,张红军译,郑州大学出版社2017年版,第88页。

② 何清:《现代,太现代了!中国——比照西方现代与后现代文化艺术》,中国人民大学出版社2004年版,第114页。

③ [法]《加缪全集第五卷·西西弗神话》,丁世中、沈志明、吕永真译,译林出版社2017年版,第185页。

尼采到超现实主义的文学与哲学著作中的形而上反抗史。加缪发现,这本应是一部虚无主义史,一部作为受造物的人反抗造物主及其主宰的世界的历史,实际上却是一部审美虚无主义史,因为反抗者自身替代了造物主,在否定一切后又重新创造了一切:"形而上的反抗与虚无主义存在一百五十年后,又看到人类所抗议的同一个被毁坏的面孔顽固地重新出现,戴着不同的面具。起而反对生存状况及其创造者的所有的人都肯定了人的孤独,认为一切道德均无价值。然而所有的人同时又设法建立一个纯粹是地上的王国,由他们选择的规则加以主宰。他们是造物主的敌手,必然会按照自己的利益重新创造。"①

在 1989 年出版的《偶然、反讽与团结》一书中,后现代主义者理查德·罗蒂更是明确地指出,诗在与哲学由来已久的争辩中最终取得了胜利。从浪漫主义开始、继而被黑格尔发扬光大的一种重要观点认为,自我意识就是自我创造。② 随着尼采认为人类的英雄就是强健诗人、创制者,而非传统上被刻画为发现者的科学家,20 世纪的很多重要哲学家如维特根斯坦、海德格尔等,都纷纷让哲学向诗投降,坚持个体的偶然性、独特性和不可替代性,认为无法成为一个诗人,就等于无法成为一个人,而成为一个诗人,就是能够用独属于自己的语言创造独属于自己的心灵,而非接受别人对自己的描述,执行已经先行设计好的程式。③ 无疑,罗蒂抓住了 20 世纪西方哲学的关键特征即诗化、审美化,但并没有注意到斯坦利·罗森曾反复强调的一点,即任何创造的前提都是毁灭,任何强调审美化的哲学,都必然首先强调虚无化。于是,罗蒂所发现的20 世纪哲学的特征,根本上应该是审美虚无主义。

---

①　[法]《加缪全集第五卷·西西弗神话》,丁世中、沈志明、吕永真译,译林出版社 2017 年版,第 261 页。

②　参见[美]罗蒂:《偶然、反讽与团结》,徐文瑞译,商务印书馆 2003 年版,第 40 页。

③　参见[美]罗蒂:《偶然、反讽与团结》,徐文瑞译,商务印书馆 2003 年版,第 41—43 页。

二、走出审美虚无主义的困境

上述还可以继续延长的例证已经能够说明,审美虚无主义的思想逻辑依然主宰着20世纪以来的西方思想。审美虚无主义究竟有何魅力,竟能如此长久地吸引西方思想?

首先,审美虚无主义能够促进西方现代思想的创造性发展。从康德开始,像"革命""转向""断裂""范式转换"这样的术语,常常被西方思想家拿来描述自己的理论成就。所有这些术语都在说明,审美虚无主义的思维方式已经让西方现代思想变成了"诗",它与作为"哲学"的西方古代思想的根本区别,就在于后者强调客观性和沉思性,而前者强调毁灭性与创造性,后者强调真理、道德、审美标准的客观存在,强调思想的任务是沉思、呈现这种客观存在,而前者强调毁灭已经存在的真理、道德和审美标准,重新创造尚未存在的真理、道德、审美标准。于是,各种主张审美虚无主义的现代思想之间的竞争,不过就是自认为彻底的毁灭性、创造性思想与被认为不彻底的毁灭性、创造性思想之间的竞争,是古老的诗与哲学之争的继续。也正是由于这种竞争,西方现代思想史总是在上演着"乱烘烘你方唱罢我登场"的热闹好戏。

其次,审美虚无主义能够促进西方现代个体对绝对自主性的自由存在的追求。正如罗森所言,在尼采那里,漫长的诗与哲学之争终于有了结论,诗成为最后的赢家。诗的胜利意味着审美虚无主义的胜利,它把人提升到了创造性的神的地位,而神——唯名论上帝这位"全能的诗人"——的无限自由,决定了西方现代个体可以达到的自由程度。于是,就像唯名论的上帝一样,被审美虚无主义的思维与存在方式支配的西方个体认为自己不是一个实体,而只是纯粹的虚无或行动意志,这种意志让他成为可以毁灭一切和创造一切的全能存在,成为世界和自身生活的无因之因。他觉得自己不仅能够摆脱一切因果关系的束缚,还是其他一切因果关系的终极因,从而拥有随意介入、改变和重构任何事物和秩序的绝对权力。

审美虚无主义对西方现代思想和个体的规定,虽然有极其深远的正面意义,但也有非常严重的负面效果。

首先,审美虚无主义对创造性思想的极度强调,必然导致西方现代思想总是在怀疑、否定和毁灭传统,从而把不懈的怀疑、否定与毁灭本身变成传统。由此,任何新生的思想很快就会成为被超越和抛弃的对象,任何所谓真理和价值瞬间都失去了客观性和永恒性,而只剩下主观性和随意性。于是,思想如罗蒂所愿变成了睥睨万物、标新立异和随心所欲。这让人再次想起罗森的话,即"现代哲学的伟大革命,以确定性的名义反对古人的迷信和空谈,却矛盾性地终结在极端历史性的哲学中",这种极端历史性的哲学"不论是以复杂的公理来掩饰,还是以正直的诗性来伪装,都是将言语的意义或重要性等同于沉默,将理性化简为无意义",而这种沉默与无意义,意味着哲学的理性或理性的哲学传统已经消失殆尽,意味着指导人类实存的东西不再是"智慧",而只是"假道学",意味着"虚无主义的危险"将成为"人类永恒的可能性"。①

其次,审美虚无主义对绝对自主性的自由存在的强调,决定了西方个体只会把自己的理性能力视为满足意志意愿的工具,把现实世界视为从事毁灭与创造游戏的舞台,从而必然导致人与人、人与自然、人与自身之间的严重对立和冲突。西方现代思想最初强调审美虚无主义的思维与存在方式,是为了克服唯名论上帝所导致的虚无主义危机体验,但这种思维与存在方式所导致的对立和冲突,反而让其自身成了虚无主义危机体验新的根源。这些危机体验中最为严重的,莫过于空虚感和无意义感体验。正如罗森所言,极端的虚无状态是"人类升华到具有创造性的神的地位的必要条件",从人文主义运动开始,审美虚无主义者就为了让自己拥有唯名论上帝才有的自由,预先把自己抛入极端的虚无状态。虚无状态虽然可以是空白状态,它能够为世界的再创造

---

①　[美]斯坦利·罗森:《虚无主义:哲学反思》,马津译,华东师范大学出版社 2019 年版,第 4—9 页。

提供一片干净的白板或地基,但也可以是深渊状态,它会让失去创造力的人们陷入绝望。通过《查拉图斯特拉如是说》和其他后期著述可以看到,大声宣布"上帝死了"的尼采,既意识到自己走进了空白状态,也意识到自己如果没有狄奥尼索斯神——或者是戴着狄奥尼索斯神面具的唯名论上帝——那样无尽的毁灭与创造力,必将堕入万劫不复的深渊状态。正因为如此,尼采才会在最后创作阶段反复呼唤狄奥尼索斯神的名字。但人根本上不是神灵,根本没有神灵才会有的无尽的毁灭与创造力。于是,渴望以神灵自居的审美虚无主义者,最终难以逃避早已选择的命运,堕入虚无和无意义的深渊的命运。或许正是这样的绝望,导致尼采最后的疯狂。也正是这种绝望,让尼采之后的西方个体一方面享受着虚幻的自由,另一方面又被一种克罗斯比所谓的"虚无主义心绪"折磨。在这种"暗淡的焦虑和极端的沮丧心绪"中,西方个体觉得"一种溃疡病,即对基本的道德和人类关切无能为力和无动于衷的荒诞感,正在侵蚀我们的政治和经济环境,侵蚀我们与自然环境的关系,侵蚀社会的整个结构"。①

审美虚无主义者渴望绝对自由的存在,伴随这种自由存在的却是挥之不去的虚无感、无意义感、绝望感和荒诞感,被审美虚无主义支配的西方现代思想,显然陷入了困境。然而,并非所有西方现代思想都陷入了这种困境。比如,曾经无情批判过施蒂纳唯一者哲学的马克思主义就不仅没有陷入这一困境,还是走出困境的重要理论资源。根据对马克思早期诗歌的分析,美国学者伦纳德·维塞尔让人们看到,19岁之前的马克思是一个浪漫派诗人,一个深受德国浪漫主义传统影响的审美虚无主义者。② 然而,维塞尔据此认为马克思终其一生都没有走出审美虚无主义的思想逻辑,而他的科学社会主义的本

---

① [美]唐纳德·A.克罗斯比:《荒诞的幽灵——现代虚无主义的根源与批判》,张红军译,社科文献出版社2020年版,第5页。
② 参见[美]伦纳德·维塞尔:《马克思与浪漫派的反讽——论马克思主义神话诗学的本源》,华东师范大学出版社2008年版,第82—124页。

质也是审美虚无主义,这是笔者坚决不能认同的。成熟阶段的马克思固然也强调人的自由存在,但并非一个自由主义者;固然也肯定人的主观能动性,但并非一个唯意志论者;固然也认同个人全面自由发展的权利,但并非一个个人主义者;固然也主张毁灭与创造,但并非一个审美虚无主义者。根本原因在于,几乎所有被审美虚无主义逻辑主宰的西方现代思想的出发点都是"抽象的人",而成熟阶段马克思思想的起点是"现实的人"。抽象的人是一种意志存在,能够凭借一己之力实现消极的自我解放和积极的自我创造。但是,在马克思看来,对人的这种抽象设定完全是倒果为因:

> 德国哲学从天上降到地上;和它完全相反,这里我们是从地上升到天上,就是说,我们不是从人们所说的、所想像的、所设想的东西出发,也不是从只存在于口头上所说的、思考出来的、想像出来的、设想出来的人出发,去理解真正的人。我们的出发点是从事实际活动的人,而且从他们的现实生活过程中我们还可以揭示出这一生活过程在意识形态上的反射和回声的发展。……不是意识决定生活,而是生活决定意识。前一种观察方法从意识出发,把意识看作是有生命的个人。符合实际生活的第二种观察方法则是从现实的、有生命的个人本身出发,把意识仅仅看作是他们的意识。①

"现实的、有生命的个人"不是某种"处在幻想的与世隔绝、离群索居状态的人",而是"处在一定条件下进行的、现实的、可以通过经验观察到的发展过程中的人"。② 也就是说,现实的人不可能像唯名论上帝那样可以完全脱离现实世界及其因果关系,而是从始至终都生活在现实世界及其因果关系中。现实的人首先是必须能够活下去的人,而为了活下去,必然需要满足衣、食、住、行等基本生存条件。于是,人类个体的第一个历史活动,就是通过劳动来生产满足这些需要的资料,即生产物质生活本身。已经得到满足的第一个需要本

---

① 《马克思恩格斯全集》第 3 卷,人民出版社 1960 年版,第 30 页。
② 《马克思恩格斯全集》第 3 卷,人民出版社 1960 年版,第 30 页。

身,满足需要的生产活动和已经获得的为满足需要用的工具,所有这些又会引起新的需要和新的劳动。除了这两种需要,人类个体还有通过生育满足的繁衍后代的需要,而这些需要的满足决定了人类个体必须生活在自然关系和社会关系中。正是在自然关系和社会关系中的生活,导致人类个体产生了意识及其物质表现——语言。①

意识最初是对完全异己的、具有无限威力和不可制服的力量的自然界和社会生活的畜群意识,但从出现物质劳动与精神劳动的分工开始,畜群意识就已经变成了自由意识:"从这时候起意识才能真实地这样想像:它是同对现存实践的意识不同的某种其他的东西;它不想像某种真实的东西而能够真实地想像某种东西。从这时候起,意识才能摆脱世界而去构造'纯粹的'理论、神学、哲学、道德等等。"②然而,自由意识"真实地想像"的自由存在并非真实的自由存在,后者的实现,决定于自愿的分工,而只要分工还不是出于自愿,人的局限于某种范围的生产活动就是一种异化的、对立的、奴役的力量。不过,随着分工导致的生产力的不断提升,人的异化劳动所需时间日益变少,自由支配时间日益增多,而共产主义的社会制度又能够合理分配生产和生活资料,人类个体终将实现自己真实的自由存在:"在共产主义社会里,任何人都没有特定的活动范围,每个人都可以在任何部门内发展,社会调节着整个生产,因而使我有可能随我自己的心愿今天干这事,明天干那事,上午打猎,下午捕鱼,傍晚从事畜牧,晚饭后从事批判,但并不因此就使我成为一个猎人、渔夫、牧人或批判者。"③

于是,在马克思主义那里,人的自由存在根本不是像施蒂纳那样的审美虚无主义思想家头脑中的风暴,也不是像施蒂纳的"唯一者"那样的审美虚无主义个体全凭主观意愿追求自我解放、自我创造的结果,而是人在现实世界中进

---

① 参见《马克思恩格斯全集》第3卷,人民出版社1960年版,第31—34页。
② 《马克思恩格斯全集》第3卷,人民出版社1960年版,第35—36页。
③ 《马克思恩格斯全集》第3卷,人民出版社1960年版,第37页。

行物质实践活动的结果,而且将长期处于未完成的发展过程中。现实的人的实践活动,既受到自然对象、生产工具、个人能力、社会关系和文化传统等因素的制约,又表现出对这些对象、工具、能力、关系和传统因素的能动超越,而人的自由存在,就在这种制约与超越的辩证运动中不断发展。每个有自我意识的人当然都有权利主动实现自己的自由存在,但这种自由存在的实现显然还依赖于一个物质越来越丰富、环境越来越健康、社会越来越和谐、心灵越来越充实的共生世界,而致力于这样一个共生世界的实现,又是每个人义不容辞的责任。①《共产党宣言》中有这样一句话:共产主义社会"将是这样一个联合体,在那里,每个人的自由发展是一切人的自由发展的条件"②。这就是说,要想实现我们自己的自由发展,必须首先为每个人的自由发展而努力。于是,现实的人的自由存在,不仅是一种权利存在,还是一种责任存在,现实的人为了他人的权利而自愿牺牲自己的权利,这本来就是自由存在的一种具体表现。这种牺牲,不仅不像施蒂纳式的审美虚无主义者所认为的那样伤害了他们的自由存在,反而证明了牺牲者的存在是真正自由的存在,还会为这种自由存在赢得价值、意义与尊严,而这些并非来自尼采所谓的主观赋予,而是来自社会客观而公正的给予。于是,在马克思主义那里,生命的自由和意义得到了辩证的统一。

---

① 参见彭富春:《论大道》,人民出版社 2020 年版,第 50—51 页。
② 《马克思恩格斯选集》第 1 卷,人民出版社 2012 年版,第 422 页。

参 考 文 献

一、中文

《马克思恩格斯选集》第 1 卷，中央编译局译，人民出版社 2012 年版。

《马克思恩格斯全集》第 3 卷，中央编译局译，人民出版社 2012 年版。

[美]A.P.马尔蒂尼：《霍布斯》，王军伟译，华夏出版社 2015 年版。

[德]阿博加斯特·施米特：《现代与柏拉图》，郑辟瑞、朱清华译，上海书店出版社 2009 年版。

[法]阿尔贝·加缪：《加缪全集》，柳鸣九主编，译林出版社 2017 年版。

[英]阿利斯特·麦格拉思：《宗教改革运动思潮》，蔡锦图、陈佐人译，中国社会科学出版社 2009 年版。

[英]阿奇博尔德·罗伯逊：《基督教的起源》，生活·读书·新知三联书店 1958 年版。

[美]阿摩斯·冯肯斯坦：《神学与科学的想象——从中世纪到 17 世纪》，毛竹译，生活·读书·新知三联书店 2019 年版。

[德]阿图尔·叔本华：《作为意志和表象的世界》，石冲白译，杨一之校，商务印书馆 1982 年版。

[德]阿图尔·叔本华：《充足理由律的四重根》，陈晓希译，洪汉鼎校，商务印书馆 1996 年版。

[美]艾瑞克·沃格林：《政治观念史稿》，叶颖、段保良、孔新峰等译，华东师范大学出版社 2019 年版。

[英]安东尼·吉登斯：《现代性的后果》，田禾译，译林出版社 2000 年版。

［法］安托瓦纳·贡巴尼翁:《现代性的五个悖论》,许钧译,商务印书馆 2018 年版。

［美］保罗·奥斯卡·克里斯特勒:《意大利文艺复兴时期八个哲学家》,姚鹏、陶建平译,广西美术出版社 2017 年版。

［美］保罗·奥斯卡·克里斯特勒:《文艺复兴时期的思想与艺术》,邵宏译,东方出版社 2008 年版。

［美］保罗·蒂利希:《基督教思想史》,尹大贻译,香港汉语基督教文化研究所 2000 年版。

［美］保罗·蒂利希:《存在的勇气》,成穷译,贵州人民出版社 2009 年版。

［希］柏拉图:《理想国》,郭斌和、张竹明译,商务印书馆 1986 年版。

［英］勃兰特·罗素:《西方哲学史》上卷,何兆武、李约瑟译,商务印书馆 1963 年版。

［英］勃兰特·罗素:《西方哲学史》下卷,马元德译,商务印书馆 1976 年版。

［加］C.B.麦克弗森:《占有性个人主义的政治理论:从霍布斯到洛克》,张传玺译,王涛校,浙江大学出版社 2018 年版。

［英］C.丹皮尔:《科学史——及其与哲学和宗教的关系》,李珩译,张今校,商务印书馆 1997 年版。

［英］查尔斯·狄更斯:《双城记》,孙法理译,译林出版社 1996 年版。

［英］蒂莫西·C.W.布莱宁:《浪漫主义革命——缔造现代世界的人文运动》,袁子奇译,中信出版社 2017 年版。

［德］恩斯特·贝勒尔:《德国浪漫主义文学理论》,李棠佳、穆雷译,南京大学出版社 2017 年版。

［德］恩斯特·卡西勒:《启蒙哲学》,顾伟铭、杨仲光、郑楚宣译,山东人民出版社 1996 年版。

［英］弗朗西斯·培根:《新工具》,许宝骙译,商务印书馆 1986 年版。

［意］弗朗西斯科·彼特拉克:《歌集》,李国庆、王行人译,花城出版社 2000 年版。

［意］弗朗西斯科·彼特拉克:《秘密》,方匡国译,广西师范大学出版社 2008 年版。

［美］弗里德里克·C.拜泽尔:《狄奥提玛的孩子们——从莱布尼茨到莱辛的德国审美理性主义》,张红军译,人民出版社 2019 年版。

［德］弗里德里希·黑格尔:《哲学史讲演录》,贺麟、王太庆译,上海人民出版社 2013 年版。

［德］弗里德里希·黑格尔:《美学》,朱光潜译,商务印书馆 1997 年版。

［德］弗里德里希·尼采:《尼采遗稿(1860—1873)》,赵蕾莲译,黑龙江教育出版

社 2015 年版。

[德]弗里德里希·尼采:《悲剧的诞生》,孙周兴译,商务印书馆 2012 年版。

[德]弗里德里希·尼采:《尼采全集》第 1 卷,杨恒达译,中国人民大学出版社 2013 年版。

[德]弗里德里希·尼采:《尼采全集》第 2 卷,杨恒达译,中国人民大学出版社 2011 年版。

[德]弗里德里希·尼采:《尼采全集》第 3 卷,杨恒达、杨俊杰译,中国人民大学出版社 2016 年版。

[德]弗里德里希·尼采:《查拉图斯特拉如是说》,钱春绮译,生活·读书·新知三联书店 2012 年版。

[德]弗里德里希·尼采:《论道德的谱系》,赵千帆译,商务印书馆 2016 年版。

[德]弗里德里希·尼采:《偶像的黄昏》,李超杰译,商务印书馆 2013 年版。

[德]弗里德里希·尼采:《敌基督者》,余明锋译,商务印书馆 2016 年版。

[德]弗里德里希·尼采:《善恶的彼岸》,赵千帆译,商务印书馆 2015 年版。

[德]弗里德里希·尼采:《瓦格纳事件·尼采反瓦格纳》,孙周兴译,商务印书馆 2017 年版。

[德]弗里德里希·尼采:《瞧,这个人》,孙周兴译,商务印书馆 2016 年版。

[德]弗里德里希·尼采:《狄奥尼索斯颂歌》,孙周兴译,商务印书馆 2016 年版。

[德]弗里德里希·尼采:《权力意志》,孙周兴译,商务印书馆 2007 年版。

[德]弗里德里希·施莱格尔:《浪漫派风格》,李伯杰译,华夏出版社 2005 年版。

[奥]弗里德里希·希尔:《欧洲思想史》,赵复三译,广西师范大学出版社 2007 年版。

[丹]格奥尔格·勃兰兑斯:《十九世纪文学主流》,刘半九译,人民文学出版社 1997 年版。

[德]海因里希·海涅:《论浪漫派》,张玉书译,人民文学出版社 1979 年版。

[美]胡思都·L.冈察雷斯:《基督教思想史》,陈泽民等译,译林出版社 2010 年版。

[法]吉尔·德勒兹:《尼采与哲学》,周颖、刘玉宇译,社会科学文献出版社 2001 年版。

[俄]加比托娃:《德国浪漫哲学》,王念宁译,中央编译出版社 2007 年版。

[美]加勒特·汤姆森:《笛卡尔》,王军译,清华大学出版社 2019 年版。

[德]卡尔·洛维特:《从黑格尔到尼采》,李秋零译,生活·读书·新知三联书店 2006 年版。

［德］卡尔·洛维特等:《墙上的书写——尼采与基督教》,华夏出版社 2004 年版。

［英］康浦·斯密:《康德〈纯粹理性批判〉解义》,韦卓民译,华中师范大学出版社 2006 年版。

［美］凯伦·L.卡尔:《虚无主义的平庸化——20 世纪对无意义感的回应》,张红军、原学梅译,社科文献出版社 2016 年版。

［美］科林·布朗:《基督教与西方思想》,查常平译,上海人民出版社 2017 年版。

［法］勒内·笛卡尔:《谈谈方法》,王太庆译,商务印书馆 2000 年版。

［法］勒内·笛卡尔:《第一哲学沉思集》,庞景仁译,商务印书馆 1986 年版。

［法］勒内·笛卡尔:《第一哲学沉思集》,吴崇庆译,台海出版社 2016 年版。

［美］理查德·罗蒂:《偶然性、反讽与团结》,徐文瑞译,商务印书馆 2003 年版。

［美］列奥·施特劳斯:《自然权利与历史》,彭刚译,生活·读书·新知三联书店 2006 年版。

［法］路易·迪蒙:《论个体主义——人类学视野中的现代意识形态》,桂裕芳译,译林出版社 2014 年版。

［美］伦纳德·维塞尔:《马克思与浪漫派的反讽——论马克思主义神话诗学的本源》,陈开华译,华东师范大学出版社 2008 年版。

［美］罗杰·奥尔森:《基督教神学思想史》,吴瑞诚、徐成德译,上海人民出版社 2014 年版。

［加］罗斯·金:《马基雅维利传》,刘学浩、霍伟桦译,译林出版社 2016 年版。

［德］吕迪格尔·萨弗兰斯基:《恶,或自由的戏剧》,卫茂平译,生活·读书·新知三联书店 2018 年版。

［德］吕迪格尔·萨弗兰斯基:《荣耀与丑闻——反思德国浪漫主义》,卫茂平译,上海人民出版社 2014 年版。

［德］吕迪格尔·萨弗兰斯基:《叔本华及哲学的狂野年代》,钦文译,商务印书馆 2010 年版。

［德］吕迪格尔·萨弗兰斯基:《尼采思想传记》,卫茂平译,华东师范大学出版社 2007 年版。

［德］马丁·路德:《马丁·路德文选》,马丁·路德著作翻译小组译,中国社会科学出版社 2003 年版。

［德］马丁·路德:《路德文集》,路德文集中文版编辑委员会编译,上海三联书店 2005 年版。

［德］马丁·海德格尔:《存在与时间》,陈嘉映、王庆节译,商务印书馆 2018 年版。

［德］马丁·海德格尔：《尼采》，孙周兴译，商务印书馆 2002 年版。

［德］马丁·海德格尔：《林中路》，孙周兴译，上海译文出版社 2004 年版。

［德］马丁·海德格尔：《海德格尔选集》，孙周兴选编，上海三联书店 1996 年版。

［美］马泰·卡林内斯库：《现代性的五副面孔——现代主义、先锋派、颓废、媚俗艺术、后现代主义》，顾爱彬、李瑞华译，商务印书馆 2002 年版。

［美］迈克尔·艾伦·吉莱斯皮：《现代性的神学起源》，张卜天译，湖南科学技术出版社 2019 年版。

［德］麦克斯·施蒂纳：《唯一者及其所有物》，金海民译，商务印书馆 1989 年版。

［德］曼弗雷德·弗兰克：《德国早期浪漫派美学导论》，聂军译，吉林人民出版社 2011 年版。

［法］拿迪安·德·萨德：《朱斯蒂娜》，旻乐、韦虹译，哈尔滨出版社 1999 年版。

［英］尼古拉斯·曼：《彼特拉克》，江力译，中国社会科学出版社 1992 年版。

［意］尼克罗·马基雅维利：《君主论》，刘训练译，中央编译出版社 2017 年版。

［德］诺瓦利斯：《夜颂中的革命和宗教》，林克等译，华夏出版社 2007 年版。

［意］欧金尼奥·加林：《中世纪与文艺复兴》，李玉成、李进译，商务印书馆 2012 年版。

［意］欧金尼奥·加林：《意大利人文主义》，李玉成译，生活·读书·新知三联书店 1998 年版。

［西］帕布洛·毕加索等：《现代艺术大师论艺术》，常宁生编译，中国人民大学出版社 2003 年版。

［法］让-保罗·萨特：《存在与虚无》，陈宣良等译，杜小真校，生活·读书·新知三联书店 2007 年版。

［法］让-雅克·卢梭：《爱弥儿》，李平沤译，商务印书馆 1978 年版。

［以］S.N.艾森斯塔特：《反思现代性》，旷新年、王爱松译，生活·读书·新知三联书店 2006 年版。

［英］沙恩·韦勒：《现代主义与虚无主义》，张红军译，郑州大学出版社 2017 年版。

［德］斯蒂芬·茨威格：《鹿特丹的伊拉斯谟》，舒昌善译，生活·读书·新知三联书店 2018 年版。

［美］斯坦利·罗森：《虚无主义：哲学反思》，马津译，华东师范大学出版社 2019 年版。

［美］斯坦利·罗森：《诗与哲学之争》，张辉译，华夏出版社 2004 年版。

［美］斯坦利·罗森：《存在之问：颠转海德格尔》，李昀译，华东师范大学出版社

2020 年版。

[丹]索伦·克尔凯郭尔:《畏惧与颤栗》,京不特译,中国社会科学出版社 2013
年版。

[美]唐纳德·A.克罗斯比:《荒诞的幽灵——现代虚无主义的根源与批判》,张红
军译,社会科学文献出版社 2020 年版。

[美]特里·平卡德:《德国哲学 1760—1860:观念论的遗产》,侯振武译,中国人民
大学出版社 2019 年版。

[意]托马斯·阿奎那:《反异教大全》,段德智译,商务印书馆 2017 年版。

[意]托马斯·阿奎那:《神学大全》第一集,段德智译,商务印书馆 2016 年版。

[英]托马斯·霍布斯:《利维坦》,黎思复、黎廷弼译,杨昌裕校,商务印书馆 1985
年版。

[美]威廉·巴雷特:《非理性的人——存在主义哲学研究》,杨照明、艾平译,商务
印书馆 1995 年版。

[德]威廉·格·雅柯布斯:《费希特》,李秋零、田薇译,中国社会科学出版社 1989
年版。

[美]维尔纳·沃纳·丹豪瑟:《尼采眼中的苏格拉底》,田立年译,华夏出版社
2013 年版。

[德]沃尔夫冈·韦尔施:《重构美学》,陆扬、张岩冰译,上海世纪出版集团 2006
年版。

[德]乌尔里希·贝克等:《自反性现代化——现代社会中的政治、传统与美学》,
赵文书译,商务印书馆 2014 年版。

[瑞]雅各布·布克哈特:《意大利文艺复兴时期的文化》,何新译,商务印书馆
1979 年版。

[美]依迪丝·汉密尔顿:《上帝的代言人——〈旧约〉中的先知》,李源译,华夏出
版社 2014 年版。

[俄]伊凡·屠格涅夫:《前夜 父与子》,丽尼、巴金译,上海译文出版社 1993 年版。

[德]伊曼纽尔·康德:《纯粹理性批判》,邓晓芒译,杨祖陶校,人民出版社 2004
年版。

[德]伊曼纽尔·康德:《实践理性批判》,邓晓芒译,杨祖陶校,人民出版社 2003
年版。

[德]伊曼纽尔·康德:《判断力批判》,邓晓芒译,杨祖陶校,人民出版社 2002
年版。

［德］伊曼纽尔·康德:《道德形而上学原理》,苗力田译,上海人民出版社1988年版。

［英］以赛亚·伯林:《浪漫主义的根源》,吕梁等译,译林出版社2011年版。

［德］伊沃·弗伦策尔:《尼采》,张念东、凌素心译,河北教育出版社1999年版。

［德］约翰·戈特利布·费希特:《费希特文集》,梁志学编译,商务印书馆2014年版。

［英］约翰·科廷汉:《理性主义者》,江怡译,辽宁教育出版社1998年版。

［德］于尔根·哈贝马斯:《现代性的哲学话语》,曹卫东译,译林出版社2011年版。

［美］詹姆斯·施密特编:《启蒙运动与现代性》,徐向东、卢华萍译,上海人民出版社2005年版。

陈定家选编:《审美现代性》,中国社会科学出版社2011年版。

陈鼓应:《耶稣新画像》,生活·读书·新知三联书店1987年版。

邓晓芒:《康德〈纯粹理性批判〉句读》,人民出版社2018年版。

何清:《现代,太现代了!中国——比照西方现代与后现代文化艺术》,中国人民大学出版社2004年版。

寇鹏程:《中国审美现代性研究》,上海三联书店2009年版。

李泽厚:《李泽厚哲学文存(上编)·批判哲学的批判》,安徽文艺出版社1999年版。

刘森林、邓先珍选编:《虚无主义:本质与发生》,华东师范大学出版社2020年版。

刘小枫编:《苏格拉底问题与现代性——施特劳斯讲演与论文集:卷二》,华夏出版社2008年版。

刘小枫编:《夜颂中的革命和宗教——诺瓦利斯选集卷一》,林克等译,华夏出版社2007年版。

刘小枫编:《大革命与诗化小说——诺瓦利斯选集卷二》,林克等译,华夏出版社2008年版。

刘自觉:《近代西方哲学之父——笛卡尔》,安徽人民出版社2016年版。

彭富春:《论中国的智慧》,人民出版社2010年版。

彭富春:《论大道》,人民出版社2020年版。

宋祖良:《拯救地球和人类未来——海德格尔的后期思想》,中国社会科学出版社1993年版。

翁绍军:《神性与人性——上帝观的早期演进》,上海人民出版社1999年版。

夏光:《东亚现代性与西方现代性——从文化的角度看》,生活·读书·新知三联书店 2005 年版。

杨祖陶:《德国古典哲学逻辑进程》,人民出版社 2006 年版。

徐向昱:《未完成的审美现代性——新时期文论审美问题研究》,中国社会科学出版社 2015 年版。

张辉:《审美现代性批判》,北京大学出版社 1999 年版。

赵林:《基督教思想文化的演进》,人民出版社 2007 年版。

周宪:《审美现代性批判》,商务印书馆 2005 年版。

二、外文

Alfred Weber, *Farewell to European History*, *or The Conquest of Nihilism*, trans., R.F.C. Hull, London: Kegan Paul, Trench, Trubner & Co., 1947.

Amos Funkenstein, *Theology and the Scientific Imagination from the Middle Ages to the Seventeenth Century*, Princeton: Princeton University Press, 1986.

Anthony Levi, *Renaissance and Reformation: The Intellectual Genesis*, New Haven: Yale University Press, 2002.

Arthur Schopenhauer, *Die Welt als Wille und Vorstellung*, in *Werke in Fünf Bänden*, ed., Ludger Lutkehaus, 5 Vol. Berlin: Haym, 1851.

Craig A. Evans and Donald A. Hagner, ed., *Anti-Semitism and Early Christianity: Issues of Polemic and Faith*, Minneapolis: Catholic Biblical Association of America, 1995.

Donald Polkinghorne, *Practice and the Human Sciences: The Case for a Judgment-Based Practice of Care*, New York: SUNY Press, 2004.

Friedrich Heinrich Jacobi, "Open Letter to Fichte", in Ernst Behler, ed., *Philosophy of German Idealism*, New York: Continuum, 1987.

Friedrich Nietzsche, *Die Fröhliche Wissenschaft*, Herausgegeben von Giorgio Colli und Mazzino Montinari, Berlin: Deutscher Taschenbuch Verlag de Gruyter, 1999.

Friedrich Nietzsche, *The Gay Science*, trans., Josefine Nauckhoff, Cambridge: Cambridge University Press, 2001.

Friedrich Nietzsche, *The Will to Power*, trans., Walter Kaufmann and R.J. Hollingdale, New York: Random House, 1968.

Friedrich Nietzsche, *Selected Letters*, ed. and trans., Christopher Middleton, Chicago: University of Chicago Press, 1969.

Friedrich Schlegel, *Friedrich Schlegel's Lucinde and the Fragments*, trans., Peter

Firchow, Minneapolis: University of Minnesota Press, 1971.

Frederick C. Beiser, *Diotima's Children: German Aesthetic Rationalism from Leibniz to Lessing*, Oxford: Oxford University Press, 2009.

Harry Klocker, *William of Ockham and the Divine Freedom*, Milwaukee: Marquette University Press, 1996.

Immanuel Kant, *Kritik der reinen Vernunft*, Hamburg: Verlag von Felix Meiner, 1956.

Immanuel Kant, *Critique of Pure Reason*, trans., Norman Kemp Smith, Macmillan: The Macmillan Press Ltd., 1933.

Johann Gottlieb Fichte, *The Science of Knowledge*, ed. and trans., Peter Heath and Johan Lachs, Cambridge: Cambridge University Press, 1982.

Johann Gottlieb Fichte, *Grundlage der gesammten Wissenschaftslehre*, Leipzig: bei Chriftian Ernft Gabler, 1794.

Johan Goudsblom, *Nihilism and Culture*, Oxford: Basil Blackwell, 1980.

Johann Paul Friedrich Richter, *Horn of Oberon: Jean Paul Richter's School for Aesthetics*, trans., Margaret Hale, Detroit: Wayne State University Press, 1973.

Ludwig Tieck, *William Lovell*, Berlin: Dietrich Reimer, 1828.

Michael Allen Gillespie, *Nihilism before Nietzsche*, Chicago: The University of Chicago Press, 1995.

Michael Allen Gillespie, *Nietzsche's Final Teaching*, Chicago: The University of Chicago Press, 2017.

Michael Allen Gillespie, "Temporality and History in the Thought of Heidegger", *Revue Internationale de Philosophie* 43(1989).

Nolen Gertz, *Nihilism*, Cambridge: Massachusetts Institute of Technology Press, 2019.

R. W. K. Paterson, *The Nihilistic Egoist Max Stirner*, Oxford: Oxford University Press, 1971.

Peter A. Schouls, *Descartes and the Enlightenment*, Edinburgh: Edinburgh University Press, 1989.

Plato. *Plato Complete Works*, ed., John M. Cooper, Indianapolis/Cambridge: Hackett Publishing Company, 1997.

Rene Descartes, *The Philosophical Writings of Descartes*, trans., John Cottingham, etc., Cambridge: Cambridge University Press, 1985.

Sebastian De Grazia, *Machiavelli in Hell*, Princeton: Princeton University Press, 1989.

Will Slocombe, *Nihilism and the Sublime Postmodern: The (Hi) Story of a Difficult Relationship from Romanticism to Postmodernism*, New York: Routledge, 2006.

William Barrett and Henry Aiken, *Philosophy in the Twentieth Century*, 2 Vol. New York: Random House, 1962.

William J. Courtenay, *The Dialectic of Omnipotence in the High and Late Middle Ages*, in Tamar Rudavsky, ed., *Divine Omniscience and Omnipotence in Medieval Philosophy*, Dordrecht: D. Reidel Publishing Company, 1985.

William of Ockham, *Philosophical Writings*, ed. and trans., Philotheus Boehner, London: Thomas Nelson & Sons, 1957.

责任编辑：刘海静
封面设计：石笑梦
版式设计：胡欣欣

图书在版编目（CIP）数据

审美虚无主义：论西方现代性的精神本质/张红军 著. —北京：人民出版社，
　2024.5
ISBN 978－7－01－026429－5

Ⅰ.①审…　Ⅱ.①张…　Ⅲ.①审美-虚无主义-研究　Ⅳ.①B83-0

中国国家版本馆 CIP 数据核字（2024）第 059204 号

审美虚无主义
SHENMEI XUWU ZHUYI
——论西方现代性的精神本质

张红军　著

人民出版社 出版发行
（100706　北京市东城区隆福寺街 99 号）

北京汇林印务有限公司印刷　新华书店经销

2024 年 5 月第 1 版　2024 年 5 月北京第 1 次印刷
开本：710 毫米×1000 毫米 1/16　印张：23
字数：378 千字

ISBN 978－7－01－026429－5　定价：108.00 元

邮购地址 100706　北京市东城区隆福寺街 99 号
人民东方图书销售中心　电话（010）65250042　65289539